中等职业学校规划教材

精细化学品生产工艺

JINGXI HUAXUEPIN SHENGCHAN GONGYI

周国保　王娟娟　主编

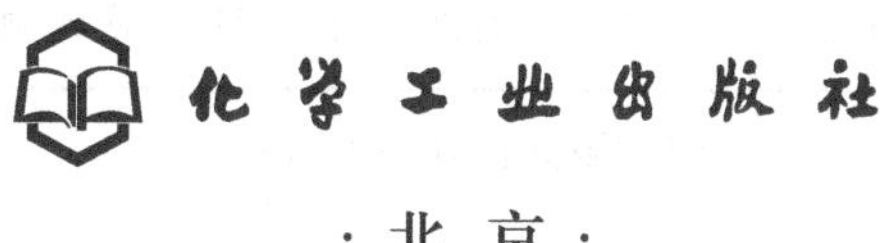

·北京·

本教材以核心生产方法为主线，按精细化学品及合成工艺、精细化工产品配方工艺、生物化工制品生产工艺、新领域精细化学品生产工艺以及精细化工清洁生产等五个部分的划分，从不同侧面介绍了表面活性剂、涂料、高分子材料加工助剂、食品添加剂与饲料添加剂、医药、农药、染整助剂、肥皂与合成洗涤剂、化妆品与盥洗卫生品、香精、生物化工制品、催化剂、试剂、电子化学品和中间体等类别精细化学品的有关知识；阐述了近60种（类）典型精细化学品的生产方法及原理、主要装备选择及操作步骤；结合计算机化工过程仿真软件，介绍了均苯四甲酸二酐生产装置仿真操作方法。

本教材力求突出工艺性，强调实用性，体现新颖性。教材以教学项目和模块化结构进行组织，渗透了任务引领思路和行动导向理念。可作为中等职业学校精细化工、化学工业等专业的教学用书和化工企业职工培训教材，也可作为精细化工企业相关人员的参考书。

图书在版编目（CIP）数据

精细化学品生产工艺/周国保，王娟娟主编. —北京：化学工业出版社，2011.8（2025.3重印）
中等职业学校规划教材
ISBN 978-7-122-11915-5

Ⅰ.精… Ⅱ.①周…②王… Ⅲ.精细化工-化工产品-生产工艺-中等专业学校-教材 Ⅳ.TQ072

中国版本图书馆CIP数据核字（2011）第145053号

责任编辑：旷英姿　　文字编辑：颜克俭
责任校对：王素芹　　装帧设计：史利平

出版发行：化学工业出版社（北京市东城区青年湖南街13号　邮政编码100011）
印　　装：北京科印技术咨询服务有限公司数码印刷分部
787mm×1092mm　1/16　印张18　字数462千字　2025年3月北京第1版第2次印刷

购书咨询：010-64518888　　售后服务：010-64518899
网　　址：http://www.cip.com.cn
凡购买本书，如有缺损质量问题，本社销售中心负责调换。

定　　价：32.00元　

前　　言

本教材是在调查中等职业学校精细化工专业学生就业企业，剖析学生主要就业岗位、职业发展方向和典型工作任务的基础上，参考《全国中等职业教育化学工艺专业教学标准》，把精细化学品生产工艺作为学习领域编写。编写中围绕中等职业学校培养目标，从中等职业学生现状出发，以生产工艺类别为项目、以精细化学的品种为模块，按工艺线索、知识点逻辑和品种系列的序化方式来组织教材内容。

该教材具有以下特点。第一，该教材对近60种（类）典型精细化学品的用途、生产原料、制备原理或生产方法、工艺影响因素、工艺流程特点和组织、操作步骤、产品质量的控制、工艺过程评价及发展动态、安全环保等进行详细阐述。第二，涉及涂料配方，常用配合饲料的配方，肥皂与合成洗涤剂配方，化妆品与盥洗卫生品配方，食用、日用、工业用香精配方等配方知识。第三，安排“想一想”、“练一练”、“教学评估”、“思考与习题”等活动性的教学内容，安排精细化学品的性状观察或作用效果观察、实验室制备以及中间体均苯四甲酸二酐生产仿真操作等实践教学内容。第四，涉及的新品种有氧化锆负载镍催化剂、超净高纯试剂氢氟酸、太阳能薄膜电池材料非晶态硅等；涉及的新工艺有脂肪醇聚氧乙烯醚生产工艺、饲料级硫酸锰生产工艺、草甘膦除草剂生产工艺等；涉及的新设备有直链烷基苯磺酸盐的连续生产工艺中采用的单膜多管反应器和双膜缝隙式磺化反应器、超净高纯氢氟酸生产工艺中采用的钛制或聚四氟乙烯材料制造的防腐设备等。第五，按工艺线索编写，扩大了知识容纳的范围，介绍了微生物等知识；教学任务项目化为工学结合课程的二次开发留有余地；工艺内容模块化（每模块2个或4个课时）为选择教学内容提供方便，既可根据创设教学情境条件和学生就业去向选择，又可根据实验室制备、间歇生产和连续生产等不同工艺特性选择。

本教材第1篇为精细化学品及合成工艺，包括表面活性剂、涂料、高分子材料加工助剂、食品添加剂与饲料添加剂、医药、农药以及染整助剂等七个教学项目；第2篇为精细化工产品配方工艺，包括肥皂与合成洗涤剂、化妆品与盥洗卫生品、香精及调配等三个教学项目；第3篇为生物化工制品生产工艺，包括生物化工概述及生产工艺、天然精细化学品生产工艺等两个教学项目；第4篇为新领域精细化学品生产工艺，包括热点新领域精细化学品简介及生产工艺、中间体均苯四甲酸二酐生产工艺及装置仿真操作等两个教学项目；第5篇为精细化工清洁生产，包括精细化工清洁生产概述、精细化工清洁生产方法两个部分教学内容。教学建议160学时，其中绪论2学时，第1篇80学时，第2篇34学时，第3篇20学时，第4篇18学时和第5篇6学时。

本教材由江西省化学工业学校周国保和陕西省石油化工学校王娟娟主编，全书由周国保统稿。其中，周国保编写绪论、第1篇中项目一、项目四、项目六及第4篇；王娟娟编写第1篇中项目二、项目五和项目七；江西省化学工业学校梅鑫东编写第1篇中项目三、第3篇及第5篇；广东省石油化工职业技术学校崔笔江编写第2篇。南京化工职业技术学院丁志平教授负责主审，并对教材编写提出许多宝贵建议。在教材编写过程中，得到化学工业出版社、全国化工中等职业教育教学指导委员会的大力支持和指导，得到江西省化学工业学校的领导关注和支持，在此表示衷心感谢。

由于编者水平有限，不妥之处在所难免，恳请各位专家、用书师生及读者批评指正。

编者

2011年7月

目 录

绪　论

本篇任务

① 掌握精细化学品定义和特点，了解精细化工的分类、现状与趋势；
② 了解本书的内容范围。

0.1 精细化学品定义和特点

0.1.1 精细化学品的定义

精细化学品原指产量小、纯度高、价格贵的化工产品，如医药、染料和涂料等。

欧美一些国家把产量小、按成分（不同化学结构）进行生产和销售的化学物质，称为精细化学品（fine chemicals，FC）；而把产量小、经过加工配制、具有专门功能或最终使用性能的化工产品，称为专用化学品（specialty chemicals，SC）。

中国、日本等国，则把产量小、按成分（不同化学结构）进行生产和销售的化学物质，以及经过加工配制、具有专门功能或最终使用性能的化工产品统称为**精细化学品**，或称为**精细化工产品**。

例如，普鲁卡因青霉素原料药、注射用普鲁卡因青霉素（制剂）以及兽用药普鲁卡因青霉素，按照我国定义都属于精细化学品。

精细化学品按属性分为精细无机化学品、精细有机化学品和精细生物化工制品。

0.1.2 精细化学品的特点

我国所称的精细化学品包括按成分销售的精细化学品和按功能销售的专用化学品两个部分。按成分销售的精细化学品和按功能销售的专用化学品的特点有所不同。

0.1.2.1 按成分销售的精细化学品特点

按成分销售的精细化学品多数属于单一成分的化学物质，具有产量小、原料用量少、加工深度高、规格严、纯度高以及生产附加值高等特点。

工业盐如 NaCl，作为化工原料，售价大致在 400 元/t；当提纯为化学试剂后属于精细化工产品，分析纯氯化钠（含量可达到 99.5%）市场批发价在 3000 元/t 左右，分装后每瓶（500g）售价约为 5 元；当加工成基准试剂，100g 氯化钠售价在 7 元左右；生化级氯化钠 500g 售价可达 170 元。

苹果酸又名 2-羟基丁二酸，属于精细化学品。它存在两种立体异构体，当用做食品添加剂中酸味剂时，市场销售主要有 DL-苹果酸（CAS 号：617-48-1，两种立体异构体的混合物）和 L-苹果酸（CAS 号：97-67-6，左旋体）两个品种；但用于医药制剂或化妆品时，只能选择左旋体 L-苹果酸。DL-苹果酸是通过顺丁烯二酸加水合成得到的两种立体异构体的混合物，价格相对较低，而 L-苹果酸不易从 DL-苹果酸中分离获得，通常由反丁烯二酸经发酵生产，价格比 DL-苹果酸更高。

0.1.2.2 按功能销售的专用化学品（SC）的特点

专用化学品（SC）多数属于多种化学品的复配物，其特点为产量小、具有特定功能、用途的针对性强、配方因厂家和品种不同而异、品牌被看重，与按成分销售的精细化学品（FC）相比生产附加值和利润往往更高。例如食盐用做调味剂时属于专用化学品，尽管对氟、钡、砷、铅含量等指标要求很严，但通过加碘、加锌可复配成加碘盐或加锌盐销售，价格比普通食盐贵，每 500g 约 3 元；由氯化钠与水复配成的生理盐水则属于药物制剂，0.9%氯化钠注射液市场价约 1.8 元/250ml×2.25g。

涂料属复配物，熟悉哪些涂料品牌？了解涂料中有些什么成分吗？

0.2 精细化工的概念、现状与趋势

0.2.1 精细化工的概念

0.2.1.1 精细化工的分类

(1) 精细化工的含义 精细化工是指生产精细化学品的化工行业，既是当今化学工业中最具活力的新兴领域，也是化学工业发展重点，与国民经济、国防和人们生活关系密切。一个国家或地区化学工业发达程度和化工科技水平高低，可由精细化工率衡量。精细化工率是指精细化工产值占化工总产值的比例。

(2) 精细化工的分类 日本 1985 年版的《精细化工年鉴》将精细化工分为 51 个类别。我国原化工部于 1986 年也做过相关的分类，但涉及产品的覆盖面不全。借鉴上述两者的分类方法，从精细化工行业的特点出发，作如下归纳（52 个类别）。

① 化学原料药、农药、染料、颜料、香料、中间体（以合成化学物质为主）。

② 稀有气体、稀有金属、稀土金属化合物（稀缺性化学物质）。

③ 表面活性剂、脂肪酸及其衍生物（表面活性物质及油脂深加工化学物质）。

④ 香精、化妆品与盥洗卫生品、肥皂与家用洗涤剂、工业与公共场所清洗剂（日用化工产品）。

⑤ 涂料、油墨、胶黏剂与密封剂（复配物，主要成分为高分子化合物）。

⑥ 药物制剂、保健食品、食品添加剂、饲料添加剂、动物用药（医药、食饲用化学品）。

⑦ 高分子材料加工助剂、纺织印染剂及整理剂、造纸助剂、皮革助剂（轻工行业用）。

⑧ 水处理剂与高分子絮凝剂、芳香除臭剂、工业杀菌防霉剂（环保、防腐用）。

⑨ 建筑化学品、采矿化学品、油田化学品、石油添加剂及炼制助剂、合成润滑油与润滑油添加剂（建筑、选矿、油田开采及石油加工中用）。

⑩ 电子化学品、汽车用化学品、铸造用化学品、金属表面处理剂、焊接用助剂（电子工业加工、汽车护养及金属加工中用）。

⑪ 储氢合金、非晶态合金、半导体材料（燃料电池、光伏薄膜电池、硅晶片和晶体管用）。

⑫ 信息记录材料（如感光材料、磁性材料、敏感材料、记忆材料、导电高分子材料等）。

⑬ 光导纤维、精细陶瓷（特殊性能的无机物质）。

⑭ 功能性高分子材料（特殊性能的有机高分子化合物）。

⑮ 催化剂、吸附剂、溶剂与制冷剂、试剂及高纯试剂（环保及化工等行业中使用）。

⑯ 生物化工制品（如重组人胰岛素、酶、青霉素、发酵法维生素 C、麻黄碱等）。

0.2.1.2 精细化工的生产特性

精细化工的生产与通用化工产品的生产比较，既有共性又存在较大的不同，并呈现以下特性。

① 按成分销售的精细化学品生产大多以间歇方式进行（批量大也有连续方式），流程长，需要精密的工业装备和良好的工艺方法配套。

② 专用化学品的生产包括剂型加工和商品化、配方等技术决定产品性能。技术垄断性强，品种要求系列化且更新换代快。

③ 产品质量要求高且稳定。按成分销售的精细化学品（FC）注重纯度等指标；专用化学品（SC）注重使用性能及安全性能。药品需按药典生产。化学合成药生产的最后一些工序（俗称“精、烘、包”）以及药物制剂和保健食品的生产，都需要有“清洁环境”配套。

④ 生产监管严、进入门槛高。如医药、保健食品、食品添加剂、化妆品、饲料添加剂、农药、动物用药和试剂等，涉及人身安全和环境影响，因而这些产品本身以及生产条件需要接受国家行政管理部门监管和认可，新品种投放市场需要经过多种试验和专业性评价。

0.2.2 精细化工的现状与趋势

目前，世界精细化学品品种已超过 10 万种。美国、西欧和日本等发达国家代表了当今世界精细化工的发展水平，这些国家的精细化工率已达到 60%～70%。2008 年，美国专用化学品（工业公共场所清洗剂、香精香料、建筑化学品、电子化学品、饲料添加剂、水溶性聚合物、特种表面活性剂、食品添加剂、印刷油墨、特种造纸助剂、特种涂料、催化剂、胶黏剂和密封剂、塑料助剂、化妆品添加剂、油田化学品、水处理剂、润滑油添加剂、营养添加剂、特种颜料、成像化学品、纺织助剂、杀菌剂、抗氧剂、阻燃剂、酶制剂、合成润滑油、橡胶助剂、抗蚀剂、采矿化学品）年销售额约为 1250 亿美元，居世界首位，欧洲约为 1000 亿美元，日本约为 600 亿美元，三者合计约占世界总销售额的 65%以上。全球著名的精细化工产品供应商有德国的巴斯夫、拜尔、德固赛，美国的陶氏化学、杜邦、宝洁、鲁姆哈斯、安格、科聚亚（Chemturags），法国的罗纳-普朗克、欧莱雅，荷兰阿克苏-诺贝尔、帝斯曼，英国的卜内门、瑞士的先正达，日本的三菱化学、旭化成和住友化学，以及制药企业美国辉瑞、强生、法国赛诺菲-安万特、瑞士诺华、罗氏、德国默克和英国葛兰素史克等。世界精细化工行业正处于产品重大转型时期，在百年老店瑞士汽巴-嘉基公司消失后，诺华、先正达相继脱颖而出，而汽巴精化遭受被收购命运，给人们以不尽思考。

我国自 20 世纪 80 年代确定精细化工为重点发展行业，20 世纪末精细化工率上升到 35%。最近十年，国外跨国公司加大投资与合作力度，我国精细化工行业进入快速发展时期。2009 年，我国专用化学品（饲料添加剂、食品添加剂、胶黏剂、表面活性剂、水处理剂、造纸助剂、塑料助剂、电子化学品、皮革助剂、油田化学品、橡胶助剂、催化剂、建筑化学品）年产量达到 2643 万吨，年产值约 5500 亿元，年产值同比增长 16.8%。与此同时，国内一批仍处于成长期的精细化工企业就得直接面对众多国外大型精细化工企业，接受巨大挑战。

从国内精细化学品市场看，仅电子工业一项就需精细化学品 1.6 万种，轻工行业对高性能的专用化学品如高性能织物整理剂、皮革涂饰剂的需求一直保持旺盛。在许多精细化学品的应用领域，国内精细化学品的配套率仍旧偏低，我国精细化工还有很大发展空间。进入21世纪，精细化工发展趋势是产业集群化，工艺清洁化和节能化，产品多样化、专用化和高性能化。

怎样看待那些投资我国精细化工行业的国外大型跨国企业？

0.3 “精细化学品生产工艺”课程的内容

精细化学品生产工艺是指从化工原料加工成精细化学品全过程中涉及的各工序加工方法（单元操作和单元过程）、工序组织方法（流程）、复配物的配方、制剂的剂型方法以及实现措施（工业装备选择和装置操作方法）的总称。精细化学品生产要求技术上可行、经济上合理、操作上方便、安全上可靠和环保上达标。

“精细化学品生产工艺”这门课将以精细化学品为对象，以核心生产方法为主线，按照精细化学品及合成工艺、精细化工产品配方工艺、生物化工制品生产工艺、新领域精细化学品生产工艺以及精细化工清洁生产等五个部分的划分，从不同侧面介绍了相关精细化学品的品种与作用，阐述了典型精细化学品的生产方法及原理、主要装备选择及装置操作方法。

本篇小结

一、精细化学品定义和特点

1. 欧美国家所指的精细化学品是指产量小、按成分（不同化学结构）进行生产和销售的化学物质。专用化学品是指产量小、经过加工配制、具有专门功能或最终使用性能的产品。

2. 我国所称精细化学品包括按成分销售的精细化学品和按功能销售的专用化学品。

3. 按成分销售的精细化学品多数属于单一成分的化学物质，具有产量小、原料用量少、加工深度高、规格严、纯度高以及生产附加值高等特点。而按功能销售的专用化学品多数属于多种化学品的复配物，其特点为产量小、具有特定功能、用途的针对性强、配方因厂家和品种不同而异、品牌被看重，与按成分销售的精细化学品相比生产附加值和利润往往更高。

二、精细化工的概念、现状与趋势

1. 精细化工是精细化学工业的简称，指生产精细化学品的化工行业。精细化工率是指精细化工产值占化工总产值的比例，它的高低是衡量一个国家或地区化学工业发达程度和化工科技水平高低的重要标志。

2. 精细化工的分类在我国没有统一，暂且按书中归纳的认定为52个类别。

3. 精细化工的现状为世界精细化工行业正处于产品重大转型时期，国内精细化工企业需要直接面对大批国外跨国公司，接受巨大挑战。

4. 精细化工的趋势为产业集群化，工艺清洁化和节能化，产品多样化、专用化和高性能化。我国精细化工还有很大发展空间。

思考与习题

(1) 通过查资料，对上述归纳的精细化工 52 个类别，逐个列举一个具体的化学物质或产品。

(2) 在精细化学品生产工艺中，单元操作方法、单元过程方法、工序组织方法、复配物的配方、制剂的剂型方法以及实现措施哪个更重要？

第1篇 精细化学品及合成工艺

本篇任务

① 了解表面活性剂、涂料、高分子材料加工助剂、食品添加剂与饲料添加剂、医药、农药及染整助剂的特点、分类、品种及作用；

② 通过实践教学，认识相关精细化学品外观，观察其作用效果；

③ 掌握相关精细化学品的生产工艺；

④ 通过训练，掌握某些精细化学品实验室制备方法。

1.1 项目一 表面活性剂

项目任务

① 了解表面活性剂的定义、结构特征、分类、表面活性原理以及表面活性剂作用和主要品种；

② 认识某些表面活性剂的品种外观，观察其润湿能力、乳化能力、起泡能力、消泡能力和去污能力；

③ 掌握十二烷基二甲基苄基溴化铵（新洁尔灭）、十二烷基二甲基甜菜碱（BS-12）、椰油酸二乙醇酰胺和脂肪醇聚氧乙烯醚（AEO）的间歇生产工艺以及直链十二烷基苯磺酸钠的连续生产工艺；

④ 掌握十二烷基苯磺酸钠的实验室制备方法。

表面活性剂是指能降低溶液表面张力的一类精细化工产品。由于具有润湿、乳化或破乳、起泡或消泡以及洗涤、增溶、分散、柔软、防腐和抗静电等一系列物理化学作用，因而素有“工业味精”之称。

表面活性剂（除肥皂外）2006年的全球消费为1250万吨，预计2010年可达1700万吨。阴离子表面活性剂约占总消费的55%，非离子表面活性剂占35%，阳离子表面活性剂和两性表面活性剂合占10%。直链十二烷基苯磺酸钠（LAS）、脂肪醇聚氧乙烯醚硫酸钠（AES）、伯烷基磺酸盐（AS）和非离子表面活性剂中的聚氧乙烯脂肪醇醚（AEO）、烷基酚聚氧乙烯醚（APE）是表面活性剂中的主导产品。

中国表面活性剂工业经历了2000年到2005年的快速发展阶段，2000年产量近100万吨，2005年300多万吨，年均增长速度达到24.5%，2002年增幅高达37.4%。之后淘汰一些落后产能，但阳离子表面活性剂和两性表面活性剂产量仍有较大增幅。产品以阴离子表面活性剂和非离子表面活性剂为主。

1.1.1 表面活性剂作用及品种

1.1.1.1 知识点一 表面活性剂的定义、结构特征与分类

(1) 表面张力 表面张力（σ，N/m）是一种使表面分子具有向内运动的趋势、并使表面自动收缩至最小面积的力。表面张力会使液膜由边缘向中心靠拢，使液滴由扁平向珠状、

球状形变。表面张力是液体和固体所具有的物理性质之一，与温度有关，如 20℃下纯水的表面张力为 7.28×10^{-2}N/m。表面张力在有外加物质时会改变，如水在加全氟表面活性剂后表面张力可低到 20×10^{-3}/m 以下，甚至达到 12×10^{-3}N/m。

水在荷叶上能成珠状，是因为水有表面张力，同时荷叶不易被润湿。

(2) 表面活性剂的定义　表面活性剂是指分子结构中具有固定的亲水基团和亲油基团，在溶液的表面能定向排列，并能使溶剂（准确讲为含表面活性剂的溶液）的表面张力显著下降的物质。

油酸钠或十二烷基硫酸钠（K12）等物质被加入水中，能使水的表面张力显著地降低，为水（溶剂）的表面活性剂。低级脂肪醇或脂肪酸加入水中会使水的表面张力下降但不显著，属于广义上的**表面活性物质**。无机盐或糖类等物质加入水中会使水的表面张力稍升高，属于**表面惰性物质**。

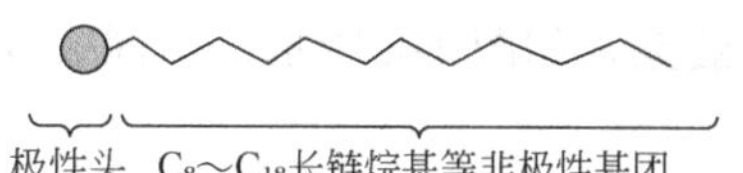

极性头　C_8～C_{18}长链烷基等非极性基团

图 1-1　表面活性剂的结构特征图

(3) 结构特征　表面活性剂的结构特征是分子结构具有“两亲性”，即表面活性剂的分子结构中既含亲水基团，又含亲油基团（或称疏水基团），如图 1-1 所示。

亲水基团一般为极性基团（**极性头**），如羧基（—COOH）、磺酸基（$—SO_3H$）、硫酸基（$—O—SO_3H$）、氨基（$—NH_2$）及其盐，也可是羟基（—OH）、酰氨基（$—CONH_2$）和醚键（—O—）等。

亲油基团一般为非极性烃链，如 8 个碳原子以上烃链。

(4) 表面活性剂的分类　表面活性剂的分类方法很多。根据来源可分为天然表面活性剂与合成表面活性剂；根据溶解性质可分为水溶性表面活性剂（如十二烷基苯磺酸钠）与油溶性表面活性剂（如司盘）；根据疏水基结构可分为直链、支链、芳香链和含氟长链等；根据亲水基种类可分为羧酸盐、硫酸盐、季铵盐（R_4NX）、聚氧乙烯（PEO）衍生物等。

通常，按极性基团的解离性质并根据离子型表面活性剂所带电荷，可分为以下类型：

- 表面活性剂
  - 离子型
    - 阴离子型：如硬脂酸钠和十二烷基苯磺酸钠
    - 阳离子型：如十二烷基二甲基苄基氯化铵（新洁尔灭）
    - 两性型：如卵磷脂、氨基酸型（阳离子为胺盐）和甜菜碱型（阳离子为季铵盐）
  - 非离子型：如单硬脂酸甘油酯、脂肪酸失水山梨醇酯（司盘）和聚氧乙烯脂肪酸失水山梨醇酯（吐温）

想一想

① 沿着盛满水的杯子壁向杯中投入数个硬币，发现水面尽管高出杯口，但水不会溢出，解释该现象。

② 表面活性剂的分子结构具有“两亲性”。“两亲性”指什么？

1.1.1.2　知识点二　表面活性原理与表面活性剂作用

(1) 表面活性　溶液表面对其溶质具有吸附作用。当溶质为表面活性剂时，溶液表面吸附的物质则是表面活性剂。表面活性剂由于具有“双亲”基团，因而能在溶液表面呈定向排列，使溶液表面与空气接触面减小，导致溶液表面张力急剧降低。溶液表面对表面活性剂的吸附会使表面活性物质在表面的浓度会高于内部的浓度，属于正吸附。正吸附的效果是只要少量的表面活性剂就能使溶液的表面张力显著降低。

(2) 形成胶束　表面活性剂不光对溶液表面行为有影响，而且对溶液内部发挥作用。表面活性剂的“两亲”分子在水中达一定浓度时，其非极性部分会互相吸引，使得分子自发形成有序的聚集体，即憎水基向里、亲水基向外（在水中是这样），这种多分子有序聚集体称

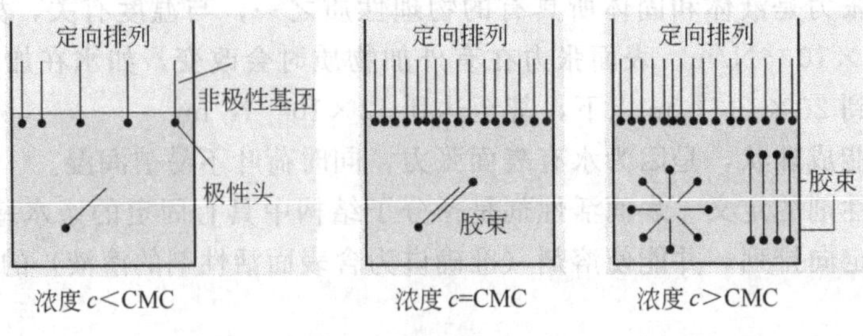

图 1-2 胶束形成过程

为胶束，如图 1-2 所示。不同表面活性剂形成胶束的形状及缔合数（聚集的分子数）可能不同。胶束的形状有球状、棒状、束状、层状或板状等结构。胶束在形成后憎水基与水分子的接触机会减小，体系能量降低，因而具有很好的稳定性。

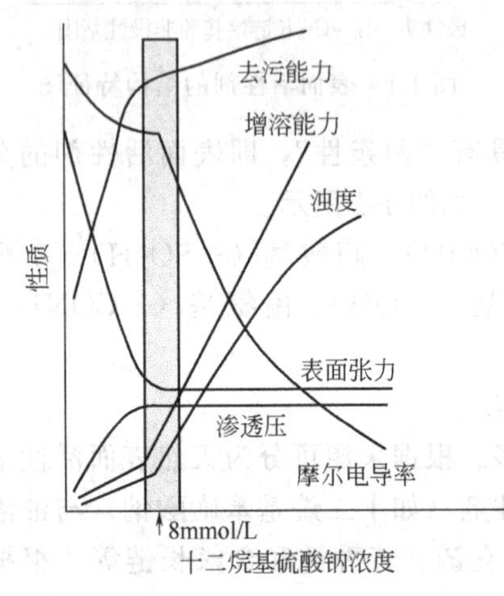

图 1-3 表面活性剂理化性质与浓度关系

表面活性剂溶液中开始形成胶束的最低浓度称为**临界胶束浓度**（CMC）。不同表面活性剂有不同的 CMC 值，通常在 0.02%～0.5%，一般非极性链越长，CMC 值越小。在 CMC 值附近，溶液的一些理化性质发生突变。当表面活性剂浓度高于 CMC 值时，表面活性剂分子以胶束形式聚集，并争夺本应去溶液表面上的活性分子，从而阻止去污能力快速增加。但形成的胶束在水中能包裹非极性物质（在油中则包裹水、无机填料等极性物质），有利增溶和悬浮等性能发挥。表面活性剂理化性质与浓度关系，如图 1-3 所示。

想一想

① 表面活性剂分子在溶液表面是如何定向排列？

② 当表面活性剂浓度高于 CMC 时，表面活性剂就没有去污能力？

（3）表面活性剂作用 表面活性剂具有润湿、乳化、破乳、起泡、消泡、洗涤（去污）、增溶、分散、柔软、抗静电、杀菌和防腐蚀等作用。

① 润湿 润湿指固体表面上气体被液体或固体表面上液体被另一种液体取代的现象。液体是否能润湿固体，关键看接触角。**接触角**（θ）是指液、固接触状态稳定、受力达平衡时，在气，液，固三相交界处，自固-液界面经过液体内部到气-液界面的夹角。当接触角小于 90°，液体能润湿固体表面，如图 1-4 所示。若 $\theta=0°$，则称完全润湿。当接触角大于 90°，

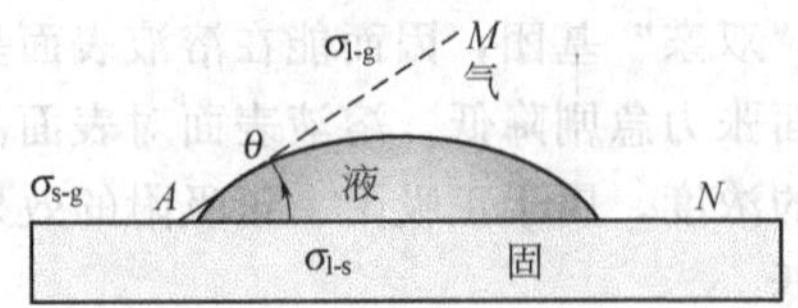

图 1-4 液体润湿固体（接触角 $\theta<90°$）

$\sigma_{l\text{-}g}$、$\sigma_{s\text{-}g}$、$\sigma_{l\text{-}s}$ 分别为液体、固体及液固界面的表面张力

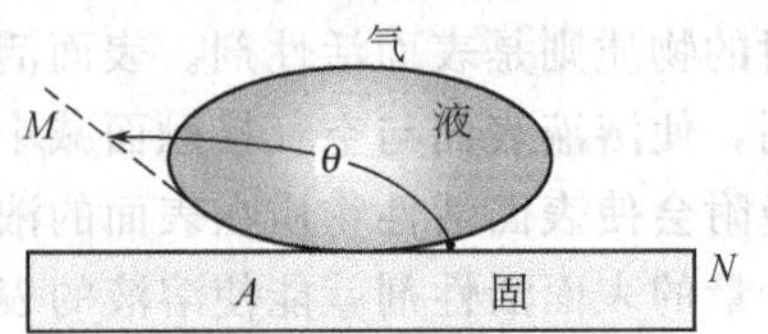

图 1-5 液体不能润湿固体（$\theta>90°$）

液体不能润湿固体表面，如水银滴在玻璃上，如图 1-5 所示。若 $\theta=180°$，则称完全不润湿。

为提高液体的润湿能力，可在液体（水）中加入表面活性剂，如辛基酚聚氧乙烯醚（OP-10）。

想一想

喷洒液体农药时，希望农药附着在庄稼叶面上润湿好还是不润湿好？

② 乳化和破乳　乳状液是由不相溶的两种液体形成，其中一种液体以微粒（0.1～10μm）形式分散于另一种液体中的体系。该体系不稳定，当时间延长两种液体仍会分离。乳状液种类有 O/W 型乳液（油分散在水中，即**水包油型**，如含脂牛奶和雪花膏等）、W/O 型乳液（水分散在油中，即**油包水型**，如人造奶油等）和多元乳液（如水包油包水型等）三种。人工乳状液一般由分散相、分散介质和表面活性剂（乳化剂）组成。

乳化是将不相溶的两种液体由分层或不稳定悬浮状态变为比较稳定的乳状液的作用。乳化不但需要借助外力——搅拌，而且需要加乳化剂。乳化效果取决乳化剂的 HLB 值，O/W 型乳液中使用 HLB 值 8～16 的乳化剂，如吐温（Tween）和一价皂；W/O 型乳液中使用 HLB 值 3～8 的乳化剂，如司盘（Span）和二价皂。

破乳是指乳状液发生油水分层的现象。其原理是通过加入适当的表面活性剂（破乳剂），使原有的乳化剂从界面上替代出来，同时难形成牢固的界面保护膜。

你日常生活中见过哪些人工的乳状体系？

③ 起泡与消泡　起泡与消泡都针对气泡或泡沫。气泡是指气体分散在液体中的分散体系，泡沫是许多气泡聚集在一起、彼此以薄膜隔开的积聚状态，如图 1-6 所示。发泡原理是在含有表面活性剂的水中，当通过搅拌、鼓气等作用分散气体时，表面活性剂能在水与分散气体接触的界面形成定向排列，从而降低了分散气体与水之间的界面张力，液膜变得有弹性并能够稳定，这样气泡就能形成。

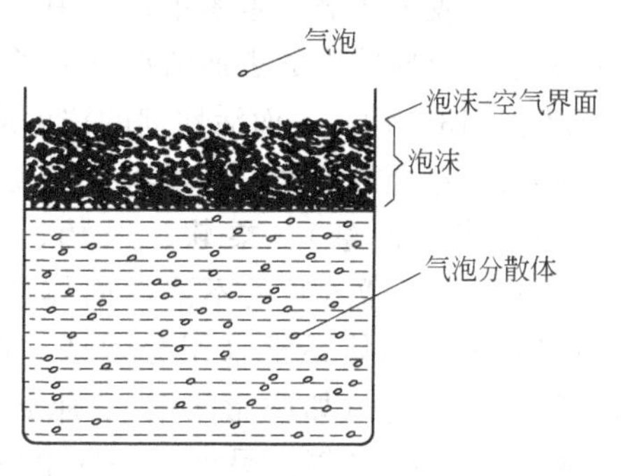

图 1-6　泡沫状态

起泡性好的物质称为**起泡剂**，如肥皂、十二烷基苯磺酸钠、十二烷基硫酸钠等均是起泡剂。在发泡剂中加入少量极性有机物可提高液膜的表面黏度，增加泡沫的稳定性，延长泡沫寿命，该类物质称为**稳泡剂**。在十二烷基苯磺酸钠中加入脂肪酸烷基醇酰胺（尼纳尔 6502），可得到持久性良好的泡沫。

当气泡脱离水的表面时，气泡界面上定向排列的表面活性剂分子（非极性基团向气泡内，即向气泡中气体排列）通过极性头会吸附水溶液表面上定向排列的表面活性剂分子（非极性基团向上，即向着水溶液表面的空气排列），从而在气泡的液膜（界面）形成双层定向排列的表面活性剂分子（内层的非极性基团向内，外层的非极性基团向外，但都向着气体），这样气泡即使飘到空气中也不容易破裂，如图 1-7 所示。

消泡作用分为破坏泡沫和抑制泡沫两种。具有化学和表面化学消泡作用的物质称**消泡剂**。消泡原理是使泡沫液膜局部表面张力降低，泡沫周围应力失衡从而消泡，或通过破坏液

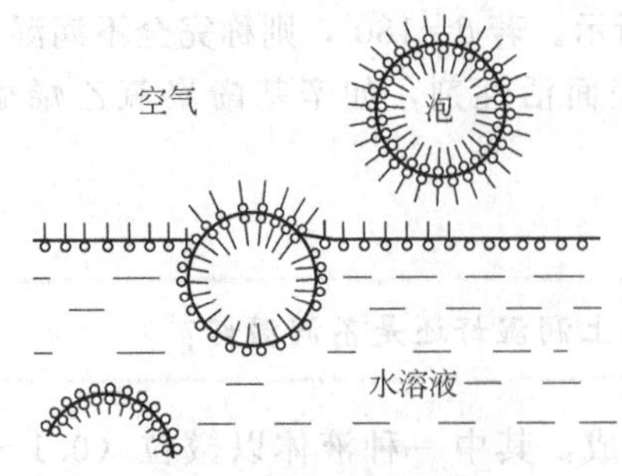

图 1-7 气泡的形成与飘逸

膜弹性使液膜失去自修作用而消泡，或通过降低液膜黏度使泡沫寿命缩短而消泡。

低碳醇，如甲醇、乙醇、正丁醇，具有暂时性的破泡作用。多酰胺（如二硬脂酰乙二胺）是蒸汽锅炉水常用的防泡剂。磷酸三丁酯是一种常用的消泡剂。矿物油作为消泡剂，消泡性不太好，但对容易消失的泡沫效果好。异辛醇、油酸、聚醚型非离子表面活性剂（HLB 为 1～3）等难溶或不溶于水有机极性化合物可作消泡剂，其消泡性能介于矿物油消泡剂和有机硅油消泡剂之间；有机硅油消泡剂具有良好的破泡性和抑泡性，如二甲基硅油、聚醚改性硅油消泡剂等。消泡剂一般为油溶性物质，HLB 值为 1～3。

④ 洗涤　洗涤也叫去污。污物的类型有油污和固体污垢。污物一般靠机械黏附、分子间力黏附、静电力黏附和化学结合力等黏附在织物上。表面活性剂的洗涤作用是降低水的表面张力改善水洗物表面的润湿性，增强污垢的分散和悬浮能力，其原理如图 1-8 所示。洗涤作用的表面活性剂 HLB 值一般在 13～16。

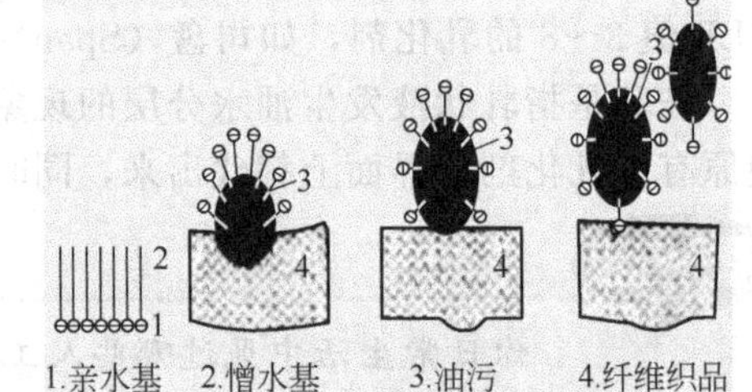

图 1-8 洗涤原理

⑤ 增溶　表面活性剂在水溶液中形成胶束后具有能使不溶或微溶于水的有机物的溶解度显著增大的能力，且溶液呈透明状，这种作用称为增溶。增溶关键是形成胶束，其体系属于稳定的溶液。

增溶的方式有两种。一种让增溶物分子包裹在胶束内部；另一种让增溶物分子被吸附在胶束表面、包含在胶束的极性基团中，这种方式是通过增溶物分子与形成胶束的表面活性剂分子穿插排列并形成栅栏层实现。增溶所用表面活性剂的 HLB 值为 13～18，表面活性剂的浓度应大于该表面活性的 CMC 值。表面活性剂的 CMC 越低、胶束的缔合数越大，其增溶量越高。

⑥ 分散（助悬）、柔软、杀菌、抗静电和防腐蚀　分散是指借助分散剂使极小（0.1μm 至几十微米）的不溶性固体微粒均匀分布于水中，形成较稳定悬浮体系的作用。制备稳定的分散体系常采用分散法、凝聚法，并加入分散剂。常用的分散剂有十二烷基硫酸钠、金属皂（如硬脂酸钡）、脂肪醇聚氧乙烯醚硫酸钠、脂肪醇聚氧乙烯醚甲基硅烷（分散剂 PA-402）等。另外，一些电解质类无机盐如水玻璃、三聚磷酸钠、六偏磷酸钠等以及聚氧化乙烯（PEO）、羧甲基纤维素、聚丙烯酸钠和聚丙烯酰胺等高分子化合物也是很好的分散剂。

柔软是通过在纤维之间造成一层由表面活性剂的亲油基团组成的润滑剂，使纤维间静摩擦系数降低、平滑柔软性增加的作用。常用柔软剂有季铵盐型、酯季铵盐型、脂肪酸盐型、聚氧乙烯酯（醚）型、甜菜碱型和有机硅树脂型等。

杀菌作用是阳离子型表面活性剂具有独特性能。其机理是分子中的亲油基能紧密地吸附于细菌表面，改变细胞壁的通透性、改变细菌细胞的渗透压，进而破坏细菌与周围环境的相对平衡，导致细菌死亡。十六烷基溴化吡啶、十二烷基二甲基苄基溴化铵（新洁尔灭）等阳离子型表面活性剂都具有杀菌作用。

抗静电是通过表面活性剂作用，中和纤维表面带负电的一种作用。季铵盐阳离子表面活性剂有较好的抗静电作用。一些非离子表面活性剂也有抗静电性能。

防腐蚀是通过添加少量表面活性剂来阻止或减缓金属腐蚀速率以达到保护金属的效能。阳离子表面活性剂效果显著，其防腐蚀机理是当阳离子表面活性剂加入到腐蚀介质时，亲水基通过物理吸附或化学吸附紧贴在金属表面，而疏水基则远离金属表面作定向排布，这样整个金属表面就形成一层疏水性的保护膜，如图 1-9 所示。在腐蚀性强的酸性介质中，阳离子表面活性剂具有很好的缓蚀作用。另外，非离子表面活性剂中尼纳尔也具有一定防锈作用。

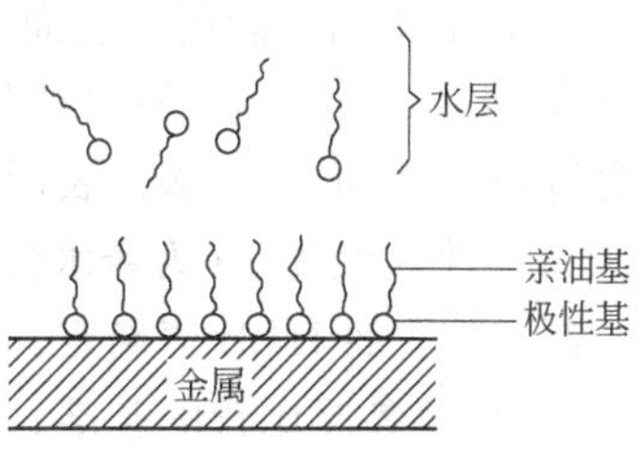

图 1-9　阳离子型表面活性剂防腐蚀原理

想一想

① 溶液型或乳液型农药中加入润湿剂后有什么效果？
② 乳化与增溶有什么区别？
③ 空气中气泡与溶液中气泡，其界面上表面活性剂的排列相同吗？并作说明。
④ 分散与乳化有什么相同和不同？

(4) 表面活性剂性能参数　表面活性剂选用首先考虑其性能参数，再应考虑使用场合、环境酸碱性、配伍性、毒性、生物降解性以及价格等。反映表面活性剂的性能参数除 CMC 值外，还有克拉夫点、浊点和亲水亲油平衡值（HLB 值）。

① 克拉夫温度（Krafft 点）　离子型表面活性剂，如十二烷基硫酸钠，在水中的溶解度会随温度增加而增加，并且当达到某温度后会急剧增大，这一温度称为**克拉夫温度**（Krafft 点）。

离子型表面活性剂使用温度高于 Krafft 点时才体现表面活性。Krafft 点低，离子型表面活性剂使用温度低、增溶效果好。十二烷基硫酸钠 Krafft 点为 8℃，十二烷基磺酸钠的 Krafft 点为 70℃。

② 浊点和浊点指数　聚氧乙烯型非离子表面活性剂表现出一种“反向溶解性”现象，即温度升高到一定程度时，在水中溶解度反而急剧下降并析出表面活性剂物质，溶液出现混浊，即起昙（tán），刚起昙的温度称为**浊点**。其原因是当温度升高，聚氧乙烯链与水之间的氢键会发生断裂，水合能力下降造成溶解度反而减小，溶液变混浊；当温度下降时，氢键重新形成，液体恢复澄明。

当聚氧乙烯链相同，碳氢链越长浊点越低；当碳氢链相同，聚氧乙烯链越长则浊点越高。例如，壬基酚聚氧乙烯醚系列（NP-n）中，NP-9（质量分数 0.2%～10%）浊点为 53℃，NP-12 浊点为 70℃，NP-15 的浊点超过 100℃。非离子表面活性剂应在其浊点以下温度使用。聚氧乙烯（5）C_7～C_9 脂肪醇醚（渗透剂 JFC）浊点偏低，仅 40～50℃，若在温度较高场合使用，则会出现起昙。

外加物对非离子表面活性剂的浊点有影响。无机盐的存在会降低非离子表面活性剂在水中溶解度和浊点；阴离子表面活性剂能使非离子表面活性剂浊点上升，扩大非离子表面活性剂使用温度的范围。

浊点指数是指一定体积的溶剂中含有一定量的表面活性剂，在特定温度下，使溶液产生混浊所需的蒸馏水毫升数。浊点特别低的非离子表面活性剂（含 1～5 个氧乙基链节）一般用浊点指数反映溶解度的突变。

③ 亲水亲油平衡值　表面活性剂具有亲水基团和亲油基团，其亲水亲油的程度用**亲水亲油值**（HLB）表示。根据经验，将表面活性剂的 HLB 值范围限定在 0～40，亲油性表面活性剂 HLB 较低，亲水性表面活性剂 HLB 较高。亲水亲油转折点 HLB 为 10。HLB 小于 10 为亲油性，大于 10 为亲水性。

表面活性剂 HLB 值确定：石蜡和聚乙二醇的 HLB 值是人为规定，并作为其他表面活性剂 HLB 值参照比较的基准；其他表面活性剂 HLB 值则是通过比较得出的相对值。获得 HLB 值的具体措施有实验测定比较法和基于基准的算式计算法。对常用表面活性剂，HLB 值可查相关数据表获得。

人为规定：石蜡 HLB=0（无亲水基，完全不亲水），聚乙二醇 HLB=20（完全亲水）。

多元醇型和聚乙二醇型非离子表面活性剂的 HLB 值在 0～20，可用式(1-1) 计算：

$$\mathrm{HLB}=\frac{\text{亲水基的分子量}}{\text{表面活性剂的分子量}}\times 20=\frac{\text{亲水基的分子量}}{\text{疏水基的分子量}+\text{亲水基分子量}}\times 20 \tag{1-1}$$

大多数多元醇脂肪酸酯的 HLB 值也在 0～20，可用式(1-2) 计算：

$$\mathrm{HLB}=20(1-S/A) \tag{1-2}$$

式中　S——酯的皂化价；

　　A——脂肪酸的酸价。

混合的非离子表面活性剂的 HLB 值，可用式(1-3) 计算：

$$\mathrm{HLB}_{ab}=(\mathrm{HLB}_a\times W_a+\mathrm{HLB}_b\times W_b)/(W_a+W_b) \tag{1-3}$$

式中　W_a——a 种非离子表面活性剂的质量；

　　W_b——b 种非离子表面活性剂的质量。

有些表面活性剂的 HLB 可按基团 HLB 计算，即按式(1-4) 计算：

$$\mathrm{HLB}=7+\sum(\text{亲水基团 HLB})+\sum(\text{亲油基团 HLB}) \tag{1-4}$$

式中，亲水基团 HLB 值、亲油基团 HLB 值可查表，见表 1-1 所列。

表 1-1　亲水基团、亲油基团 HLB 值

亲水基团	基团 HLB	亲油基团	基团 HLB
$—SO_4Na$	38.7	—CH—	−0.475
$—SO_3Na$	11.0	$—CH_2—$	−0.475
—COOK	21.1	$—CH_3$	−0.475
—COONa	19.1	=CH—	−0.476
—N=	9.4	$—CH_2—CH_2—CH_2—O—$	−0.15
酯(失水山梨醇环)	6.8	$—CH(CH_3)—CH_2—O—$	−0.15
酯(自由)	2.4		
—COOH	2.1	$—CH_2—CH(CH_3)—O—$	−0.15
—OH(自由)	1.9		
—O—	1.3	$—CF_2—$	−0.870
—OH(失水山梨醇环)	0.5	$—CF_3$	−0.870
$—(CH_2CH_2O)—$	0.33	苯环	−1.662

但是有些表面活性剂 HLB 值按算式计算得到结果并不准确，须用实验测定比较法加以验证。

一些常用的表面活性剂 HLB 值可查有关数据表，见表 1-2 所列。

表面活性剂的用途与其 HLB 值有直接关系，见表 1-3 或图 1-10 所示。

表 1-2　常用的表面活性剂 HLB 值

表面活性剂	HLB 值	表面活性剂	HLB 值
阿拉伯胶	8.0	吐温 21	13.3
西黄蓍胶	13.0	吐温 40(聚氧乙烯脱水山梨醇单棕榈酸酯)	15.6
明胶	9.8	吐温 60(聚氧乙烯脱水山梨醇单硬脂酸酯)	14.9
单硬脂酸丙二酯	3.4	吐温 61	9.6
单硬脂酸甘油酯	3.8	吐温 65(聚氧乙烯脱水山梨醇三硬脂酸酯)	10.5
二硬脂酸乙二酯	1.5	吐温 80(聚氧乙烯脱水山梨醇单油酸酯)	15.0
单油酸二甘醇酯	6.1	吐温 81	10.0
十二烷基硫酸钠	40.0	吐温 85(聚氧乙烯脱水山梨醇三油酸酯)	11.0
司盘 20(脱水山梨醇单月桂酸酯)	8.6	卖泽 45(聚氧乙烯单硬脂酸酯)	11.1
司盘 40(脱水山梨醇单棕榈酸酯)	6.7	卖泽 49(聚氧乙烯硬脂酸酯)	15.0
司盘 60(脱水山梨醇单硬脂酸酯)	4.7	卖泽 51	16.0
司盘 65(脱水山梨醇三硬脂酸酯)	2.1	卖泽 52(聚氧乙烯 40 硬脂酸酯)	16.9
司盘 80(脱水山梨醇单油酸酯)	4.3	聚氧乙烯 400 单月桂酸酯	13.1
司盘 83	3.7	聚氧乙烯 400 单硬脂酸酯	11.6
司盘 85(脱水山梨醇三油酸酯)	1.8	聚氧乙烯 400 单油脂酸酯	11.4
油酸钾	20.0	苄泽 35[聚氧乙烯(23)月桂醇醚]	16.9
油酸钠	18.0	苄泽 30[聚氧乙烯(4)月桂醇醚]	9.5
油酸三乙醇胺	12.0	西土马哥(聚氧乙烯十六醇醚)	16.4
卵磷脂	3.0	聚氧乙烯氢化蓖麻油	12～18
蔗糖脂	5～13	聚氧乙烯烷基酚	12.8
泊洛沙姆 188(聚醚 F68)	16.0	聚氧乙烯(5)脂肪醇(7-9)醚(渗透剂 JFC、乳白灵 A)	13.0
阿特拉斯 G3300(烷基芳基磺酸盐)	11.7	壬基酚聚氧乙烯(10)醚(TX-10,或 NP-10)	15.0
阿特拉斯 G263(烷基芳基磺酸盐)	25～30	辛基酚聚氧乙烯(10)醚(Triton X-100 或 OP-10)	14.2
阿特拉斯 G-917(月桂酸丙二酯)	4.5	聚氧乙烯辛基苯基醚甲醛加成物(Triton WR1339)	13.9
吐温 20(聚氧乙烯脱水山梨醇单月桂酸酯)	16.7	聚氧乙烯油醇醚(平平加 O-15)	16.0

表 1-3　表面活性剂的用途与其 HLB 值关系

用　　途	HLB 值	用　　途	HLB 值
消泡剂	0.5～3	油/水型乳化剂	8～16
水/油乳化剂	3.0～8	洗涤剂(去污剂)	13～16
润湿剂与铺展剂	7～9	增溶剂	15～19

想一想

① 什么是克拉夫温度（Krafft 点）?

② 用阴离子表面活性剂在高温下配置的乳液，冷却到室温有可能会变得浑浊甚至分层，为什么?

③ 渗透剂 JFC 测得浊点为 42℃，能与其他非离子表面活性剂在复配温度为 65℃的场合下使用吗?

④ 查表获得吐温 85 的 HLB 值，然后判断它的主要作用。

1.1.1.3　知识点三　表面活性剂的主要品种

(1) 阴离子表面活性剂

此类包括肥皂类、硫酸化物、磺酸化物和磷酸酯盐。

① 肥皂类（高级脂肪酸盐）　通式 $(RCOO^-)_nM^{n+}$，属于高级脂肪酸的盐，常为硬脂酸、油酸、月桂酸的钠、钙、有机胺盐。肥皂类表面活性剂可分为一价皂（钠皂）、二价或

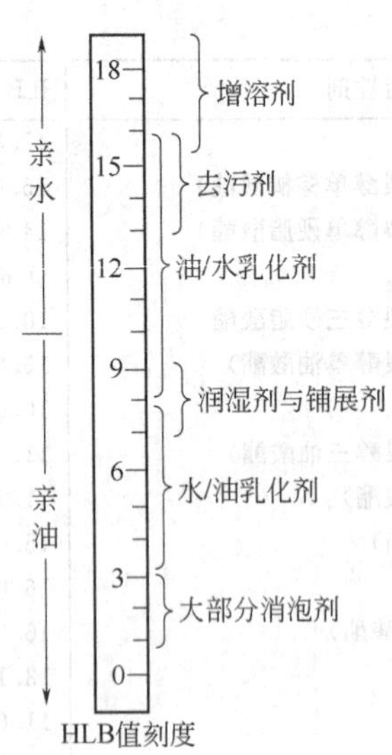

图 1-10 表面活性剂的用途与其 HLB 值关系

多价皂（钙皂、铝皂等）和有机胺皂（三乙醇胺皂），均有良好乳化性能和分散油能力。但一价皂易被钙、镁盐破坏，电解质亦可使之盐析。

一价皂即碱金属皂，如肥皂，主要作 O/W 型乳化剂和洗涤剂；二价皂，如钙皂主要作 W/O 型乳化剂，锌皂主要作塑料加工的分散剂。**脂肪酸三乙醇胺**盐常在非水溶液中乳化剂和润湿剂。

② 硫酸化物　硫酸化物表面活性剂主要有硫酸化油、高级脂肪醇硫酸酯类和脂肪醇聚氧乙烯醚硫酸盐。

硫酸化油的代表物为**硫酸化蓖麻油**，俗称太古油或土耳其红油，用做皮革加脂剂、印染行业的润色剂和分散剂、金属切削拉丝行业乳化剂和冷却剂以及农药乳化剂。

高级脂肪醇硫酸酯类（FAS）的通式 $RO—SO_3^- M^+$，脂肪烃链 R 在 12～18 个碳之间，代表物有**十二烷基硫酸钠**（月桂醇硫酸钠、K12 或称 SDS），商品为 25%～40%的无色溶液或淡黄色膏状物，主要作发泡剂和洗涤剂，但成本较高。注意：十二烷基硫酸钾（PDS）不溶于水，十二烷基硫酸钠不能用于含钾的环境。

脂肪醇聚氧乙烯醚硫酸盐（AES）代表品种有**脂肪醇聚氧乙烯醚硫酸钠** AES-3 [$RO(CH_2CH_2O)_3SO_3Na$，R 为 C_{12}～C_{16} 的烷基]，由非离子表面活性剂 $R(OC_2H_4)_3OH$ 经硫酸化得到，具有优良的去污、乳化、润湿、增溶和发泡性能，溶解性好，增稠效果好，配伍性广，抗硬水性强，生物降解度高，对皮肤和眼睛刺激性低微，广泛用于液体洗涤剂如餐洗、洗发香波、泡沫浴液、洗手液等。AES 也可用于洗衣粉及重垢洗涤剂。

③ 磺酸化物　磺酸化物表面活性剂有脂肪族磺酸化物、脂肪酸磺烷基化合物苯基磺酸化物和烷基萘磺酸化物，通式 $R\text{-}SO_3^- M^+$。它们的水溶性、耐酸性以及耐钙或镁盐性比硫酸化物稍差，但在酸性溶液中不易水解。

脂肪族磺酸化物中代表性品种有烷基磺酸盐（PS）、α-烯烃磺酸盐（AOS）、α-磺基脂肪酸甲酯、脂肪酸磺烷基酯、脂肪酸磺烷基酰胺和琥珀酸二辛酯磺酸钠（阿洛索-OT）等。烷基磺酸盐的通式为 RSO_3M（M 为碱金属或碱土金属），R 为 C_{12}～C_{20} 范围的烷基，分为**伯烷基磺酸盐**（AS，RCH_2OSO_2Na）和**仲烷基磺酸盐**（SAS，$RR'CHOSO_2Na$）两类。其中**仲烷基磺酸盐**（SAS，国内商品名为 **601 洗涤剂**），烷基碳原子一般为 C_{14}～C_{18}，是一种具有很好水溶性、润湿力、除油力的洗涤剂，去污能力与直链烷基苯磺酸（LAS）相似，发泡力稍低，主要配制重垢液体洗涤剂。**α-烯烃磺酸盐**（AOS，$RCH_2CH═CHCH_2OSO_2Na$ 和 $RCH═CHCH_2CH_2OSO_2Na$ 的混合物），性质与烷基苯磺酸盐相似，但容易生物降解，而且毒性小，对皮肤的刺激性较小，主要用于重垢低磷洗衣粉和液体洗涤剂。α-磺基脂肪酸甲酯（MES）的典型品种**棕榈油脂肪酸甲酯磺酸钠** [$CH_3(CH_2)_{13}CH(SO_3Na)COOCH_3$]，是一种新型环保表面活性剂，由天然植物油脂合成而来，具有优异的洗涤性能、廉价高效、安全无毒、抗硬水能力强、可完全生物降解，主要用于牙膏制造以及肥皂、皂粉、液体皂的改性。

脂肪酸磺烷基酯又称**伊捷邦 A**（Igepon A，**洗净剂 210**），代表品种**油酰氧基乙磺酸钠** [$CH_3(CH_2)_7CH═CH(CH_2)_7COOCH_2CH_2SO_3Na$]，是重垢精细纺织品洗涤剂，手洗、机洗餐具洗涤剂，各种香波、泡沫浴，香皂的重要配方成分。脂肪酸磺烷基酰胺又称**胰加漂 T**（Igepon T，洗涤之王，209 洗涤剂），典型代表物是 *N*-油酰基 *N*-甲基牛磺酸钠 [CH_3-

$(CH_2)_7CH=CH(CH_2)_7CO—N(CH_3)CH_2CH_2SO_3Na$]，该系列产品具有对硬水不敏感、有良好去污能力、润湿力和对纤维柔软作用，并可在酸性介质中使用，所以在纺织工业中有广泛用途，其中*N*-油酰基-*N*甲基牛磺酸钠是最重要的一种，用于粗羊毛、合成纤维以及染色布料的清洗，而且对纤维有很好的柔软作用，也用于手洗、机洗餐具洗涤剂，是各种香波、泡沫重要配方成分。丁二酸（琥珀酸）双酯磺酸盐，如**琥珀酸二辛酯磺酸钠**［$NaO_3S—CH(COOC_8H_{17})CH_2COOC_8H_{17}$，阿洛索-OT，**渗透剂 T**］是一种阴离子表面活性剂，适合于溶剂型涂料和油墨体系、水性涂料和油墨体系，促进颜料和填料的润湿和分散。

苯基磺酸化物中代表性品种有**直链十二烷基苯磺酸钠（LAS）**和**净洗剂 LS**（化学名为2-甲氧基-5-油酰胺苯磺酸钠）等。直链十二烷基苯磺酸钠对氧化剂稳定、发泡能力强、复配性兼容性好、成本低廉，是目前广泛应用的洗涤剂。净洗剂 LS 是一种有优良净洗、发泡、对钙皂分散能力好的表面活性剂，易溶于水，耐酸碱和硬水，可作羊毛和蚕丝的洗涤剂。

烷基萘磺酸化物中主要品种有二丁基萘磺酸盐和二异丙基萘磺酸盐。**二丁基萘磺酸盐**（也叫**开拉粉**），广泛用做纺织印染的渗透剂和润湿剂、橡胶工业作乳化剂和软化剂、造纸工业湿润剂、色淀工业的润湿剂以及化肥农药工业的增效剂等。**萘磺酸盐-甲醛缩合物（分散剂 NNO）**在水泥材料工业作为减水剂。

④ 磷酸酯盐　磷酸酯盐有**烷基磷酸单酯盐**（$ROPO_3Na_2$）、**双酯盐**［$(RO)_2PO_2Na$］、**脂肪醇聚氧乙烯醚的磷酸单（双）酯盐**和**烷基酚聚氧乙烯醚的磷酸单（双）酯盐**。其中，烷基醇聚氧乙烯醚磷酸酯盐商品名为6503 洗涤剂，该产品抗盐性能好，在硬水、盐类电解质乳液中仍有优异的去污、乳化、发泡等性能，对黑色金属具有很好的防锈性能。常用做农药乳化剂、“干洗”洗涤剂，金属清洗剂和加工防腐蚀剂（用于发动机冷却液），但润湿和洗涤能力稍差，价格高于磺酸盐。

（2）阳离子表面活性剂　阳离子表面活性剂起作用的部分为阳离子，也称为阳性皂。一般去污力较差，但杀菌消毒、防锈和柔软等作用显著。根据氮原子在分子中的位置不同，分为胺盐、季铵盐和杂环类等三类。

胺盐代表品种有**十二胺醋酸盐**（$C_{12}H_{25}NH_3^+CH_3COO^-$）、**二乙醇胺盐酸盐**［$HNH^+$-$(CH_2CH_2OH)_2Cl^-$］、索罗明 A［$C_{17}H_{35}COOCH_2CH_2N(CH_2CH_2OH)_2\cdot HCOOH$］等，常作浮选剂、防锈剂和乳化剂等。

季铵盐是分子结构中具有一个五价氮原子的一类化合物。其特点是水溶性大，在酸性与碱性溶液中较稳定，具有良好的表面活性作用、杀菌作用和固色作用。典型品种**双十八烷基二甲基氯化铵**（D1821）常用做纤维柔软剂和软发剂。**十二烷基二甲基苄基氯化铵**（又叫苯扎氯铵或称洁尔灭，均染剂 TAN，1227）、**十二烷基二甲基苄基溴化铵**（新洁尔灭）、**十二烷基-二甲基-2-苯氧基-乙基溴化铵**（杜灭芬）常用做杀菌剂。

杂环类阳离子表面活性剂有吡啶型胺盐和咪唑啉型胺盐等。吡啶型胺盐品种有**十六烷基溴化吡啶**［CPB，$C_{16}H_{33}(NC_5H_5)^+Br^-$］等，它主要用做染料固色剂、钢铁缓蚀剂和口腔杀菌除臭剂。咪唑啉型铵盐品种有***α*-十七烯基羟乙基咪唑啉（Amine 220）**，主要用做纺织柔软剂、破乳剂和防锈剂，它的醋酸盐分子结构：

$$C_{17}H_{33}—\overset{N\frown}{C}{}^{+}NH—CH_2CH_2OH\cdot CH_3COO^-$$

（3）两性离子表面活性剂　两性离子表面活性剂是分子结构中同时具有正、负电荷基团，在酸性介质中表现为碱性、在碱性介质中表现出酸性的一类表面活性剂。

① 氨基酸型　氨基酸型，分子结构 $RNHCH_2CH_2COOH$，属于两性离子表面活性剂。

② 甜菜碱型　甜菜碱型即羧基内季铵盐型，分子结构 $RN^+(CH_3)_2CH_2COO^-$，与胺盐型一样，在碱性水溶液中呈阴离子表面活性剂的性质，具有很好的起泡、去污作用；在酸性溶液中则呈阳离子表面活性剂的性质，具有很强的杀菌能力。**十二烷基甜菜碱或称十二烷基二甲基胺乙内酯**［$C_{12}H_{25}N^+(CH_3)_2CH_2COO^-$，商品名 BS-12］，能与各种类型染料、表面活性剂及化妆品原料配伍，用于配制香波、泡沫浴、敏感皮肤制剂、儿童清洁剂等，也可用做纤维、织物柔软剂和抗静电剂、钙皂分散剂、杀菌消毒洗涤剂及橡胶工业的凝胶乳化剂、兔羊毛缩绒剂、灭火泡沫剂等，也是农药草甘膦的增效剂。

③ 牛磺酸衍生物　牛磺酸衍生物是用高级脂肪胺与卤代乙磺酸反应，再加溴代烷使氨基季铵化得到，如 $RN^+(CH_3)_2(CH_2)_2SO_3^-$ 等。在水中的溶解度不如甜菜碱，但在任何条件下都能以两性（正、负）离子形式存在。

④ 咪唑啉型　该类表面活性剂是由氨基乙基乙醇胺（$NH_2CH_2CH_2NHC_2H_4OH$）或二乙烯三胺取代乙二胺的衍生物，与 C_7～C_{17} 脂肪酸经缩合、成环得到咪唑啉衍生物，再与氯乙酸反应，使环上的一个氮原子季铵化同时带上羧基，从而形成两性化合物，如 **1-羟乙基-2-脂肪烃基-2-羧甲基咪唑啉**，其结构式如下（R 代表脂肪烃基）：

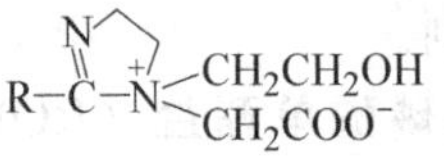

$$R-C(=N-CH_2-CH_2-)\overset{+}{N}(CH_2CH_2OH)(CH_2COO^-)$$

此类表面活性剂在水溶液中会水解、开环成为直链化合物，由于刺激性和毒性低、能与季铵化合物配伍，因而广泛用于婴儿香波和成人化妆品，其中 **1-羟乙基-2-十七烯基咪唑啉甜菜碱**也可用做相转移催化剂。另外，咪唑啉型两性表面活性剂中负电性基团也可以为磺酸基。

(4) 非离子表面活性剂　包括脂肪酸甘油酯、多元醇型、聚氯乙烯型、聚氧乙烯-聚氧丙烯共聚物、脂肪酸烷基醇酰胺型。

① 脂肪酸甘油酯　单硬脂酸甘油酯（单甘酯）HLB 为 3～4，主要用做 W/O 型乳化剂。

② 多元醇型　主要有蔗糖脂肪酸酯（SE）、烷基糖苷（APG）、脂肪酸失水山梨醇酯（司盘，Span，脂肪酸山梨坦）等。**蔗糖脂肪酸酯**是国内研制成功的一类非离子型表面活性剂，这类化合物由蔗糖分子中一个或数个羟基与脂肪酸（硬脂酸、软脂酸、棕榈酸等）酯化而成，HLB 为 5～13，其最大特点是无毒、无味、无嗅、无刺激性，在体内能降解成脂肪酸和蔗糖，兼具营养价值，已被广泛用做 O/W 型乳化剂和分散剂。**烷基糖多苷**（APG）是新一代绿色环保型表面活性剂，用酸作为催化剂，醇羟基与糖的苷羟基脱水形成醚键生成烷基糖苷，属非离子表面活性剂，可代替 AEO、LAS、AES 等作为主活性物和助洗剂配成各种化妆品、洗涤剂及工业用助剂。**脂肪酸失水山梨醇酯**主要作 W/O 乳化剂。脂肪酸失水山梨醇酯的结构式：

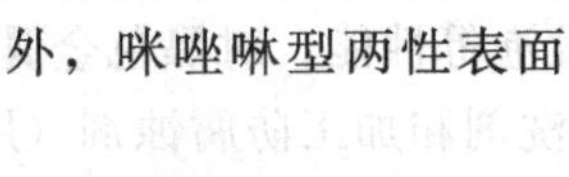

$$RCOOCH_2-CH(OH)-\underset{\text{O}}{CH}\quad CH_2;\quad HO-\underset{H}{C}-\underset{H}{C}-OH$$

③ 聚氧乙烯型　**聚氧乙烯硬脂肪酸酯**［**卖泽类** Myrij，$RCOOCH_2(CH_2CH_2O)_nCH_2OH$］，为聚乙二醇与脂肪酸的缩合物，具有较强水溶性，乳化能力强，作增溶剂和 O/W 型乳化剂。**聚氧乙烯脂肪醇醚**［AEO，$RO(CH_2CH_2O)_nH$］**品种多**，其中**苄泽类**（Brij）是由不同分子量的聚乙二醇与月桂醇的缩合物，n 为 10～20 时可用做 O/W 乳化剂；**西土马哥**（Cetomacrogol）是由聚乙二醇与十六醇得到的醚类化合物；**埃莫尔弗**（Emlphor，**乳化剂 EL 系列**）也叫聚氧乙烯蓖麻油，是利用蓖麻油上的羟基与环氧乙烷反应得到，易溶于水和醇及多种有

机溶剂，HLB12～18，具有较强亲水性，乳化能力强，作增溶剂和 O/W 型乳化剂；**渗透剂 JFC** 是 5 个单位的环氧乙烯与 C_7～C_9 脂肪醇形成的缩合物；**平平加 O**（Perogol O）是 15（或 20、或 25）个单位的环氧乙烯与油醇的缩合物。**烷基酚聚氧乙烯醚**（APE）是由环氧乙烯与烷基酚得到的缩合物，主要产品包括**辛基酚聚氧乙烯醚**系列（最常用品种如 OP-10，也叫 TX-100）和**壬基酚聚氧乙烯醚**系列（最常用品种如 NP-10，也叫 TX-10），主要作乳化剂、润湿剂、稳定剂、金属清洗剂、纺织油剂的单体、沥青乳化剂、水泥分散剂、原油钻井泥浆分散剂和原油乳化降黏剂；由于生物降解性差，禁止用于洗涤剂中。**聚氧乙烯脂肪酸失水山梨醇酯**（吐温或称聚山梨酯，Tween）主要作 O/W 乳化剂。聚氧乙烯脂肪酸失水山梨醇酯的结构式：

```
          HO
          |       O
RCOOCH2CH—CH    CH2
            |    |
       HO—C——C—O(CH2CH2O)20H
           H    H
```

④ 聚氧乙烯-聚氧丙烯共聚物　即泊洛沙姆［Poloxamer，$RO(C_3H_6O)_m(C_2H_4O)_nH$］，属于聚醚型非离子表面活性剂，代表性品种**普朗尼克 118**（Poloxamer118，或**聚醚 F-68**）。聚醚 F-68 具有消泡、破乳、分散、乳化和渗透等性能，主要用做 W/O 型及 O/W 型乳状液的乳化剂，用做分散剂、增溶剂、消泡剂和抑泡剂，用于配制化妆品、牙膏、汽车工业的清洗剂；能耐受热压灭菌和低温冰冻，可用于静脉乳剂作乳化剂。

⑤ 脂肪酸烷基醇酰胺型　脂肪酸烷基醇酰胺是脂肪酸与乙醇胺的缩合产物，商品名为**尼纳尔**（Ninol）。脂肪酸通常为月桂酸、棕榈油酸、油酸和硬脂酸，乙醇胺为单乙醇胺或二乙醇胺。根据脂肪酸与二乙醇胺的比例划分三种类型，（1∶1）型与其他表面活性剂复配可溶性好，既有洗净作用又有护发效果，适用于洗发香波；（1∶1.5）型（通用型）可用于洗发剂、化妆品、印染助剂和餐具洗涤剂等多种液体洗涤剂；（1∶2）型有增稠、去污、增泡、稳泡和防锈等作用，适用于金属防锈清洗和油田清洗剂。商品尼纳尔有三个品种，其中尼纳尔 6501 是由月桂酸、椰子油或棕榈仁油（经月桂酸乙酯）与二乙醇胺反应制得的（1∶1）型、（1∶1.5）型或前两者混合型的产物；尼纳尔 6502 是由棕榈油酸或棕榈油（比椰子油价廉）与二乙醇胺反应制得的（1∶2）型、（1∶1.5）与（1∶2）混合型的产物，主要用作轻垢型液体洗涤剂、洗发剂、清洗剂、液体肥皂、刮脸膏和洗面奶等膏状制品的增稠剂和去污剂，以及合成纤维纺丝油剂的乳化稳定剂，阴离子表面活性剂的泡沫稳定剂、纤维柔软处理剂、金属洗净剂、防锈剂和涂料剥离剂等。**尼纳尔 6503** 又叫椰子油酸烷基醇酰胺磷酸酯盐，是由尼纳尔 6501 与磷酸经酯化再中和得到的单（双）酯盐，归类为阴离子表面活性剂。

想一想

① 列举阴离子表面活性剂中两个硫酸化物的主要品种，说明主要用途。
② 净洗剂 LS 的主要性能和用途有哪些？
③ 十二烷基二甲基甜菜碱（B12）的化学结构式和主要用途。
④ 尼纳尔 6501 的类型及主要用途。

1.1.1.4　项目实践教学——表面活性剂性状观察与浊点的测定

（1）表面活性剂性状观察与结果

① 取 50ml 烧杯，放 10ml 水，再放入一小块黄豆大的肥皂，搅拌让肥皂溶解，配成肥皂水。用滴管取上述肥皂水，在玻璃板上同一点滴三滴，同样用滴管取水，在玻璃板上另一

点处滴三滴，观察液滴较为铺展的是________（肥皂水滴/水滴）；用直径 ϕ1mm 的细铁丝弯成一个半径为 3mm 的圆或大致面积的扁圆，用手指蘸上述肥皂水并在铁丝圆弧上抹一下，其结果是________；用吸管在上述肥皂水中吹气，看到结果是________。

② 观察脂肪醇聚氧乙烯醚硫酸钠（AES-3），其颜色________、状态________；取 50ml 烧杯，放 10ml 水，放入少许 AES-3，溶解情况________、pH ________，用吸管在上述肥皂水中吹气，看到结果是________。

③ 观察直链十二烷基苯磺酸，其颜色________、状态________；取 50ml 烧杯，放 10ml 水，放入少许直链十二烷基苯磺酸，溶解情况________、pH ________。观察直链十二烷基苯磺酸钠（LAS），其颜色________、状态________；取 50ml 烧杯，放 10ml 水，放入少许直链十二烷基苯磺酸钠，溶解情况________、pH________。

④ 观察十二烷基二甲基苄基溴化铵（新洁尔灭），其颜色________、状态________；取 50ml 烧杯，放 10ml 水，放入少许新洁尔灭，溶解情况________、pH ________。

⑤ 观察十二烷基二甲基甜菜碱（BS-12），其颜色________、状态________；取 50ml 烧杯，放 10ml 水，放入少许 BS-12，溶解情况________、pH ________。

⑥ 观察单硬脂酸甘油酯，其颜色________、状态________；取 50ml 烧杯，放 10ml 水，放入少许单硬脂酸甘油酯，溶解情况________；取 50ml 烧杯，放 10ml 色拉油，放入少许单硬脂酸甘油酯，溶解情况________。

⑦ 观察脂肪酸失水山梨醇酯（司盘 80），其颜色________、状态________；取 50ml 烧杯，放 10ml 色拉油，放入少许司盘 80，溶解情况________；再滴入 10 滴水，强搅拌，观察情况________。

⑧ 观察壬基酚聚氧乙烯醚（TX-10），其颜色________、状态________；取 50ml 烧杯，放 10ml 水，放入少许 TX-10，溶解情况________、pH ________。

⑨ 观察聚氧乙烯脂肪酸失水山梨醇酯（吐温 80），其颜色________、状态________；取 50ml 烧杯，放 10ml 水，放入少许吐温 80，溶解情况________、pH ________；再滴入 10 滴柴油，强搅拌，观察情况________。

⑩ 观察尼纳尔 6501（简称 6501），其颜色________、状态________；取 50ml 烧杯，放 10ml 水，放入少许 6501，溶解情况________、pH________。

(2) 浊点的测定与结果　测定渗透剂 JFC 的浊点。称取试样 1g，用蒸馏水溶解后配成 1%水溶液，倒入大试管内（直径 26mm，高 200mm），使管内液面高为 50mm，然后将大试管在甘油浴中缓缓升温，仔细观察透明度的变化，边加热边用搅拌器上下搅动，当试液变混浊时，此时管内温度计读数即为浊点，读数为________。然后将大试管取出降温，并记下恢复透明时的温度，读数为________。往渗透剂 JFC 的 1%水溶液中，加少许 AES，重新测定其浊点，读数为________。

(3) 实训教学评价　针对实训结果直接对学生提问。

1.1.2 表面活性剂生产工艺

在表面活性剂生产中，LAS、AES 是阴离子表面活性剂中产量最大的两种产品，占阴离子表面活性剂产量近 70%，我国现有生产能力已超过 100 万吨/年。国内 SO_3 磺化装置规模多为 1t/h 的小型设备，但也有 3t/h 以上磺化装置运行，而国际上趋势是 5t/h 以上。

醇醚系列产品主要品种有 AEO3、AEO7、AEO9 等和壬基酚聚氧乙烯醚 NP-9、NP-10 等。目前全国共有乙氧基化生产装置 100 多套，总生产能力已超过 41 万吨，其中引进装置主要是来自意大利 Press 公司，属于第 3 代生产技术，最大装置规模为 6 万吨/年。生产技术上，国内普遍采用循环喷雾式和循环喷射式乙氧基化反应装置，国外已采用连续生产方式的管式反应器，大型乙氧基化装置的生产能力在 25 万吨/年以上。

脂肪伯胺、仲胺、叔胺、二胺等均系阳离子表面活性剂的重要原料。目前生产脂肪胺的工艺路线按原料分主要有脂肪酸、油脂、脂肪醇和 α-烯烃等四种，关键设备是反应器，国外大多采用环路反应器。

两性表面活性剂生产近年在我国发展较快，产品主要以咪唑啉型和甜菜碱型为主。

1.1.2.1 模块一 十二烷基二甲基苄基溴化铵的间歇生产工艺

(1) 产品概述 十二烷基二甲基苄基溴化铵又称新洁尔灭，属于阳离子表面活性剂。新洁尔灭常温下为白色或淡黄色胶状体或粉末，低温时可能逐渐形成蜡状固体；兼有杀菌和去垢效力，作用强而快，对金属无腐蚀作用，不污染衣服，性质稳定，易于保存，在医学上用做消毒防腐剂。

(2) 生产原理 生产路线有两条，一条是溴代十二烷与 N,N-二甲基苄胺反应，另一条是溴化苄与十二烷基二甲基叔胺反应。由于溴化苄昂贵，采用后一路线非常不经济。阳离子表面活性剂路径选择取决有机叔胺和卤代烃两种原料的成本。

若选第一条路线，则原料可从十二醇开始。十二醇经溴化再与 N,N-二甲基苄胺反应，可得到十二烷基二甲基苄基溴化铵。溴化剂选用 47%HBr 水溶液，而不用危险性高的 HBr 气体。反应中加入惰性溶剂（甲苯或氯苯等），目的是通过惰性溶剂回流、带出并分离除去氢溴酸中水及反应中产生的水。另外，通过加入浓硫酸也可达到脱水目的。脱水效果越好，转化率越高。反应式：

$$C_{12}H_{25}OH \xrightarrow[-H_2O]{HBr，惰性溶剂} C_{12}H_{25}Br$$

$$C_{12}H_{25}Br + C_6H_5-CH_2N(CH_3)_2 \longrightarrow \left[C_6H_5-CH_2\overset{\displaystyle CH_3}{\underset{\displaystyle CH_3}{\overset{|}{\underset{|}{N^+}}}}-C_{12}H_{25} \right] Br^-$$

(3) 间歇生产工艺

① 间歇生产流程 间歇生产流程，如图 1-11 所示。

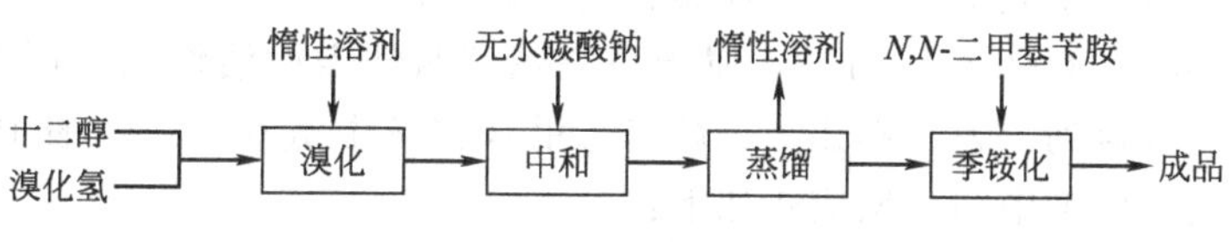

图 1-11 十二烷基二甲基苄基溴化铵的间歇生产流程简图

② 主要生产设备 储槽若干，计量罐；带蒸馏装置（冷凝器）及分水器的搪瓷釜式反应器一个，一个用于溴化反应；带回流冷凝器的搪瓷釜式反应器一个，用于季铵化反应；真空装置一套（用于减压蒸馏获得较纯溴代十二烷）。

③ 操作步骤 将 588kg 十二醇加入搪瓷釜式反应器，升温使其熔化（熔点 24℃），盖好釜盖使反应器釜体部分密封（回流装置口除外），在搅拌情况下加入 506kg 氢溴酸（47%，相对密度 1.49），再加入一定量的惰性溶剂（如氯苯，约 272L），继续加热升温，在水与惰性溶剂混合物沸点下反应，蒸出的溶剂经冷凝并分离出水后回流，持续搅拌反应 10～15h。反应完毕，静置，再分出 HBr 酸层，用无水碳酸钠除去油层残余的 HBr 酸，过滤。滤液送入减压蒸馏装置，先蒸出惰性溶剂，再减压蒸馏收集（134～135℃)/6×133.3Pa 馏分，即获得纯度较高的溴代十二烷，收率可达 92%以上。

将上述得到的溴代十二烷装入另一个搪瓷釜式反应器，加入98% N,N-二甲基苄胺362kg，搅拌加热至80℃，再让反应物自然升温至110℃，之后进行冷却以控制温度不再升高。搅拌反应持续6h，得到十二烷基二甲基苄基溴化铵。趁热放料。收率可达99%。

(4) 安全与环保

① 氢溴酸属二级无机酸性腐蚀物品，其蒸气强烈刺激眼睛和呼吸器官，吸入后会中毒。

② N,N-二甲基苄胺为无色至淡黄色易燃液体，有氨臭，比苯胺毒性大；对皮肤和黏膜有强烈刺激性和腐蚀性；致敏性也很强。

③ 氢溴酸废水须经中和、稀释后，排入废水系统。对N,N-二甲基苄胺，须让其反应完全以做到零排放。

十二醇溴化中若脱水效果不好，则对反应结果有什么影响？如何提高溴化中的脱水效果？

1.1.2.2 模块二 十二烷基甜菜碱（BS-12）的间歇生产工艺

(1) 产品概述 本品为无色至淡黄色透明液体，色泽（APHA）≤50，固含量为25%～30%，pH=6～8，要求NaCl含量≤8%。本品克拉夫温度低于4℃，HLB值为20，水溶性好。具有良好的洗涤和起泡作用，可广泛与阴离子、阳离子和非离子表面活性剂配伍。对硬水、热稳定性良好。对人皮肤和眼角膜刺激性极低，适于配制高级洗发护肤制品，是香波、沐浴露、洗手液、洗涤剂等日化产品的重要原料。具有良好的柔软、抗静电、分散、杀菌消毒等性能，可用做纤维、织物柔软剂、羊毛缩绒漂洗剂等产品的配料中去。

(2) 生产原理 甜菜碱型两性表面活性剂生产发展取决有机叔胺和α-卤代脂肪酸的生产规模及其成本，一般低级叔胺价格比高级叔胺的低，而低级α-卤代脂肪酸与高级α-卤代脂肪酸在价格上相差不大。在国内，由于氨基乙基乙醇胺（$NH_2CH_2CH_2NHC_2H_4OH$）和二乙烯三胺（$NH_2CH_2CH_2NHC_2H_4NH_2$）规模化生产较早，原料易得，因而咪唑啉型两性表面活性剂比烷基甜菜碱型表面活性剂具有成本低的优势。

十二烷基甜菜碱（商品名BS-12），属于甜菜碱型两性表面活性剂，可由十二烷基二甲基叔胺与氯乙酸反应得到。为了不让十二烷基二甲基叔胺中氨基与氯乙酸中羧基形成胺盐，氯乙酸需要先用氢氧化钠中和。反应式如下：

$$ClCH_2COOH + NaOH \xrightarrow{30℃} ClCH_2COONa + H_2O$$

$$C_{12}H_{25}-\underset{CH_3}{\overset{CH_3}{\underset{|}{\overset{|}{N}}}} + ClCH_2COONa \longrightarrow C_{12}H_{25}-\underset{CH_3}{\overset{CH_3}{\underset{|}{\overset{|}{N^+}}}}-CH_2COO^- + NaCl$$

① 中和反应 氯乙酸和烧碱的中和反应是一放热反应，温度不宜过高，必须迅速除去大量的反应热。否则，易发生副反应。实验证明，当温度超过一定范围时，有一部分氯乙酸盐会转化为羟基乙酸盐，同时体系酸性大大增强，阻止了季铵化反应进行，影响叔胺的转化率，导致产物中游离胺含量过高，降低产品质量。当然，温度太低，反应速率慢，反应时间长。温度控制在30℃左右。氯乙酸与碱的摩尔比为1∶1比较适合，碱液质量浓度25%～30%，加料方式采用两种原料缓慢流入方式。中和反应终点控制pH为5.5～7，碱性过强不利于后续反应。由于产品中含NaCl过多会影响产品质量，因而氢氧化钠原料应使用含盐

量少的片碱，而不用液碱。

② 季铵化反应　季铵化反应为一个缩合反应，从机理看属于亲核取代。实际生产中，缩合反应温度控制在 60～80℃之间为宜。由于反应速率与两种反应物的浓度都有关系，加料时，不宜采取滴加方式，应一次性投入叔胺。实验证明，一次性投料可以显著降低产物中游离胺含量，提高产品质量。

提示：十二烷基甜菜碱与十二烷基二甲基叔胺醋酸盐容易混淆，实质上它们是两种截然不同物质。十二烷基二甲基叔胺醋酸盐［化学式 $C_{12}H_{25}N^+H(CH_3)_2 \cdot CH_3COO^-$］本质属于阳离子表面活性剂。

(3) 间歇生产工艺

① 工业生产流程简图　如图 1-12 所示。

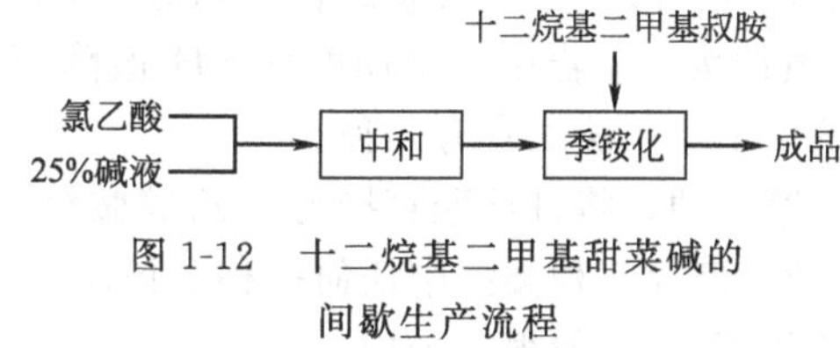

图 1-12　十二烷基二甲基甜菜碱的间歇生产流程

② 主要生产设备　搪瓷溶解釜，带回流冷凝器的搪瓷釜式反应器，高位槽，计量罐，耐腐泵等。

③ 操作步骤　用泵抽 240kg 去离子水到溶解釜中。将 80.4kg 片状氢氧化钠，分批投入上述溶解釜，搅拌，溶解，配成 25%碱液 320.4kg，然后用泵将碱液输送到碱高位槽中。再用泵抽 760kg 去离子水到溶解釜中，将 189kg 氯乙酸（结晶体），分批投入上述溶解釜，搅拌，溶解，配成 20%氯乙酸液 949kg，然后用泵将氯乙酸液输送到氯乙酸高位槽中。

将上述氯乙酸溶液和碱液按约 3∶1 的体积流量比缓慢流入搪瓷釜式反应器进行中和反应。搅拌，温度控制在 30℃左右，加料约 1h，再反应 30min。中和反应终点控制 pH 为 5.5～7。然后通过计量罐，将 426kg 十二烷基二甲基叔胺和补充的 500kg 去离子水一次性加入釜式反应器，搅拌、升温，控制季铵化反应温度 60～80℃，反应 5～10h，可得到淡黄色透明液体，再补充少许水使十二烷基甜菜碱产品固含量达到 30%。

(4) 安全与环保

① 氢氧化钠（片碱）为片状固体，可产生漂浮性粉末，当心碱粉末灼伤眼睛，加料时戴护目镜。

② 氯乙酸为无色结晶，有潮解性，属于腐蚀性危险化学品。可能接触其蒸气或烟雾时，必须佩戴导管式防毒面具，必要时佩戴隔离式呼吸器。操作人员需戴橡胶耐酸碱手套。

③ 十二烷基二甲基叔胺的简称十二叔胺，为无色至淡黄色易燃液体，口服有毒，可燃，对水生动植物生长有害。操作人员需戴橡胶耐酸碱手套。

十二烷基甜菜碱生产中若原料计量不准，那么会造成什么后果？

1.1.2.3　模块三　椰子油酸二乙醇酰胺的间歇生产工艺

(1) 产品概述　椰子油酸二乙醇酰胺又称尼纳尔，为淡黄色至琥珀色黏稠液体，有 (1∶1) 型、(1∶1.5) 型和 (1∶2) 型三种类型。(1∶1) 型与其他表面活性剂复配可溶性好，既有洗净作用又有护发效果，适用于洗发香波。(1∶1.5) 型为通用型，在水中能形成一种不透明的雾状溶液、经搅拌能完全透明，具有增稠水溶液作用，具有良好的发泡、稳泡、渗透、去污和抗硬水等功能，可用作洗发剂、化妆品、印染助剂和餐具洗涤剂等多种液体洗涤剂，可用于其他阴离子表面活性的泡沫稳定剂。(1∶2) 型适用于金属防锈清洗和油田清洗剂。

（2）生产原理　尼纳尔化学名称为脂肪酸二乙醇酰胺，是由月桂酸、月桂酸低级脂肪醇酯、椰子油或棕榈仁油与二乙醇胺反应得到的产物。脂肪酸与二乙醇胺若按1∶1摩尔比反应，则制得（1∶1）型产品（尼纳尔6501），该产品含月桂酸二乙醇酰胺比例高，但水溶性较差。脂肪酸与二乙醇胺若按1∶1.5摩尔比反应，则制得（1∶1.5）型产品，该产品性能介于（1∶1）型和（1∶2）型之间。月桂酸或棕榈酸与过量一倍的二乙醇胺反应，所得产物是等摩尔月桂酸二乙醇酰胺与二乙醇胺的络合物，即（1∶2）型产品（尼纳尔6502）。该产物中，月桂酸二乙醇酰胺的含量偏低，但因络合二乙醇胺，故具有良好的水溶性，其水溶液pH值约为9，若在其中加酸使pH值降至8以下，则会出现混浊。根据原料和工艺不同，尼纳尔工业制法通常有三种。

第一种，将月桂酸直接与二乙醇胺缩合，原料配比采用（1∶1）型、（1∶1.5）型和（1∶2）型等三种类型中任何一种。该法工艺简单，但是原料贵、成本高，副反应多（酯化、胺盐化等），一般很少采用。

$$C_{11}H_{23}COOH+2NH(CH_2CH_2OH)_2 \xrightarrow[-H_2O]{} C_{11}H_{23}CON(CH_2CH_2OH)_2\cdot NH(CH_2CH_2OH)_2$$

第二种，将精制椰子油与二乙醇胺直接反应，也称一步法。该法中二乙醇胺过量，以使椰子油的酰胺化完全，因而脂肪酸与二乙醇胺的配比只能采用（1∶1.5）型和（1∶2）型两种中一种，生产出（1∶1.5）型或（1∶2）型。该法成本较低，但产品色泽深，其中月桂酸二乙醇酰胺的含量60%左右，在国际市场上缺乏竞争力，国内中小厂家目前多采用该方法。（1∶2）型反应式如下：

$$\begin{array}{l} C_{11}H_{23}COO-CH_2 \\ \qquad\qquad\quad | \\ C_{11}H_{23}COO-CH \\ \qquad\qquad\quad | \\ C_{11}H_{23}COO-CH_2 \end{array} + 6NH(CH_2CH_2OH)_2 \xrightarrow{KOH}$$

$$3\left[\begin{array}{c} O \\ \| \\ C_{11}H_{23}CN(CH_2CH_2OH)_2\cdot NH(CH_2CH_2OH)_2 \end{array}\right] + \begin{array}{l} H_2C-OH \\ \quad | \\ HC-OH \\ \quad | \\ H_2C-OH \end{array}$$

第三种，将椰子油或棕榈仁油水解所得的混合脂肪酸制成甲酯（或乙酯）再与二乙醇胺反应，这种方法也称二步法。该法反应副产物少，反应温度低，所得产品色泽淡、透明度好、增稠性能高，月桂酸二乙醇酰胺的含量可达85%以上。另外，椰子油或棕榈仁油价廉，且原料成本与一步法持平。因而产品的竞争力强，国内外大企业均采用较先进的甲酯法。但该法工艺流程相对复杂，甲酯化（或乙酯化）后需要进一步分离产物中的甘油，因而设备投资比较大。反应式（第二个反应按1∶2原料比）：

$$\begin{array}{l} C_{11}H_{23}COO-CH_2 \\ \qquad\qquad\quad | \\ C_{11}H_{23}COO-CH \\ \qquad\qquad\quad | \\ C_{11}H_{23}COO-CH_2 \end{array} + 3CH_3CH_2OH \longrightarrow 3C_{11}H_{23}COOC_2H_5 + \begin{array}{l} H_2C-OH \\ \quad | \\ HC-OH \\ \quad | \\ H_2C-OH \end{array}$$

$$C_{11}H_{23}COOC_2H_5+2NH(CH_2CH_2OH)_2 \xrightarrow[-CH_3CH_2OH]{} C_{11}H_{23}CON(CH_2CH_2OH)_2\cdot NH(CH_2CH_2OH)_2$$

（3）间歇生产工艺

① 生产流程　工业生产流程，如图1-13所示。

② 主要生产设备　储槽，计量罐，带蒸馏装置的搪瓷釜式反应器，真空装置一套（用

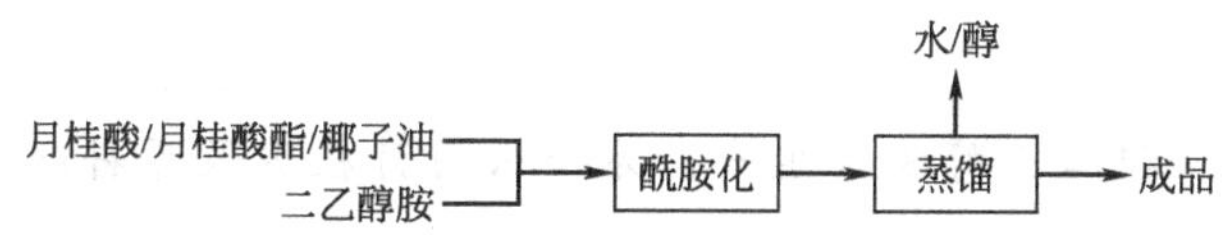

图 1-13 椰子油酸二乙醇酰胺的间歇生产流程简图

于减压蒸馏)。

③ 操作步骤 依原料不同，采用不同生产工艺。

a. **采用月桂酸为原料的工艺操作** 在带蒸馏装置的搪瓷釜式反应器中，加入 210kg 二乙醇胺，启动搅拌，蒸馏装置中冷凝器通水，加热，加入 200kg 月桂酸固体（酸胺摩尔比为 1∶2)，密封设备，继续升温，让反应温度控制在 130℃左右。随着水分蒸出，混合物酸值降低，说明生成了酰胺，当游离脂肪酸含量降到 5%以下反应接近终点（可取少许样品滴入清水中，搅匀后能完全溶解表明反应达到终点，否则反应仍未达到终点)。然后启用真空装置，在 130℃脱水 30min，直至没有水蒸出为止，解除减压状态。整个过程 2～3h。得到浅黄色黏稠状液体，即为椰子油酸二乙醇酰胺，约 370～390kg，内含月桂酸二乙醇酰胺 65%左右。

b. **采用椰子油为原料的一步法工艺操作** 在带蒸馏装置的搪瓷釜式反应器中，加入 508kg（0.8kmol）椰子油，启动搅拌，加入 50%的 KOH 液（起催化作用）7kg，加热，加入 508kg（4.8kmol）二乙醇胺（椰子油与二乙醇胺摩尔比为 1∶6)，密封设备，蒸馏装置的冷凝器通水，继续升温，不断往反应器中补充少量水，启用真空装置，让反应温度控制在 130℃左右，生成的甘油与水一起被蒸出脱除。取少许样品滴入清水中，搅匀后能完全溶解表明反应达到终点，否则反应仍未达到终点。停止加水，继续在 130℃脱水 30min，直至没有水蒸出为止，解除减压状态。整个过程 5h 以上，得到浅黄色黏稠状液体，即为椰子油酸二乙醇酰胺，约 1000kg，内含月桂酸二乙醇酰胺 60%左右。该工艺产品颜色偏深，但应控制色泽（APHA）＜400。

c. **采用月桂酸乙酯为原料的工艺操作** 在带蒸馏装置的搪瓷釜式反应器中，加入 500kg 二乙醇胺，在不断搅拌下加热到 100℃，从搪瓷釜出料口放出热的二乙醇胺 25kg，用于溶解 3kg 氢氧化钾待用。在反应釜中再加入月桂酸乙酯（由椰子油经皂化、乙醇酯化获得）625kg，接着加入上述溶解好的氢氧化钾二乙醇胺溶液，密封设备，搅拌、加热，反应温度控制在 130℃左右，生成的乙醇被蒸出脱除。取少许样品滴入清水中，搅匀后能完全溶解表明反应达到终点，否则反应仍未达到终点。另外，反应终点时没有乙醇蒸出。整个过程持续 5h，得到浅黄色黏稠状液体，约 1000kg，内含月桂酸二乙醇酰胺 67%左右。

上述三种工艺的产品，对“水分与共挥发物”含量指标有质量要求：＜0.12%。

(4) 安全与环保

① 月桂酸，即十二酸，有月桂油香的白色针状结晶体，熔点 44℃；不溶于水，溶于乙醇、乙醚、苯。

② 月桂酸乙酯，无色液体，有特臭，熔点－1.8℃、相对密度 0.86；遇明火、高热可燃。

③ 椰子油，以十二酸甘油酯为主，相对密度 0.8354。在热带地方为白色液体，在寒冷地方为牛油样的固体。

④ 二乙醇胺，无色黏稠液体，熔点 28℃。溶于水、乙醇和丙酮。蒸气能刺激眼睛和黏膜。

① 椰子油酸二乙醇酰胺生产，为什么用月桂酸做原料既不经济又导致副反应多？

② 椰子油酸二乙醇酰胺生产，用椰子油做原料为什么反应时间长，且产品色泽深？

1.1.2.4 模块四 脂肪醇聚氧乙烯醚（AEO）生产工艺

(1) 产品概述 脂肪醇聚氧乙烯醚（AEO系列），活性物含量≥99%，色泽（APHA）≤50，水分≤1.0%，为无色透明液体或白色膏状（25℃）。其中AEO3可作油包水乳化剂，是高效洗涤剂AES的主要原料。AEO9主要用于羊毛净洗剂、毛纺工业脱脂剂、织物净洗剂以及液体洗涤剂活性组分，一般工业用做乳化剂。

(2) 生产原理 脂肪醇聚氧乙烯醚生产核心过程是乙氧基化反应。过程目标追求转化率高，反应速率要快、副反应少，聚合度分布符合预期，产品颜色浅。在工程上通过提高装置规模、改进生产方式，来实现经济、高效生产。

① 脂肪醇聚氧乙烯醚（AEO）的生成反应——乙氧基化反应

反应机理：

链引发：

$$ROH + NaOH \underset{}{\overset{k_{d_1}}{\rightleftharpoons}} RONa + H_2O$$

$$ROH + nH_2C\underset{O}{—}CH_2 \longrightarrow RO(CH_2CH_2O)_nH$$

$$RONa \overset{k_{d_2}}{\rightleftharpoons} RO^- + Na^+$$

$$RO^- + H_2C\underset{O}{—}CH_2 \xrightarrow[慢]{k_{d_3}} ROCH_2CH_2O^-$$

链增长：

$$ROCH_2CH_2O^- + H_2C\underset{O}{—}CH_2 \xrightarrow{k_{p_1}} ROCH_2CH_2OCH_2CH_2O^-$$

$$ROCH_2CH_2OCH_2CH_2O^- + H_2C\underset{O}{—}CH_2 \xrightarrow{k_{p_2}} RO(CH_2CH_2O)_2CH_2CH_2O^-$$

……

链转移：

$$ROCH_2CH_2O^- + ROH \xrightarrow{k_{t_1}} RO^- + ROCH_2CH_2OH$$

$$ROCH_2CH_2OCH_2CH_2O^- + ROH \xrightarrow{k_{t_2}} RO^- + RO(CH_2CH_2O)_2H$$

……

（R为C_{10}～C_{18}的脂肪烃基，脂肪醇常为月桂醇、十六醇、油醇和十八醇，或混合醇）

脂肪醇聚氧乙烯醚（AEO）的生成反应是一个以乙氧基化反应为链增长反应的逐步加聚反应，其中链引发的第3步反应速率慢（k_{d3}小），因受制于亲核试剂RO^-进攻环氧乙烷的能力。乙氧基化反应是环氧乙烷的开环反应，为一个放热反应，脂肪酸乙氧基化反应放热量为22×4.19kJ/mol。

② 乙氧基化反应的影响因素 乙氧基化反应的影响因素有反应物的结构、催化剂、温度、压力和原料纯度等五个因素。

a. **反应物的结构** 具有活泼氢的化合物，如醇、烷基酚、脂肪胺、脂肪酸以及含羟乙基衍生物（环氧乙烷加成物）等，都具有与环氧乙烷发生乙氧基化反应的能力。在碱性条件下与环氧乙烷反应的速率次序：醇＞烷基酚＞脂肪酸，即随着酸度增加而降低。月桂醇在碱条件下与环氧乙烷反应，链引发速率与链增长中各步反应速率相当，因而产物有月桂醇残留。烷基酚在碱条件下与环氧乙烷反应，链引发速率大于链增长中各步反应速率，因而产物没有烷基酚残留。仲醇和叔醇在碱催化下反应速率很低，且聚合度分布宽，应改用酸性催化剂和极性溶剂进行反应（单分子亲核取代）。

b. **催化剂**　在 135～140℃，甲醇钠、乙醇钠和氢氧化钾，都有很好活性；当温度高于 140℃，氢氧化钠才有一定活性。碱性越强，反应速率越大；碱浓度越高，反应速率越大。在碱浓度低时，反应速率随碱的浓度增加而较快增加，而在碱浓度高时，反应速率随碱浓度增加而增加缓慢，甚至不增加。若催化剂为氢氧化钾，则可以直接加入原料醇中溶解；若氢氧化钠，则需先配成 50%的水溶液再加入原料醇中，然后通过抽真空和氮气流将水脱除，再进行乙氧基化反应。催化剂用量为脂肪醇的 0.1%～0.5%（质量分数）。

c. **温度**　温度越高，反应速率越快，且高温时比低温时反应速率加快更多。在催化剂下反应温度取 135～180℃。温度过高产品色泽增深，还可能引发末端的羟基脱除而生成水。反应初期温度可高些，正常后应降低。

d. **压力**　压力对反应速率影响不大，只取决操作与安全因素。间歇反应采用的温度较低，如 135～180℃，并不需要采用高压。从安全考虑，乙氧基化反应器内应维持一定正压，以防止空气漏入引发爆炸，一般压力为 100～250kPa（表压）。对于搅拌釜式反应器，常采用液相环氧乙烷滴加方式加料，这时操作压力与环氧乙烷浓度成正比，为维持釜内一定压力就必须控制滴加速度。对于循环式反应器，常采用气相进料，且气相环氧乙烷是靠喷射泵抽入方式加入并在喷射泵内迅速反应掉，因而反应器内压力基本与环氧乙烷无关。为维持釜内一定的正压，有两种方法，一是依压力的变化补充液相环氧乙烷；二是通入氮气。

e. **原料纯度**　反应开始时不能有水存在，否则生成乙二醇。脂肪醇中可能含水，则应在反应前用氮气脱除。环氧乙烷含量应在 99%以上，否则影响产物聚合度分布，另外对环氧乙烷中醛含量有较高要求，若其中含有 0.01%的乙醛，则产品颜色就会明显加深。

③ 脂肪醇聚氧乙烯醚（AEO）的聚合度分布　脂肪醇聚氧乙烯醚是加聚产物，其平均聚合度（平均含氧乙烯的数目）由乙氧基化反应中原料的摩尔比决定。由于环氧乙烷加聚是逐步进行，因而从微观分子看，不同分子的聚合度不可能完全一致，同一平均聚合度产物其分子在不同聚合度上分布数目也千差万别，如平平加 O-15，平均聚合度 15，其产物分子在聚合度…、12、13、14、15、16、17、18、…上有无数种分布，有的集中分布在 15 附近，有的分布很宽。

聚合度分布宽与窄的不同，会导致产品性能差异。脂肪醇聚氧乙烯醚的单一成分与聚合度分布宽产品比较，前者浊点一般高 10～12℃，起泡性更好，而稳泡性差。但两者去污力和渗透力无明显区别。有些产品需要聚合度分布宽，如乳化剂。但更多场合需要聚合度分布窄，如用于家用洗涤剂和香波中的 AES。

脂肪醇聚氧乙烯醚的聚合度分布受催化剂种类影响。催化剂碱性强（如甲醇钠），产物聚合度分布宽，碱性弱（如氢氧化钠）产物聚合度分布变窄；使用酸性催化剂（如 $SbCl_5$），产物聚合度分布很窄。

④ 生产方式选择　生产方式有间歇式和连续操作两种。间歇式适合常变换原料和品种的小批量或中等批量的生产要求。但非离子表面活性剂已在工业和民用洗涤剂中大量使用，有些品种需求量很大，非常适合大量生产，因而连续法生产方式被一些大型企业采用。

连续法有槽式和管式之分。管式反应器分四段，每段反应器由直径 9.4mm，长 2.5m 的列管组成，管外换热（连续操作放热量大），环氧乙烷分四段、液相加料。反应温度190～250℃，压力 2.16MPa，催化剂可使用碱性相对弱些的碱，用量 0.2%（质量分数），停留时间 15min，环氧乙烷转化率达到 99.5%。聚乙二醇含量在 1%以下，聚合度分布与间歇法相同。间歇式生产又分为搅拌式和循环式两种，循环式比搅拌式更有技术优势。

(3) 间歇生产工艺

① 搅拌式生产工艺　搅拌式间歇生产流程简图，如图1-14所示。

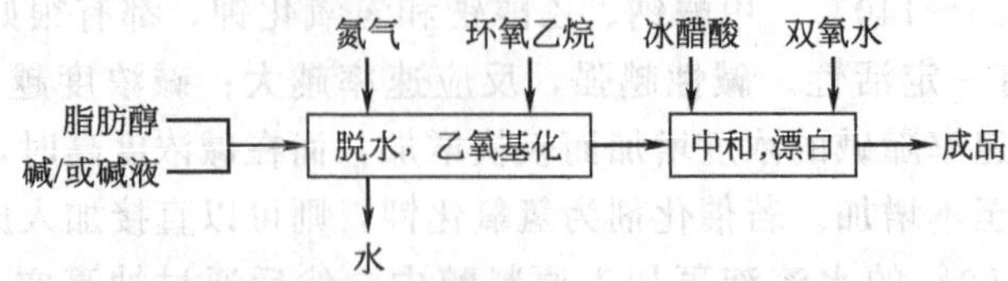

图1-14　脂肪醇聚氧乙烯醚的间歇生产流程（搅拌式）

反应器为不锈钢或搪瓷釜式反应器。先将计量的脂肪醇投入反应器中，在搅拌下加入50%碱水溶液，用氮气吹扫，抽真空，用夹套蒸汽加热至130℃左右，使反应物料充分干燥，反复充氮气与抽真空，至水分含量符合要求。用氮气将环氧乙烷从环氧乙烷计量罐压入反应器。若反应器为液相加料，则采用滴加（防止反应在诱导期后加速而引起飞温甚至爆炸），控制滴加速度使反应器压力保持在0.147～0.245MPa（务必低于环氧乙烷计量罐压力，否则环氧乙烷输送不过来）。反应器内压力下降，而温度上升，表明反应已开始，保持温度130～170℃持续到反应完毕。环氧乙烷计量罐中环氧乙烷用完后，反应器内压力下降至零，用氮气吹扫，使产品中环氧乙烷含量低于1×10^{-6}，让反应物冷却，用氮气将反应物压入漂白釜，用醋酸中和，双氧水漂白（用量为反应物量的1%），将产物送入成品储罐。

如反应器为气相加料，则控制气体的流速使反应器压力保持在0.147～0.245MPa。气相加料，其反应速率比液相加料慢，但反应温度比液相加料易控制，产品色泽浅。

② 循环式生产工艺　脂肪醇聚氧乙烯醚的循环式间歇生产流程，如图1-15所示。脂肪醇原料和催化剂（碱）在脂肪醇计量罐1中加热到150～160℃，进行干燥脱水，然后与反应釜3中循环物料一起，由循环泵4送到反应器中的文丘里管式的喷射装置6。在文丘里管式的喷射装置中，借喷出的脂肪醇或循环物料形成真空，抽入环氧乙烷计量罐2的气相环氧乙烷，在喷管中得到充分混合，并进行反应，然后喷入反应器3中。反应放出热量由反应器夹套或外加蛇管以及循环系统的热交换器中冷却水带走，以保持反应温度160～180℃。通过补充适当的液相环氧乙烷或不时通入氮气来维持釜内一定的正压，100kPa（表压）。循环速度根据反应物的黏度而有所不同，通常循环一次约1～10min。当环氧乙烷计量罐2中环氧乙烷全部用完，继续反应一定时间后最后用氮气吹扫，使产品中环氧乙烷含量低于1×10^{-6}，使反应物冷却，用氮气将反应物压入漂白釜，用醋酸中和，双氧水漂白（用量为反应物量的1%）。将产物送入成品储罐。

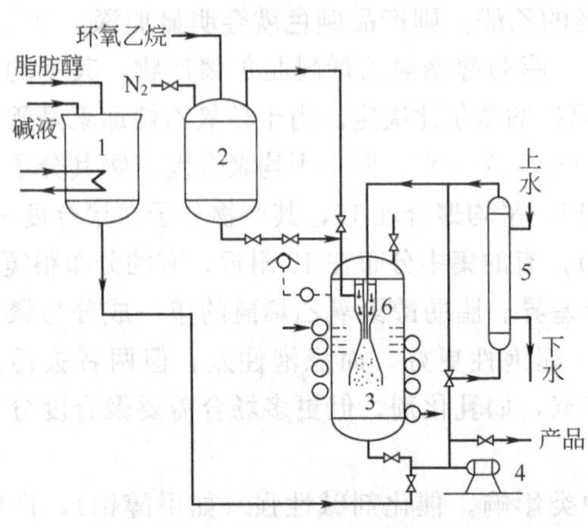

图1-15　脂肪醇聚氧乙烯醚的间歇生产流程（循环式）

1—脂肪醇计量罐；2—环氧乙烷计量罐；3—塔式反应器；4—循环泵；5—热交换器；6—文丘里管式喷射装置

该法不但采用循环工艺，而且采用BUSS喷射式反应器，使反应物有良好的接触混合，反应速率快，温度比较稳定，质量均匀一致，并且提高安全性。

(4) 系列产品生产　烷基酚聚氧乙烯醚生产工艺与脂肪醇聚氧乙烯醚基本相同。烷基酚聚氧乙烯醚的主要品种有辛基酚聚氧乙烯醚和壬基酚聚氧乙烯醚，间隙生产工艺条件：反应温度（170±30)℃，压力 0.15～0.3MPa，催化剂使用 KOH，用量为烷基酚的 0.1%～0.5%（质量分数)。反应开始前需要使用氮气置换。

（5）安全与环保

① 环氧乙烷为无色气体，沸点 10.4℃。爆炸下限 3.0%（体积分数)，爆炸上限 100%（体积分数)，在通入环氧乙烷之前需要用氮气置换。

② 乙氧基化反应后会有过量的环氧乙烷气体排出，另外在环氧乙烷储存及计量泵输送过程中会少量弛放气产生，注意环氧乙烷对大气环境的危害，量大时应考虑回收。

想一想

① 月桂醇在碱条件下与环氧乙烷进行乙氧基化反应，其产物中为什么有月桂醇残留？烷基酚在碱条件下与环氧乙烷反应，产物中为什么没有烷基酚残留？

② 脂肪醇聚氧乙烯醚的聚合度分布与催化剂有什么关系？

③ BUSS 喷射式反应器有什么特点？

1.1.2.5　模块五　直链烷基苯磺酸盐（LAS）的连续生产工艺

（1）原料来源　直链烷基苯磺酸盐（LAS）的原料为直链烷基苯。烷基苯的合成路线有四条：煤油、石蜡、乙烯和丙烯等为原料的路线。煤油来源方便，成本低，合成直链烷基苯的工艺成熟、产品质量好。

煤油生产直链烷基苯需要经过三大步骤。第一步，因煤油含 30%左右的正构十二烷烃，故通过尿素络合法或分子筛提蜡法可直接从煤油中提取正构十二烷烃；第二步，通过化学方法，如氯化或脱氢将正构十二烷烃转化为氯代正构十二烷烃或正构十二烯烃；第三步，氯代正构十二烷烃或正构十二烯烃与苯发生烷基化反应，生成直链十二烷基苯。

国内烷基苯生产商主要有金陵石化烷基苯厂、金桐石化公司和抚顺洗化厂等，前两家装置规模为 10 万吨/a，抚顺洗化厂装置规模为 20 万吨/a。这些生产厂家多采用煤油源头的脱氢法路线——煤油经加氢精制、分子筛脱蜡、烷烃脱氢、烷基化和精馏等过程获得直链烷基苯。目前，加氢催化剂、分子筛和脱氢催化剂都实现国产化，其中南京烷基苯厂于 2000 年开发的 DSH-2 选择加氢催化剂及工艺，应用 DSH-2 催化剂及工艺后，产品中重烷基苯及焦油量下降，并且直链烷基苯产量提高 5%。

（2）直链十二烷基苯磺酸生产原理　直链十二烷基苯磺酸可由直链十二烷基苯经磺化得到。常用的磺化剂有浓硫酸、发烟硫酸和三氧化硫。以浓硫酸为磺化剂，酸消耗量大、产品质量差，生成的废酸多、效果差，该法基本淘汰。以发烟硫酸作为磺化剂在间歇生产中仍在使用，该法工艺成熟、产品质量较稳定、操作易于控制，但发烟硫酸必须大大过量，其有效利用率仅为 32%，同时产生大量废酸。近一二十年，三氧化硫磺化逐步采用，并成为主流。

三氧化硫来源丰富，三氧化硫磺化能以化学计量与烷基苯反应，得到的产物含盐量低，无废酸生成和节约烧碱、成本低。反应式如下：

主反应

$$C_6H_5C_{12}H_{25} \xrightarrow[\text{对位磺化}]{SO_3+\text{空气}} p\text{-}C_{12}H_{25}C_6H_4SO_3H + Q$$

副反应

$$C_{12}H_{25}C_6H_4SO_3H \xrightarrow{SO_3} C_{12}H_{25}C_6H_4S_2O_6H \underset{}{\overset{SO_3}{\rightleftharpoons}} C_{12}H_{25}C_6H_4S_3O_9H \xrightarrow{C_{12}H_{25}C_6H_5} C_{12}H_{25}-C_6H_4-SO_2-C_6H_4-C_{12}H_{25}\text{（砜）} + H_2SO_4 \cdot SO_3$$

$$2\ C_{12}H_{25}C_6H_5 \xrightarrow[-H_2O]{2\ SO_3} C_{12}H_{25}-C_6H_4-SO_2-O-SO_2-C_6H_4-C_{12}H_{25}\text{（砜酐）}$$

$$C_{12}H_{25}C_6H_4SO_3H \xrightarrow{2\ SO_3} C_{12}H_{25}C_6H_3(SO_3H)_2\text{（多磺酸）}$$

主反应以对位磺化为主，同时伴随大量放热，放热量达到711.75kJ/kg烷基苯。副反应包括生成砜、生成砜酐（加水可分解成磺酸）、生成多磺酸，以及苯环氧化、侧链氧化、脱烃、脱磺和烃基脱氢环化等反应。这些副反应不但增加原料消耗、而且加深产物的颜色、使不皂化物含量增加、使产物洗涤能力下降。若严格控制原料质量、合理操作、采用合适的工艺条件，则副产物可以最终控制在1%以下。

磺化反应过程的工艺影响因素及工艺条件，主要有三个方面。

① SO_3浓度及用量　由于SO_3反应活性很高，为避免反应速率过快和减少副反应，须使用SO_3-干空气混合气，其中SO_3含量一般为3%～5%（体积分数）。原料配比采用SO_3：烃＝1.03：1（摩尔比），接近理论量。

② 气体停留时间　由于反应几乎在瞬间完成，且反应总速率受气体扩散控制，因此，进入连续薄膜反应器的气体应保持高速，以保证气-液接触呈湍流状态；同时，也为避免发生多磺化，要求气体在反应器内的停留时间一般小于0.2s。

③ 反应温度　温度能直接影响反应速率、副产物的生成和产品的黏度。由于磺化反应是强放热反应，且反应主要集中在反应区的上半部，温度高有利于多磺酸化反应，因此，反应过程需要充分冷却、强化传热和控制反应温度。但温度过低，磺化物黏度过高，不利于分离。一般控制反应器出口温度在35～55℃。

(3) 直链十二烷基苯磺酸钠连续生产工艺　连续法生产直链十二烷基苯磺酸钠的工艺过程包括：空气干燥和三氧化硫制取、磺化（含尾气处理）、中和等三个主要步骤。

① 空气干燥和三氧化硫制取　空气在本工艺过程中起两个作用。一是作氧化剂，用于燃硫（硫磺氧化成二氧化硫）和转化（二氧化硫转化生成三氧化硫）；二是作稀释剂，在磺化反应中用于稀释三氧化硫，以达到一定浓度（3%～5%）。空气的湿含量决定带入系统水分多少，若系统脱水不良，则影响三氧化硫的转化（定硫不准）和烷基苯磺酸的质量。因而，要求作为氧化剂和稀释剂的空气在进入系统前必须干燥，目前，较为经济的干燥方法是冷却干燥与干燥剂干燥结合的方法。空气干燥过程：空气经压缩，首先经过冷却，可以除去空气中大部分水，再通过吸附剂硅胶（或氧化铝）除去余下少量的水，最后得到露点在－40℃以下的干燥空气，供燃硫、转化和磺化。

三氧化硫制取有液体三氧化硫蒸发、发烟硫酸蒸发和燃硫法等三种方法，在本工艺过程中采用燃硫法。将硫黄先熔化（150℃左右），然后熔融的硫黄与过量空气在燃烧炉中燃烧并生成二氧化硫，二氧化硫冷却至 420～430℃进入多段转化器，在钒催化剂下被空气（实为氧气）转化为三氧化硫（含量 10%左右），经静电除雾获得磺化或制酸用的三氧化硫。空气干燥和三氧化硫制取（燃硫法）的工艺流程简图如图 1-16 所示。

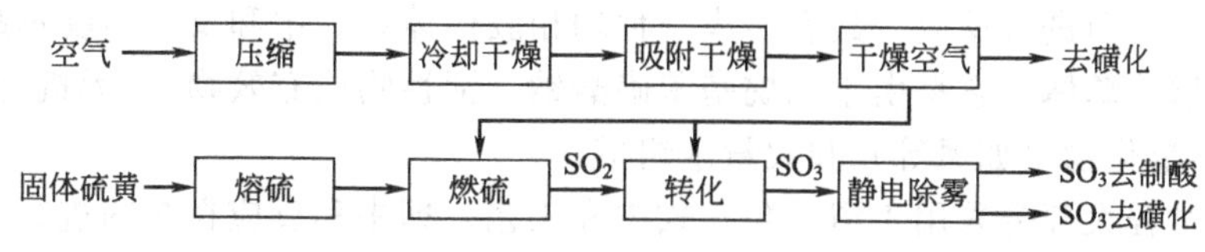

图 1-16　空气干燥和三氧化硫制取（燃硫法）的工艺流程

② 三氧化硫连续法磺化　三氧化硫连续法磺化生产直链十二烷基苯磺酸（双膜隙缝式薄膜反应器）的工艺流程如图 1-17 所示。由燃硫岗位来的 SO_3 气体和由干空气储罐 1 经鼓风机 2 送来干空气，在控制流量下于混合器 5 中混合，SO_3 气体被稀释到规定浓度［3%～5%（体积分数）］，之后以 20m/s 以上气速进入薄膜反应器中。由储罐 3 用泵按比例将直链十二烷基苯打到双膜隙缝式薄膜磺化反应器（列管）顶部的分配区，使形成薄膜沿着反应器壁向下流动。当直链十二烷基苯的薄膜与含 SO_3 气体接触，反应立即发生。反应区的温度由冷却水流量控制，反应温度控制在 35～55℃之间。气、液两相物料边反应边流向反应器底部的气-液分离器 7，分出磺酸产物后的尾气，经除沫器 13 过滤和尾气吸收塔 14 的碱洗除去微量二氧化硫副产品后放空。由气-液分离器 7 分离得到的粗磺酸用泵抽出，先经过一个能够控制 SO_3 进气量的自控装置，再在老化罐 10 中老化 5～10min，以降低其中游离硫酸和未反应原料的含量，然后送往水解罐 11，在水解罐中约加入 0.5%的水以破坏少量残存的酸酐或砜酐，经过精制的磺酸再送中和岗位。

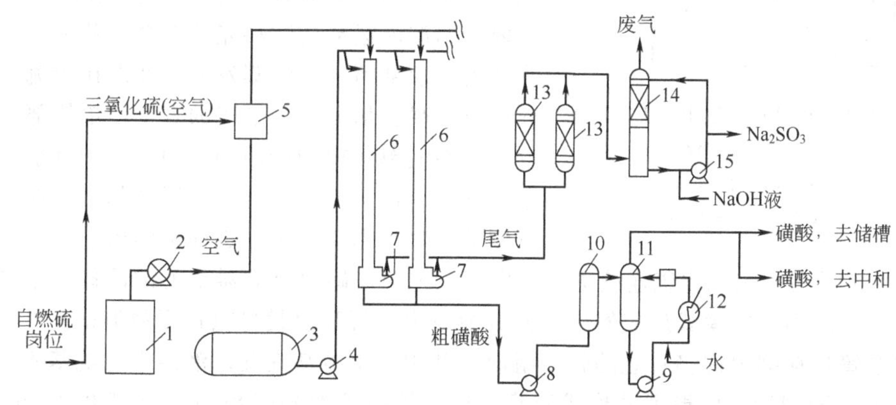

图 1-17　三氧化硫连续法磺化生产直链十二烷基苯磺酸的工艺流程

1—干空气储罐；2—空气鼓风机；3—直链十二烷基苯储罐；4—十二烷基苯输送泵；5—混合器；6—双膜隙缝式薄膜磺化器；7—分离器；8—粗磺酸泵；9—水解循环泵；10—老化罐；11—水解罐；12—热交换器；13—除沫器；14—尾气吸收塔；15—碱液循环泵

该工艺有如下特点。第一，磺化剂几乎可以全部利用，没有废酸产生，有效成分含量高。第二，反应属于气-液非均相反应，反应速率很快，几乎在瞬间完成。第三，反应是一个强放热过程，大部分反应热在反应初期放出，因此控制反应速率和快速移走反应热是生产的关键。第四，反应系统黏度急剧增加，十二烷基苯在 50℃时，黏度为 1×10^{-3} Pa·s，而磺化产物的黏度为1.2Pa·s，黏度增加使传热困难，易产生局部过热，促使过磺化等副反应发生。第五，反应时间、SO_3用量等因素若控制不当，则易发生副反应，产生许多副产品。

③ 直链十二烷基苯磺酸的连续中和工艺　十二烷基苯磺酸的中和反应与一般酸碱中和反应有所不同，它是一个复杂的胶体化学反应。由于十二烷基磺酸的黏度很大，在强烈搅拌下磺酸被粉碎成微粒，反应是在粒子的界面上发生，生成物在搅拌作用下移开，新的碱分子在新的磺酸粒子表面进行反应，最后形成一种均相胶体体系。中和反应温度不超过55℃。

中和产物俗称**单体**，它是由十二烷基苯磺酸钠（活性物或有效物）、无机盐（如硫酸钠、氯化钠等）、不皂化物（如砜等）和大量水组成。

连续中和过程大部分采用主浴（泵）式中和工艺，即中和反应在泵内进行，以大量的物料循环使系统内各点均质化。根据循环方式，又分为外循环和内循环两种。

主浴式外循环连续中和工艺流程包括循环泵、均化泵（中和泵）和冷却器等装置。磺酸从水解器出来，进入均化泵，与工艺水分别以一定的流量在管道内稀释，稀释的碱液与从循环泵出来的中和浆料混合，进入均化泵，在入口处磺酸与氢氧化钠立即中和，并在均化泵内充分混合，完成中和反应。

主浴式内循环连续中和工艺流程也称塔式中和流程，如图1-18所示。中和器为一个内外管组成的套管设备，内管$\phi 100\times 4800$mm，外管$\phi 200\times 4000$mm，外管外有夹套冷却。在内管底部有轴流式循环泵的叶轮，下部装有磺酸和碱液的注入管，两支注入管上有蒸汽冲洗装置，以防止管路堵塞。内管上部装有折流板，可用于调节液相高度。套管上部为蒸发室，它和分离器相连，由蒸汽喷射泵抽真空。磺酸和烧碱从高位槽进入中和器底部，随即和从外管流下的单体混合，借泵叶轮的剧烈搅拌及物料在内管的湍流运动使物料充分混合，并进行反应。单体从内管顶部喷入真空蒸发室，冲击在折流板上，分散形成薄膜，借喷射泵形成的真空使单体部分水分蒸发，从而使单体得到冷却和浓缩。由于真空作用，经过管外的单体大部分回到中和器底部，小部分于外管下侧被出料齿轮泵抽出、送往单体槽。

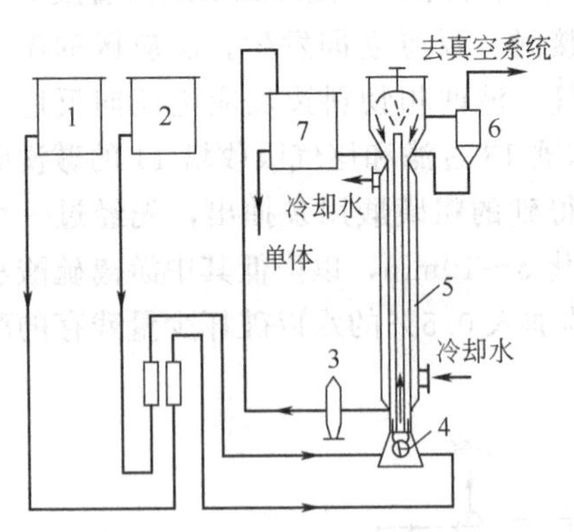

图1-18　主浴式内循环连续中和工艺流程
1—磺酸高位槽；2—碱液高位槽；3—出料齿轮泵；4—内循环泵；5—中和反应器；6—分离器；7—产品槽

(4) 关键设备　三氧化硫连续法磺化生产工艺中，磺化反应器是关键设备，主要采用膜式（降膜）反应器。在膜式反应器中，又分为单膜多管和双膜缝隙式两种类型。

单膜多管反应器由许多直立的管子组成，共用一个冷却夹套。液体十二烷基苯通过小孔和缝隙均匀分配到管子内壁上并形成液膜。反应管内径为8～18mm，管高0.8～5m，反应管内通入用空气稀释为3%～5%的三氧化硫气体，气速20～80m/s。气流在通过管内时扩散至十二烷基苯物料液膜，发生磺化反应，液膜下降到管的出口时，反应基本完成。意大利Mazzoni公司多管式薄膜磺化反应器，如图1-19所示。

双膜缝隙式磺化反应器，如图1-20所示，是目前应用广泛一种磺化反应器，它是由一套直立式并备有内、外冷却夹套的两个不锈钢同心圆筒组成，整个装置分为原料分配区、反应区和产物分离区三部分。顶部为分配区，用以分配物料形成液膜；中间为反应区，高度一般在5m以上，十二烷基苯和SO_3在环行空间完成反应；底部为尾气分离区，反应产物磺酸与尾气在此分离。液相十二烷基苯经顶部环形分布器均匀分布，沿内管外侧、外管内侧的管

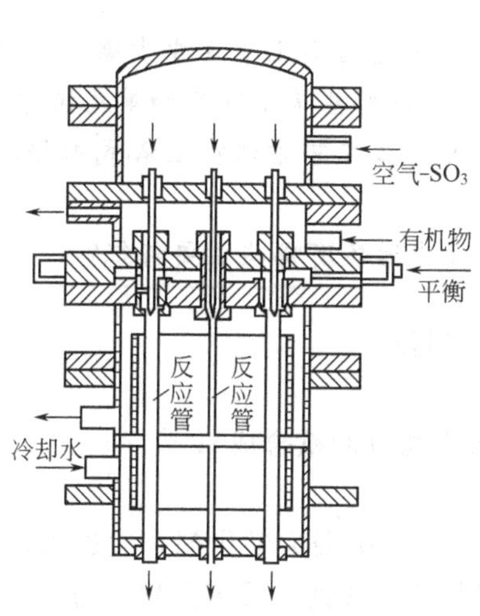

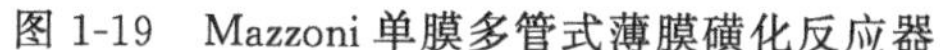

图 1-19　Mazzoni 单膜多管式薄膜磺化反应器

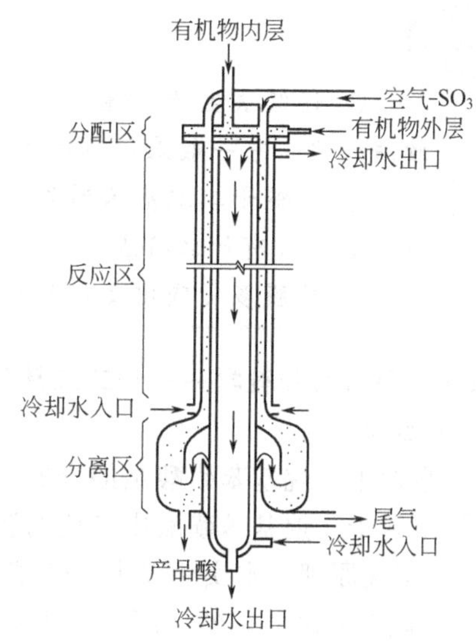

图 1-20　双膜隙缝式薄膜磺化器

壁自上而下流动，形成均匀的内膜和外膜。SO_3-空气的混合物也被输送到分布器的上方，进入两同心圆管间的环隙（即反应区），通过环形空间的气速为 12～90m/s，与有机液膜并流下降，气液两相接触而发生反应。在反应区，SO_3 浓度自上而下逐渐降低，烷基苯的磺化率逐渐增加，磺化液的黏度逐渐增大，到反应区底部磺化反应基本完成，反应热由夹套冷却水移除。废气与磺酸产物在分离区进行分离，分离后的磺酸产品和尾气由不同的出口排出。

膜式反应器的分配装置无论在单膜反应器还是在双膜反应器中均十分重要，其作用是将物料分配成均匀液膜，主要有三种类型。第一种为隙缝式，该分配器的缝隙极小，约为 0.12～0.38mm，加工精度及光洁度对物料能否得到均匀分配影响很大，因此对加工要求很高。第二种为转盘式，该类分配器依靠高速转子来分配有机物料，但不便加工、安装和调试，因而采用较少。第三种为环状的多孔材料形成的分配系统，它是一种环状的多孔材料或是覆盖有多孔网的简单装置，孔径为 5～90μm，不但加工、制造、安装简单，而且穿过这些微孔漏挤出来的有机物料能均匀地分布于反应管壁面，形成均匀的液膜。

(5) 安全与环保

① 工业直链烷基苯磺酸，外观为棕褐色油状黏稠液体，属弱酸，溶于水，用水稀释产生热。按国家标准（GB/T 8447—1995），优级品：烷基苯磺酸≥97%、游离硫酸≤1.5%、游离油≤1.5%、色泽（klett）≤35。

② 直链十二烷基苯磺酸钠（LAS），为黄色油状体，经纯化可以形成六角形或斜方形强片状结晶，易溶于水，在碱性、中性及弱酸性溶液中较稳定，在硬水中有良好的润湿，乳化，分散，起泡和去污能力，易生物降解，易吸水，遇浓酸分解，热稳定性较好，具有微毒性。由于价格低廉，因而广泛应用于洗涤剂中。

③ 三氧化硫（SO_3），液体或针状固体，有刺激性气味。沸点 44.8℃，熔点 16.8℃，液体的相对密度（水=1）1.97。对皮肤、黏膜等组织有强烈的刺激和腐蚀作用；生产中要求密闭操作，注意通风，提供安全淋浴和洗眼设备。可能接触其蒸气时，应该佩戴自吸过滤式防毒面具（全面罩）。

想一想

① 连续法生产直链十二烷基苯磺酸钠工艺过程包括哪几个主要步骤？其中连续法磺化工艺一般采用哪种物质为磺化剂？主要涉及哪些单元过程和单元操作？

② 直链十二烷基苯磺酸的中和过程一般采用什么工艺方法？主浴式内循环连续中和流程有什么特点？

③ 单膜多管磺化反应器和双膜缝隙式磺化反应器各有哪些主要特征？

1.1.2.6 项目实践教学——十二烷基苯磺酸钠的实验室制备

(1) 实验目的

① 掌握十二烷基苯磺酸钠的合成原理和实验室制备方法（间歇合成）；

② 了解十二烷基苯磺酸中和值的测定方法。

(2) 实验原理　本实验以十二烷基苯为烃类原料，以发烟硫酸为磺化剂，通过磺化反应生成十二烷基苯磺酸，然后用氢氧化钠中和制得十二烷基苯磺酸钠，反应方程式为：

$$C_{12}H_{25}C_6H_5 + SO_3 \xrightarrow{H_2SO_4} C_{12}H_{25}C_6H_4SO_3H + H_2SO_4$$

$$C_{12}H_{25}C_6H_5 + H_2SO_4 \longrightarrow C_{12}H_{25}C_6H_4SO_3H + H_2O$$

$$C_{12}H_{25}C_6H_4SO_3H + NaOH \longrightarrow C_{12}H_{25}C_6H_4SO_3Na + H_2O$$

20%～25%发烟硫酸作磺化剂。该反应可逆，为使反应向右移动，需加入过量的发烟硫酸。另外，酸烃摩尔比与反应温度和产物颜色有一定关系，酸烃摩尔比为3.5时，反应温度允许偏低（24℃），产物颜色浅；酸烃摩尔比为2.6时，反应温度要求高（38℃），同时产物颜色偏深。一般酸烃摩尔比取3左右，磺化反应温度30～35℃。当然，酸烃摩尔比高，废酸产生量，废酸处理负荷也随之增大。

磺化剂的浓度与磺化能力、磺化速率都有一定关系。当磺化剂硫酸的浓度低于一定值时，磺化剂则没有磺化能力，这个转折浓度换算成 SO_3 的质量分数后通常被称为"π值"。不同烃磺化要求的"π值"不同，十二烷基苯磺化对应的"π值"为64，磺化剂硫酸浓度在78.4%以上才能使十二烷基苯发生磺化反应。

磺化产物为磺酸与硫酸的混酸，由于磺酸易溶于80%以上的硫酸和50%以下的硫酸，但不易溶于中等浓度的硫酸（50%～80%），因而在磺化产物中加入适当水，可使磺酸与硫酸分层。为了保持废酸对残余十二烷基苯的磺化能力，加水量既满足使硫酸能为中等浓度的酸，又使废酸中 SO_3 的质量分数保持在"π值"（64）以上，因而加水后废酸浓度最好为79%。在分酸时为抑制磺酸水解，分酸温度不宜过高，一般为45～50℃。

(3) 主要仪器和药品　滴液漏斗（60ml），分液漏斗（250ml），四口烧瓶，碱式滴定管，相对密度计，二孔水浴锅，电动搅拌器。20%～25%发烟硫酸（105 硫酸），十二烷基苯，NaOH 固体，NaOH 溶液（0.1mol/L），酚酞指示剂，pH 试纸。

（4）实验内容

① 试剂量取　用相对密度计分别测定十二烷基苯与发烟硫酸的相对密度，用量筒量取 50g（换算为体积）十二烷基苯，转移至干燥的预先称量的四口烧瓶中，用量筒量取 58g 发烟硫酸倒入滴液漏斗中（烃酸质量比为 1∶1.16，换算成酸烃摩尔比 3.06∶1）。

② 磺化　装配实验装置，在搅拌下将发烟硫酸逐滴加入烷基苯中，滴加时间 1h，控制反应温度在 30～35℃，加料结束后停止搅拌。保温反应（老化）30min，反应结束后记下混酸质量（M_1）。

③ 分酸　在上述实验装置中，按混酸∶水=91.5∶8.5（质量比）计算出需加水量，并通过滴液漏斗在搅拌下将水逐滴加到混酸中，温度控制在 45～50℃，加料时间为 0.5～1h。反应结束后将混酸转移到事先称量的分流漏斗中，静止 30min 分去废酸（待用），对磺酸称量（M_2），记录。

④ 中和值测定　用量筒取 10ml 水加于 150ml 锥形瓶中，并称取 0.5g（m）磺酸于锥形瓶中，摇匀，使磺酸分散，加 40ml 水于锥形瓶中，轻轻摇动，使磺酸溶解，滴加 2 滴酚酞指示剂，用 0.1mol/L（c）NaOH 溶液滴定到出现粉红色，按式(1-5) 计算出中和值 H（中和 1g 磺酸需要碱的克数）。

$$H=40cV/1000m \tag{1-5}$$

式中　c——NaOH 溶液浓度，mol/L；

V——消耗 NaOH 溶液的体积，ml；

m——中和值测定中所取磺酸的质量，g。

⑤ 中和值计算　按中和值计算出中和磺酸所需 NaOH 质量（$H \cdot M_2$，单位 g），称取 NaOH 固体，并用 500ml 烧杯配成质量分数 15%NaOH 溶液，置于水浴中。在搅拌下，控制温度35～40℃，用滴液漏斗将磺酸缓慢加入，时间 0.5～1h，当酸快加完时测定体系的 pH，控制反应终点的 pH 为 7～8（可用废酸和质量分数 15%～20%NaOH 溶液调节 pH）。反应结束后对所得烷基苯磺酸钠称量（M_3）。

（5）实验数据及处理

<table>
<tr><th colspan="2">磺化及结果</th><th colspan="2">分酸结果</th><th colspan="2">中和值测定</th><th colspan="2">中和及结果</th></tr>
<tr><td rowspan="2">十二烷基苯</td><td>外观：</td><td rowspan="6">磺酸</td><td>外观：</td><td rowspan="6">0.1mol/L(c)
NaOH 溶液</td><td>称取磺酸量(m)：</td><td rowspan="6">烷基苯磺酸钠</td><td>外观：</td></tr>
<tr><td>密度：</td><td></td><td></td><td></td></tr>
<tr><td rowspan="2">发烟硫酸</td><td>外观：</td><td>称量(M_2)：</td><td>精确 c 值：</td><td>称量(M_3)：</td></tr>
<tr><td>密度：</td><td></td><td>消耗量 V：</td><td></td></tr>
<tr><td rowspan="2">混酸</td><td>外观：</td><td></td><td>计算中和值 H：</td><td></td></tr>
<tr><td>称量(M_1)：</td><td></td><td>需 NaOH 量：</td><td></td></tr>
</table>

（6）安全与环保

① 磺化反应为剧烈放热反应，需严格控制加料速度及反应液温度。

② 分酸时应控制加料速度和温度，搅拌要充分，避免结块。

③ 发烟硫酸、磺酸、废酸、氢氧化钠均有腐蚀性。操作时切勿溅到手上和衣物上。建议戴橡胶手套。

④ 发烟硫酸化学式为 $H_2SO_4 \cdot xSO_3$，无色至浅棕色黏稠发烟液体。规格有 20%、40%、65%三种（在发烟硫酸中含游离 SO_3 的质量分数）。

（7）实验教学评估

① 针对实验装置安装进行评估。

② 针对学生称量、滴液漏斗加料、磺化反应操作、分酸操作、中和值测定操作、中和操作进行评估。

③ 提问：磺化反应的反应温度如何确定？分酸加水量为什么要求按混酸：水＝91.5∶8.5 定量？

本项目小结

一、表面活性剂作用及品种

1. 表面张力是一种使表面分子具有向内运动的趋势并使表面自动收缩至最小面积的力。

2. 表面活性剂是指分子结构中具有固定的亲水亲油基团，在溶液的表面能定向排列，并能使溶液的表面张力显著下降的物质。其结构特征是分子结构具有“两亲性”，即表面活性剂的分子结构中既含亲水基团，又含亲油基团（或称疏水基团）。

3. 表面活性剂按极性基团的解离性质可分为离子型表面活性剂和非离子型表面活性剂。离子型表面活性剂根据所带电荷又可分为阴离子型、阳离子型和两性型表面活性剂。

4. 表面活性剂能在溶液表面呈定向排列，使溶液表面与空气接触面减小，导致溶液表面张力急剧降低。同时，表面活性剂的“两亲”分子在水中达一定浓度时，其非极性部分会互相吸引，使得分子自发形成有序的聚集体，即憎水基向里、亲水基向外（仅在水中是这样），这种多分子有序聚集体称为**胶束**。表面活性剂溶液中开始形成胶束的最低浓度称为**临界胶束浓度（CMC）**。不同表面活性剂有不同的 CMC 值，通常在 0.02%～0.5%左右，一般非极性链越长，CMC 值越小。

5. 表面活性剂具有润湿、乳化、破乳、起泡、消泡、洗涤、增溶、分散、柔软、抗静电、杀菌等作用。

6. 离子型表面活性剂，如十二烷基硫酸钠，在水中的溶解度会随温度增加而增加，并且当达到某温度后会急剧增大，这一温度称为**克拉夫温度**（Krafft 点）。

7. 聚氧乙烯型非离子表面活性剂存在**浊点**。阴离子表面活性剂能使非离子表面活性剂浊点上升。

8. 表面活性剂亲水亲油的程度用亲水亲油值（HLB）表示。人为规定：石蜡 HLB＝0，聚乙二醇 HLB＝20。其他表面活性剂的 HLB 值可通过计算或查表获得。表面活性剂的用途与其 HLB 值有直接关系，HLB 值大于 10，表面活性剂亲水，主要作油/水型乳化剂、洗涤剂（去污剂）和增溶剂；HLB 值小于 10，表面活性剂亲油，主要作润湿剂与铺展剂、水/油乳化剂和消泡剂。

9. 阴离子表面活性剂主要品种有肥皂、钙皂、脂肪酸三乙醇胺、硫酸化蓖麻油、十二烷基硫酸钠、脂肪醇聚氧乙烯醚硫酸钠、伯烷基磺酸盐、仲烷基磺酸盐、α-烯烃磺酸盐、棕榈油脂肪酸甲酯磺酸钠、伊捷邦 A、胰加漂 T、琥珀酸二辛酯磺酸钠、直链十二烷基苯磺酸钠、净洗剂 LS、萘磺酸盐-甲醛缩合物、烷基磷酸单酯盐、双酯盐、烷基醇聚氧乙烯醚磷酸酯盐。

10. 阳离子表面活性剂主要品种有十二胺醋酸盐、二乙醇胺盐酸盐、双十八烷基二甲基氯化铵、十二烷基二甲基苄基氯化铵、十二烷基二甲基苄基溴化铵、十二烷基-二甲基-2-苯氧基-乙基溴化铵、十六烷基溴化吡啶、α-十七烯基羟乙基咪唑啉。

11. 两性离子表面活性剂主要品种有十二烷基甜菜碱、1-羟乙基-2-脂肪烃基-2-羧甲基咪唑啉、1-羟乙基-2-十七烯基咪唑啉甜菜碱。

12. 非离子表面活性剂主要品种有单硬脂酸甘油酯、蔗糖脂肪酸酯、烷基糖苷、脂肪酸失水山梨醇酯、聚氧乙烯硬脂肪酸酯、聚氧乙烯脂肪醇醚、聚氧乙烯脂肪醇醚、渗透剂JFC、平平加O、辛基酚聚氧乙烯醚（OP-10）、壬基酚聚氧乙烯醚（TX-10）、聚氧乙烯脂肪酸失水山梨醇酯、聚醚F-68、尼纳尔6501等。

二、表面活性剂生产工艺

1. 十二烷基二甲基苄基溴化铵的间歇生产工艺

合成路线选溴代十二烷与 N,N-二甲基苄胺原料路线；反应物料应精确计量；技术关键在于由十二醇制备溴代十二烷，所用溴化剂选用47%HBr水溶液，反应中加入惰性溶剂（甲苯或氯苯等），产物经减压蒸馏收集；季铵化反应在80～110℃下进行；新洁尔灭常温下为白色或淡黄色胶状体或粉末。

2. 十二烷基甜菜碱（BS-12）的间歇生产工艺

十二烷基甜菜碱（BS-12）可由十二烷基二甲基叔胺与氯乙酸反应得到；反应物料应精确计量；为了不让十二烷基二甲基叔胺中氨基与氯乙酸中羧基形成胺盐，氯乙酸需要先用氢氧化钠中和；季铵化反应为一个缩合反应，十二烷基二甲基叔胺与氯乙酸钠的反应温度控制在60～80℃之间为宜。由于反应速率与两种反应物的浓度都有关系，加料时，不宜采取滴加方式，应一次性投入叔胺；固含量30%左右。

3. 椰子油酸二乙醇酰胺的间歇生产工艺

椰子油酸二乙醇酰胺可由月桂酸/月桂酸酯/椰子油与二乙醇胺进行酰胺化制得；反应物料应精确计量；月桂酸为原料时，反应温度在130℃左右，在酰胺化同时伴随水分的蒸发，产物为淡黄色至琥珀色黏稠液体，含水少。椰子油为原料时，加50%的KOH水溶液作皂化催化剂，反应温度在130℃左右，生成的甘油与水一起被蒸出脱除，反应5h以上得到浅黄色黏稠状液体。月桂酸乙酯为原料时，用氢氧化钾的二乙醇胺溶液为催化剂，反应温度在130℃左右，生成的乙醇被蒸出脱除，整个过程持续5h，得到浅黄色黏稠状液体。

4. 脂肪醇聚氧乙烯醚（AEO）生产工艺

脂肪醇聚氧乙烯醚（AEO）由脂肪醇与环氧乙烷反应获得，该反应是一个以乙氧基化反应为链增长反应的逐步加聚反应，乙氧基化反应的影响因素有反应物的结构、催化剂、温度、压力和原料纯度等五个因素，具有活泼氢的化合物（如醇、烷基酚）都具有与环氧乙烷发生乙氧基化反应的能力，常用催化剂有甲醇钠、乙醇钠和氢氧化钾等，温度越高反应速率加快，但温度过高，产品色泽增深。生产中，需要关注脂肪醇聚氧乙烯醚（AEO）的聚合度分布，催化剂碱性强则产物聚合度分布宽，碱性弱则产物聚合度分布变窄，酸性催化剂（如 $SbCl_5$）下产物聚合度分布很窄；间歇式生产方式又分为搅拌式和循环式两种，先进方法是循环式；循环式工艺中可采用了BUSS喷射式反应器，反应物料的循环可增加脂肪醇聚氧乙烯醚（AEO）的聚合度；采用外部换热来移出乙氧基化反应放出的热量；原料要求脱水，充环氧乙烷前需要经过氮气置换。

5. 直链烷基苯磺酸盐（LAS）的连续生产工艺

三氧化硫连续磺化直链烷基苯，要求 SO_3 含量一般为3%～5%（体积分数）、气速应高、停留时间短（小于0.2s）、反应器出口温度在35～55℃；采用单膜多管或双膜缝隙式反应器，反应热由管外的冷却水带走。为了提高 SO_3 利用率，均匀分布液相烃和控制过快的反应速率是操作关键；粗磺酸需经老化、水解得到合格磺酸；尾气经除沫、碱洗处理后排放；磺酸的连续中和反应因其黏度很大、需强烈搅拌下才被粉碎成微粒，故一般采用主浴（泵）式中和，并配循环工艺。按循环方式，分主浴式外循环中和与主浴式内循环中和工艺两种。

思考与习题

(1) 表面活性剂的概念和结构特征是什么？

(2) 什么是临界胶束浓度（CMC）？

(3) 表面活性剂的一般作用有哪些？

(4) 根据亲水基团的特点，表面活性剂分哪几类？各举几个实例。

(5) 什么是 HLB？表面活性剂 HLB 值与其用途有什么关系？

(6) 什么是浊点？浊点与非离子表面活性剂结构之间有什么关系？

(7) 试述烷基聚氧乙烯醚磷酸酯盐的性能、主要用途。

(8) 阳离子表面活性剂有哪几类？各主要用途是什么？

(9) 试述咪唑啉系两性表面活性剂的结构和主要性能。

(10) 试述脂肪醇酰胺非离子表面活性剂的结构、主要性能和用途。

(11) 试述烷基酚聚氧乙烯醚非离子表面活性剂的结构、主要性能和用途。

(12) 试述脂肪醇聚氧乙烯醚非离子表面活性剂的结构及间歇生产方法。

(13) 试述直链烷基苯磺酸钠阴离子表面活性剂的结构及连续生产方法。

1.2 项目二 涂料

项目任务

① 了解涂料的概念、功能、组成、分类和命名，熟悉溶剂型涂料的特点和用途；
② 通过实践教学，认识某些涂料的外观、观察涂料的固化过程、固化后效果；
③ 掌握氨基树脂、短油度醇酸树脂、环氧树脂、丙烯酸乳液树脂的生产工艺；
④ 掌握干性油醇酸树脂的实验室制备；
⑤ 掌握有机溶剂型清漆（聚氨酯单组分清漆）、溶剂型色漆和乳液涂料的生产工艺；
⑥ 掌握涂料的调制和检测。

涂料是能够形成涂层，对被涂装的底材——金属、木材、混凝土、塑料、皮革、纸张、玻璃等具有保护、装饰和功能化作用的一类物质的总称，属于重要的精细化工产品。

1.2.1 涂料概述

1.2.1.1 知识点一 涂料的功能

(1) 保护作用 涂层在金属、木材、塑料表面，可以阻止这些材料受到空气中各种腐蚀因素的侵蚀。

(2) 装饰作用 涂层可以改善底材的外观，赋予底材亮丽的外表，给予底材光泽、良好的质感，使其表面具有花纹等美术和装饰效果，从而满足用户日益多样化和个性化的需求。

(3) 色彩标志 涂料也广泛用做色彩标志。例如，各种气体钢瓶涂以不同的颜色涂料，便于辨别、区分不同气体；各种管道涂以规定颜色的涂料，便于区分不同物料；在安全标志制作方面，涂料依其不同色彩，被用来表示禁止、停止、警告、指令、允许、前进等信号。

(4) 特殊用途　在某些特定的环境下，需要具有特殊功能的涂料，如绝缘涂料、导电涂料、耐热涂料、防锈防腐涂料、防霉涂料、防污涂料和消音涂料等。

1.2.1.2　知识点二　涂料的组成

涂料由成膜物质、溶剂、颜料、填料和其他的辅助材料组成，见表 1-4 所列。

(1) 成膜物质　它是将所有的涂料组分粘结在一起形成整体均一的涂膜，同时对底材发挥润湿、渗透和相互作用而产生必要的附着力，一般是天然树脂或合成树脂，对涂膜的性能起到关键的作用，因此成膜物质是涂料的基础成分，也称为基料。

表 1-4　涂料的组成

组　成		原　料
主要成膜物质	油料	动物油：鲨鱼甘油、带鱼油、牛油等
		植物油：桐油、豆油、蓖麻油等
	树脂	天然树脂：虫胶、松香、天然沥青等
		合成树脂：酚醛、醇酸、氨基、丙烯酸、环氧、聚氨酯、有机硅等
次要成膜物质	颜料	无机颜料：钛白、氧化锌、铬黄、铁蓝、铬氯绿、氧化铁红、炭黑等
		有机颜料：甲苯胺红、酞菁蓝、耐晒黄等
		功能颜料：红丹、锌铬黄、偏硼酸钡等
	填料	滑石粉、碳酸钙、硫酸钡等
辅助成膜物质	助剂	增塑剂、催干剂、固化剂、稳定剂、防霉剂、防污剂、乳化剂、润湿剂、防结皮剂等
溶剂	稀释剂	石油溶剂（如 200 号油漆溶剂油）、苯、甲苯、二甲苯、氯苯、松节油、环戊二烯、醋酸丁酯、醋酸乙酯、丙酮、环己酮，以及水等

(2) 溶剂　也称为稀释剂，其作用是稀释涂料的不挥发分（包括成膜物质、颜料和填料），在固化成膜的过程中，溶剂挥发而得到结构致密的涂膜。溶剂包括有机溶剂和水。

(3) 颜料和填料　颜料赋予涂膜所需的颜色和遮盖力。颜料可分为着色颜料和功能性颜料。着色颜料中炭黑、氧化铁黑为黑色颜料，二氧化钛、立德粉为典型的白色颜料，氧化铁为红颜色，还有有机和无机黄色、红色、蓝色、绿色等颜料。有机颜料的鲜艳度、着色力以及装饰效果都优于无机颜料，但耐候性、耐光性和耐热性等不如无机颜料。功能性颜料除了着色、填充等基本功能外，主要赋予涂膜特定的功能，如防腐、防锈、防污、导电和热敏等。

填料，也称体质颜料，是一类以微细固体粉末分散在成膜物中、增加涂膜的机械强度的物质。如复合硅酸盐、碳酸钙、硫酸钙、硫酸钡等，主要起遮盖、填充、补强作用，同时可降低成本。

(4) 助剂　又称为辅助成膜物质，通常按助剂的功能分为润湿、分散剂，乳化剂，消泡剂，流变剂。防沉、防流挂剂，催干剂，固化剂，增塑剂，防霉剂，平光剂，增稠剂，阻燃剂，热稳定剂，防结皮剂，防冻剂，防霉剂等，其中用量最大的是催干剂和增塑剂，其他助剂用量较少，助剂在涂料的制备、储运和涂装过程中对保证涂料和涂装性能起到重要作用。

① 成膜物质在涂料中起何作用？

② 颜料和填料有何区别？

1.2.1.3 知识点三 涂料的分类和命名

(1) 涂料的分类 涂料的分类方式很多，有按成膜物质分类、按涂料或成膜物质的性状分类、按形态来分类、按涂膜物质的特殊功能分类、按用途分类、按涂装方法分类和按涂膜固化方法分类等六种。在国家标准 GB 2705—1992 中，涂料按照成膜物质分类。

① 按成膜物质分类 这是国内使用最广泛的分类方法，见表 1-5 所列。

表 1-5 涂料的分类（按成膜物质分）

序号	代号（汉语拼音字母）	发音	成膜物质类别	主要成膜物质
1	Y	衣	油性类	天然动植物油、清油(熟油)、合成油
2	T	特	天然树脂类	松香及其衍生物、虫胶、乳酪素、动物胶、大漆及其衍生物
3	F	佛	酚醛树脂类	改性酚醛树脂、纯酚醛树脂、二甲苯树脂
4	L	肋	沥青类	天然沥青、石油沥青、烘焦沥青、硬质酸沥青
5	C	雌	醇酸树脂类	甘油醇酸树脂、季戊四醇醇酸树脂、其他改性醇酸树脂
6	A	啊	氨基树脂类	脲醛树脂、三聚氰胺甲醛树脂
7	Q	欺	硝基漆类	硝基纤维素、改性硝基醛树脂
8	M	模	纤维素类	乙基纤维、苄基纤维、羧甲基纤维、乙酸纤维、乙酸丁酸纤维、其他纤维酯及醚类
9	G	哥	过氯乙烯类	过氯乙烯树脂、改性过氯乙烯树脂
10	X	希	乙烯基类	氯乙烯共聚树脂、聚乙酸乙烯及其共聚物、聚乙烯醇缩醛树脂、聚二乙烯乙炔树脂、含氟树脂
11	B	玻	丙烯酸树脂类	丙烯酸树脂、丙烯酸共聚物及其改性树脂
12	Z	资	聚酯类	饱和聚酯树脂、不饱和聚酯树脂
13	H	喝	环氧树脂类	环氧树脂、改性环氧树脂
14	S	思	聚氨酯类	聚氨基甲酸酯
15	W	吴	元素有机漆类	有机硅、有机钛、有机铝等元素有机聚合物
16	J	基	橡胶类	天然橡胶及其衍生物、合成橡胶及其衍生物
17	E	额	其他类	未包括在以上所列的其他成膜物质、如聚酰亚胺树脂等
18			辅助材料	防潮剂、稀释剂、催化剂、固化剂、脱漆剂等

② 按性状或形态分类 包括溶液涂料（一般指有机溶剂型涂料）、乳液涂料（水性涂料）、粉末涂料、有光涂料、多彩涂料和双组分涂料等。

③ 按功能分类 包括打底涂料、防锈涂料、防腐涂料、防污涂料、防霉涂料、耐热涂料、防火涂料、电绝缘涂料和荧光涂料等。

④ 按用途分类 包括建筑用涂料、船舶用涂料、汽车用涂料、木制品用涂料等，建筑用涂料又可分为室内用、室外用、木材用、金属用、混凝土用涂料等。

⑤ 按涂装方法分类 包括刷涂涂料、喷涂涂料、电泳涂料、烘涂涂料和流态床涂装涂料等。

⑥ 按涂膜固化方法分类 包括常温干燥涂料，烘干涂料、电子放射固化涂料等。

(2) 涂料的命名 根据国家标准 GB 2705—92，涂料的命名原则有如下规定。

涂料全称为：颜色或颜料名＋成膜物质＋基本名称。例如红醇酸磁漆、锌黄酚醛防锈漆等；对于某些有专业用途及特性的产品，必要时在成膜物质后面加以说明，例如醇酸导电磁漆、白硝基外用磁漆等。

通常，不含颜料的透明涂料称为清漆；含有颜料的不透明涂料称为色漆（也称着色涂料）（如磁漆、调和漆、底漆）；加有大量体质颜料的稠厚浆状涂料称为腻子。无挥发性稀释剂的涂料称为无溶剂涂料；呈粉末状的称为粉末涂料；以有机溶剂作为稀释剂的称为溶剂型涂料；以水作为稀释剂的则称为水性涂料。

日常生活中你见过清漆、色漆以及腻子吗？这三者有何区别？

1.2.1.4　知识点四　有机溶剂的作用及有机溶剂型涂料特点

（1）有机溶剂在涂料中的作用　有机溶剂在涂料作为分散介质，其作用有九个方面。

第一，溶解树脂；第二，使组成成膜物质的组分均一化；第三，改善颜料和填料的润湿性，减少颜料的漂浮；第四，延长涂料的存放时间；第五，在生产中调整操作黏度，用溶剂来优化涂料，减少问题的发生；第六，改善涂料的流动性和增加涂料的光泽，对有特殊要求的表面，可调整其表面状态；第七，在涂刷时，可以帮助被涂表面与涂料之间的浸润与粘接；第八，当涂刷垂直物体表面时，可矫正涂料的流挂性及物理干燥性；第九，减少刷痕、气孔、接缝及涂料的混浊等。常用的有机溶剂，见表 1-6 所列。

表 1-6　涂料常用的有机溶剂

溶剂类型	主要溶剂
脂肪烃类溶剂	石油醚、200 号涂料溶剂油、抽余油等
芳香烃类溶剂	苯、甲苯、二甲苯、溶剂石脑油、高沸点芳烃溶剂等
萜烯类溶剂	松节油、双戊烯、松油
醇类溶剂	甲醇、乙醇、异丙醇、正丁醇、己醇、2-乙基己醇、苄醇、甲基苄醇、环己酮、甲基环己醇、四氢糠醇、二丙酮醇等
酮类溶剂	丙酮、甲乙酮、甲基丁基酮、甲基异丁基酮、甲基戊基酮和甲基异戊基酮、乙基戊基酮、二异丙基酮、二异丁基酮、环己酮、甲基环己酮、二甲基环己酮等
酯类溶剂	甲酸异丁酯、醋酸甲酯、醋酸乙酯、醋酸正丁酯、醋酸异正丁酯、高碳醇醋酸酯等
醇醚及醚酯类溶剂	乙二醇乙醚、乙二醇丙醚、乙二醇异丙基醚、乙二醇乙醚醋酸酯等
取代烃类和其他溶剂	1,1,1-三氯乙烷、1,1-二甲基乙烷、*N*,*N*-二甲基甲酰胺、二甲基亚砜、*N*-甲基吡咯烷酮等

（2）有机溶剂型涂料的特点

① **溶剂有较低的表面张力**　与水相比较，有机溶剂的表面张力较小，涂料的制备与施工过程中，借助有机溶剂可降低溶液的表面张力，使可选择的成膜物树脂的范围较宽。

② **溶剂型涂料涂膜质量较高**　光泽和丰满度是体现装饰性涂料涂膜质量的两个重要标准，在有高装饰性要求的场合，水性涂料的光泽和丰满度通常达不到人们的要求，高光泽涂料多使用有机溶剂型涂料来实现。

③ **对各种施工环境有较好的适应性**　对于水性涂料则无法调节其挥发速率，要想获得高性能的水性乳胶涂料涂膜，就必须控制施工环境的温度、湿度。在一些条件较为苛刻的环境，如外墙面、桥梁上的施工，无法人工营造一个温度、湿度可控的条件，因此水性涂料的应用会受到限制；相反，采用有机溶剂型涂料，可随地点、气候的变化进行溶剂比例的控制，以获得优质涂膜。

④ **清洗危害较为严重** 不管是水性涂料还是有机溶剂型涂料，在生产及施工时均需对生产及施工设备进行清洗。有机溶剂型涂料的施工工具必须用溶剂来清洗，对人体及环境均有害。而水性涂料生产或施工的清洗废水有些可回收并能重复使用，即使不进行回收，经废水处理后也可达到环境保护要求。

有机溶剂型涂料有哪些优点？又有哪些缺点？

1.2.1.5 项目实践教学——涂料状况观察

(1) 涂料状况观察与结果

① 观察酚醛漆，其颜色________、状态________；属于________固化，漆膜状况________。

② 观察醇酸清漆，其颜色________、状态________；属于________固化，漆膜状况________。

③ 观察硝基漆，其颜色________、状态________；属于________固化，漆膜状况________。

④ 观察虫胶漆，其颜色________、状态________；属于________固化，漆膜状况________。

⑤ 观察丙烯酸漆，其颜色________、状态________；属于________固化，漆膜状况________。

⑥ 观察丙烯酸树脂漆，其颜色________、状态________；属于________固化，漆膜状况________。

⑦ 观察聚酯漆，其颜色________、状态________；属于________固化，漆膜状况________。

⑧ 观察环氧树脂漆，其颜色________、状态________；属于________固化，漆膜状况________。

⑨ 观察聚氨酯漆，其颜色________、状态________；属于________固化，漆膜状况________。

(2) 实训教学评价 针对实训结果直接对学生提问。

1.2.2 成膜物质合成工艺

1.2.2.1 模块一 氨基树脂生产工艺

(1) 氨基树脂及原料概述

① 氨基树脂概述 氨基树脂是以氨基化合物（含—NH_2 官能团）与醛类经缩聚反应得到的含—CH_2OH 官能团，再与脂肪族一元醇部分醚化或全部醚化得到的产物，能与多种类型树脂交联成膜、具有良好混溶性能。

氨基树脂是一种多官能度的聚合物。若单独使用，得到的涂膜附着力差、硬度高、涂膜发脆，没有应用价值。但氨基树脂可作为大部分涂料基体树脂的交联剂，交联后得到有韧性三维网状结构的涂膜。如与醇酸树脂、丙烯酸树脂、饱和聚酯树脂、环氧树脂等树脂配合使用，得到涂膜具有优良的光泽、保色性、硬度、耐化学性、耐水及耐候性，广泛应用于汽车、工程机械、钢制家具、家用电器和金属预涂等行业。

② 氨基树脂生产用原料 最基本的原料是氨基化合物（主要是尿素、三聚氰胺、苯代

三聚氰胺等)、醛类(主要是甲醛)、醇类(主要是脂肪族一元醇、如甲醇、丁醇、异丁醇、乙醇、异丙醇等)。为了使反应生成的水能顺利脱除，一般采用二甲苯作为带水剂来帮助脱水。另外，合成氨基树脂的各种反应需要在酸性或碱性条件下进行，为了调整反应时的 pH 和降低和保证树脂的色泽，有时需要用轻质碳酸镁来脱色。氨基树脂生产用原料，见表 1-7 所列。

表 1-7　氨基树脂生产用原料

原料类型	主要化合物
氨基化合物	尿素（H—N(H)—C(=O)—N(H)—H）、三聚氰胺（ 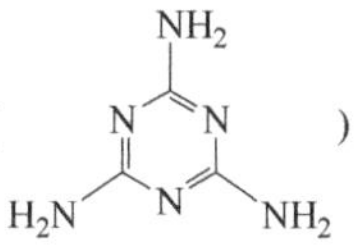 NH_2 N N H_2N N NH_2 ）、苯代三聚氰（ 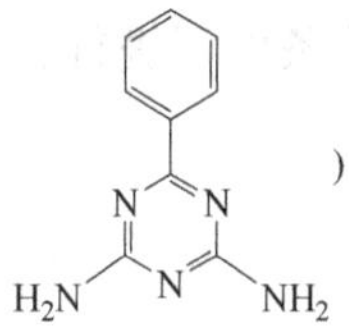 N N H_2N N NH_2 ）等
醛类	甲醛(HCHO)
醇类	甲醇、乙醇、异丙醇、丁醇、异丁醇等

③ 氨基树脂分类　涂料用的氨基树脂的分类方法有两种，一种是按采用氨基化合物的不同来区分，采用三聚氰胺的称为三聚氰胺甲醛树脂，采用尿素的称为尿素甲醛树脂即脲醛树脂；第二种是按醚化时采用醇类的不同来区分，主要有正丁醚化氨基树脂，异丁醚化氨基树脂，甲醚化氨基树脂，混合醚化氨基树脂（氨基树脂与甲醇、丁醇混合醇进行醚化得到）。其中，正丁醚化氨基树脂有四个分类，如图 1-21 所示。

正丁醇醚化氨基树脂
- 脲醛树脂
- 三聚氰胺甲醛树脂（高醚化度、低醚化度）
- 苯代三聚氰胺甲醛树脂
- 共聚树脂(苯代三聚氰胺与三聚氰胺、苯代三聚氰胺与甲代三聚氰胺、三聚氰胺与尿素)

图 1-21　氨基树脂的分类

氨基树脂醚化若采用甲醇，则树脂分子中引入甲氧基，甲醚化树脂具有一定的水溶性，可作为水性涂料的交联剂。若采用丁醇，则树脂分子中引入丁氧基，丁醇醚化后的树脂不具有水溶性，但在有机溶剂中有着良好的溶解性，作为交联剂使用时其固化交联速率高于部分甲醚化的树脂。丁醚化树脂的生产中不需要回收大量的醇类（甲醇）、生产工艺也相对简单、生产成本较低。由于醚化程度相对较低、羟甲基含量较高、且与溶剂型基体树脂混溶性好、涂膜性能好，因而丁醚化氨基树脂是氨基树脂中最常用的一个类别。而正丁醇醚化的三聚氰胺甲醛树脂，由于交联度大、三聚氰胺是杂环化合物、与其他基体树脂匹配时交联速率快、固化后涂膜的综合性能好，因此在市场上占有相当大的份额。

想一想

① 氨基树脂在作为涂料的成膜物质时，往往是单独使用还是和其他树脂混合使用？为什么？

② 氨基树脂由哪几类原料合成？

(2) 正丁醇醚化的三聚氰胺甲醛树脂生产原理

① 正丁醇醚化的三聚氰胺甲醛树脂概述　由于三聚氰胺甲醛树脂结构中含有杂环，交联密度较大，因而正丁醇醚化的三聚氰胺甲醛树脂用于面漆有良好的装饰性能且能与很多基体树脂（醇酸、环氧和丙烯酸树脂等）配合得到性能优良的涂膜。

② 反应机理　合成反应包括羟甲基化反应、醚化反应和缩聚反应。

a. **加成反应（羟甲基反应）**　一个三聚氰胺分子上有三个—NH_2，六个活泼氢，在酸性或碱性条件下反应，有1～6个甲醛分子可与之发生羟甲基化反应，生产相应的羟甲基三聚氰胺，羟甲基反应进程与反应物浓度与比例、反应时的酸碱度、反应温度、反应时间等关联。在弱碱性条件下生成的羟甲基三聚氰胺更稳定，因此，三聚氰胺甲醛树脂的加成反应是在碱性条件下进行。

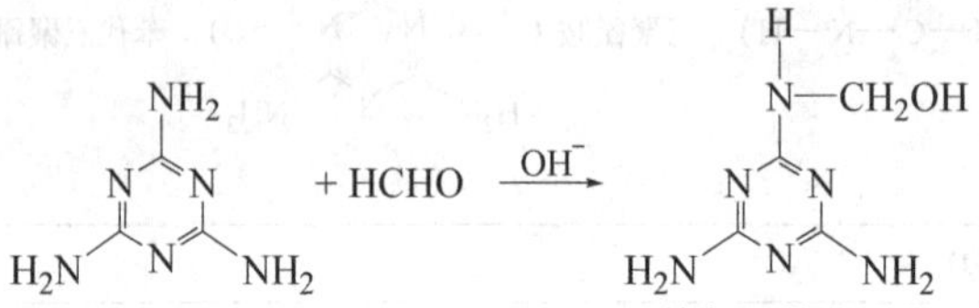

$$\text{(三聚氰胺)} + HCHO \xrightarrow{OH^-} \text{(单羟甲基三聚氰胺)}$$

单羟甲基化反应

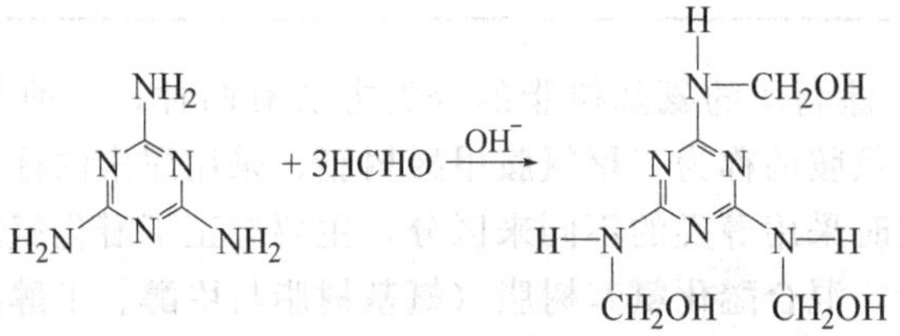

$$\text{(三聚氰胺)} + 3HCHO \xrightarrow{OH^-} \text{(三羟甲基三聚氰胺)}$$

三羟甲基化反应

$$\text{(三聚氰胺)} + 4HCHO \xrightarrow{OH^-} \text{(四羟甲基三聚氰胺)}$$

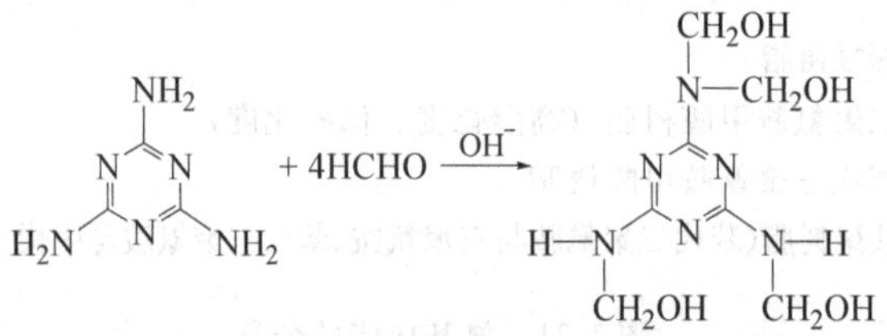

四羟甲基化反应

b. **缩聚反应**　多羟甲基三聚氰胺进一步缩聚反应可使分子量增大，缩聚反应分为两种方式进行。

三嗪环氨基上未反应的氢与另一三嗪环上的羟甲基进行反应，形成亚甲基。

$$-CH_2OH + NH\langle \rightleftharpoons -CN-N\langle + H_2O$$

两个三嗪环上的羟甲基之间进行缩合反应，形成醚键，然后脱去一个甲醛后也形成亚甲基。羟甲基少的三嗪环上含有未反应的氢原子多，缩聚反应速率高，反之缩聚反应进行的就慢。

$$-CH_2OH + HOH_2C- \rightleftharpoons -CH_2OCH_2- + H_2O$$

$$-CH_2OCH_2- \xrightarrow{\triangle} CH_2 + HCHO$$

c. **醚化反应**　三聚氰胺与甲醛反应的产物为多羟甲基三聚氰胺低聚物，其中含有大量羟甲基，极性较强，不溶于有机溶剂，与基体树脂的混溶性差。若用醇类改进分子的极性，形成丁氧基，三嗪环上的基团的类型和数量不同，氨基树脂的性能也不相同。羟甲基和丁氧基的变化对树脂性能的影响，见表1-8所列。

表 1-8　羟甲基（$—CH_2OH$）和丁氧基（$—CH_2OC_4H_9$）的变化对树脂性能的影响

项　目	容忍度	混溶性	黏度	反应性
羟甲基↑	↑	↑	↓	↑
醚化度↑	↑↑	↑↑	↓↓	↓↓
分子量↑	↓	↓	↑↑	↓

注：容忍度是 1g 试样可容忍 200 号油漆溶剂油的克数。容忍度高则该树脂在有机溶剂中的溶解性好。

为使丁醇与多羟甲基三聚氰胺的醚化反应顺利进行，需要使用过量的丁醇，并在弱酸性的条件下进行，同时还发生多羟甲基之间的缩合反应。若反应时间过短，树脂醚化度低、分子量小、稳定性差；若反应时间过长，树脂分子量过大，分水时易沉淀，影响分水操作。过量的丁醇反应后可留在体系中作为溶剂使用，以控制树脂的固体含量，要提高固含量可以脱出一部分溶剂。在弱酸性下，多羟甲基三聚氰胺醚化和缩聚反应是同时进行的：

$$C_3N_3[N(CH_2OH)_2]_2[N(H)CH_2OH] + C_4H_9OH \overset{H^+}{\rightleftharpoons} \left[C_3N_3[N(CH_2OC_4H_9)(CH_2O—)][N(CH_2OH)(CH_2OC_4H_9)][N(H)(CH_2O—)] \right]_n$$

(3) 正丁醇醚化的三聚氰胺甲醛树脂生产工艺

① 合成工艺　正丁醇醚化的三聚氰胺甲醛树脂合成工艺有一步法和二步法。一步法是在弱酸性条件下，羟甲基化反应、醚化反应和缩聚反应同时进行，一步完成；该工艺简单，但 pH 的控制难度较大，树脂产物质量稳定性较差。二步法工艺较成熟、产品质量较为稳定，它是先在弱碱性条件下进行羟基化反应，然后在酸性条件下进行醚化反应和缩聚反应。后者采用较多。二步法合成丁醚化三聚氰胺甲醛树脂的工艺较为简单，整个生产过程包括反应、脱水、脱溶剂及后处理等四个工序。

a. **反应**　采用全回流（不脱水）进行羟甲基反应及醚化反应。将三聚氰胺、甲醛和丁醇在弱碱性条件下进行羟甲基反应（即加成反应），反应进行到一定程度，形成稳定的水溶液的多羟甲基三聚氰胺，再加入酸性催化剂调节反应体系至弱酸性，在弱酸性条件下进行醚化反应和缩聚反应，反应物随着羟基的减少水溶性逐渐降低，体系呈浑浊状，整个过程是在全回流（不脱水）状态中完成至终点。

b. **脱水**　采用先静置分水、后常压脱水的工艺。通过静置，浑浊的体系分为两层，上层为树脂溶液，下层为水，将下层的水放出，然后再采取回流脱水的方法脱除剩余的水分，所产生的废水必须处理回收。

c. **脱溶剂**　常压脱出溶剂（主要成分丁醇、二甲苯、水），进行中控测试。为保证醚化反应的顺利进行，需要采用过量的丁醇，因此，脱水完成后，需要脱出一定量的溶剂，使树脂控制在一定的指标范围内。一般在常压状态下，回流脱出溶剂，当然若脱溶剂前中控容忍度偏大，也可采用减压的方式脱出溶剂。

d. **后处理**　利用过滤设备除去树脂中的杂质，使树脂清澈透明。如果树脂中的小分子的水溶性的杂质过多，储存过程中会有絮凝状物析出，影响树脂的透明度。目前，一般采用过滤机处理，助滤剂采用硅藻土。若过滤前树脂色泽不佳可在树脂中适当加入轻质碳酸镁、在 70～80℃维持一段时间进行脱色，然后过滤。

最后丁醚化三聚氰胺甲醛树脂测试容忍度。指标达到要求后包装。

② 生产装置　氨基树脂的生产一般采用单釜间歇式生产。主要设备有反应釜、真空泵、

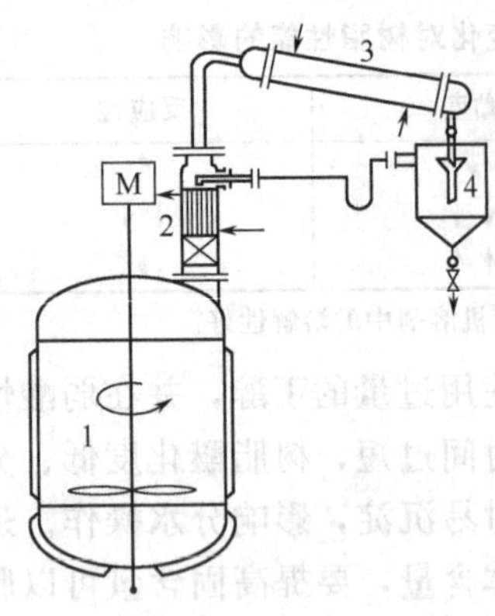

图 1-22 氨基树脂生产装置

1—反应釜；2—直冷凝器；3—横冷凝器；4—分水器

压滤机，以反应釜为主，配套有直冷凝器、横冷凝器、分水器、压滤机。氨基树脂生产装置，如图 1-22 所示。

氨基树脂反应过程中有需要加热的工序，也有需要冷却的工序，反应进行到某一阶段，需要降温来快速减缓反应速率，若不能及时降温，会影响整个反应的进程，因此必须选用合适的加热与冷却方式。氨基树脂反应温度最高不超过120℃，采用饱和蒸汽可满足生产工艺要求。

一般采用的反应釜有夹套（或盘管），蒸汽和冷却水都从夹套进出，根据工艺需要进行切换；也有采用内置盘管外部夹套的形式，由于氨基树脂生产时黏度不大，反应釜配置锚式或桨式搅拌器，以保证参与反应的物料充分混合，使反应体系成为均相。

氨基树脂生产过程中产生盐分，还有原料可能带入的机械杂质，这些杂质目前一般采用垂直网板式过滤机过滤。为保证过滤效果，避免一些机械杂质对不锈钢丝网造成堵塞，可在反应釜和过滤机之间安装袋式过滤装置，分离掉较大的固体颗粒，以避免损坏过滤机。

氨基树脂生产过程中，有很长的回流反应过程。回流装置包括上半部的横冷凝器和分水器，下半部的直冷凝器和分馏柱。蒸出的物料经横冷凝器冷凝，进入分水器，回流溶剂在分水器中上层液体引出，进入直冷凝器上部，与直冷凝器产生的冷凝液并合流到分馏柱内，分馏柱内有一定数量填料，方便进行传热、传质，有利于共沸液的分离。横冷凝器有足够的传热面积，可尽可能冷凝溶剂、降低溶剂消耗。分水器内收集冷凝下来的水和溶剂共沸物。冷凝液由于丁醇不溶于水，及密度差异而分层，上层为溶剂（丁醇），经回流管重新进入直冷凝器，水则从分水器底部排出。这部分可安装自动脱水装置，保证操作的均衡与稳定。

想一想

① 氨基树脂生产包括哪几个工序？

② 氨基树脂生产时，为什么说需要加热也需要冷凝？

③ 原料用量及生产工艺

a. **原料用量与产品指标** 原料用量与产品指标，见表 1-9 所列。

表 1-9 高容忍度的 590-3 正丁醇醚化的氨基树脂原料用量与产品指标

原料用量/kg		指标	
三聚氰胺	600	外观	透明
丁醇	2250	色泽(Fe-Co)	≤1
甲醛	2430	固含量/%	60±2
轻质碳酸镁	2.0	酸值/(mg KOH/g)	≤1
二甲苯	360	T-4 黏度(25℃)/s	50～80
苯酐	2.4	容忍度(200#溶剂)	1∶(10～20)浑
		苯中溶解状况	清

b. **操作步骤** 丁醚化三聚氰胺甲醛树脂工艺流程，如图 1-23 所示。先在反应釜中投入

计量丁醇和二甲苯，然后加三聚氰胺和轻质碳酸镁（弱碱性），再投入甲醛，逐渐升温进行甲基化反应；温度升至 80℃时停止加热，维持 0.5h，再升温至回流温度（约 92℃），全回流 2.5h；关闭蒸汽，等回流停止后关搅拌。然后加苯酐（酸性），开搅拌并加热，进行缩合和醚化反应，继续保持全回流反应 1.5h；关闭蒸汽，停止搅拌，静置 1h 后分出反应釜物料下层废水；再开搅拌，升温至回流温度，开始脱水回流，继续进行缩合和醚化反应，整个脱水回流约 4～5h，蒸馏出的水分和丁醇数量约占总投料量的 30%左右。测容忍度及黏度，容忍度及黏度达标后开始真空脱二甲苯，脱二甲苯到控制的固含量指标，达到要求后冷却到 80℃以下。再经筛网过滤，送入中间储罐，经过滤器到产品储罐，包装得丁醚化的三聚氰胺甲醛树脂成品。

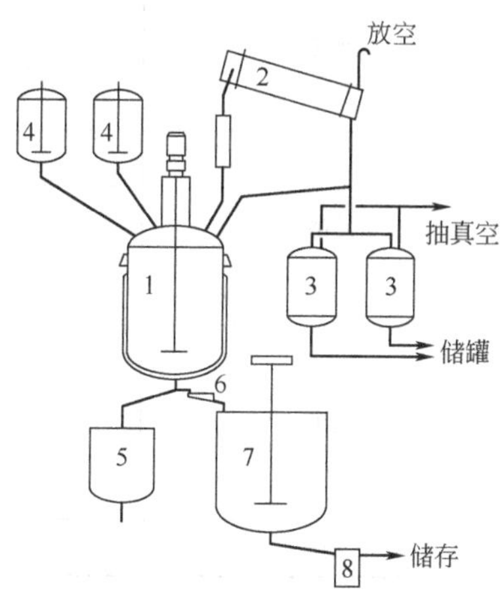

图 1-23　氨基树脂生产工艺流程
1—反应器；2—冷凝器；3—蒸出物接收器；4—原料计量罐；5—废水储罐；6—网筛；7—中间储罐；8—过滤器

1.2.2.2　模块二　醇酸树脂生产工艺

（1）醇酸树脂概述

① 醇酸树脂与油度的概念　醇酸树脂是以多元醇、多元酸经脂肪酸（或植物油）改性共缩聚而成的线型聚酯，分子结构以多元醇的酯为主链、以脂肪酸酯为侧链。醇酸树脂的最终用途决定了脂肪酸（或植物油）的选择。根据脂肪酸不饱和程度，植物油分为**干性油**，碘值大于 140，如桐油、梓油、脱水蓖麻油和亚麻仁油等；**半干性油**，碘值约 125～140，如豆油和葵花籽油等；**不干性油**，碘值小于 125，如棉籽油、蓖麻油和椰子油等。

对于用做涂料的醇酸树脂生产，一般选择干性或半干性油。因为醇酸树脂为线型树脂，制成涂料若不能固化则不耐溶剂和高温，所以醇酸树脂涂料必须借助侧链上含不饱和键的脂肪酸酯来固化。当侧链上脂肪酸酯存在不饱和键时，通过空气中氧的过氧化作用，不饱和键与另一高分子上不饱和键发生交联反应而使醇酸树脂得到固化，形成网状树脂。

油度是醇酸树脂重要指标。对于醇酸树脂来说，油度是指树脂固体中所含油的质量分数。

油度(%)＝“油”用量/树脂理论产量×100%

树脂理论产量可按苯二甲酸酐用量、甘油用量、脂肪酸用量之和减去酯化时产生的水量计算。

若用脂肪酸为原料，则“油”的质量按脂肪酸质量×1.04 来计算。

② 醇酸树脂分类和命名　醇酸树脂按油度分为极长、长、中、短等几种油度，见表 1-10 所列。醇酸树脂的命名一般根据油度和油的种类称谓，如长油度豆油醇酸树脂、短油度椰子油醇酸树脂等。

表 1-10　按油度分类的醇酸树脂　单位：%

类别	油度	苯二甲酸酐	类别	油度	苯二甲酸酐
短油度	35～45	＞35	长油度	56～70	20～30
中油度	45～55	30～35	极长油度	＞70	＜20

注：按油度分类界限在各类文献中有差异。

③ 所用的原料　醇酸树脂的主要原料是多元醇、多元酸、植物油（脂肪酸），在生产中

还需加入少量的助剂，并用适当的溶剂兑稀成液体树脂。

a. **多元醇** 通式为ROH（R为烃基），是由饱和烃类分子上氢原子被羟基（—OH）所取代而构成；若烷烃分子有一个以上的碳原子的氢原子被羟基取代，这种多羟基化合物称为多元醇，二元醇即含有两个羟基，四元醇即含有四个羟基。常用的多元醇，见表1-11所列。

表1-11 醇酸树脂生产常用的多元醇

多元醇		分子式
二元醇	乙二醇	$CH_2OH—CH_2OH$
	1,3-丁二醇	$CH_2OH—CH_2—CHOH—CH_3$
	二乙二醇	$CH_2OH—CH_2OCH_2—CH_2OH$
三元醇	甘油	$CH_2OH—CHOH—CH_2OH$
	三羟甲基丙烷	$CH_2OH—CH(CH_2OH)—CH_2OH$
四元醇	季戊四醇	$C(CH_2OH)_4$
六元醇	二季戊四醇	$[C(CH_2OH)_3CH_2]_2O$

b. **多元酸** 含有羧基（—COOH）的有机化合物称为有机酸。含有一个以上羧基的有机物称为多元酸。含有两个羧基的称为二元酸，含有三个羧基的称为三元酸。常用的多元酸，见表1-12所列。

表1-12 醇酸树脂生产中常用的多元酸

多元酸		分子式
二元酸	己二酸	$COOH—(CH_2)_4—COOH$
	富马酸	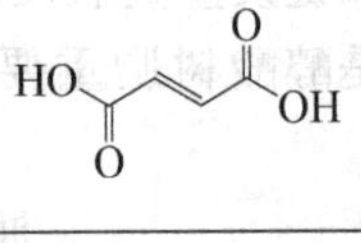 HO, O, O, OH（结构式）
	顺丁烯二酸酐	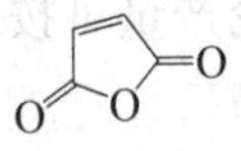 O, O, O（结构式）
	苯二甲酸酐	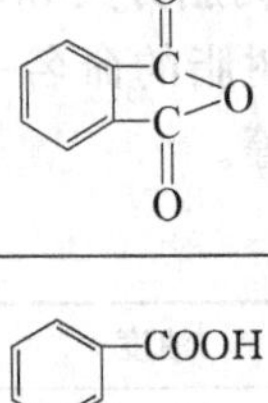 C, O, C, O, O（结构式）
	间苯二甲酸	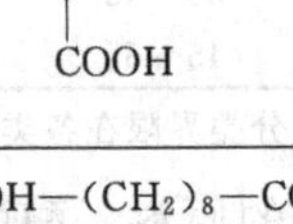 COOH, COOH（结构式）
	癸二酸	$COOH—(CH_2)_8—COOH$

续表

多　元　酸		分　子　式
三元酸	偏苯三甲酸	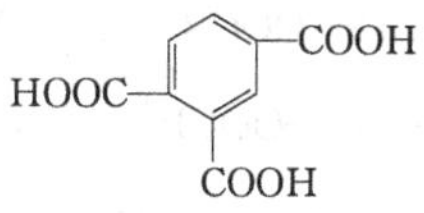 HOOC— —COOH COOH
	偏苯三甲酸酐	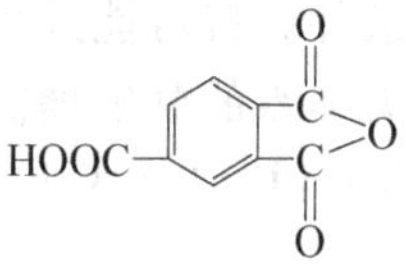 HOOC— C(=O) O C(=O)
四元酸	均苯四甲酸酐	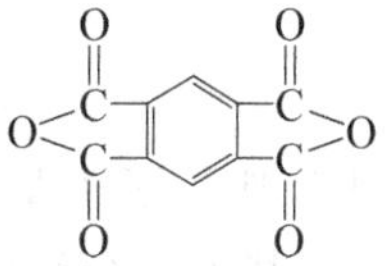 O O C C O O C C O O

c. **溶剂**　除水性醇酸树脂外，大部分的是溶剂型醇酸树脂。目前有机溶剂在醇酸树脂成分中占有很大的比例。200# 油漆溶剂油，是醇酸树脂使用最多、最广的一种溶剂。200# 油漆溶剂油来源于石油化工，是由 C_4～C_{11} 的烷烃、环烷烃和少量的芳香烃组成的混合油，主要成分是戊烷、己烷、庚烷和辛烷，沸程 145～200℃。长油度醇酸树脂可以全部用 200# 油漆溶剂溶解；中油度醇酸树脂则需要用少量的芳香烃和 200# 油漆溶剂油配合兑稀；而短油度醇酸树脂则不溶于 200# 油漆溶剂油。

d. **油类与有机酸**　醇酸树脂生产可采用酯交换的方法使用油作为多元醇的改性剂，也可采用脂肪酸为多元醇的改性剂。常用的脂肪酸和油类，见表 1-13 所列。

表 1-13　醇酸树脂生产中常用的一元脂肪酸和油类

有　机　酸	油　　类
松香	椰子油
苯甲酸	蓖麻油
对叔丁基苯甲酸	棉籽油
合成脂肪酸、2-乙基己酸	豆油
月桂酸、辛酸、癸酸	脱水蓖麻油
椰子油脂肪酸	亚麻油
油酸、亚油酸	梓油
亚麻酸、蓖麻油酸	桐油
脱水蓖麻油酸	葵花油
松浆油酸	红花油

e. **助剂**　在醇酸树脂生产过程中，常用的助剂有醇解催化剂（以油脂为原料）、酯化催化剂、减色剂等。水性醇酸树脂生产过程中还需加入乳化剂等。

(2) 醇酸树脂的生产原理

醇酸树脂生产中涉及酯化、醇解、酯交换、不饱和脂肪酸的加成和缩聚等反应。

① **醇解反应**　甘油三酸酯（油）与多元醇在较高的温度和催化剂（常用的是黄丹和氢氧化锂）的存在下，发生反应生成新的酯，称为酯交换反应，由于是油与醇的酯交换反应，

因此称为醇解反应。油与甘油的醇解反应如下：

$$\begin{array}{l}CH_2\text{—OOCR}\\ |\\ CH\text{—OOCR}'\\ |\\ CH_2\text{—OOCR}''\end{array} + 2\begin{array}{l}CH_2\text{—OH}\\ |\\ OH\text{—OH}\\ |\\ CH_2\text{—OH}\end{array} \rightleftharpoons \begin{array}{l}CH_2\text{—OOCR}\\ |\\ CH\text{—OH}\\ |\\ CH_2\text{—OH}\end{array} + \begin{array}{l}CH_2\text{—OH}\\ |\\ CH\text{—OOCR}'\\ |\\ CH_2\text{—OH}\end{array} + \begin{array}{l}CH_2\text{—OH}\\ |\\ CH\text{—OH}\\ |\\ CH_2\text{—OOCR}''\end{array}$$

② **加成反应** 干性油或半干性油含有数目不等的双键或共轭双键，因此醇酸树脂制备时，加热条件就有可能发生加成反应。若油的双键位于分子中间，产物大致为二聚体。加成反应表现为体系的黏度增高。

$$-CH_2-CH_2-CH{=}CH-CH{=}CH-CH_2-CH_2- \;+\; -CH_2-CH_2-CH{=}CH-CH{=}CH-CH_2-CH_2-$$

$$\downarrow$$

$$\begin{array}{c}-CH_2-CH_2\;\;CH{=}CH\;\;CH_2-CH_2-\\ CH\qquad\quad CH\\ -CH_2-CH_2-CH_2-CH-CH-CH_2-CH_2-CH_2-\end{array}$$

③ **酯化反应** 属于制造醇酸树脂最主要的化学反应。是醇分子中羟基上的氢原子与酸分子上的氢氧基团缩合生成水与酯。在生产醇酸树脂时绝大多数选用的是苯二甲酸酐，它与醇反应以形成半酯为主，该反应是放热反应，反应温度较低。

$$C_6H_4(CO)_2O + R\text{—}OH \xrightarrow{\triangle} C_6H_4(C(=O)\text{—}OR)(C(=O)\text{—}COOH)$$

半酯

$$C_6H_4(C(=O)\text{—}OR)(C(=O)\text{—}COOH) + R\text{—}OH \xrightarrow{\triangle} C_6H_4(C(=O)\text{—}OR)_2 + H_2O$$

全酯

酯化反应是可逆的，要使酯化反应完全，必须将副产物水引出体系，这是醇酸树脂生产工艺的关键之一。

④ **缩聚反应** 缩聚是一种或几种两个以上官能团的小分子有机物，逐渐生成高分子聚合物同时析出低分子副产物的反应。醇酸树脂实际上是由多元醇、多元酸经脂肪酸（或油脂）改性共缩聚而成的线性聚酯。如二元酸和二元醇分子的缩合、脱水反应：

$$HOOC\text{—}R\text{—}COOH + HO\text{—}R'\text{—}OH \rightleftharpoons HOOC\text{—}R\text{—}COOR'\text{—}OH + H_2O$$

① 醇酸树脂所用的原料有哪些？发生的反应又有哪些？

② 选用醇酸树脂所用的溶剂时油度可作为参考指标吗？

（3）醇酸树脂的生产工艺　生产醇酸树脂生产根据反应原理，有脂肪酸法、醇解法、脂肪酸-油法、油稀释法等四种工艺方法，其中脂肪酸法和醇解法是最主要的方法，这两种方法制造醇酸树脂最基本反应是酯化反应，反应所产生的水必须及时除去，酯化反应才能够深度进行。根据除去水的方法，醇酸树脂生产又分为溶剂法和熔融法工艺，前者利用有机溶剂作为共沸液体带出水帮助酯化，后者靠不断通入惰性气体以帮助搅拌，排出酯化反应所产生的水汽和防止反应物氧化。

脂肪酸法生产醇酸树脂时，在投入多元酸、多元醇、脂肪酸的同时加入溶剂，升温进行酯化，共沸脱水；醇解法生产醇酸树脂时，在完成醇解反应加完苯酐后加回流溶剂，所用回流溶剂一般为二甲苯，加入量是反应物的 3%～5%。

① 短油度椰子油醇酸树脂原料及用量　短油度椰子油醇酸树脂是醇酸树脂的一个系列产品，如 3402、3404 醇酸树脂。若采用甲苯为溶剂，则用于硝基漆的调漆；若以邻苯二甲酸二丁酯为溶剂，则用于硝基漆的轧浆。生产方法常用溶剂法（二甲苯）。原料用量及产品规格，见表 1-14 所列。

表 1-14　短油度椰子油醇酸树脂原料用量及产品规格

原料用量				产品规格	
组分	投料量/kg	投料比/%	当量值	黏度(25℃，加氏管)/s	13～25
椰子油	648	36.00	218	酸值/(mg KOH/g)	≤17
甘油(第一份)	304	16.89	30.7	不挥发分/%	65±2
甘油(第二份)	98	5.44	30.7		
苯二甲酸酐	750	41.67	74		
氧化铅	若干				
总计	1800	100			

② 短油度椰子油醇酸树脂操作步骤　醇酸树脂工艺流程，如图 1-24 所示。将椰子油、第一份甘油加入反应釜中，升温，同时通入 CO_2，温度达到 120℃时停止搅拌加入氧化铅，继续搅拌；在 2h 内升温到 230℃，保持醇解至无水甲醇容忍度（25℃）达到 5 为醇解终点；降温到 220℃，在 20min 内加完苯二甲酸酐；然后停止通入 CO_2，向油水分离器加入总投料量 6%的二甲苯（180kg），在 2h 内升温到 195～200℃，保持 1h，加入第二份甘油，继续酯化；保持 1h 后，开始测酸值、黏度（样品∶二甲苯＝12∶6.9，在 25℃以加氏管测定），当黏度达到 10s 时停止加热，立即抽出或放出至稀释罐，冷却至 110℃以下，加入甲苯 804kg，溶解成醇酸树脂溶液，再冷却过滤得产品。

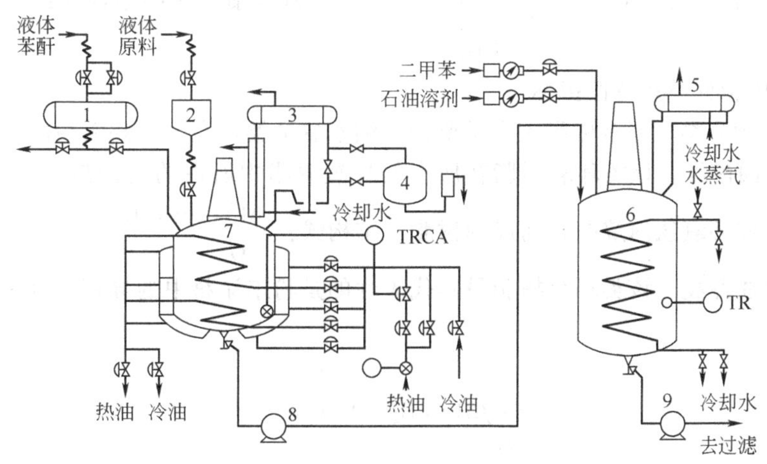

图 1-24　醇酸树脂工艺流程

1—液体苯酐计量罐；2—液体原料计量罐；3，5—冷凝器；4—分水器；6—兑稀罐；7—反应釜；8—高温齿轮泵；9—内齿泵；TR—温度记录；TRCA—温度记录

③ 生产装置　醇酸树脂生产设备中最重要的设备是反应釜，需要适用于 200～250℃的醇酸树脂反应温度。反应釜上配备有搅拌器、通入惰性气体的装置、分馏柱、蒸馏冷凝器、

油水分离器等。除了反应釜外，还有稀释罐、过滤净化设备等。

随着醇酸树脂反应釜的大型化，其加热方式都采用导热油加热，传统的直接火加热的热效率为 40%，引进导热油热媒锅炉热效率达到 80%以上。导热油通过安装在反应釜壁的盘管加热，加热分为 2~3 个独立区域，既可自控，又可冷却，安全又无过热问题，使物料受热均匀、颜色较浅。搅拌器搅拌使物料充分混合均匀、对于溶剂法生产醇酸树脂，回流二甲苯带出酯化产出的水很重要。

① 什么是溶剂法？溶剂法生产醇酸树脂所依据的原理是什么？其有何优点？

② 醇酸树脂生产和氨基树脂的生产在温度上有无差异？所采用的加热有何不同？

1.2.2.3 模块三 环氧树脂生产工艺

(1) 环氧树脂及原料概述

① 环氧树脂概念 由 C、C、O 三原子组成的环基称为环氧基团，含有两个或两个以上环氧基团的树脂称为环氧树脂。环氧树脂上含有环氧基和仲羟基，能进行许多反应。环氧基团具有高度活泼性，能与多种类型固化剂（三官能度或以上）发生交联反应，形成三维网状结构的高聚物，可作为涂料的成膜物质。

② 所用原料 生产环氧树脂用的原料主要是双酚 A（或双酚 F）和环氧氯丙烷。工业双酚 A 有树脂级和聚碳级两种等级。前者纯度较低，供生产环氧树脂，后者纯度高，供制造聚碳酸酯塑料。双酚 A 是白色片状物，相对分子质量为 228，沸点 220℃（533.3Pa），每 100g 水中（25℃）溶解 0.1g 以下。而双酚 F 与环氧氯丙烷制得的环氧树脂，因其亚甲基比双酚 A 的亚丙基易于旋转，因此黏度较低，适合做无溶剂涂料。

双酚 A 的结构式：$HO-C_6H_4-C(CH_3)_2-C_6H_4-OH$；环氧氯丙烷的结构式：$\underset{\diagdown O \diagup}{CH_2-CH}-CH_2Cl$

(2) 环氧树脂分类和特性指标

① 环氧树脂分类 环氧树脂大多是所谓的缩水甘油类，在这类环氧树脂中有以下三类。

a. **缩水甘油醚类** 该类环氧树脂在所有的环氧树脂中所占的比例最高，而且最具代表性的是双酚 A 和环氧氯丙烷缩合而成的树脂，结构式：$\underset{\diagdown O \diagup}{CH_2-CH}-CH_2-O\!\!+\!\!\sim\!\!+_n$

b. **缩水甘油酯类** 该类环氧树脂最具代表性的是粉末涂料中的异氰尿酸三缩水甘油酯，结构式：

$$\underset{\diagdown O \diagup}{CH_2-CH}-CH_2-O-\overset{O}{\overset{\|}{C}}\!\!+\!\!\sim\!\!+_n$$

c. **缩水甘油胺类** 由多元胺与环氧氯丙烷反应而得，涂料中用的较少。

② 环氧树脂的特性指标 环氧树脂有多种型号，各具不同的性能，其特性指标包括环氧基的指标、羟基含量、酯化当量、软化点和氯值五个。

a. **环氧基的指标** 这是环氧树脂最重要的特性指标，表征树脂分子中环氧基的含量。该指标的表达方式有环氧值 A、环氧指数和环氧当量 C。**环氧值 A** 是 100g 环氧树脂中含有的环氧基摩尔数，我国自 1958 年以来采用此方式，沿用至今；**环氧指数**表示每 1kg 环氧树脂中所含有的环氧基的摩尔数，由于现在国际上均采用国际单位制，环氧指数比环氧值更具有广泛的应用；**环氧当量 *C*** 是指含有 1 摩尔环氧基的树脂的质量（g），现今国际上主要生产环氧树脂的大公司常采用环氧当量来表示。高环氧值（大于 0.4）环氧树脂一般用于浇注，如 618、6101 等；中等环氧值（0.25～0.45）环氧树脂一般用于粘接剂，如 6101、634 等；低环氧值（低于 0.25）环氧树脂一般用于涂料，如 601、604、607、609 等。

b. **羟基含量**　双酚 A 系环氧树脂的分子量愈大，则其羟基含量愈高，愈易能与酚醛树脂、氨基树脂或多异氰酸酯交联，羟基含量的表达方式有羟基值 *F*、羟基值 *G* 和羟基值 *G*。羟基值 *F* 是每 100g 树脂所含羟基摩尔数；羟基值 *G* 是每千克树脂所含羟基摩尔数；羟基当量 *H* 是指含有 1mol 羟基的树脂的克数。

c. **酯化当量**　酯化当量是指酯化 1mol 单羧酸（60g 醋酸或 280g C_{18}脂肪酸）所需环氧树脂的克数。由于环氧树脂中的环氧基和羟基都能与羧酸进行酯化反应，因此酯化当量可表示树脂中羟基和环氧基的总含量。一般可通过羟基值和环氧值近似计算（式中，*A* 指环氧值，*C* 指环氧当量，*F* 和 *G* 代表羟基值）：

$$\text{酯的当量}=\frac{100}{2A+F}\text{或}\frac{1000}{2C+G}$$

d. **软化点**　软化点指在规定的条件下，所测的树脂软化的温度。环氧树脂的软化点可反映环氧树脂的分子量大小，软化点高的分子量大，软化点低的分子量小。按软化点不同，环氧树脂分为低分子量环氧树脂、中分子量环氧树脂和高分子量环氧树脂等三类，见表1-15所列。

表 1-15　按软化点分类的环氧树脂

类　型	软化点/℃	聚合度
低分子量环氧树脂	<50	<2
中分子量环氧树脂	50～95	2～5
高分子量环氧树脂	>100	>5

在环氧树脂的生产过程中可通过控制软化点，使产品质量一致，也可以参照软化点来控制黏度。软化点和分子量的关系，如图 1-25 所示。

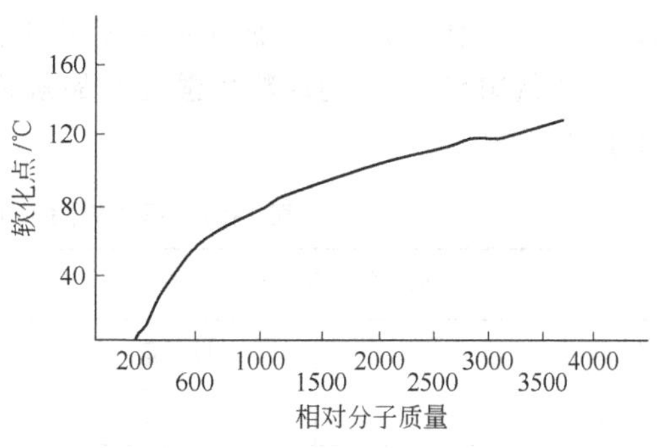

图 1-25　软化点与分子量

e. **氯值**　氯值是指环氧树脂中所含氯的摩尔数（包括有机氯和无机氯）。

有机氯来自生产环氧树脂时未充分闭环而残留者；无机氯来自生产环氧树脂时未洗涤充分而残留的氯化钠，两者均有损于固化物的电性能，不利于树脂的耐腐蚀性。

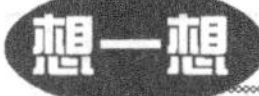

① 环氧树脂中环氧键一般来自哪种物质？

② 环氧树脂的特性指标有哪些？

(3) 环氧树脂合成原理　绝大部分的环氧树脂是由双酚 A 与过量的环氧氯丙烷在 NaOH 下缩聚而成，所得树脂是线型结构，聚合度一般在 0～14 之间。由于其生产方法也有差异，环氧树脂的分子量、分子量分布及化学结构的不同。合成反应包括双缩水甘油醚的合成及双缩水甘油醚的缩聚。

① **双缩水甘油醚的合成**　双酚 A 与环氧氯丙烷在 NaOH 下先合成双缩水甘油醚。

$$HO-C_6H_4-C(CH_3)_2-C_6H_4-OH + NaOH \xrightarrow{\text{成离子}} HO-C_6H_4-C(CH_3)_2-C_6H_4-O^- + Na^+ + H_2O$$

$$HO-C_6H_4-C(CH_3)_2-C_6H_4-O^- + \underset{\backslash O/}{CH_2-CH}-CH_2Cl \xrightarrow{\text{开环}} HO-C_6H_4-C(CH_3)_2-C_6H_4-O-CH_2-CH(O^-)-CH_2Cl$$

$$HO-C_6H_4-C(CH_3)_2-C_6H_4-O-CH_2-CH(O^-)-CH_2Cl + NaOH \xrightarrow{\text{闭环}} HO-C_6H_4-C(CH_3)_2-C_6H_4-O-CH_2-\underset{\backslash O/}{CH-CH_2}$$

$$\xrightarrow[\underset{\backslash O/}{CH_2-CH}-CH_2Cl]{NaOH} \underset{\backslash O/}{CH_2-CH}-CH_2-O-C_6H_4-C(CH_3)_2-C_6H_4-O-CH_2-\underset{\backslash O/}{CH-CH_2}$$

(双缩水甘油醚)

② **双缩水甘油醚与双酚 A 加成物的加聚**　双缩水甘油醚再与双酚 A 反应，得到的加成物自身再逐步加聚，得到环氧树脂。环氧树脂通式为：

$$\underset{\backslash O/}{CH_2-CH}-CH_2-O-\left[C_6H_4-C(CH_3)_2-C_6H_4-O-CH_2-CH(OH)-CH_2O\right]_n-C_6H_4-C(CH_3)_2-C_6H_4-O-CH_2-\underset{\backslash O/}{CH-CH_2}$$

(4) 环氧树脂生产工艺　根据软化点可将环氧树脂分为低、中、高分子量环氧树脂。低分子量的环氧树脂一般采用一步法生产，而中、高分子量环氧树脂的生产有两种生产工艺。一步法的产物在后阶段水洗时很黏稠，像是“太妃糖”，因此一步法俗称饴糖法；二步法是后期开发的工艺，是将低分子量的环氧树脂与双酚 A 反应扩链而得中分子量或高分子量环氧树脂。二步法可合成一系列的环氧树脂，此法也称为“扩链法”。

① 环氧树脂一步法生产工艺　环氧树脂一步法生产流程，如图 1-26 所示。下面以环氧树脂 E-12（旧牌号为 604，属于中分子量环氧树脂）为对象，介绍其原料用量和生产工艺。

a. **环氧树脂 E-12 的原料用量及产品规格**　环氧树脂 E-12 的原料用量及产品规格，见表 1-16 所列。

表 1-16　环氧树脂 E-12 的原料用量及产品规格

原料用量		产品规格	
组分	投料量/mol	软化点/℃	85～95
双酚 A	1	环氧值	0.09～0.14
环氧氯丙烷	1.145	氯值	≤0.021
氢氧化钠(30%)	1.185	挥发分	≤1

b. **操作步骤**　将双酚 A 和 NaOH 溶液投入溶解釜中，搅拌加热至 70℃使双酚 A 完全溶解，趁热过滤，滤液放入反应釜中冷却至 47℃时一次加入环氧氯丙烷，然后缓缓升温至 80℃。在 80～85℃反应 1h，然后在 85～95℃维持至软化点合格为止。加水降温，将废

水放掉，在用热水洗涤多次，至中性和无盐，最后用去离子水洗涤。先在常压下脱水，液温升至115℃以上时，减压至21.33kPa，逐步升温至135～140℃，脱水完毕，出料冷却，得固体环氧树脂产品。

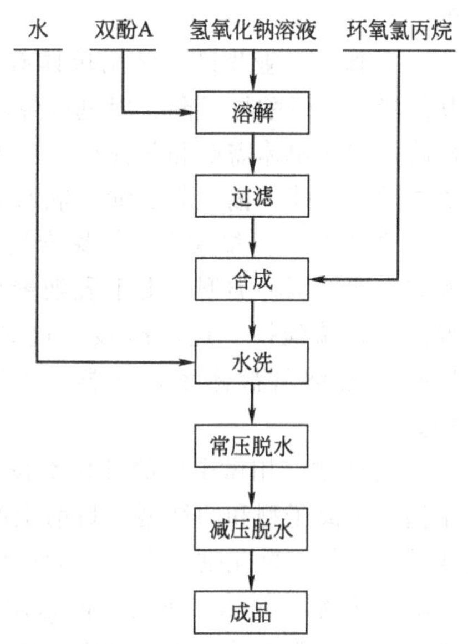

图 1-26 环氧树脂一步法生产流程

② 环氧树脂二步法（即扩链法）生产工艺 环氧树脂二步法要点是选择合适的催化剂，如三苯基膦类衍生物，使环氧基与酚羟基反应，而不与低、中分子量环氧树脂中的仲羟基反应，以制得线性的较高分子量的环氧树脂。现以一种低环氧值的环氧树脂为对象，介绍其原料用量和扩链法生产工艺。

a. **原料用量** 原料直接采用高环氧值的环氧树脂 E-51 和双酚 A。原料用量，见表 1-17 所列。

b. **操作步骤** 反应釜装有良好的冷凝器、冷却夹套及蛇管以吸收反应热。将低分子量、高环氧值的 E-51 环氧树脂（预含催化剂）和双酚 A 投入反应釜，通氮气，加热至 110～120℃，此时放热反应开始，控制釜温至 177℃，注意用冷却水控制温度使之不超过 193℃以免催化剂失效。在 177℃所需保温时间取决于制得的环氧树脂的分子量，若环氧当量在 1500 以下（环氧值高于 0.067），则保温 45min；在 1500 以上（环氧值低于 0.067），需保温 90～120min。

表 1-17 一般低环氧值的环氧树脂生产的原料用量 单位：kg

原　　料	投料量
E-51	248.6
双酚 A	94.4
乙基三苯基膦碘化物	0.21

想一想

① 一步法为什么又叫“饴糖法”？这种方法主要适合制备哪种类型的环氧树脂？

② 二步法为什么又叫“扩链法”？这种方法主要适合制备哪种类型的环氧树脂？

1.2.2.4 模块四 丙烯酸树脂乳液生产工艺

(1) 丙烯酸乳胶涂料概述

① 丙烯酸乳胶涂料特点 丙烯酸乳胶涂料性能优异、功能多样、品种齐全，乳胶漆对水泥、混凝土等建筑基材的炭化和固化能起到很好的保护作用；丙烯酸乳还可以制成多种特征功能的涂料，如弹性涂料、防水涂料以及防火防霉涂料等。丙烯酸乳胶涂料色彩丰富、造型美观，常用于建筑墙面涂料。

② 丙烯酸乳胶涂料组成 丙烯酸乳胶涂料的基本组成包括丙烯酸合成树脂乳液、颜料和填料、助剂、水等。合成树脂乳液是丙烯酸树脂乳液涂料的基料和主要成膜物质之一，在涂料中起胶黏剂的作用，涂料及涂膜的全部性能都与之有关。

(2) 丙烯酸树脂乳液合成原理

① 合成原料 丙烯酸树脂乳液合成原料包括单体、引发剂、乳化剂、中和剂及助溶

剂等。

a. **单体** 工业生产中常用单体有丙烯酸甲酯、丙烯酸乙酯、丙烯酸正丁酯、丙烯酸-2-乙基己酯、丙烯酸异丁酯、甲基丙烯酸甲酯、甲基丙烯酸丁酯等。为了赋予乳液聚合物所要求性能，这些单体需要和其他单体共聚，常用共聚单体有醋酸乙烯酯、苯乙烯、丙烯腈、顺丁烯二酸二丁酯、偏二氯乙烯、氯乙烯、丁二烯等。

b. **引发剂** 丙烯酸类单体聚合属于连锁式聚合反应，聚合时需要引发剂。引发剂有油溶性和水溶性两种类型。由于乳液聚合是以水为分散介质，常用的引发剂水溶性。热分解引发剂有过硫酸钾、过硫酸铵、过氧化氢及其衍生物；氧化还原引发剂有过硫酸体系和氯酸盐-亚硫酸氢盐体系，这类引发剂是在低温下进行引发，因此可制得高分子量的聚合物。

c. **乳化剂** 用做聚合的乳化剂按亲水性基团所带电荷的情况分为四类：非离子型、阴离子型、阳离子型和两性型。目前生产中使用的乳化剂大多为阴离子型和非离子型乳化剂所组成的复配物。乳化剂一般用量为单体总量的2%～5%。

d. **中和剂** 树脂品种的不同选用的中和剂也不同。阴离子型树脂使用碱性中和剂，如氨水、胺类；阳离子型水性树脂使用有机酸类中和剂，如甲酸、乙酸和乳酸等。

e. **助溶剂** 常用的助溶剂主要是醇类溶剂，例如乙醇、异丙醇、正丁醇和叔丁醇等。

② 聚合机理 丙烯酸乳液聚合分为三个阶段。第一阶段，乳胶粒生成阶段。水溶性的引发剂在水相中引发聚合反应，但在水分散介质中，由乳化剂所形成大量的胶束中含有的聚合单体要远远超过水介质中的聚合单体，因此形成的单体自由基会很快进入到增溶胶束中去生长。增溶胶束就形成了单体-聚合物的乳胶粒，这个阶段结束时，胶束消失，全部形成乳胶粒。第二阶段，匀速聚合阶段。这一阶段是从第一阶段末直到单体液滴消失为止，是聚合过程最重要的阶段。在这一阶段已经生成的乳胶粒数量是不变的，单体液滴中的单体不断进入到乳胶粒中进行链增长反应，随着反应的进行单体最终会反应完。第三阶段，降速阶段。这是从单体消失后到反应结束的阶段，约占总转化率的50%。这一阶段的初期，溶解在水中的单体不断进入到乳胶粒中进行链增长反应，乳胶粒中的单体浓度基本保持不变，但乳胶粒的体积不断长大。但当溶解在水中的单体消耗完后，乳胶粒中单体浓度开始较快的下降，由于黏度增加、原来进行的较快的链终止反应速率减慢，会出现自动降速现象。随着单体转化率的提高，在乳胶粒内部聚合物的浓度越来越大，黏度急剧增加，可能会产生凝胶效应。

③ 聚合方法 丙烯酸乳液聚合的方法有核壳乳液聚合和无皂乳液聚合。核壳乳液聚合方法是预先用乳液聚合法制得高分子乳液粒子，以此做种核，再用与其同类或不同类的单体在粒子内聚合，使粒子增长肥大的方法。在进行核壳乳液聚合时，随着粒子的逐渐长大，为确保其稳定性，往往需要加入一些乳化剂，但是此时需要特别注意加入的乳化剂的量，若不严格控制乳化剂的加入量，则所加入的乳化剂有可能在水相中形成新的胶束，从而形成新的乳胶粒子，期望中的核壳聚合难以发生，得不到应有性能的乳胶粒。无皂乳液聚合方法是指不加乳化剂或加入微量的乳化剂的乳液聚合过程，即以水溶性低聚物为乳化剂，可使用的低聚物有顺丁烯二酸化聚丁二烯、顺丁烯二酸化醇酸、顺丁烯二酸化油。

④ 丙烯酸树脂乳液聚合反应的影响因素 在乳液聚合中，乳化剂、引发剂、反应温度、搅拌等对乳液聚合的过程、产量和质量产生影响。

a. **乳化剂** 乳化剂的种类和浓度对乳胶粒直径、数量、分子量、聚合反应速率和乳液的稳定性均有明显的影响。对于正常的乳液聚合，乳化剂的浓度在合理的范围内，乳化剂浓度越大，胶束数目越多，所生成的乳胶粒子数目就越多，乳胶粒直径就越小。对不同种类的乳化剂，其特性参数临界胶束浓度（CMC）、单体的增溶度等各不相同。当乳化剂用量和其他条件相等，临界胶束浓度越小，增溶度越大的乳化剂成核概率就越大，所生成的乳胶粒越多，则乳胶粒直径越小，反应速率越大，聚合物分子量越大。

b. **引发剂**　当引发剂的浓度增大时，自由基生成速率增大，链终止的速率也越大，聚合物的平均分子量降低。同时，当引发剂用量和自由基生成速率增大时，水相中的自由基浓度增大，那么成核速率增大，乳胶粒数目增大，直径减小及聚合速率增大。

c. **反应温度**　在乳液聚合过程中，反应温度高时，引发剂分解速率常数大，自由基生成速率增大，但链转移和链终止反应速率增加更快，聚合物平均分子量降低。同时，当反应温度升高，会导致乳胶粒数目增大，平均直径减小；乳胶粒布朗运动加剧，乳胶粒之间的碰撞和发生的聚结的概率增加，致使乳液稳定性降低。

d. **搅拌影响**　搅拌在乳液聚合过程中的重要作用在于把单体分散成单体珠滴，并且有利于传热。但搅拌强度太高时，容易使乳胶粒数目减少，乳胶粒直径增大，聚合反应速率降低，还会导致乳液凝胶、破乳，因此，在乳液聚合过程中应该适度搅拌。

丙烯酸树脂乳液合成的原料有哪些？分别有何作用？你如何理解这里所说的“乳液”？是一种“液”在另一种“液”中的分散体吗？

(3) 丙烯酸树脂乳液合成工艺

① 聚合工艺选择　乳液聚合工艺有间歇工艺、连续工艺、半连续工艺、补加乳化剂工艺和种子乳液聚合工艺等多种。不同的聚合工艺对合成乳液的生产成本、质量和生成效益等均产生影响。由于丙烯酸酯单体聚合反应放热量大，凝胶效应出现得早，很难采用间歇乳液聚合工艺进行生产，否则常会发生事故，给产品质量带来不良影响。同时聚丙烯酸酯及其共聚物乳液一般用做涂料、胶黏剂等，产量都不是特别大，因此很少采用连续操作。目前，丙烯酸乳液聚合一般采用半连续工艺。

② 丙烯酸乳胶漆配方及工艺　丙烯酸乳胶漆就成膜物质来说分为三种。第一种是苯丙型涂料，以苯乙烯与丙烯酸类单体的共聚乳液为成膜物质；第二种是乙丙型涂料，以醋酸乙烯与丙烯酸单体的共聚乳液为成膜物质；第三种是纯丙型涂料，它以丙烯酸共聚乳液为成膜物质，其性能最好，但价格较高。丙烯酸涂料有内墙涂料和外墙涂料两种，它们又分为有光、平光和无光三种。由于纯丙烯酸类乳液的价格较高，常常用来调制中高档的外墙涂料及金属防锈乳胶涂料。

第一种，苯丙乳液涂料。苯丙外墙和内墙涂料都以苯丙乳液为基料，但填料、配合剂比例不同，所得到的涂料性能也不同。外墙涂料性能要求较高，因而填料比例低些，还需配合一些特殊的添加剂，同时价格也就较高。苯丙乳液涂料的最低成膜温度较高，施工温度一般不低于 10℃。苯丙有关乳液涂料可用于门窗的涂装，涂膜坚韧牢固，光泽适度。平光涂料和无光涂料主要用于墙面，使墙面显得柔和平整。

a. **苯丙乳液的典型配方**　苯丙乳液的配方，见表 1-18 所列。

b. **苯丙乳液制备工艺过程**　将乳化剂溶解于水中，加入混合单体，在激烈搅拌下进行乳化，然后把乳化液的 1/5 投入反应釜中，加入 1/2 的引发剂，升温到 70～72℃，保温至物料呈蓝色，此时会出现一个放热高峰，温度可能升至 80℃以上。待温度下降后开始滴加

表 1-18 苯丙乳液典型配方

组分		用量(质量比)			
		1	2	3	4
单体	苯乙烯	23	23	35	30
	丙烯酸		1	1	
	丙烯酸丁酯	23	23		10
	丙烯酸异辛酯			11	7
	甲基丙烯酸	0.5			0.5
	甲基丙烯酸甲酯	2			
乳化剂	OP-10		2.5	1.5	2.0
	K12		1	1	1
	MS-1(烷基酚聚氧乙烯醚磺基琥珀酸酯钠盐)	2.4			
保护胶体	聚甲基丙烯酸钠	1.4			
	聚丙烯酸钠		1	1.5	
	聚苯乙烯-顺丁烯二酸酐共聚钠盐				1.5
分散介质	水	48.8	49.5	49	49
引发剂	过硫酸钾、过硫酸铵	0.24	0.24	0.24	0.24
缓冲剂	小苏打、磷酸氢二钠	0.22	0.22	0.22	0.22

混合乳化液，滴加速度以控制釜内温度稳定为准，单体乳液滴加完后，升温至 95℃，保温 30min，再抽真空除去未反应单体，最后冷却，加入氨水调 pH 至 8～9，出料。

第二种，乙丙乳液涂料。乙丙乳液是以醋酸乙烯与丙烯酸单体共聚成的乳液。与苯丙乳液涂料相比，乙丙乳液涂料的耐水性较差，但成本较低。配方中的 MS-1 为兼有阴离子型和非离子型乳化剂特性的乳化剂，最适合作为乙丙乳液聚合体系的乳化剂。

c. **乙丙乳液的典型配方** 乙丙乳液的典型配方，见表 1-19 所列。

表 1-19 乙丙乳液典型配方

组分		用量(质量比)			
		1	2	3	4
单体	醋酸乙烯酯	81	90	85	75
	丙烯酸丁酯	10			23
	丙烯酸异辛酯		10	13	
	甲基丙烯酸	0.6			2
	丙烯酸		0.5	2	
	甲基丙烯酸甲酯	8.4		11	
乳化剂	OP-10	1.0	2	1	3
	K12		0.5		1
	MS-1	2.0		2	
保护胶体	聚甲基丙烯酸钠				1
	聚乙烯醇		3		

d. **乙丙乳液的制备工艺过程**　首先将规定的水和乳化剂加入反应釜中，升温至 65℃，把甲基丙烯酸一次性投入反应体系，然后将混合单体的 15%加入到釜中，充分乳化后，把 25%的引发剂和缓冲剂加入釜内，升温至 75℃进行聚合，当冷凝器中无明显回流时，将其余的混合单体、引发剂溶液及缓冲剂溶液在 4～4.5h 内滴加完毕。保温 30min，将物料冷却至 45℃，即可过滤、出料包装。

第三种，纯丙乳液涂料。纯丙乳液是用丙烯酸系和甲基丙烯酸系单体所制成的共聚物乳液。纯丙乳液常用来调制中高档的外墙乳胶涂料以及金属防锈乳胶涂料。

e. **纯丙乳液的典型配方**　纯丙乳液的典型配方，见表 1-20 所列。

表 1-20　纯丙乳液典型配方

组分		用量(质量比)			
		1	2	3	4
单体	丙烯酸丁酯	65	23		10
	丙烯酸乙酯		23	35	30
	甲基丙烯酸甲酯	33			
	丙烯酸甲酯				0.5
	丙烯酸	2	1	1	
	丙烯酸异辛酯			11	7
乳化剂	OP-10		2.5	2.5	2.5
	K12		1	1	1
	烷基酚聚氧乙烯醚磺酸钠	3			
分散介质	水	125	49.5	49	49
引发剂	过硫酸钾、过硫酸铵	0.4	0.24	0.24	0.24
缓冲剂	小苏打、磷酸氢二钠	0.3	0.22	0.22	0.22

f. **纯丙乳液的制备工艺过程**　将规定量的乳化剂加入到水中溶解后升温至 60℃，加入引发剂和 10%单体，升温至 70℃，如果没有显著的放热反应，则逐步升温至放热反应开始，待温度升至 80～82℃，将余下的混合单体缓慢而均匀滴加入反应釜中，（约 2～2.5h 滴加完），以单体滴加速度来控制温度、回流。单体加完后，在半小时内将温度升至 97℃，保持 0.5h 冷却，最后用氨水调 pH 至 8～9。

除了以上三类丙烯酸乳液涂料外，尚还有几类改性丙烯酸类乳液涂料，如有机硅氧烷改性丙烯酸酯乳液以及有机氟改性丙烯酸乳液。这两类乳液涂料都有着优越的耐候性、耐水性、耐光照和耐沾污性等。

① 丙烯酸乳液有哪三类？分别有何性能？

② 上面几类乳液的制备都是先乳化，然后再加入引发剂，为什么这么做？

1.2.2.5 项目实践教学——干性油醇酸树脂的实验室制备

（1）实验目的

① 了解掌握缩聚反应的原理和干性油醇酸树脂的合成方法；

② 掌握醇酸树脂醇解终点和酯化终点控制的方法；

③ 掌握测定醇酸树脂的固含量。

（2）实验原理

① 主要性质和用途　醇酸树脂涂料又称醇酸树脂清漆或醇酸清漆，为淡黄色透明黏稠液体，可溶于甲苯、松节油、乙酸乙酯等有机溶剂，有优良的耐久性、光泽和保色保光性、硬度和柔软性。

醇酸树脂涂料是应用较早、使用面较广的一种涂料，主要应用于木制建筑物和木制家具的表面涂饰，也可用于铁质家具和铁质建筑物的涂饰。

② 合成原理　醇酸树脂是指以多元醇、多元酸与脂肪酸为原料合成的树脂。邻苯二甲酸和甘油以等摩尔反应时，反应到后期会发生凝胶化，形成网状交联结构的树脂。若先用干性植物油使甘油先变成甘油单酸酯 $R{-}\overset{\overset{\displaystyle O}{\|}}{C}{-}O{-}CH_2{-}\underset{}{\overset{\overset{\displaystyle OH}{|}}{C}H}{-}CH_2OH$ （二官能团化合物）再与苯酐反应，则反应成为线型缩聚，不会出现凝胶化。若所用脂肪酸或植物油中含有一定数量的不饱和双键，则所得的醇酸树脂在空气中的氧气存在下不饱和双键与不饱和双键之间反应，交联成不溶不熔的干燥漆膜。

合成干性油醇酸树脂通常先将植物油（干性油）与甘油在碱性催化剂存在下进行醇解反应，以生成甘油单酸酯：

$$\begin{array}{l} CH_2{-}OOCR \\ | \\ CH{-}OOCR' \\ | \\ CH_2{-}OOCR'' \end{array} + 2\begin{array}{l} CH_2{-}OH \\ | \\ CH{-}OH \\ | \\ CH_2{-}OH \end{array} \rightleftharpoons \begin{array}{l} CH_2{-}OOCR \\ | \\ CH{-}OH \\ | \\ CH_2{-}OH \end{array} + \begin{array}{l} CH_2{-}OH \\ | \\ CH{-}OOCR' \\ | \\ CH_2{-}OH \end{array} + \begin{array}{l} CH_2{-}OH \\ | \\ CH{-}OH \\ | \\ CH{-}OOCR'' \end{array}$$

然后加入苯酐进行缩聚（酯化）反应，脱去水，最后生成干性油醇酸树脂：

$$\sim\!O{-}\overset{\overset{\displaystyle O}{\|}}{C}{-}C_6H_4{-}\overset{\overset{\displaystyle O}{\|}}{C}{-}O{-}CH_2{-}\underset{\underset{\displaystyle O-\underset{\underset{\displaystyle O}{\|}}{C}-R'}{|}}{CH}{-}CH_2{-}O{-}\overset{\overset{\displaystyle O}{\|}}{C}{-}C_6H_4{-}\overset{\overset{\displaystyle O}{\|}}{C}{-}O{-}CH_2{-}\underset{\underset{\displaystyle O-\underset{\underset{\displaystyle O}{\|}}{C}-R'}{|}}{CH}{-}CH_2{-}O\!\sim$$

（3）主要仪器和药品　三口烧瓶（250ml），球形冷凝管，温度计（0～200℃、0～300℃），分水器，电热套，电动搅拌器，烧杯（100ml、200ml），漆刷，胶合板或木板，量筒（10ml、100ml），电热干燥箱，分析天平。

亚麻仁油（干性油），甘油、苯酐，氢氧化锂，二甲苯，溶剂汽油，甲苯，乙醇，氢氧化钾。

（4）实验内容

① 亚麻仁油（干性油）醇解　在装有电动搅拌器、温度计、球形冷凝管的250ml三口烧瓶中加入84g亚麻仁油和26g甘油。加热至120℃，然后加入0.1g氢氧化锂。继续加热至240℃，保持醇解30min，取样测定反应物的醇溶性。当反应液达到透明时即为醇解终点；若不透明，则继续反应，定期测定，到达终点后将其温度降至200℃。

② 酯化　在三口烧瓶与球形冷凝管之间装上分水器，分水器中装满二甲苯（到达支管

口为止，这部分二甲苯未计入配方量中)。将 53.2g 苯酐分批加入三口烧瓶中，搅拌，温度保持 180～200℃，约在 30min。然后加入 8g 二甲苯，缓慢升温至 230～240℃，回流 2～3h。取样测定酸值，酸值小于 20 时为反应终点。冷却后，加入 150g 溶剂汽油稀释，将米棕色醇酸树脂溶液，装瓶备用。

③ 终点控制及成品测定

a. 醇解终点测定　取 0.5ml 醇解物加入 5ml 95%乙醇，剧烈振荡后放入 25℃水浴中，若透明说明终点已到，浑浊则继续醇解。

b. 测定酸值　取样 2～3g（精确称至 0.1mg），溶于 30ml 甲苯-乙苯的混合液中（甲苯：乙醇＝2：1），加入 4 滴酚酞指示剂，用氢氧化钾-乙醇标准溶液滴定。然后用式(1-6)计算酸值：

$$酸值=\frac{c(\mathrm{KOH})\times 56.1}{m(样品)}\times V(\mathrm{KOH}) \tag{1-6}$$

式中　$c(\mathrm{KOH})$——KOH 的浓度，mol/L；

m(样品)——样品的质量，g；

$V(\mathrm{KOH})$——KOH 溶液的体积，ml。

c. 测定固含量　取样 3～4g 烘至恒重（120℃约 2h)，计算百分含量。

$$固含量=\frac{m_{固体}}{m_{溶液}}\times 100\%$$

（5）实验数据及处理

酸值				最终固含量
1	2	3	4	

（6）安全与环保

① 各升温阶段必须缓慢均匀，防止冲料，防止着火。

② 加苯酐时不要太快，注意是否有泡沫快速升起，防止溢出。

（7）实践教学评估

① 针对实验装置安装进行评估。

② 针对学生称量、加料、醇解、酯化反应操作、醇解终点测定、酸值测定操作进行评估。

③ 提问：什么是醇解反应？醇解反应所得到的产物是什么？醇解完后为什么要加入苯酐，目的是什么？

1.2.3　涂料生产工艺

1.2.3.1　模块一　有机溶剂型清漆生产工艺

有机溶剂型清漆是以树脂为主要成膜物质再加上有机溶剂组成的涂料。由于涂料和涂膜都是透明的，因而也称透明涂料。涂在物体表面，干燥后形成光滑薄膜，显出物面原有的纹理。现以单组分、潮气固化型的 S54-1 聚氨酯耐油清漆为例进行生产工艺介绍。

（1）聚氨酯涂料的分类　异氰酸酯有高度的反应活性，选用不同品种的异氰酸酯与不同的聚酯、丙烯酸树脂、聚醚或其他树脂配用，可制出许多品种的聚氨酯涂料。

按美国 ASTM 的早期分类法，聚氨酯溶剂型涂料分为 5 类，即氨酯油或氨酯醇酸单组分聚氨酯涂料、封闭型单组分聚氨酯涂料、潮气固化单组分聚氨酯涂料、催化固化双组分聚氨酯涂料和羟基固化双组分聚氨酯涂料。这5类聚氨酯涂料的性质及其用途，见表1-21所列。近年来因环境保护，发展了水性聚氨酯涂料，其中又分为水性聚氨酯分散体（PUD）涂料和水性双组分聚氨酯（2K-PUR）涂料。

表 1-21 聚氨酯 5 类涂料的性质及其用途

品种 性质	单组分			双组分	
	氨酯油/氨酯醇酸	封闭型	潮气固化	催化固化	羟基固化
固化条件	氨酯油和氨酯醇酸为氧固化	热烘烤固化(热烘解除封闭)	含—NCO 预聚体+H_2O ⟶ 聚脲	含—NCO 的预聚体+H_2O+多元胺（催化剂）⟶ 聚脲高分子	—NCO+含 OH 聚醚或聚醚 ⟶ —NH-COO—
游离异氰酸酯	无	无	较多	较多	较少
颜料分散方法	常规	常规	困难,采取特殊操作	困难,采取特殊操作	羟基组分分散颜料
干燥时间/h	0.5～3.0	高温烘烤	按湿度大小,约数小时	约 0.5～4.0	2.0～8.0
耐化学药品	尚好	优异	良好到优异	良好到优异	优异
施工时限	长	长	约 1 天	数小时	约 8h
主要用途	地板漆、一般维护漆	漆包线漆、电绝缘漆、防石击底漆、卷材涂料等	地板漆、耐腐蚀涂料等	地板漆、耐腐蚀涂料等	各种用途

注：施工时限是指双组分涂料在施工前混合后的可以使用的时限。

(2) S54-1 聚氨酯耐油清漆的生产原理　S54-1 聚氨酯耐油清漆属于潮气固化聚氨酯涂料，该涂料中树脂是含 NCO 端基的预聚物，通过与空气中的潮气（即水蒸气）反应生成脲键而固化成膜的涂料。这种涂料具有聚氨酯涂料的优良性能，单罐装便于施工，机械耐磨性能往往比双组分聚氨酯涂料好。该类涂料干燥速率受空气中湿度影响，湿度太低就干燥的慢；另外加颜料制成色漆的加工过程较为麻烦，主要考虑防潮。

① 潮气固化反应机理

$$R-N=C=O+H_2O \xrightarrow{\text{慢}} \left(\begin{array}{c} H \\ | \\ R-N-COOH \end{array} \right) \longrightarrow R-NH_2+CO_2\uparrow$$

$$R'-N=C=O+R-NH_2 \xrightarrow{\text{快}} R'-N=C\begin{array}{l} \diagup OH \\ \diagdown NHR \end{array} \longrightarrow \underset{\text{脲}}{R'-\overset{H}{\overset{|}{N}}-\overset{O}{\overset{\|}{C}}-\overset{H}{\overset{|}{N}}-R}$$

② 潮气固化聚氨酯涂料对成膜物质的要求 分子量要足够大，能单独迅速干燥，并有满意的力学性能；交联密度高则涂膜抗溶剂性、抗化学品性能好，交联密度低则涂膜挠性提高；在同等的交联密度下，增加聚合物中氨酯基含量能提高涂膜的硬度和韧性。

③ 含 NCO 端基的预聚物制造方法 一般有两种：第一种是用分子量较大的聚酯或聚醚与二异氰酸酯反应，让 NCO 与 OH 的摩尔比维持在 2 以上，将原来较复杂的树脂用异氰酸酯封端，得到含 NCO 端基的预聚物；第二种是用异氰酸酯与分子量较低的二元醇或三元醇的聚醚反应，让 NCO 与 OH 的摩尔比维持在 1.2～1.8 之间，这样在异氰酸酯封端的同时，使预聚物的分子量提高，聚醚链段中嵌入氨酯键，提高机械强度，并保证迅速干燥。

(3) S54-1 聚氨酯耐油清漆的生产工艺 S54-1 聚氨酯耐油清漆的生产阶段包括＃7110B 三羟甲基丙烷聚酯树脂生产、＃7109 环氧聚酯型聚氨酯树脂生产及 S54-1 清漆配制等两个阶段。

① ＃7110B 三羟甲基丙烷聚酯树脂生产 利用己二酸、一缩乙二醇和三羟甲基丙烷通过酯化反应，合成低分子量的聚酯树脂。

a. 反应原理 己二酸、一缩乙二醇和三羟甲基丙烷通过酯化反应生成＃7110B 三羟甲基丙烷聚酯树脂，酯化反应式：

$$2C_2H_5C(CH_2OH)_3+3HOCH_2CH_2OCH_2CH_2OH+2HOOC(CH_2)_4COOH$$

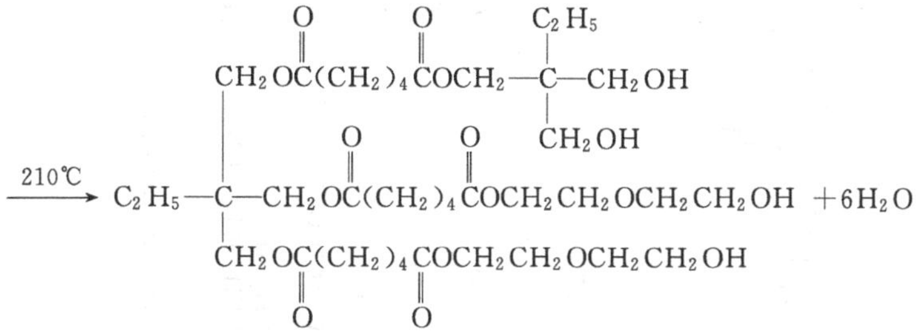

$$\xrightarrow{210^\circ C} C_2H_5-\underset{CH_2O\underset{\underset{O}{\|}}{C}(CH_2)_4\underset{\underset{O}{\|}}{C}OCH_2CH_2OCH_2CH_2OH}{\overset{CH_2O\overset{\overset{O}{\|}}{C}(CH_2)_4\overset{\overset{O}{\|}}{C}OCH_2-\overset{\overset{C_2H_5}{|}}{\underset{\underset{CH_2OH}{|}}{C}}-CH_2OH}{C}}-CH_2O\overset{\overset{O}{\|}}{C}(CH_2)_4\overset{\overset{O}{\|}}{C}OCH_2CH_2OCH_2CH_2OH+6H_2O$$

b. 原料用量比 原料用量，见表 1-22 所列。

表 1-22 ＃7110B 三羟甲基丙烷聚酯树脂生产原料用量配比 单位：%

原　料	质量分数	原　料	质量分数
己二酸	22.9	环己酮	25.0
一缩乙二醇	16.6	二甲苯	25.0
三羟甲基丙烷	10.5		

c. 操作步骤 将己二酸、一缩乙二醇、三羟甲基丙烷按比例投入反应釜，升温至 150℃，保温 1.5h。继续升温，在 1.5h 升温到 180℃，再以每小时 10℃的速度升温至 210℃。在 210℃保温至酸值 5mg KOH/g 以下，冷却降温至 140℃下，加入计量的环己酮及甲苯，搅拌 30min，过滤储存。即得到＃7110B 三羟甲基丙烷聚酯树脂产品。

d. 产品规格 固含量 50%±2%，酸值≤5mg KOH/g，色泽（铁钴法）≤12 。

② ＃7109 环氧聚酯型聚氨酯树脂生产及 S54-1 清漆配制。

a. 反应原理 ＃7109 环氧聚酯型聚氨酯树脂是＃7110B 三羟甲基丙烷聚酯树脂（低分子量）和 E-12 环氧树脂（低环氧值）与甲苯二异氰酸酯（过量）的共加聚产物，该产物属于预聚体，并且含 NCO 端基。共加聚反应式：

$$n\,C_2H_5-C(CH_2OC(=O)(CH_2)_4C(=O)OCH_2-C(C_2H_5)(CH_2OH)-CH_2OH)(CH_2OC(=O)(CH_2)_4C(=O)OCH_2CH_2OCH_2CH_2OH)(CH_2OC(=O)(CH_2)_4C(=O)OCH_2CH_2OCH_2CH_2OH)$$

$$+\ \underset{\backslash O/}{CH_2-CH}-CH_2-O-\left[C_6H_4-C(CH_3)_2-C_6H_4-O-CH_2-\underset{OH}{CH}-CH_2O\right]_n-C_6H_4-C(CH_3)_2-C_6H_4-O-CH_2-\underset{\backslash O/}{CH_2-CH}$$

$$+\ 3n\ CH_3C_6H_3(NCO)_2\ \longrightarrow$$

$$\underset{\backslash O/}{CH_2-CH}-CH_2-O-\left[C_6H_4-C(CH_3)_2-C_6H_4-O-CH_2-\underset{O-CO-NH-C_6H_3(CH_3)-}{CH}-CH_2O\right]_n-C_6H_4-C(CH_3)_2-C_6H_4-O-CH_2-\underset{\backslash O/}{CH_2-CH}$$

$$C_2H_5-C(CH_2OC(=O)(CH_2)_4C(=O)OCH_2-C(C_2H_5)(CH_2OH)-CH_2OCO-NH-)(CH_2OC(=O)(CH_2)_4C(=O)OCH_2CH_2OCH_2-CH_2-O-CO-NH-C_6H_3(NCO)CH_3)(CH_2OC(=O)(CH_2)_4C(=O)OCH_2CH_2OCH_2CH_2O-CO-NH-C_6H_3(CH_3)NCO)$$

b. 原料用量配比　原料用量见表 1-23 所列。

表 1-23　＃7109 环氧聚酯型聚氨酯树脂生产原料用量配比

原　料	原料用量及配比		原　料	原料用量及配比	
	质量/kg	质量分数/%		质量/kg	质量分数/%
E-12 环氧树脂	18	2.00	环己酮	454	
＃7110B 三羟甲基丙烷聚酯树脂(固含量 50%)	752(固:376)	41.75	二甲苯	320	
			活性白土	16	
TDI(甲苯二异氰酸酯)	506.5	56.25			
合计	900.5	100.00			

c. 操作步骤　＃7109 环氧聚酯型聚氨酯树脂合成分成两个步骤。第一步，先制备环氧聚酯型聚氨酯中间体，方法是用 E-12 环氧树脂与＃7110B 三羟甲基丙烷聚酯树脂反应；第二步，利用环氧聚酯型聚氨酯中间体与甲苯二异氰酸酯反应，得到＃7109 环氧聚酯型聚氨酯树脂及 S54-1 聚氨酯耐油清漆配制。

第一步，环氧聚酯型聚氨酯中间体的制备　将环己酮 454kg 和 E-12 环氧树脂 18kg 投入反应釜，加热至 100～110℃，使 E-12 环氧树脂溶解。再投入＃7110B 三羟甲基丙烷聚酯树脂（固含量 50%）752kg，二甲苯 68kg 和活性白土 16kg。升温回流出水，温度达到 147℃以上。脱水基本完成，冷却至 70℃，保温压滤。测固含量后备用。产品规格中要求固含量（135℃，4h）42%左右。

第二步，＃7109 环氧聚酯型聚氨酯树脂合成及 S54-1 聚氨酯耐油清漆配制　将上述环氧聚酯型聚氨酯中间体用二甲苯调整固含量到 32.9%，加入计量的甲苯二异氰酸酯，搅拌 1h，缓慢升温至 90～100℃，保温到黏度达到 33～55s 作为终点，即得到＃7109 环氧聚酯型聚氨酯树脂。加入适量流变剂醋酸丁酸纤维素，溶解搅拌均匀，立即降温，冷却至 40℃以下，丝绢过滤，出料包装即可 S54-1 聚氨酯耐油清漆。

d. S54-1 聚氨酯耐油清漆规格　S54-1 聚氨酯耐油清漆规格，见表 1-24 所列。S54-1 聚氨酯耐油清漆（＃7109 聚氨酯耐油清漆）适用于油罐、油槽等设备上涂装，对汽油、航空煤油、柴油等石油制品具有优异的耐油性，并且对油品质量无影响。所制备的＃7109 环氧聚酯型聚氨酯树脂加入颜料、有机溶剂和相关助剂等可生产聚氨酯耐油磁漆。

表 1-24　S54-1 聚氨酯耐油清漆规格

漆膜颜色和外观	黄色至棕色透明液体
颜色(铁钴比色法),号	≤8
黏度(涂-4 黏度计)/s	20～80
固体含量/%	50±2
干燥时间,实干/h	≤24
柔韧性/mm	1
附着力/级	≤0.2
复合涂层耐 95%航空汽油/年	0.5
复合涂层耐航空煤油/年	0.5
复合涂层耐航空汽油、煤油胶质/(mg/L)	≤7

① 潮气固化聚氨酯涂料对成膜物质有哪些要求？

② #7109 环氧聚酯型聚氨酯树脂采用第一种方法制造，其过程中用到中间体是什么？有什么特点？

1.2.3.2 模块二 溶剂型色漆生产工艺

溶剂型色漆为液态的色漆，在涂料中属于品种最多、产量最大一个类别。它是由成膜物质、颜料（填料）、溶剂和助剂（如催干剂、流变剂、防结皮剂等）调制而成，从本质上讲，它是固体的颜料和填料在成膜物质溶液（或分散液）中的均匀、稳定的分散体。

(1) 影响色漆性能的因素

① 颜料 颜料是不溶性有色物质的小颗粒，制造溶剂型色漆时，首先要求颜料能均匀地分散，稳定地存在于漆料中。影响颜料分散及其稳定性的因素大致有颜料的平均粒度及粒度分布；颜料粒子形态及粒子硬度；颜料中的水分；颜料的吸油量及颜料粒子的表面性质。

此外，在设计溶剂型色漆配方时，颜料颜色、遮盖力（每遮盖 $1m^3$ 面积所需颜料的克数）、着色力、耐光性、粉化性、相对密度和比体积、耐热性、耐溶剂型、耐酸碱性能等，都是应考虑的因素。颜料的作用不仅仅是色彩和装饰性，更重要的作用是改善涂料的一系列物理化学性能。

② 浆料 也称漆料。溶剂型色漆主要取决于浆料。底漆要求附着力好、与漆面结合力强；面漆则要求装饰性好、耐候性好、耐热、耐磨等。使浆料具有某种触变性是对分散稳定性极为有利的因素。

(2) 溶剂型色漆的生产工艺

① 色漆的生产过程 色漆生产关键是使颜料在漆料中均匀地分散，并达到预定的颜色。生产过程分为混合、分散和调和等三个步骤。

a. **混合** 也称为调浆或拌和，是把颜料或颜料混合物投入漆料内，通过搅拌使之混合均匀的过程。漆料量应满足润湿颜料，并保证所制得的漆浆具有下一步操作所需要的触变性。

b. **分散** 习惯上称为研磨，所用设备为研磨机械。为了得到平整均匀的漆膜，对涂料的细度有较高的要求，尤其是面漆，装饰性要求高，细度通常要在 20μm 以下。细粉状的颜料可能由于各种因素而聚集成或软或硬的大颗粒，所以在色漆制造中，研磨是重要的过程。研磨的作用是使聚集成较大颗粒的颜料分离开来，并被成膜物质包覆且能持久地不再聚集成大颗粒，从而稳定而均匀地分散在漆料中，达到涂料产品所要求的细度。固体物质的分散主要靠研磨设备的研磨，当细度合格后再进入下一步操作。

c. **调和** 又称调漆，是把漆浆、漆料及其他辅助成分按配方规定配成色漆，达到规定的颜色、黏度、细度，并实现全系统稳定化的过程。带有搅拌的罐一般都可用做调和设备。

色漆的生产工艺按所用研磨分散设备来划分，分为砂磨分散工艺、辊磨分散工艺和球磨分散工艺。

② 小批量活动罐式色漆生产流程 小批量活动罐式色漆生产工艺流程，如图 1-27 所示。从树脂车间用管道送来的漆料从高位罐放入活动漆浆罐，加入颜料、填料、(体质颜料)及溶剂，用高速分散机进行拌合和预分散，然后用砂磨机进行研磨分散作业，经多道循环作业至细度合格后进行调配工序。此谓砂磨分散工艺，辊磨分散工艺与此相仿。原料经高速分

散机或其他拌和设备（如搅拌机）拌和和预分散后，将活动漆浆罐推到三辊磨前用电动葫芦吊起或用其他自动上浆机向三辊磨供料，进行研磨分散作业，经多道循环作业至细度合格后进入调漆工序。至于球磨分散工艺，省掉预分散工序，将原料直接装入球磨机后即进行研磨分散作业，直至细度合格，进入调漆工序。调漆时色浆称重计量，在搅拌下加入，经流量计计量的漆料、溶剂及各种助剂，调整颜色和黏度，制成色漆。产品经过滤、灌装（人工或机械）后入库。

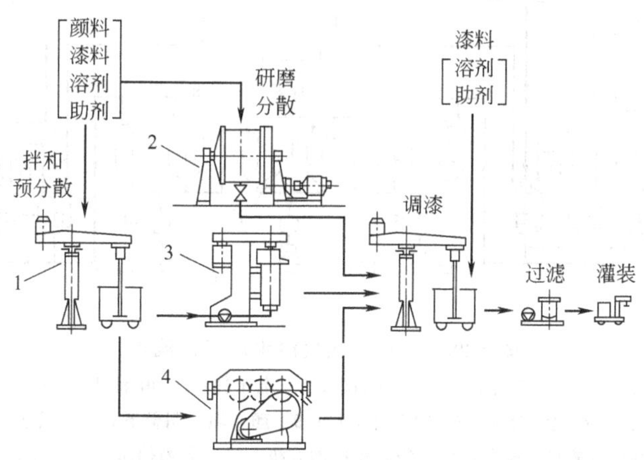

图 1-27　活动罐式色漆生产工艺流程

1—高速分散机；2—球磨机；3—砂磨机；4—三辊磨机

③ 全自动化色漆生产工艺流程　生产规模较大时，则用固定罐生产，液体物料多采用泵送，预分散常在固定罐内进行，固定罐装锯齿圆盘式叶轮进行搅拌或直接用高速分散机进行搅拌，大多采用砂磨分散，同样，调漆在固定调漆罐进行。其容量比活动漆浆罐大。有的调漆罐采用比较先进的重力传感器进行计量。另外，现代颜料工业的某些产品，易分散性已达到很高的程度，可以无需经过混合、分散等预备性步骤，而在调和中进行分散一步成漆。大规模专业化色漆生产中，由于生产批量大且品种比较单一，适于规模化、连续化、密闭化和自动化生产。

全自动化色漆生产工艺流程，如图 1-28 所示。该装置年产 2 万吨，其中 60%为乳胶漆，40%为溶剂型醇酸树脂漆；产品的 80%为清漆，20%为色漆。配套年产 400 吨的着色剂生产装置。开车前将各种原料储存入仓（或罐），开通装置全部流程后，产品制造的全部过程完全可以由电脑依设定的程序，在密闭容器内自动进行。因此全厂包括原料准备及产品仓库管理只有 52 人。

在色漆配方中常常同时使用数种颜料，由于各种颜料各有其特性，如有的易分散、有的难分散、有的很纯、有的含杂质，如果把数种颜料按配方与漆料混合一起研磨，势必会互相影响而降低效率和质量。因此，一般采用分色研浆，即把数种颜料分别与部分漆料研磨成单一颜料的色浆。然后在调和这一步，根据颜色的要求，把各单色的色浆按配方中所规定的比例调配在一起，最后再调入配方中的其余部分漆料、助剂和溶剂等所有组分，得到符合要求的色漆。

1.2.3.3　模块三　乳胶涂料生产工艺

(1) 乳胶涂料概述

① 乳胶涂料的相关概念　水性涂料是以水为溶剂或分散介质的涂料，可以分为乳液型

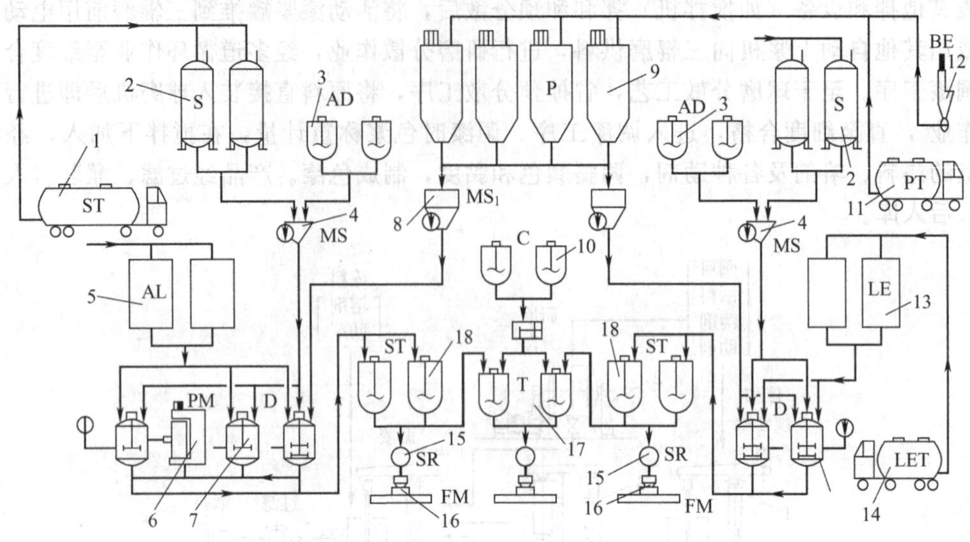

图 1-28 全自动化色漆生产工艺流程

1—溶剂槽罐车；2—溶剂储罐；3—助剂储罐；4—电子秤；5—醇酸树脂储罐；6—砂磨机；
7—密闭式配料预混合罐；8—粉料计称量；9—颜（填）料储罐；10—着色剂储罐；
11—颜（填）料散装运输车；12—袋装粉料倒袋机；13—乳液储罐；14—乳液运输罐车；
15—振动筛；16—灌装机；17—调色罐；18—调漆罐

涂料、水乳化型涂料和水溶性涂料。乳液型涂料是以乳胶为基料的水性涂料，也称为乳胶漆，涂料中用做主要成膜物质一般是通过乳液聚合而合成的固体树脂聚集体在水中的分散体，固体树脂聚集体大小为 0.01～0.1μm，属于胶体范围，固体树脂聚集体又被称为乳胶。水乳化型涂料是以乳液为基料的水性涂料，乳液一般由液态的聚合物或溶于有机溶剂而成为溶液的聚合物，在水中经乳化剂乳化而成，乳液不同于乳胶，它是一种液体在另一种液体连续相中的分散体；水溶性涂料从严格意义上来说是以水为溶剂的涂料，但真正的水溶性涂料很少。

② 乳胶涂料的特点　乳胶涂料以水为分散介质，是一种节省资源、安全、环境友好型涂料；施工方便，可刷涂、滚涂和喷涂；涂刷工具可用水清洗；涂膜干燥快，透气性好，对基层含水率的要求不高。但乳胶涂料所要求最低成膜温度高，一般为 5℃以上，在较冷的地方冬季不能施工，储存运输温度要在 0℃以上；干燥成膜受环境温度、湿度和风速等影响较大；实干时间长，完全成膜，需几周；光泽度较低。

(2) 乳胶涂料的组成　乳胶涂料由合成树脂乳液、颜料与填料、助剂和水组成。

① 合成树脂乳液　合成树脂乳液是由乳液聚合法制取的合成树脂在水中的稳定分散体。

② 颜料和填料　颜料和填料是乳胶涂料的四大组分之一。就数量而言，在亚光漆中属于用量最大的组分。

③ 助溶剂　具有调节水挥发速率、防止接痕出现，协同成膜助剂促进乳胶涂料成膜，降低乳胶涂料的冰点、起防冻作用，降低水的表面张力、提高对颜料和基层的湿润能力等四个功能。

④ 助剂　乳胶涂料所用助剂有湿润分散剂、消泡剂、增稠剂、成膜助剂、防腐防霉剂和 pH 调节剂等。助剂用量只有千分之几至百分之几，但对乳胶涂料的生产、质量、储存、施工和涂膜性能的作用大。

(3) 乳胶涂料生产　若不合成乳胶或乳液，则乳胶涂料生产过程只是物理的分散混合过程。

① 乳胶涂料生产对原料及装备要求　为了便于分散，颜料钛白粉一般选用专供乳胶涂料使用的、极易分散的品种。填料一般经过超细处理的品种。分散设备通常选用高速分散机，最好带有调速装置，便于分散和调漆在同一台高速分散机中完成，高速分散机适合对细度要求不高的建筑乳胶涂料生产。为了适应特定用户对细度的较高要求，或可能遇到的较粗颜料和填料，有些乳胶涂料车间也装备砂磨机和球磨机等装备。考虑生产批量原因，乳胶涂料生产线主要用于生产白漆和基础漆，色漆由于批量小一般是另行制备。

② 工艺过程　乳胶涂料的工艺过程包括颜料和填料预分散、乳液涂料组分调和、配色、过滤和灌装等工序。对有机溶剂型涂料而言，漆料作为分散介质在预分散阶段就与颜料、填料相遇，颜料、填料直接分散到漆料中；对乳胶涂料而言，由于乳液对剪应力较为敏感，在低剪力混合阶段与颜料、填料分散浆相遇才比较可行。在乳胶涂料生产中，颜料、填料在预分散阶段是分散在水中，而水的黏度低、表面张力高、分散困难，因而在预分散过程中需加入润湿剂、分散剂和增稠剂。预分散阶段生产中，必须加消泡剂。

③ 工艺流程　乳胶涂料典型生产工艺流程，如图 1-29 所示。乳胶涂料生产中首先在搅拌缸中加入水、防腐剂、防霉剂、湿润分散剂、约 1/2 的消泡剂、增稠剂和助溶剂，充分混合均匀；有时也可加入部分乳胶或乳液。对于热稳定性差的防腐剂和防霉剂，应在调漆后阶段加入，以防制浆时温度过高使其分解而失效。然后，将分散盘中心调到靠近搅拌缸的底部，并低速旋转，将颜料和填料逐渐加入纵深的漩涡中，先加细的颜料和填料，后加更粗的颜料，这样加既有利于分散，又有利于消泡。随着颜料和填料的加入，搅拌缸中物料（也叫磨料）变稠，这时应提高分散盘的位置，使漩涡变浅，并相应提高转速。当所有的颜料和填料加完以后，将转速提高，使分散盘周边线速度达到 20～25m/s，使磨料充分分散。这个阶段称为打浆。

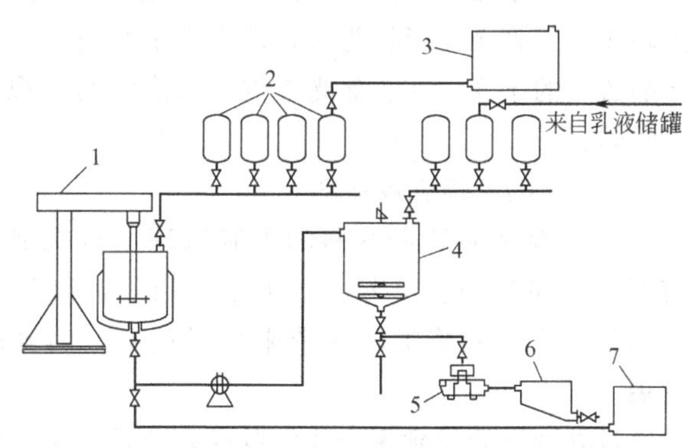

图 1-29　乳胶涂料典型生产工艺流程（不含乳胶或乳液合成）
1—高速分散机；2—计量罐；3—去离子水罐；4—调涂料罐；5—振动筛；6—储罐；7—洗釜水储罐

分散细度合格后，在低速搅拌情况下，加入乳胶（或乳液）、成膜助剂、部分增稠剂和另外约 1/2 消泡剂。对于 pH 调节剂，若为 AMP-95（颗粒分散剂，含水 5%的 2-氨基-2-甲基-1-丙醇），则在颜料和填料分散前加入；若为氨水，则可在乳液加入后加入；若为 NaOH 或 KOH，则可在颜料和填料分散后，乳液加入前加入。有时，也将成膜助剂在颜料和填料分散前加入的，这对乳液比较安全，但可能被颜料和填料黏着吸入一部分。

④ 生产过程控制　在生产过程中，控制指标有分散细度、pH、固含量、黏度和细度。

a. **分散细度**　在打浆阶段完成后、乳液加入之前，要对浆料的分散细度进行检验，确定是否达到分散要求。

b. **pH**　pH 与乳胶漆的稳定性、增稠剂的增稠效果以及防腐性能等都存在一定关系。

c. **固含量**　在相同湿膜条件下，固含量高的涂料能得到较厚的干膜厚度。涂膜厚一般使用寿命较长；另外，固含量还能反映乳胶漆的生产批次之间的稳定性及一致性。因此有些企业将其作为内控指标。

d. **黏度** 黏度可以反映乳胶漆的储存性和施工性，还能反映原料的计量情况和原材料质量波动情况。

e. **细度** 对于乳胶漆，尤其是丝光乳胶漆、半光乳胶漆和有光乳胶漆需要该指标检测与控制。细度与分散细度有联系，但也有区别。它是加入乳液后制得的白乳胶漆和基础漆的细度。

1.2.3.4 项目实践教学——涂料的调制和检测

(1) 醇酸清漆

① 醇酸清漆的配制原理 醇酸树脂属于线型聚合物。由于所用的油如亚麻仁油、桐油中含有不饱和双键，当涂成薄膜后，在空气中氧作用下不饱和双键之间发生过氧原子参与的交联反应，醇酸树脂逐渐转化成固态的漆膜，这个过程称为漆膜的固化，但进行得相当缓慢。若存在钴、锰等有机酸皂类化合物（称为催干剂），则固化过程被催化加速。醇酸清漆主要由醇酸树脂、溶剂以及多种催干剂组成。

② 醇酸清漆的配制 将84g亚麻仁油醇酸树脂（50%）、0.45g 4%环烷酸钴、0.35g 3%环烷酸锌、2.4g 2%环烷酸钙和12.8g溶剂汽油放入烧杯内，搅拌、调匀。**调配清漆时必须仔细搅匀**！但搅拌不能太剧烈，防止混入大量空气。在自然光下观察该清漆的外观。注意实验场所必须杜绝火源！

观察该清漆外观______________________________。

③ 测定醇酸清漆涂膜干燥时间 用漆刷均匀涂刷三合板样板，观察漆膜干燥情况，用手指轻按漆膜直至无指纹为止，即为表干时间。注意涂刷样板时要涂得均匀，不能太厚，以免影响漆膜的干燥。在自然光下观察该漆膜的外观。漆膜外观______________；表干时间：__________h。

(2) 聚醋酸乙烯乳胶涂料

① 聚醋酸乙烯乳胶涂料的配制原理 有机溶剂型涂料（油漆）都要使用易挥发的有机溶剂，例如汽油、甲苯、二甲苯、酯等，以帮助形成漆膜。这不仅浪费资源，污染环境，而且给生产和施工场所带来燃爆危险。而乳胶涂料以水为分散介质，因而得到了迅速发展。

通过乳液聚合得到聚合物乳胶或乳液是由聚合物以微胶粒的状态分散在水中分散体系。当涂刷在物体表面时，随着水分的挥发，微胶粒互相挤压形成连续而干燥的涂膜。这是乳胶涂料的基础。另外，还要配入颜料、填料以及各种助剂（成膜剂、颜料分散剂、增稠剂、消泡剂等），经过搅拌、均质而成乳胶涂料。

② 聚醋酸乙烯乳胶涂料的配制 将20g去离子水、5g 10%六偏磷酸钠水溶液以及2.5g丙二醇加入搪瓷杯中，开动高速均质搅拌机，逐渐加入18g钛白粉、8g滑石粉和6g碳酸钙，搅拌分散均匀后加入0.3g磷酸三丁酯（消泡剂），继续快速搅拌10min，然后在慢速搅拌下加入40g聚醋酸乙烯酯乳液，直至搅匀为止，即得聚醋酸乳胶涂料。观察该清漆外观____________________。

③ 测定干燥时间 用漆刷均匀涂刷水泥样板，观察干燥情况，记录表干时间。

漆膜外观______________________；表干时间：______________h。

(3) 实训教学评价 针对实训结果直接对学生提问。

本项目小结

一、涂料概述

1. 涂料具有保护作用，装饰作用，色彩标志作用以及其他特殊用途。

2. 涂料一般有成膜物质、溶剂、颜料、填料和其他的辅助材料组成。

3. 涂料在命名时，涂料全称＝颜色或颜料名＋成膜物质＋基本名称。

4. 有机溶剂型涂料特点有较低表面张力、较高涂膜质量、对施工环境有好的适应性，但存在清洗危害。

二、成膜物质合成工艺

1. 氨基树脂生产工艺

氨基树脂是一种多官能度的聚合物，容易与带有羟基、羧基、酰氨基等的聚合物反应，因此可作为大部分涂料基体树脂，如醇酸树脂、丙烯酸树脂、饱和聚酯树脂、环氧树脂等树脂的交联剂。

合成氨基树脂原料包括氨基化合物、醛类和醇类。正丁醇醚化的三聚氰胺甲醛树脂在市场上占有相当大的份额，生产中包括加成、缩聚、醚化等反应，并需要脱水、脱溶剂及后处理等工序。

2. 醇酸树脂生产工艺

醇酸树脂是以多元醇、多元酸经脂肪酸（或油）改性共缩聚而成的线性聚酯。

合成醇酸树脂的主要原料是多元醇、多元酸、植物油（脂肪酸），在生产中还需加入少量的助剂，并用适当的溶剂兑稀成液体树脂。醇酸树脂制备涉及反应包括酯化反应、醇解反应、酯交换反应、不饱和脂肪酸的加成反应、缩聚反应等。脂肪酸法和醇解法是最主要的生产醇酸树脂的方法。

3. 环氧树脂生产工艺

含有两个或两个以上环氧基团的树脂称为环氧树脂。环氧树脂上含有环氧基和仲羟基，能进行许多反应，使得环氧基团具有高度活泼性，能与多种类型固化剂发生交联反应形成三维网状结构的高聚物。

生产环氧树脂用的原料主要是双酚 A 和环氧氯丙烷。环氧树脂种类有缩水甘油醚类、缩水甘油酯类及缩水甘油胺类。环氧树脂的特性指标有环氧基的指标、羟基含量、酯化当量、软化点及氯值等。

环氧树脂生产方法有一步法和二步法。前者又称饴糖法，适合于低分子量环氧树脂的生产，后者又称扩链法，适合于中、高分子量环氧树脂的生产。

4. 丙烯酸树脂乳液生产工艺

丙烯酸树脂乳液合成的原料包括单体、引发剂、乳化剂、中和剂以及助溶剂等。丙烯酸树脂乳液聚合机理包括是乳胶粒生成阶段、匀速聚合阶段、降速阶段三个阶段。丙烯酸乳液聚合的方法有核壳乳液聚合和无皂乳液聚合。丙烯酸乳胶漆就成膜物质分为纯丙型涂料、苯丙型涂料和乙丙型涂料三种，各有特点。

三、涂料生产工艺

1. 有机溶剂型清漆生产工艺

有机溶剂型清漆是以树脂为主要成膜物质再加上有机溶剂组成的涂料。由于涂料和涂膜都是透明的，因而也称透明涂料。单组分、潮气固化型的 S54-1 聚氨酯耐油清漆中树脂是含 NCO 端基的预聚物，通过与空气中的潮气（即水蒸气）反应生成脲键而固化成膜。这种涂料具有聚氨酯涂料的优良性能，单罐装便于施工，机械耐磨性能往往比双组分聚氨酯涂料好。该类涂料干燥速率受空气中湿度影响。其生产包括＃7110B三羟甲基丙烷聚酯树脂、＃7109环氧聚酯型聚氨酯树脂生产及S54-1清漆配制等两个阶段。

2. 溶剂型色漆生产工艺

溶剂型色漆，即液态的色漆在涂料中品种最多，产量最大，由成膜物质、颜料（填料）、溶剂和助剂（如催干剂、流变剂、防结皮剂等）调制而成。影响色漆性能的主要因素是颜料和浆料。

溶剂型色漆的生产包括三个步骤：混合、分散和调和。色漆的生产工艺一般按所用研磨分散设备来划分，最通行的为砂磨分散工艺、辊磨分散工艺和球磨分散工艺。

3. 乳胶涂料生产工艺

涂料中用做主要成膜物质的水溶性涂料实际上是树脂聚集体（0.01～0.1μm）在水中的分散体，属于胶体范围，该树脂聚集体称为乳胶，是通过乳液聚合而合成的固体树脂微粒在水中的分散体。这种以乳胶为基料的水性涂料就称为乳液型涂料，也称为乳胶漆。通常，乳胶涂料由合成树脂乳液、颜料与填料、助剂和水组成。生产过程包括颜料和填料分散、乳液漆的调制、配色、过滤、灌装和质量控制等工序。

思考与习题

(1) 简述涂料的概念及功能。涂料的组成有哪些？有机溶剂型涂料的特点是什么？

(2) 生产氨基树脂的原料有哪些？氨基树脂单独作为涂料的成膜物质有何缺点？氨基树脂的生产经过哪几个工序？醇酸树脂生产时所用的原料有哪些？其生产时主要发生了哪些反应？

(3) 环氧树脂合成时所用的原料有哪些？环氧树脂的特性指标有哪些？

(4) 环氧树脂在结构上有何特点使得它能与多种类型固化剂发生交联反应形成三维网状结构的高聚物，从而可作为涂料的成膜物质？

(5) 丙烯酸树脂乳液合成所用的原料有哪些？具体的单体有哪些？什么是核壳乳液聚合法？

(6) 丙烯酸乳液树脂中，纯丙型、苯丙型、乙丙型各有何特点？

(7) 聚氨酯树脂生产使用的原料有哪些？简述聚氨酯涂料的种类及其特点。

(8) 试述影响溶剂型色漆性能的因素。溶剂型色漆的生产包括哪几个步骤？

(9) 简述乳胶涂料的组成及生产工序。乳胶涂料的生产控制指标有哪些？

1.3 项目三 高分子材料加工助剂

项目任务

① 了解高分子材料加工助剂的作用及主要品种，认识某些加工助剂的品种外观，观察增塑剂、阻燃剂等作用效果；

② 掌握热稳定剂硬脂酸钡、阻燃剂十溴二苯醚和发泡剂AC的合成工艺，掌握橡胶补强剂——白炭黑的生产工艺；

③ 掌握邻苯二甲酸二辛酯的实验室制备方法。

高分子材料助剂是精细化学品的重要类别。2008年我国橡胶助剂的产量约为60万吨，其中防老剂16.79万吨、促进剂21.33万吨、不溶性硫黄1.92万吨、特种功能性助剂4.08

万吨、加工助剂 6.1 万吨。2008 年我国橡胶助剂出口产量为 14.2 万吨，其中促进剂 6.79 万吨，防老剂 4.30 万吨。2009 年我国橡胶助剂的产量约为 70 万吨，同比增长 18.1%，受汽车消费拉动，最近几年都保持强劲增长势头。2006 年我国塑料助剂的产量约为 235 万吨，其中增塑剂 105 万吨、阻燃剂 25 万吨、热稳定剂 30 万吨、冲击改性剂与加工改良剂 11 万吨、润滑剂 7.2 万吨、发泡剂 12.4 万吨、抗氧剂 1.5 万吨、抗静电剂 0.4 万吨、防雾滴剂 0.22 万吨、光稳定剂 0.4 万吨。2009 年我国塑料助剂的产量约为 255 万吨，年均增长 2.8%。

1.3.1　高分子材料加工助剂作用及品种

1.3.1.1　知识点一　高分子材料加工助剂的定义、分类、作用

高分子材料助剂是指用于塑料、橡胶和纤维三大合成材料的助剂，它涵盖了从树脂、胶料的合成到制品的加工成型整个生产过程所涉及的辅助化学品。高分子材料助剂分为高分子材料合成助剂和高分子材料加工助剂。前者用于单体制备，合成树脂或橡胶等聚合物的过程；后者用于塑料、橡胶和纤维三大合成材料制品加工成型。本章主要介绍高分子材料加工助剂。

高分子材料加工助剂按应用对象，可分为塑料加工助剂、橡胶加工助剂和纤维用加工助剂；按作用，可分为稳定化助剂、加工性能改进、机械性能改进剂、表观性能改进剂、柔软化和轻质化助剂和功能赋予剂。

(1) 稳定化助剂　又称防老剂、稳定剂。稳定化助剂是对能抑制或延缓高分子材料在储运、加工和应用中的老化降解，延长制品使用寿命的一类助剂的总称。高分子材料在加工和应用时，能导致其老化降解的因素有很多，例如氧、光、热、微生物、高能辐射、机械剪切和疲劳等均会引起聚合物老化降解，因此根据老化降解因素的不同，可对稳定化助剂再分类，主要有抗氧剂、光稳定剂、热稳定剂、防霉剂等。

(2) 加工性能改进剂　在聚合物的生产加工成型过程中，为改善聚合物的加工性能，使之能够顺利通过成型过程，同时又达到降低能耗、缩短成型周期、提高生产效率等作用，而向聚合物中加入的助剂称为加工性能改进剂。如润滑剂、分散剂、塑解剂和软化剂等。增塑剂虽然也有改善聚合物加工性能的作用，但是其主要功能是使制品柔软化，故未归入此类。

(3) 机械性能改进剂　力学性能改进剂是指为提高高分子材料的某些物理性能和力学性能，如断裂强度、硬度、刚性、热变形温度、冲击强度等，而向高分子材料中加入的助剂。它包括聚合物的硫化（交联）体系助剂、增强剂、填充剂、偶联剂、抗冲改性剂等。

(4) 表观性能改进剂　表观性能改进剂是指为改变制品的表面性能（如表面光泽度、表面张力、表面电阻等）和感观性能（如色彩、透明效果等），而向高分子材料中加入的助剂。它包括抗静电剂、增光剂、流滴剂、着色剂、透明剂和防粘连剂等。

(5) 柔软化和轻质化助剂　柔软化和轻质化助剂是指一类能赋予高分子材料柔软性或降低制品表观密度的助剂，它包括增塑剂、发泡剂、柔软剂等。

(6) 功能赋予剂　功能赋予剂是指一类能赋予高分子材料特殊功能的助剂类型，它包括阻燃剂、红外线阻隔剂、转光剂、吸氧剂、紫外线滤除剂、降解剂等。

想一想

① 高分子材料助剂的定义是什么？它是如何分类的？

② 高分子材料加工助剂按功能作用如何分类？

1.3.1.2　知识点二　橡塑加工助剂种类和主要品种

橡塑加工助剂是橡胶加工助剂和塑料加工助剂的总称。橡胶加工助剂与塑料加工助剂之

间并没有严格的界限，除少部分为各自所需的特殊类型助剂外，绝大多数功能助剂都具有通用性。橡塑加工助剂的分类与前面的高分子材料加工助剂基本一样，也是按功能与作用分类。

(1) 稳定化助剂

① 抗氧剂　以抑制聚合物分子热氧降解为主要功能的助剂属于抗氧剂的范畴。抗氧剂是稳定化助剂的主体，其应用范围几乎涉及所有的聚合物。在橡胶工业中，抗氧剂习惯称为“防老剂”。抗氧剂的品种繁多。按其作用功能可分为主抗氧剂、辅助抗氧剂、金属离子钝化剂、抗臭氧剂、抗热老化剂。按照抗氧剂的化学成分可分为胺类、酚类、含硫抗氧剂、含磷抗氧剂、含氮化合物以及复合抗氧剂等。

a. **胺类**　污染性的防老剂，主要用于橡胶工业。代表性品种有 4010、4010NA、4020 等。

b. **酚类**　塑料工业常用的主抗氧剂，常与硫类抗氧剂和磷类抗氧剂并用以获得协同效果。代表性品种有 BHT、Irganox 1010、Irganox 1076 等。

c. **含硫抗氧剂**　硫代酯或硫醚类化合物，一般用做受阻酚的辅助抗氧剂。代表性品种有 DSTDP、DLTDP 等。

d. **含磷抗氧剂**　亚磷酸酯或亚膦酸酯化合物，常用做受阻酚的辅助抗氧剂。代表性品种有 Irgafos 168、Ultranox 626、Sandostab P-EPQ 等。

e. **含氮化合物**　主要是肼类化合物，作为金属离子钝化剂。代表性品种有 MD1024、BSH 等。

f. **复合抗氧剂**　主、辅抗氧剂的二元以上复合物，通过组分之间的协同作用，最大限度地发挥抗氧效果。代表性品种有 Irganox B 系列、Anox TB 系列等。

② 光稳定剂　光稳定剂也称紫外线稳定剂，是一类用来抑制聚合物的光氧降解，提高耐候性的稳定化助剂。根据作用机理的不同，光稳定剂可分为光屏蔽剂、紫外线吸收剂、激发态淬灭剂和自由基捕获剂。根据化学结构的不同，可分为水杨酸酯类、苯甲酸酯类、二苯甲酮类、苯并三唑类、三嗪类、取代丙烯腈类、草酰胺类、有机镍络合物和受阻胺类，见表 1-25 所列。

③ 热稳定剂　热稳定剂一般指聚氯乙烯及氯乙烯共聚物加工所使用的稳定剂。因为聚氯乙烯及氯乙烯共聚物属热敏性树脂，它们在受热加工时极易释放氯化氢，进而引发热老化降解反应，热稳定剂通过吸收氯化氢，取代活泼氯和双键的加成等方式达到热稳定化的目的。热稳定剂可分为主稳定剂（如碱性铅盐类、有机锡类、有机锑类等）和有机辅助稳定剂（如环氧化合物类、亚磷酸酯类、多元醇类、β-二酮类等）。

a. **碱性铅盐类**　代表产品有三碱式硫酸铅和二碱式亚磷酸铅，热稳定性、电绝缘性好，用于不透明制品，特别适用于电线电缆，其中二碱式亚磷酸铅耐候性佳，适于户外制品。

b. **金属皂类**　代表产品有钡/镉类、钡/锌类和钙/锌类。钡/镉类稳定性极佳，但有毒，一般用于对毒性无要求的领域；钡/锌为取代镉的产品，低毒；钙/锌无毒，与辅助稳定剂并用于食品包装袋。

c. **有机锡类**　代表产品有双(硫代甘醇酸异辛酯)二正辛基锡具有优良的热稳定性和加工适应性，初期着色小，制品透明性高，适于软硬制品，例如板材、管材、薄膜及各种包装容器。

d. **有机锑类**　代表产品有三(巯基乙酸异辛酯)锑，其性能特点为无毒，价格低，具有优良的初期着色性，与其他助剂相容性好，与钙皂、环氧化合物具有优良的协同效应。

表 1-25　光稳定剂的类型及应用特征

光稳定剂类型	结构通式	适用树脂	特　征
二苯甲酮类 例如：Cyasorb UV9 Cyasorb UV531	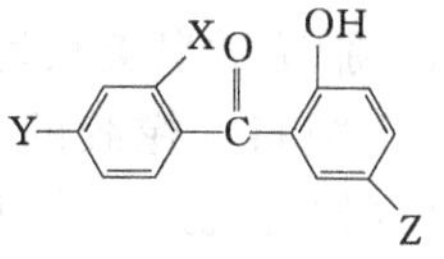	PP、PE、PVC等	λ_{max}：290nm；325～340nm $\varepsilon=(1\sim1.5)\times10^4$ 具有初期着色性，较苯并三唑易抽出，有抗氧性，可与HALS同用
苯并三唑类 例如：Tinuvin 327 Cyasorb UV5411	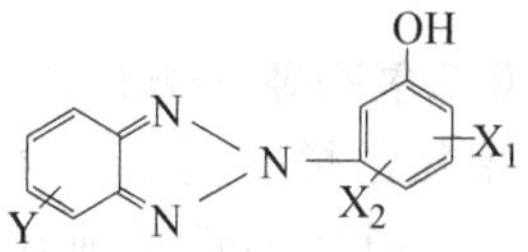	PP、PE、PVC、ABS等	λ_{max}：340～350nm $\varepsilon=(1.5\sim3.35)\times10^4$ 与HALS协同效果较好
苯甲酸酯类 例如：Tinuvin 120 Cyasorb UV2908	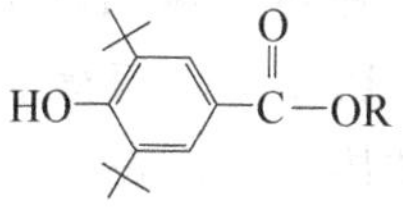	PP、PE等	λ_{max}：265nm $\varepsilon=(1\sim1.5)\times10^4$ 由傅里叶转换成二苯甲酮，着色大，与HALS协同效果较好
水杨酸酯类 例如：Viosorb 90	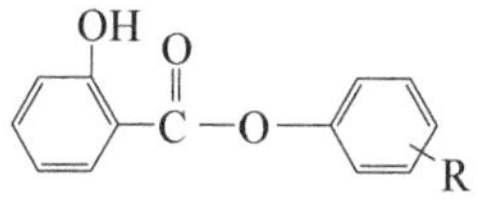	PP、PE、PVC等	λ_{max}：290～330nm 由傅里叶转换成二苯甲酮，着色大
氰基-丙烯酸酯类 例如：Uvinul N-35 Uvinul N-539	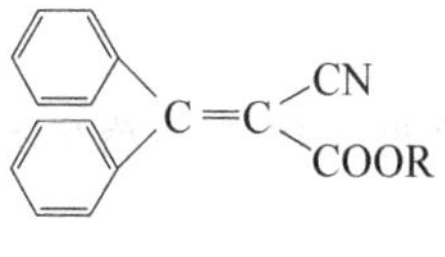	PVC、PET、POM等	λ_{max}：约300nm，$\varepsilon=1.6\times10^4$ 吸收范围窄，不着色，也可用于涂料
草酰胺类 例如：Sanduvor EPU	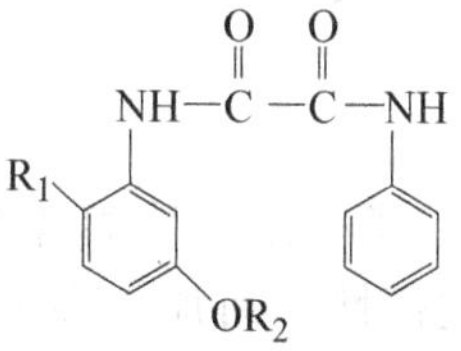	LDPE、丙烯醛涂料等	λ_{max}：约300nm，$\varepsilon=(1\sim1.5)\times10^4$ 与HALS协同效果较好，初期着色小
三嗪类 例如：Tinuvin 1577	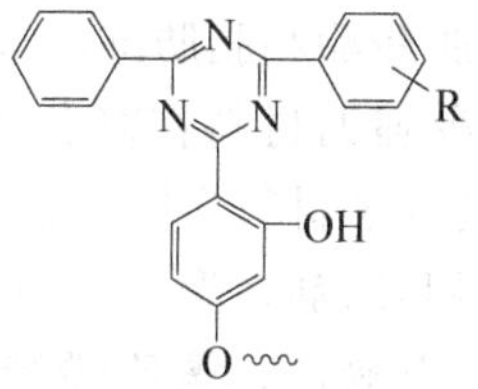	PVC、POM、PET、PC等	λ_{max}：300～380nm 有初始着色性

e. **稀土类**　代表产品有硬脂酸镧、亚磷酸镧、硬脂酸铈，其性能特点为无毒，价格便宜，稳定性稍低于有机锡，与环氧化合物、亚磷酸酯有协同效果，加工性稍差。

f. **有机辅助稳定剂**　代表产品有环氧化合物，多元醇，含S、N化合物，β-二酮化合物等，其性能特点为与钙/锌、钡/锌等复合金属皂配合，显示良好初期着色和长期稳定性能，单独使用几乎无效。

④ 防霉剂　防霉剂又称抗微生物剂，微生物抑制剂，是一类抑制霉菌等微生物生长，防止聚合物材料被微生物侵蚀而降解的稳定化助剂。大多数高分子材料对霉菌都不敏感，但其在生产加工中添加了如增塑剂、润滑剂、脂肪酸皂类热稳定剂等可以滋生霉菌类的物质而具有霉菌感受性。适用于塑料、橡胶的防霉剂化学物质很多，常见的品种有：有机金属化合物（如有机汞、有机砷、有机铜等）、含氮有机化合物、含硫有机化合物、含卤有机化合物和酚类衍生物等。下面介绍两种市售产品。

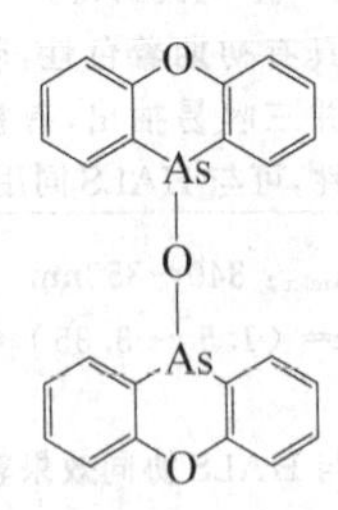

图 1-30　10′,10′-氧代双苯氧基砷（OBPA）结构式

a. **10′,10′-氧代双苯氧基砷（OBPA）**　OBPA 是一种高效广谱的抗微生物剂，适用于软质聚氯乙烯等制品，含有有毒重物质砷，一般以各种增塑剂为载体，呈液态。其代表性品种有 Vinyzene BP5-2 系列等。其化学结构式，如图 1-30 所示。

b. **2-正辛基-4-异噻唑啉-3-酮（OIT）**　OIT 是一种广谱的抗微生物剂，适用于软质 PVC、PE、PU 等聚合物制品。它低毒，不含重金属，抗菌效果好，多以增塑剂或 PVC 树脂为载体。其代表性品种有 Vinyzene IT3000，Intercide OBF-8-DINP 等。其化学结构式：

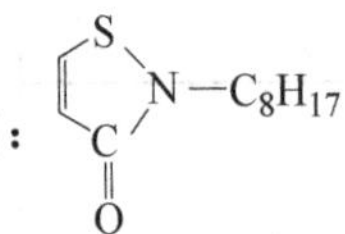

想一想

① 稳定化助剂有哪几种，各有何作用？

② 什么是抗氧剂，按作用功能分类，它可分成那几种，若按化学成分又可分成哪几种？

③ 什么是光稳定剂，根据作用机理，光稳定剂可分为那种几种，若按化学结构又可分成那几种？

④ 什么是热稳定剂，什么是防霉剂？

（2）加工性能改进助剂

① 润滑剂　润滑剂是指为降低树脂粒子、聚合物熔体与加工设备之间以及树脂熔体内分子间摩擦，改善其成型时的流动性和脱模性，而加入高分子材料中的加工性能改进助剂。它多用于热塑性高分子材料的加工成型过程，它包括烃类（如聚乙烯蜡、氧化聚乙烯蜡、石蜡等）、脂肪酸、脂肪醇、脂肪酰胺、脂肪酸酯和脂肪酸皂等物质。

② 分散剂　分散剂是指一类促进各种辅助材料在高分子材料中均匀分散的助剂，多用于各种母料、着色制品和高填充制品。高分子材料实际上是由树脂或胶料与各种填料、颜料和助剂等配合而成的混合体，填料、颜料和助剂在聚合物中的分散程度对聚合物制品的性能起着至关重要的作用。分散剂包括烃类（石蜡油、聚乙烯蜡、氧化聚乙烯蜡等）、脂肪酸皂类、脂肪酸酯类和脂肪酰胺类等。

③ 塑解剂　塑解剂是指一类提高生胶塑性、缩短塑炼时间的橡胶加工用助剂，其作用是切断生胶的分子链，增强生胶的塑炼效果。它通常包括硫酚类化合物、烷基酚二硫化物、芳烃二硫化物等。

④ 软化剂　软化剂主要用于橡胶加工，其目的是改善胶料的加工性能。最重要的橡胶

软化剂有石油系软化剂和古马隆树脂两类，特别是充油合成橡胶发展后，石油系软化剂的用量逐年递增。充油橡胶不仅加工性能好，而且生产成本较低。

(3) 机械性能改进助剂

① 橡胶硫化体系助剂　橡胶硫化的目的是使橡胶分子由线性交联成网状结构，经过硫化的橡胶其机械强度、硬度、弹性、抗变定性、耐老化性和耐溶剂性等都有显著的提高，而未经硫化的橡胶几乎没有实用价值。硫化体系的助剂大致包括硫化剂、硫化促进剂、防焦剂等。

a. **橡胶硫化剂**　橡胶硫化剂是指能与橡胶分子发生交联反应的化学品。工业上常用的硫化剂有单质硫（硫黄）、有机过氧化物、有机多硫化合物、对醌二肟及其衍生物、烷基酚醛树脂、金属氧化物等。

b. **硫化促进剂**　硫化促进剂亦称橡胶促进剂或促进剂，是指能够降低硫化温度、减少硫化剂用量、缩短硫化时间并改善硫化胶的性能的一类化学品。主要包括噻唑类及其次磺酰胺衍生物、秋兰姆类、二硫代氨基甲酸盐类、黄原酸盐类、硫脲类、胍类和胺类等，其中噻唑类及其次磺酰胺衍生物在橡胶促进剂领域最为重要。

c. **硫化活化剂**　硫化活化剂是指能够增加促进剂的活性，进而达到减少促进剂的用量或缩短硫化时间目的的助剂，简称活化剂，以氧化锌和脂肪酸应用最多。

d. **防焦剂**　防焦剂是指为防止或延缓胶料在硫化前的加工或储运中出现早期硫化（即“焦烧”现象）的助剂，亦称硫化延缓剂，它包括亚硝基化合物、有机酸及其酸酐和硫代酰亚胺等类。

② 树脂交联剂　树脂的交联（硬化、固化）与橡胶的硫化在本质上是相同的，但它们使用的助剂却有较大的差异。树脂的交联方式主要有辐射交联和化学交联两种方式，化学交联需要使用交联剂，有机过氧化物是工业上应用最广泛的交联剂类型。有时为了提高交联度和交联速率，常常需要用一些助交联剂和交联促进剂。不饱和树脂和环氧树脂的固化剂亦属交联剂的范畴，常见类型如有机胺和有机酸酐。另外，紫外线辐射交联工艺中所使用的光敏化剂也可视为交联剂。

③ 填充增强体系助剂　填充和增强是降低高分子材料配合成本和提高制品机械强度的重要途径。

a. **增强剂**　增强剂也称补强剂，包括塑料工业中常用的玻璃纤维、碳纤维、金属晶须等纤维状材料和橡胶工业中最为常用的炭黑等。

b. **填充剂**　填充剂系一种增量材料，其具有较低的配合成本，常用填充剂包括碳酸钙、滑石粉、陶土、云母粉、二氧化硅等天然矿物、合成无机物和工业副产物。事实上，增强剂和填充剂之间很难区分清楚，因为几乎所有的填充剂都有增强作用。

c. **偶联剂**　偶联剂是用于无机增强材料和填充材料的表面改性的助剂，它因为增强材料和填充材料多为无机材料，配合量又大，所以增强材料和填充材料与有机聚合物直接配合往往会导致加工性能和应用性能的下降。偶联剂则是为了解决这一问题而向聚合物中加入的助剂。偶联剂作为表面改性剂能够通过化学作用或物理作用使无机材料表面有机化，进而增加配合量并改善配合物的加工和应用性能。它一般包括长碳链脂肪酸、硅烷化合物、有机铬化合物、钛酸酯化合物、锆酸酯化合物、铝酸酯化合物等。

④ 抗冲改进剂　凡是能提高硬质聚合物制品抗冲击性的助剂统称为抗冲改性剂。如硬质聚氯乙烯加工使用的氯化聚乙烯（CPE）、丙烯酸酯共聚物（ACR）、甲基丙烯酸酯-丁二烯-苯乙烯共聚物（MBS）、丙烯腈-丁二烯-苯乙烯（ABS）等和聚丙烯抗冲改性用的三元乙

丙橡胶（EPDM）等。

① 加工性能改进助剂有哪几种，各有何作用，并举例？
② 机械性能改进助剂有哪几种，各有何作用？
③ 橡胶硫化体系助剂有哪几种，并说明它们的作用？

(4) 柔软化和轻量化助剂

① 增塑剂　增塑剂是指一类为增加高分子材料塑性，并赋予其柔软性，而向高分子材料中加入的助剂，它也是目前产量消耗量最大的高分子材料助剂。增塑剂主要用于聚氯乙烯，在纤维素类树脂等物质中亦有应用。它主要包括邻苯二甲酸酯、脂肪族二元酸酯、偏苯三酸酯、环氧酯、烷基磺酸苯酯、磷酸酯和氯化石蜡等，其中邻苯二甲酸酯类用量最大。

② 发泡剂　发泡剂是指用于高分子材料配合体系中，在通过释放气体使其获得具有微孔结构的高分子材料制品的助剂。根据释放气体方式的不同，发泡剂可分为物理发泡剂和化学发泡剂两种主要类型。物理发泡剂是通过自身物理变化释放气体的发泡剂，常用的有氟氯烃（如氟利昂）、低烷烃（如戊烷）和压缩气体等。化学发泡剂则是通过化学分解释放出气体进行发泡的发泡剂，它又包括无机类化学发泡剂和有机类化学发泡剂。无机发泡剂主要有对热敏感的碳酸盐类（如碳酸钠、碳酸氢铵等）、亚硝酸盐类和硼氢化物类等，其特征是吸热发泡，故也称吸热型发泡剂。有机发泡剂在发泡剂中具有十分突出的地位，常见的品种有偶氮类化合物、*N*-亚硝基化合物和磺酰肼类化合物等。有机发泡剂的发泡过程多伴随放热反应，所以也称为放热型发泡剂。此外，一些具有调节发泡剂分解温度的助剂，即发泡助剂亦属发泡剂之列。

(5) 表观性能改进剂

① 抗静电剂　抗静电剂的作用是降低高分子材料的表面电阻，以消除因静电积累可能导致的静电危害。按照使用方式的不同，抗静电剂可分为内加型抗静电剂和涂覆型抗静电剂。内加型抗静电剂是以添加或共混的方式配合到高分子材料内部，随后迁移到表面或形成导电网络，从而达到降低表面电阻、泄放静电的目的。涂覆型抗静电剂是以涂布或浸渍的方式附着在高分子材料表面，藉此吸收空气中的水分，形成能够泄放电荷的电解质层。

② 增光剂　增光剂用来提高高分子材料的表面光泽，最常见的品种有：具有外润滑功能的脂肪双酰胺类化合物、长碳链烃类化合物、褐煤蜡酸皂等。

③ 流滴剂　流滴剂一般用于薄膜中，它通过增大薄膜制品的表面张力，使蒸发到薄膜表面的水分形成极薄的水膜，并顺壁流下，防止形成雾滴给包装物和农用大棚植物带来危害。流滴剂多为脂肪酸多元醇酯、脱水山梨醇脂肪酸酯及其环氧乙烷加合物和脂肪胺环氧乙烷加合物等复配物。

④ 着色剂　着色剂是指能用于塑料、橡胶等高分子材料着色，赋予制品色彩的物质。着色剂有多形态，如色粉原粉、膏状着色剂、液体着色剂、着色母料等。其着色成分包括无机颜料、有机颜料和某些染料。无机颜料中最为常用的有钛白、铁红、铬黄、群青、炭黑等；有机颜料则以偶氮类的黄色和红色颜料以及酞菁类的蓝色和绿色颜料最为常用。

⑤ 透明剂　透明剂是指加入高分子材料中，以改善制品透明性的助剂。主要适用于聚烯烃、PET 等半结晶树脂，其中又以聚丙烯的增透改性最为常见。目前常见的聚烯烃透明剂主要有二苄叉山梨醇（DBS）及其衍生物和芳基磷酸酯盐类化合物。

⑥ 防粘连剂　防粘连剂又称爽滑剂，在膜制品加工中常称为开口剂，它是为防止高分子材料制品堆积时，发生表面粘连现象，而加入的助剂，常用的防粘连剂有二氧化硅和脂肪酰胺类化合物等。

(6) 功能赋予剂

① 阻燃剂　多数高分子材料具有易燃性，使其制品的使用受到限制。阻燃剂则是加入高分子材料中一类能够防止材料被引燃或抑制火焰传播的一类高分子材料助剂。阻燃剂根据其作用的不同可分为阻燃作用助剂和抑烟功能助剂。

a. **阻燃剂**　阻燃剂按其使用方式的不同，可分为添加型阻燃剂和反应型阻燃剂。添加型阻燃剂通过添加方式配合到聚合物基体中，它们与聚合物之间仅仅是物理混合；反应型阻燃剂则是在高分材料的为分子内包含有阻燃元素和反应性基团的单体，例如卤代酸酐、卤代双酚和含磷多元醇等，由于具有反应性，可以化学键合到聚合物链上，成为聚合物的一部分。按其化学组成的不同，阻燃剂又可分为无机阻燃剂和有机阻燃剂。无机阻燃剂常见的有：氢氧化铝、氢氧化镁、氧化锑、硼酸锌等，有机阻燃剂常用的有：卤代烃、有机溴化物、有机氯化物、磷酸酯、卤代磷酸酯、氮系阻燃剂和氮磷膨胀型阻燃剂等。

b. **抑烟剂**　抑烟剂是与阻燃剂协同使用，其作用是降低阻燃材料的发烟量和有毒有害气体的释放量，常用的有钼类化合物、锡类化合物和铁类化合物等。

② 红外线阻隔剂　红外线阻隔剂又称保温剂，主要用于农用大棚薄膜中，通过阻隔红外线，提高大棚薄膜的保温性能，其组成最主要的是无机高岭土和层状水滑石。

③ 转光剂　转光剂也是一种农用薄膜功能化助剂，其作用是将太阳光中的紫外线等通过光物理过程转化为对大棚植物生长有益的特定波段的“蓝光”或“红光”，提高棚内农作物的产能和质量。

④ 吸氧剂　吸氧剂的作用是通过吸收包装容器内部的氧气，以减少包装容器内的氧对被包装物的危害，最终达到延长被包装物储存期的目的。它主要适用于食品和药物的包装材料。

⑤ 紫外线滤除剂　紫外线过滤剂也是一种包装材料的专用助剂。它具有滤除紫外线的功能，以减少太阳光线或其他光源中紫外线对被包装物的侵害，延长被包装物的储存期。

⑥ 降解剂　降解剂的作用在于促进高分子材料的降解，使其尽可能地减少或避免塑料废弃物对环境造成的危害。降解剂按其作用的不同，可分为生物降解剂和光降解剂，生物降解剂以淀粉及其改性物为主，光降解剂则系光敏性物质，能够诱导高分子材料发生光降解。降解剂主要用于农用地膜的可控降解和食品袋，快餐盒等包装制品废弃物的降解。

① 柔软化和轻量化助剂有哪几种，各有何作用？

② 表观性能改进剂有哪几种，各有何作用？

1.3.1.3　项目实践教学——增塑剂和阻燃剂作用效果观察

(1) 增塑剂性状观察与结果

① 观察脂肪烃油，其颜色________、状态________、冷却时气味________、加热时气味________；取 50ml 烧杯，放 10ml 水，放入少许脂肪烃油，溶解情况________，取 50ml

烧杯，放10ml醇，放入少许脂肪烃油，溶解情况________，取50ml烧杯，放10ml挥发性油，放入少许脂肪烃油，溶解情况________。

② 观察松香，其颜色________、状态________、气味________；取50ml烧杯，放10ml水，放入少许松香，溶解情况________，取50ml烧杯，放10ml醇，放入少许松香，溶解情况________，将松香点燃，现象________。

③ 观察硬脂酸，其颜色________、状态________、气味________；取50ml烧杯，放10ml水，放入少许硬脂酸，溶解情况________，取50ml烧杯，放10ml乙醚，放入少许硬脂酸，溶解情况________。

④ 观察增塑剂A，其颜色________、状态________、气味________；取50ml烧杯，放10ml水，放入少许增塑剂A，溶解情况________，取50ml烧杯，放入10ml苯，放入少许增塑剂A，溶解情况________。

⑤ 观察氯化石蜡-52，其颜色________、状态________；取50ml烧杯，放10ml水，放入少许氯化石蜡-52，溶解情况________，取50ml烧杯，放入10ml苯，放入少许氯化石蜡-52，溶解情况________。

(2) 阻燃剂性状观察与结果

① 观察四溴双酚A，其颜色________、状态________；取50ml烧杯，放10ml水，放入少许四溴双酚A，溶解情况________，取50ml烧杯，放入10ml苯，放入少许四溴双酚A，溶解情况________。

② 观察氯化石蜡-70，其颜色________、状态________；取50ml烧杯，放10ml水，放入少许氯化石蜡-70，溶解情况________，取50ml烧杯，放入10ml苯，放入少许氯化石蜡-70，溶解情况________。

③ 观察磷酸三（2-氯乙基）酯，其颜色________、状态________；取50ml烧杯，放10ml水，放入少许，溶解情况________，取50ml烧杯，放入10ml氯仿，放入5ml磷酸三（2-氯乙基）酯，溶解情况________。

④ 观察三氧化二锑，其颜色________、状态________；取5g三氧化二锑放入50ml烧杯中，对烧杯加热，其颜色________，冷却后颜色________，取50ml烧杯，放10ml水，放入少许三氧化二锑，溶解情况________，取50ml烧杯，放入10ml浓硫酸，放入5ml三氧化二锑，溶解情况________。

(3) 实训教学评价　针对实训结果直接对学生提问。

1.3.2 高分子材料加工助剂合成工艺

1.3.2.1 模块一　热稳定剂硬脂酸钡合成工艺

(1) 原料与产品概述　硬脂酸结构简式为 $C_{17}H_{35}COOH$，白色叶片状结晶，相对密度 $0.847g/cm^3$，熔点69.72℃，沸点383℃，240℃ (2.1kPa)，微溶于水。

硬脂酸钡 $[Ba(C_{17}H_{35}COO)_2]$，又称十八酸钡，白色结晶粉末，熔点约为225℃，密度 $1.145g/cm^3$，不溶于水，溶于热乙醇，遇无机酸则分解为硬脂酸和相应的钡盐。主要用做聚氯乙烯塑料的耐光、耐热稳定剂，橡胶制品的耐高温脱模剂，也可用做机械设备的耐高温润滑剂等。

(2) 生产原理

① 中和反应　$C_{17}H_{35}COOH + NaOH \longrightarrow C_{17}H_{35}COONa + H_2O$

② 置换反应　$2C_{17}H_{35}COONa + BaCl_2 \longrightarrow (C_{17}H_{35}COO)_2Ba\downarrow + 2NaCl$

(3) 工艺流程

① 工艺流程　硬脂酸钡的生产工艺流程，如图 1-31 所示。

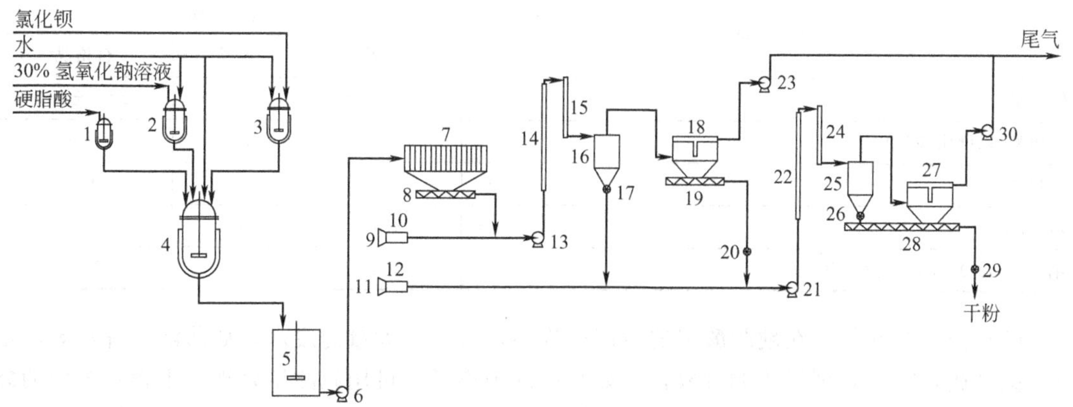

图 1-31　硬脂酸钡的生产工艺流程

1—硬脂酸熔融罐；2—氢氧化钠稀释罐；3—氯化钡溶解罐；4—反应釜；5—中间槽；6—压滤机进料泵；7—板框式压滤机；8—螺旋加料器；9—一级空气过滤器；10—一级空气加热器；11—二级空气过滤器；12—二级空气加热器；13—一级鼓风机；14—一级直管气流干燥管；15—一级旋流干燥管；16—一级旋风分离器；17,20,26,29—锁气下料阀；18—一级脉冲袋滤器；19,28—干粉长搅龙；21—二级鼓风机；22—二级脉冲气流干燥管；23—一级引风机；24—二级旋流干燥管；25—二级旋风分离器；27—二级脉冲袋滤器；30—二级引风机

② 操作步骤　将 160kg 一级硬脂酸加入硬脂酸熔融罐（1）中，加热融化后，与 100kg 水一同加入反应釜（4）中。开启搅拌，加热升温至 90℃。将在氢氧化钠稀释罐（2）配好的氢氧化钠溶液（由 30%的氢氧化钠溶液 50 kg 稀释成 150kg 得到）缓慢加入反应釜（4）中，经充分搅拌，制成皂浆。向氯化钡溶解罐（3）中加入 250kg 的水，再加入 51kg 的固体氯化钡，经搅拌溶解后，缓慢加入反应釜的皂浆中，并控制温度为 85～87℃，使所有皂浆均转化为硬脂酸钡而沉淀，之后放入中间槽（5）。硬脂酸钡浆液经压滤机进料泵（6）送入板框式压滤机（7）过滤，滤饼经螺旋加料器（8）加入干燥系统。空气经一级空气过滤器（9）过滤，一级空气加热器（10）加热，与经螺旋加料器（8）来的滤饼混合，进入一级鼓风机（13），滤饼被一级鼓风机（13）粉碎后，依次经过一级直管气流干燥管（14）、一级旋流干燥管（15）干燥，再经一级旋风分离器（16）分离，硬脂酸钡从一级旋风分离器（16）下部的锁气下料阀（17）排出，而气体则从一级旋风分离器（16）的顶部排出，再经一级脉冲袋滤器（18）除去硬脂酸钡粉末，气体经一级引风机（23）排出，硬脂酸钡粉末则经干粉长搅龙（19）及锁气下料阀（20）后，与从锁气下料阀（17）排出的干粉一样进入二级干燥系统。因为硬脂酸钡仅经一级干燥系统，水分不能达标，所以还需二级干燥系统。空气经二级空气过滤器（11）过滤，二级空气加热器（12）加热，与经锁气下料阀（17，20）来的硬脂酸钡粉末混合，进入二级鼓风机（21），再依次经过二级脉冲气流干燥管（22）、二级旋流干燥管（24）干燥，二级旋风分离器（25）进行气固分离，硬脂酸钡干粉从二级旋风分离器（25）下部，经锁气下料阀（26）排出，气体则从二级旋风分离器（25）上部排出，再经二级脉冲袋滤器（27）除去气体中仍夹带的干粉后，由二级引风机（30）排出，二级脉冲袋滤器（27）分离下来的干粉，则与经锁气下料阀（26）排出干粉一起，经干粉长搅龙（28）、锁气下料阀（26）排出，最终得到产品。

(4) 产品质量标准　硬脂酸钡产品质量标准，见表 1-26 所列。

表 1-26　硬脂酸钡产品质量标准

项　　目		指　　标		
		优等品	一等品	合格品
钡含量		20.0±0.4	20.0±0.7	20.0±1.5
游离酸(以硬脂酸计)/%	≤	0.5	0.8	1.0
加热减量/%	≤	0.5	0.5	1.0
熔点/℃	≥	210	205	200
细度(通过 0.075mm 筛)/%	≥	99.5	99.5	99.0

(5) 安全与环保　在硬脂酸钡的生产过程中，会产生大量的废水，如滤液、洗水等，不能直接排放，需经处理后才能排放，例如其中的钡离子，可用硫酸钠处理。干燥系统中的袋滤器，使用时间长了可能会出现布袋破损等问题，使尾气中粉尘超标，应定期检修。

1.3.2.2　模块二　阻燃剂十溴二苯醚合成工艺

(1) 十溴二苯醚概述　十溴二苯醚，又称 DBOPO、FR-10，分子式为 $C_{12}Br_{10}O$，相对分子质量为 959，为白色或浅黄色粉末，熔点范围为 304～309℃，溴含量为 83.3%，几乎不溶于所有溶剂。热稳定性良好，是无毒、无污染的阻燃剂。

(2) 反应原理　十溴二苯醚是由二苯醚在卤代催化剂（如碎铝片或铁粉等）作用下和溴进行反应而制得的，其反应方程式：

$$C_6H_5-O-C_6H_5 + 10Br_2 \xrightarrow{\text{催化剂}} C_6Br_5-O-C_6Br_5 + 10HBr$$

(3) 生产工艺　十溴二苯醚的生产工艺路线有两种：溶剂法和过量溴化法。

① 溶剂法　先向带有耐酸搅拌器的釜式反应器中加入溶剂二氯乙烷和催化剂碎铝片，在搅拌的条件下，缓缓滴加溴，直至碎铝全部溶解。将料温调至 15℃，继续加溴，直至溴量全部加完。将二苯醚用少量二氯乙烷溶解后，泵入高位加料槽。将反应釜的溴溶液温度控制在 14～16℃，在不断搅拌的条件下，将二苯醚溶液加入反应器中。随着反应的进行，逐渐生成固体溴化物和溴化氢；其中溴化氢气体被抽出进入吸收装置，用水吸收生成氢溴酸。二苯醚溶液加完后，继续搅拌并加热，当温度达到 50℃时，保温 6h，反应即可认为完全。反应结束后；加约 100 份的水，并加入适量的亚硫酸钠，以除去过量的溴。搅拌均匀后静置沉降、吸滤、用水洗涤滤饼，洗涤的次数可通过检验洗涤水的 pH 来确定，当洗涤水达到中性时，停止洗涤。经吸滤、干燥得固体成品，干燥温度不得大于 80℃。溶剂法中常用的溶剂除了二氯乙烷外，还有二溴乙烷、二溴甲烷、四氯化碳、四氯乙烷等。

② 过量溴化法　即用过量溴作为溶剂进行溴化反应的方法。将催化剂溶解在过量的溴中，向溴中滴加二苯醚进行反应。反应结束后，将过量的溴蒸出，再中和、过滤、干燥，即可得十溴二苯醚。其工艺过程如图 1-32 所示。

③ 主要原料的规格及用量　主要原料的规格及用量，见表 1-27 所列。

表 1-27　主要原料的规格及用量

原　料　名　称	规　　格	用量/(吨/吨产品)
二苯醚	凝固点 26～27℃	0.18
溴(工业品)	99.5%	1.40

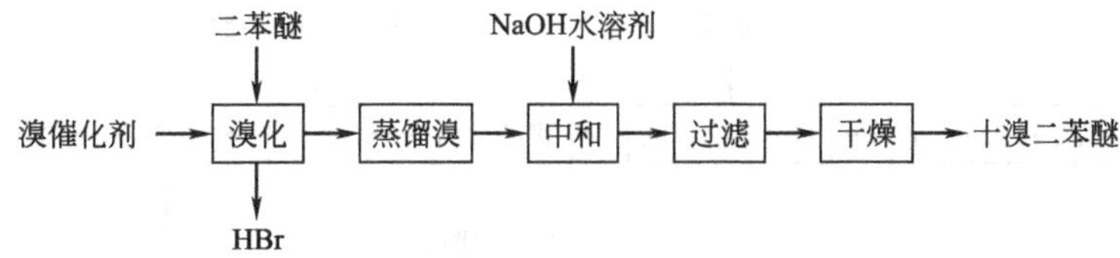

图 1-32　过量溴化法生产十溴二苯醚的工艺流程

(4) 产品质量标准　产品质量标准，见表 1-28 所列。

表 1-28　产品质量标准

项　目	指　标	项　目	指　标
外观	白色或淡黄色粉末	溴含量/%	>82
熔点/℃	304～309	粒度	200 目全通过

1.3.2.3　模块三　AC 发泡剂的合成工艺

(1) AC 发泡剂概述　AC 发泡剂，又名发泡剂 ADC，学名偶氮二甲酰胺，其结构式为 $NH_2CONNCONH_2$。AC 发泡剂为淡黄色、无毒、无臭的结晶粉末，熔点约为 230℃，分解温度约为 195℃，相对密度为 1.65，pH 为 6～7；能溶于碱，不溶于醇、汽油、苯和水；不能助燃，且具有自熄性能。AC 发泡剂主要用天然橡胶、合成橡胶及塑料等高分子材料，制作闭孔海绵制品。AC 发泡剂达到分解温度后，颜色逐渐消失，分解产生氮、一氧化碳和少量二氧化碳。在大量储存 AC 发泡剂成品时，为防止 AC 发泡剂分解产生大量一氧化碳，应注意通风。因为 AC 发泡剂无味、不变色、无污染，所以应用广泛。

(2) 反应原理　AC 发泡剂的生产过程主要有以下五个步骤。

① 氯气与烧碱反应生成次氯酸钠。

$$2NaOH+Cl_2 \longrightarrow NaClO+NaCl+H_2O$$

② 次氯酸钠与尿素在常温条件下反应。

$$H_2NCONH_2+NaClO \longrightarrow H_2NCONHCl+NaOH$$

③ 联脲在加热的条件下，与烧碱作用生成水合肼。

$$H_2NCONHCl+3NaOH \longrightarrow H_2NNH_2 \cdot H_2O+NaCl+Na_2CO_3$$

④ 水合肼与尿素加入硫酸，经加热、中和、缩合反应制得固体联二脲。

$$H_2NNH_2 \cdot H_2O+H_2SO_4 \longrightarrow H_2NNH_2 \cdot H_2SO_4+H_2O$$

$$H_2NNH_2 \cdot H_2SO_4+H_2NCONH_2 \longrightarrow NH_2CONHHNCONH_2+(NH_4)_2SO_4$$

⑤ 除杂后的联二脲加水在溴化钠作用下，通入氯气，发生氧化反应生成偶氮二甲酰胺。

$$NH_2CONHHNCONH_2+Cl_2 \longrightarrow NH_2CONNCONH_2+2HCl$$

(3) 生产工艺　AC 发泡剂的生产工艺流程的框图，如图 1-33 所示。在内设盘管式冷却器的反应槽内加入质量分数为 30%碱液，再加水调节好碱液浓度，然后通入质量分数为 92%左右的氯气，并用转子流量计调节通入氯气的流量。同时向反应槽内的盘管冷却器通入 5℃的冷冻水进行降温，要求碱液温度控制在 35℃以下，当碱液含有的有效氯的质量分数达 8%～10%时，停止通氯。得到的次氯酸钠溶液冷却备用。

将次氯酸钠溶液与尿素按一定比例配合，再加入适量的质量分数为 30%的氢氧化钠和高锰酸钾，经静态混合器混合均匀后进入套管式管道反应器，可调节通入夹套蒸汽量，将反应温度控制在 104℃左右。反应后得到粗水合肼，经冷却器冷却，送入粗肼储槽。粗水合肼在粗肼储槽中经 24～28h 的存放，让 MnO_2 等密度大的杂质沉淀下来，并进行定期排放处

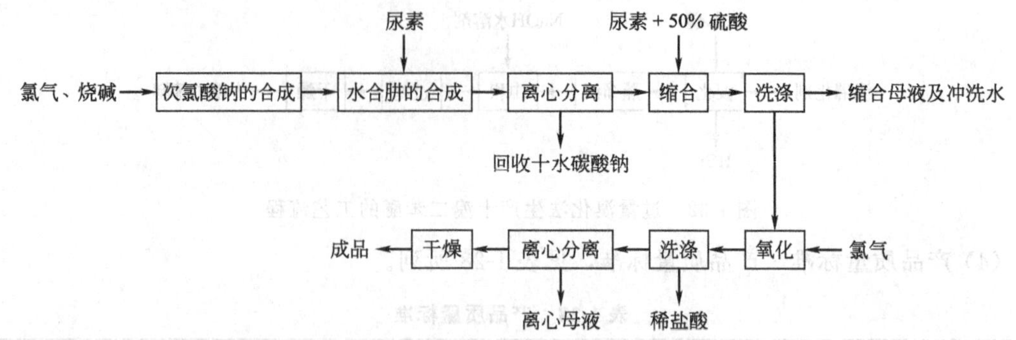

图 1-33 AC 发泡剂的生产工艺流程的框图

理，然后将上层清液送入冷冻釜，用－15～－10℃盐水通过蛇管和夹套对其进行降温约 2h。当温度降至－2～0℃时，放入离心机进行离心分离。滤饼为十水碳酸钠和氯化钠结晶，可供盐水精制使用。滤液为精制后的水合肼，用泵打入精肼储槽，供缩合使用。

将精制水合肼放入中和槽中，按含水合肼的量溶解尿素。待尿素完全溶解后，送入搪瓷釜，用硫酸中和水合肼中剩余的碳酸钠和氢氧化钠。用水蒸气加热升温，但最高不超过115℃。加入硫酸时，应注意硫酸加入速度，不能过快，防止溢锅现象和过酸操作事故，要求 pH 为 4～5 为宜。这时得到固体联二脲，其中含有硫酸盐、少量尿素及肼等杂质，可用温水洗净，之后送入氧化釜。

加入水和适量溴化钠后，通入纯度大于 98%的氯气，进行氧化反应。该反应为放热反应，需用水冷却，使温度控制在 50℃左右，即得到**偶氮二甲酰胺**。

尾气（氯化氢）经膜吸收器吸收成盐酸后，尾气中的 Cl_2 用氢氧化钠溶液作喷淋液真空泵引流，进入次氯酸钠工序，生成次氯酸钠。

将氧化釜中生的偶氮二甲酰胺送入一台有搅拌装置的储槽中，用热水洗涤，以除去酸性，然后用离心分离机分离掉大部分水分，再进行自然风干 8～12h。经自然风干的 AC 料分批放入箱式干燥器中，用 95～105℃的热风或蒸汽干燥，干燥后送入常规粉碎机中进行粉碎，要求粒度在 20 目左右，再送入超音速气流粉碎机粉碎至 850 目左右。干燥和粉碎的尾气经旋风除尘、布袋除尘器放空。

1.3.2.4 模块四 橡胶补强剂——白炭黑的生产工艺

(1) 白炭黑概述 白炭黑是橡胶工业常用的补强剂，它的化学名称是水合二氧化硅（$SiO_2 \cdot 7H_2O$），有的也称为白烟，因为白炭黑在橡胶中有类似炭黑的补强性，而它又是白色粉末，所以被称为白炭黑。生产白炭黑的方法很多，有气相法、沉淀法、离解法等。

气相法白炭黑是硅的氯化物（四氯化硅或一甲基三氯硅烷）在空气和氢气混合气流中经高温水解生成的一种无定型粉末。气相白炭黑粉末往往是球形颗粒，表面带有羟基和吸附水，粒径在 7～40nm 之间，比表面积大，化学纯度高，SiO_2＞99.8%。气相法白炭黑根据是否进行过表面处理可分为亲水型和疏水型，根据比表面积的大小又可分为不同的型号。气相法白炭黑广泛应用于硅橡胶、电缆料与不饱和聚酯树脂、胶黏剂、油漆涂料、油墨和复印机墨粉、食品和化妆品等中，可起到补强、增稠、抗结块、控制体系流变和触变等作用。气相法是将四氯化硅气体在氢-氧气流中于高温下水解制得，产品纯度极高，性能优异，但对设备要求较高，原料稀少极贵，技术控制复杂，投资规模很大。因此价格较高，限制了其更加广泛的应用。

沉淀法白炭黑普遍采用硅酸盐与无机酸中和沉淀反应的方法来制取，生成水合二氧化硅沉淀后，根据成品要求，在辊筒压滤机或板块压滤机中经过滤、洗涤除去多余的水分和反应副产物，得到白炭黑滤饼，再经干燥得到成品，若进一步进行研磨或表面处理可得到一系列规格的产品。沉淀法白炭黑的生产技术、设备简单，原料易得，流程简单，投资规模不大，但能耗高，对环境要求较高，产品活性不高，颗粒大小不易控制，亲和力差，补强性能低，颗粒表面亲水性基团键合严重，削弱了产品的结合力。离解法根据使用原料的不同又可分为非金属矿物法、禾本科植物法和副产品回收法等。下面仅介绍沉淀法。

(2) 沉淀法生产原理

① 原料　沉淀法生产白炭黑的原料主要有两种，分别是固体水玻璃和浓硫酸。浓硫酸要求质量分数大于 98%，对浓硫酸中的灰分，铁含量均有相应的要求。固体水玻璃，学名硅酸钠，又名泡花碱，比较重要的参数有水玻璃的模数，一般为 3.3 左右，如 3.36；对水玻璃中铁等含量有相应的要求。

② 反应方程式　首先配制好的水玻璃与浓硫酸发生反应，再经加热干燥得到产物。

$$Na_2O \cdot mSiO_2 + H_2SO_4 + (n-1)H_2O \longrightarrow mSiO_2 \cdot nH_2O \downarrow + Na_2SO_4$$

$$mSiO_2 \cdot nH_2O \longrightarrow mSiO_2 \cdot n'H_2O + (n-n')H_2O$$

③ 产品结构及性能　白炭黑由无机聚合物 $(SiO_2)_n$ 粒子组成，其中每个硅原子靠共价键以四面体结构与四个氧原子结合，每个氧原子至少与一个硅原子以共价键形式结合，如硅氧烷键（—Si—O—Si—）或硅烷醇键（—Si—O—H）。在合成的二氧化硅粒子表面，因为硅烷醇基团相互隔离，所以硅烷醇之间没有氢键作用，但它们可以相互连起来，形成了分子内氢键作用或者相互成对，两个硅烷醇基团与相同的硅原子结合，如图 1-34 所示。

白炭黑是由水溶液沉淀得来的，其物理和化学性质因不同的生产工艺条件而不同，但可通过改变悬浮液的 pH、温度和盐的含量能改变沉淀白炭黑的粒子和聚集体的尺寸。粒子和聚集体的尺寸越小则其表面积越大。

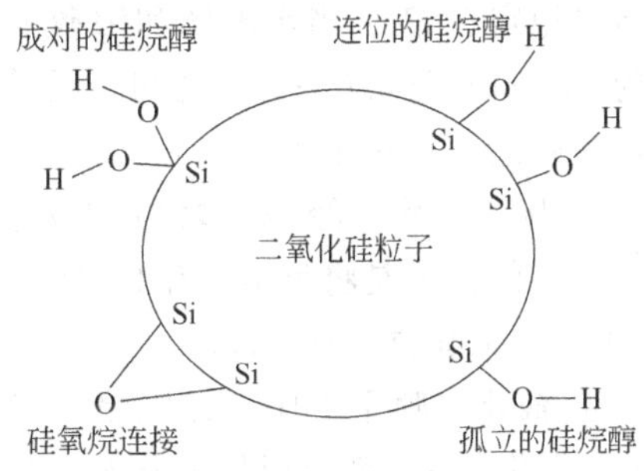

图 1-34　白炭黑表面基团

白炭黑主要用于橡胶的补强剂，其补强性能主要取决于比表面积、结构和表面化学性质。比表面积用 BET 法或 CTAB 法测定；结构用 DBP 值或 DOP 值测定。白炭黑的比表面积大，粒子细，则活性越高，硫化胶的拉伸强度、撕裂强度、耐磨性也就越高，但弹性下降。因此混炼胶黏度增大，加工性能下降。因为白炭黑表面微孔比橡胶常用补强剂炭黑多，所以白炭黑比表面积增大对橡胶补强性的提高不及炭黑明显。因为白炭黑表面的氢键作用，使得白炭黑的结构较高，形成的凝聚体较发达且牢固，所以使用大表面积、高结构白炭黑的胶料黏度很大，不利于加工。沉淀法白炭黑表面有硅醇基；pH 或呈酸性或呈碱性；白炭黑表面的亲水性强，尤其是沉淀法白炭黑表面微孔多，吸湿性更强。白炭黑的亲水性不利于补强，含水分高，会有焦烧倾向。另一方面，白炭黑表面大量硅醇基的活性会在胶料中对硫化体系有较强的吸附作用，并延迟硫化。因此工业生产中，常用偶联性等对白炭黑的进行表面改性，使其表面由亲水性改性成为疏水性。

(3) 工艺流程　沉淀法白炭黑普遍采用硅酸盐（通常为硅酸钠）与无机酸（通常使用硫酸）中和沉淀反应的方法来制取。如图 1-35 所示，该法的工艺过程可分成五个工序。

① 溶解、稀释工序　将一定模数的固体水玻璃用水在滚筒中升温、加压溶解，并对水玻璃进行过滤清除杂质，再将溶解后的水玻璃用热水在水玻璃储槽（4）中进行稀释，将水

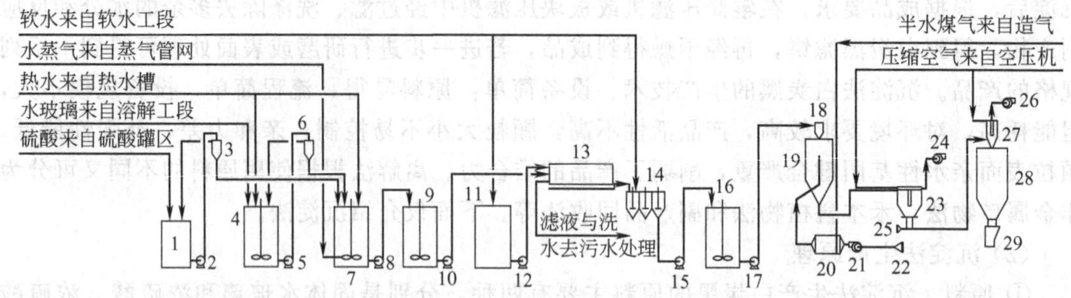

图 1-35　白炭黑生产工艺流程

1—硫酸储槽；2—硫酸输送泵；3—硫酸高位槽；4—水玻璃储槽；5—水玻璃输送泵；6—水玻璃高位槽；7—反应槽；8—反应液输送泵；9—料浆槽；10—料浆泵；11—洗水槽；12—洗水泵；13—压滤机；14—三级液化；15—液化泵；16—喷干料浆槽；17—喷干进料泵；18—旋转喷头；19—喷雾干燥塔；20—燃烧室；21—喷干进风风机；22—空气过滤器；23—喷干袋滤器；24—喷干引风机；25—空气过滤器；26—排风机；27—产品袋式收集器；28—产品储仓；29—白炭黑包装机

玻璃浓度调节到一定值。

② 反应陈化工序　将稀释后的水玻璃与热水在反应槽（7）内混合，使溶液的碱度达到一定值 C_0，同时将溶液升温至反应温度，达到反应温度之后，同时由水玻璃高位槽（6）和硫酸高位槽（3）分别向反应槽（7）内加入等当量的水玻璃和浓硫酸，以保证反应液中的碱度始终稳定在 C_0。当水玻璃和浓硫酸加入完毕后，即反应结束，进入后酸化阶段，将反应液的 pH 调节至 4.0～5.0 之间，再将反应液送入料浆槽（9）进行陈化，要求陈化一定时间，才能进入下一工序。

③ 压滤工序　经陈化之后的反应料浆经过压滤机（13）压滤、水洗、吹扫得到滤饼。压滤工序的任务是将反应产生的 Na_2SO_4 与不溶于水的水合二氧化硅分离，同时调节滤饼（即水合二氧化硅）的 pH。

④ 液化、喷干工序　经压滤得到的滤饼含水量在 8% 左右，经三级液化（14）搅拌（打浆），成浆状后，就可以用液化泵（15）送入喷干料浆槽（16）备用，喷干料浆经喷干进料泵（17）由喷干料浆槽（16）送入旋转喷头（18），经旋转喷头雾化喷出，在喷雾干燥塔（19）内进行干燥，使料浆中的水分蒸发。再利用喷干袋滤器（23）将白炭黑与气体分离，即可得到成品，送入包装工序。

⑤ 超细化、改性工序　将喷雾干燥得到白炭黑，可进行气流粉碎超细化、或表面改性等操作，以改善白炭黑的表面化学性质。此工序可根据产品销售情况而定。

（4）工艺条件分析　对白炭黑的性能有影响的因素有许多，下面对白炭黑补强性能有影响的指标，如水玻璃模数，反应槽搅拌器转速，硫酸质量分数，反应温度和反应时间等进行讨论。

① 水玻璃模数对白炭黑性能的影响　水玻璃模数在 3.13～3.45 范围内变化时，随着水玻璃模数的增加，对白炭黑产品比表面积（BET）影响并不明显，而白炭黑产品的结构（即 DBP）随水玻璃模数的增加逐渐提高。

② 反应槽搅拌器转速对白炭黑性能的影响　当搅拌器转度为 50r/min 时，由于搅拌速度较低，反应槽内物料混合不充分，导致反应合成的白炭黑料浆中有凝胶生成，干燥后的白炭黑产品含有较多的、不易分散的硬块，不能用于橡胶的补强，是不合格产品。但当反应槽

搅拌器转速在 100～200r/min 范围内变化时，反应槽搅拌转速越快，白炭黑产品的比表面积也越高；同时，搅拌器的转速的增加也可以提高白炭黑产品的结构（DBP）。但也有一些企业采用高剪切力的低转速搅拌器。

③ 硫酸质量分数对白炭黑性能的影响　硫酸质量分数在 20%～30%范围内变化时，硫酸质量分数越高，白炭黑产品的比表面积呈增长趋势，且增长趋势是先快后慢，而白炭黑产品的结构则越来越低。因此生产时可根据需要，选择一定的硫酸质量分数。

④ 反应温度对白炭黑性能的影响　随着反应温度的升高，白炭黑产品的比表面积呈现先降后增趋势，在 90℃左右时比表面积达到最小；与此同时，白炭黑产品的结构却呈现先增后降趋势，在 90℃左右时结构达到最高。这主要是因为温度过高，溶液的溶解度升高，较难达到过饱和状态，晶核析出速率（成核速率）降低，晶核的生长速率增大，则二次粒径增大，比表面积降低。

⑤ 反应时间对白炭黑性能的影响　随着反应时间的增加，白炭黑产品的比表面积总体呈下降趋势，白炭黑产品的结构总体呈增加趋势。需要注意的是反应时间还应与加料速率、反应槽大小相配合。

(5) 安全环保　白炭黑在生产过程中，使用了强烈腐蚀性的浓硫酸，应在浓硫酸储槽附近准备碱性物质，如合成氨精制时制碱液的废渣。当有较多浓硫酸泄漏时，先用碱性物质中和后，再用水冲洗，而不能用水直接冲洗，防止硫酸腐蚀地下管线。喷雾干燥时，使用煤气产生高温气体干燥，应注意安全，防止煤气中毒。经常检查袋滤器除尘效果，防止喷雾干燥出风口气体的粉尘量超标，污染大气。

1.3.2.5　项目实践教学——邻苯二甲酸二辛酯的实验室制备

(1) 实验目的

① 了解 2-乙基己醇、苯酐、邻苯二甲酸二辛酯等的主要性质；

② 学习邻苯二甲酸二辛酯的合成原理，并通过实验掌握邻苯二甲酸二辛酯的合成方法。

(2) 实验原理

① 原料及产品的性质　邻苯二甲酸二辛酯的制备所用的原料有 2-乙基己醇、苯酐。

2-乙基己醇，分析纯，无色澄清有特殊气味的可燃液体，其相对密度为 0.8344 (20℃)，沸点为 184～185℃。不溶于水，可与多数有机溶剂互溶。

苯酐，分析纯，全称邻苯二甲酸酐，白色针状固体，其相对密度为 1.527 (4℃)，熔点 130.8℃，沸点 284.5℃，易升华。稍溶于冷水，易溶于热水并水解为邻苯二甲酸，溶于乙醇、苯，微溶于乙醚。

邻苯二甲酸二辛酯（DOP），化学名称为邻苯二甲酸二(2-乙基)己酯，其分子式为 $C_{24}H_{38}O_4$。DOP 是一种无色无臭的液体，其密度略小于水，熔点－55℃，沸点 390℃。它不溶于水，而溶于乙醇、乙醚等有机溶剂。结构式：

$$C_6H_4\left[-\overset{O}{\overset{\|}{C}}-OCH_2-\underset{C_2H_5}{\underset{|}{CH}}-(CH_2)_3CH_3\right]_2$$

② 原理介绍　邻苯二甲酸二辛酯产是以 2-乙基己醇为原料，以邻苯二甲酸酐为酰化剂，在硫酸的催化作用下，发生酯化反应而制得，酯化反应后的混合物可用碳酸钠溶液中和，再经过洗涤、干燥、过滤及减压蒸馏，即可得到成品。

主反应方程式：

$$\text{C}_6\text{H}_4(\text{CO})_2\text{O} + 2\text{C}_8\text{H}_{17}\text{OH} \xrightarrow[\triangle]{\text{H}_2\text{SO}_4} \text{C}_6\text{H}_4(\text{COOC}_8\text{H}_{17})_2 + \text{H}_2\text{O}$$

邻苯二甲酸酐　　2-乙基己醇　　邻苯二甲酸二辛酯　　水

副反应：

$$C_8H_{17}OH + H_2SO_4 \longrightarrow C_8H_{17}HSO_4 + H_2O$$

$$C_8H_{17}OH + C_8H_{17}HSO_4 \longrightarrow (C_8H_{17})_2SO_4 + H_2O$$

$$2C_8H_{17}OH \longrightarrow C_8H_{17}OC_8H_{17} + H_2O$$

(3) 主要仪器和试剂　电热套，三口烧瓶，温度计，分水管，冷凝管，铁架台，真空泵等。

2-乙基己醇（分析纯），邻苯二甲酸酐（分析纯），碳酸钠饱和溶液（分析纯），浓硫酸（分析纯）。

(4) 实验内容

① 邻苯二甲酸二辛酯合成　合成装置如图 1-36 所示。将 25g 苯酐及 50g 2-乙基己醇加入到 250ml 干燥的三口烧瓶中，并加入 0.5ml 的浓硫酸作催化剂，再加入几粒沸石。按图 1-8 所示安装试验装置，冷凝管通入冷凝水后，电热套通电加热，使反应混合物沸腾并回流，酯化反应时间为 3h。反应过程中，排放分水管下层的水分。反应结束后，打开分水管下端的旋塞，继续蒸馏，从分水管下端出口分离出苯，并回收。当温度升至 110℃时，停止加热。将反应混合物倒入装有 30ml 蒸馏水的烧杯中，并用饱和碳酸钠溶液将反应混合物的 pH 调至 7～8。之后将溶液转移至分液漏斗中，静置分层一段时间后，放出下层水层。再用热蒸馏水洗涤上层溶液两次，并放出下层水层，即得到邻苯二甲酸二辛酯粗品。称量邻苯二甲酸二辛酯粗品质量，并记录下数据。

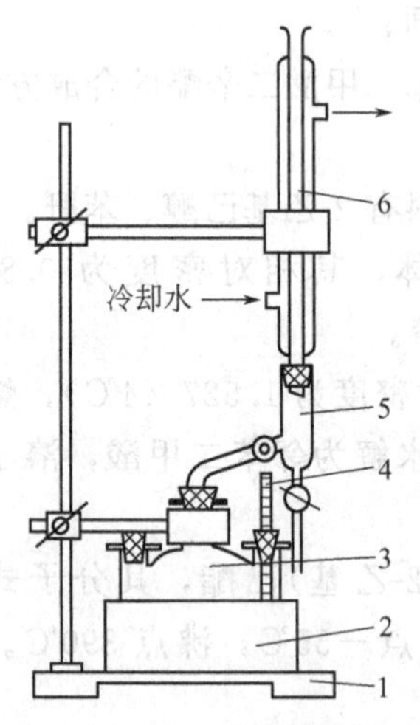

图 1-36　邻苯二甲酸二辛酯合成装置

1—铁架台；2—电热套；3—三口烧瓶；4—温度计；5—分水管；6—冷凝管

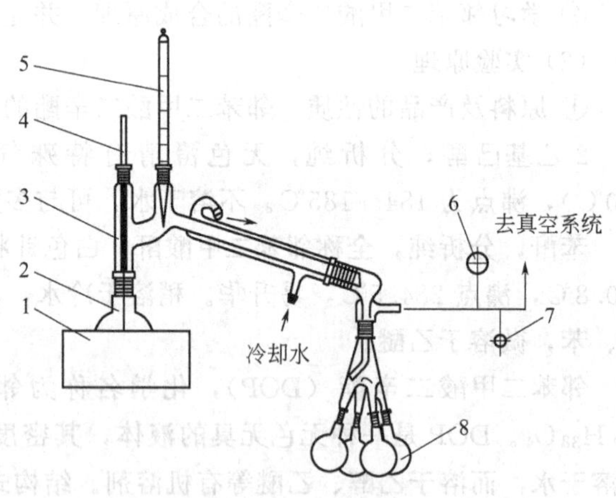

图 1-37　真空蒸馏装置

1—电热套；2—圆底烧瓶；3—克氏蒸馏头 Liebig 冷凝器和接受器（可为单独部件或制成一体）；4—毛细管；5—温度计；6—真空压力表；7—放空旋塞；8—接受烧瓶

② 邻苯二甲酸二辛酯的精制　将邻苯二甲酸二辛酯粗品（油层）倒入蒸馏烧瓶中，加沸石，按图 1-37 安装好真空蒸馏装置，开加热器，并用真空泵抽真空，进行减压蒸馏。注意观察蒸馏烧瓶温度的变化，首先被蒸出的物质是未反应的 2-乙基己醇；当温度达到 240℃

时，用另一个洁净的容器作为接收器，收集 240～250℃/2.66kPa 的馏分，即为邻苯二甲酸二辛酯，称量，并记录数据。当蒸馏烧瓶内的液体即将蒸馏完毕时，立即停止加热，以防蒸馏烧瓶过热，发生危险。

(5) 实验数据及处理

① **化学反应收率** 化学反应收率等于邻苯二甲酸二辛酯粗品质量与邻苯二甲酸二辛酯理论产量之比，即

$$化学反应收率=\frac{邻苯二甲酸二辛酯粗品质量}{邻苯二甲酸二辛酯理论产量}\times100\%$$

其中邻苯二甲酸二辛酯理论产量可通过邻苯二甲酸酐的用量与反应方程式计算得到，公式如下：

$$邻苯二甲酸二辛酯理论产量=\frac{390.5\times0.99\times原料邻苯二甲酸酐质量}{148.0}$$

式中，390.5 与 148.0 分别为邻苯二甲酸二辛酯和原料邻苯二甲酸酐的摩尔质量。0.99 为分析纯邻苯二甲酸酐的有效含量。

② **邻苯甲酸二辛酯精馏收率** 邻苯甲酸二辛酯精馏收率等于邻苯二甲酸二辛酯馏分质量比上邻苯二甲酸二辛酯粗品质量。

$$邻苯二甲酸二辛酯精馏收率=\frac{邻苯二甲酸二辛酯馏分质量}{邻苯二甲酸二辛酯粗品质量}\times100\%$$

③ **总收率** 总收率等于化学反应收率与邻苯二甲酸二辛酯精馏收率的乘积。

本项目小结

一、高分子材料加工助剂作用及品种

1. 高分子材料加工助剂的定义、分类、作用

高分子材料助剂是指用于塑料、橡胶和纤维三大合成材料的助剂，它涵盖了从树脂、胶料的合成到制品的加工成型整个生产过程所涉及的辅助化学品。按应用对象进行分类，可分为塑料加工助剂、橡胶加工助剂、纤维用加工助剂。按作用功能进行分类，主要可分为稳定化助剂、加工性能改进剂、力学性能改进剂、表观性能改进剂、柔软化和轻质化助剂、功能赋予剂等。

2. 橡塑加工助剂种类和主要品种

橡塑加工助剂是橡胶加工助剂和塑料加工助剂总称。橡胶加工助剂与塑料加工助剂之间并没有严格界限，除各自所需的特殊类型助剂外，绝大多数助剂都具有通用性。按功能与作用分类，可分为稳定化助剂（包括抗氧剂、光稳定剂、热稳定剂、防霉剂）、加工性能改进助剂（包括润滑剂、分散剂、塑解剂、软化剂）、机械性能改进助剂（包括橡胶硫化体系助剂、树脂交联剂、填充增强体系助剂、抗冲改进剂）、柔软化和轻量化助剂（包括增塑剂、发泡剂）、表观性能改进剂（包括抗静电剂、增光剂、流滴剂、着色剂、透明剂、防粘连剂）、功能赋予剂（包括阻燃剂、红外线阻隔剂、转光剂、吸氧剂 、紫外线滤除剂、降解剂）。

二、高分子材料加工助剂合成工艺

1. 热稳定剂硬脂酸钡合成工艺

本工艺采用一级硬脂酸为原料，融化后，在 90℃下与配制好浓度的氢氧化钠进行反应，生成硬脂酸钠浆液，再将配制好浓度的氯化钡溶液加入浆液中，生成硬脂酸钡，经过滤、二

级高效气流干燥，最终得到产品。生产中要求各物料浓度配制准确。

2. 阻燃剂十溴二苯醚合成工艺

十溴二苯醚有两种生产工艺路线。溶剂法：将溶剂二氯乙烷与催化剂铝片加入反应釜，再加入溴，铝片溶解后，在15℃条件下，加入全部溴；在14～16℃下，在不断地搅拌下，加入用少量二氯乙烷溶解的二苯醚；二苯醚加完后，在50℃下保温搅拌6h；反应完后，加入100份的水，适量的亚硫酸钠，再经过滤、洗涤、吸滤和干燥得产品。过量溴化法：此法采用过量溴作为溶剂，反应后将过量溴蒸出，再经中和、过滤、干燥等后，得到产品。

3. 发泡剂AC的合成工艺

氯气与烧碱反应生成次氯酸钠，与尿素按比例混合后，加入适量30%烧碱和高锰酸钾，得到粗水合肼，静置除去二氧化锰、降温离心分离其中碳酸钠和氯化钠，得精制的水合肼。加入适量尿素和硫酸，控制好温度、pH进行缩合，得到固体联二脲，用温水洗净，再通入氯气进行氯化，得到偶氮二甲酰胺，再用热水洗涤，除去酸性，离心分离去除掉大部分水，自然风干，热风干燥，粉碎，最终得到产品。

4. 橡胶补强剂——白炭黑的生产工艺

白炭黑的生产工艺的生产方法有气相法、沉淀法、离解法等。本章仅介绍了沉淀法。固体水玻璃有滚筒溶解成液体水玻璃，通过水玻璃稀释调节好浓度后，备用。在反应槽内水玻璃与浓硫酸反应，之后送入料浆槽陈化。再经过压滤，液化、喷雾干燥，最终得到产品。白炭黑可根据客户要求进行超细化或改性。

思考与习题

(1) 选择题

①（　　）是对能抑制或延缓高分子材料在储运、加工和应用中的老化降解，延长制品使用寿命的一类助剂的总称。

a. 加工性能改进剂　b. 稳定化助剂　c. 柔软化和轻质化助剂　d. 表观性能改进剂

② 以下几种橡塑加工助剂中，（　　）光稳定剂不能用于PVC。

a. 二苯甲酮类　b. 苯并三唑类　c. 苯甲酸酯类　d. 水杨酸酯类

③ 下列物质中，主要用做聚氯乙烯塑料的耐光、耐热稳定剂，橡胶制品的耐高温脱模剂的是（　　）。

a. 硬脂酸钡　b. 白炭黑　c. AC发泡剂　d. 十溴二苯醚

④ DBOPO是（　　）简称。

a. 硬脂酸钡　b. 白炭黑　c. AC发泡剂　d. 十溴二苯醚

⑤ 因为AC发泡剂会分解生成（　　），所以在大量储存AC发泡剂成品时，应注意通风。

a. 二氧化碳　b. 一氧化碳　c. 一氧化氮　d. 二氧化氮

⑥（　　）白炭黑是硅的氯化物（四氯化硅）在空气和氢气混合气流中经高温水解生成的一种无定型粉末，往往是球形颗粒，表面带有羟基和吸附水，粒径在7～40nm之间，比表面积大，化学纯度高，SiO_2＞99.8%。

a. 沉淀法　b. 复分解法　c. 气相法　d. 离解法

(2) 判断题

① 功能赋予剂是指一类能赋予高分子材料特殊功能的助剂，例如阻燃剂、红外线阻隔剂、转光剂、吸氧剂、柔软剂、紫外线滤除剂、降解剂等。（　　）

② 防霉剂是一类抑制霉菌等微生物生长，防止聚合物材料被微生物侵蚀而降解的稳定化助剂。它又称抗微生物剂、微生物抑制剂等。（　　）

③ 十溴二苯醚的生产工艺路线有两种：溶剂法和过量二苯醚溴化法。（　　）

④ AC 发泡剂主要用天然橡胶、合成橡胶及塑料等高分子材料，制作闭孔海绵制品。(　　)

⑤ 白炭黑是由水溶液沉淀得来的，其物理和化学性质因不同的生产工艺条件而不同，但可通过改变悬浮液的 pH、温度和盐的含量能改变沉淀白炭黑的粒子和聚集体的尺寸。(　　)

(3) 高分子材料加工助剂的定义，分类？

(4) 橡塑加工助剂的分类是怎样的？

(5) 简述发泡剂 AC 的生产过程。

(6) 简述沉淀法白炭黑的生产过程。

1.4　项目四　食品添加剂与饲料添加剂

项目任务

① 了解食品添加剂定义、分类、使用标准、主要应用、生产监管和典型品种；

② 了解饲料、饲料添加剂概念，了解饲料添加剂类别与典型品种；

③ 掌握食品乳化剂甘油单硬脂酸酯的直接酯化法生产工艺、苯甲酸的甲苯液相空气氧化法连续生产工艺以及饲料添加剂级硫酸锰的两矿一步酸浸法生产工艺；

④ 掌握抗氧剂二丁基羟基甲苯（*BHT*）的实验室制备方法。

1.4.1　食品添加剂与饲料添加剂概述

1.4.1.1　知识点一　食品添加剂及概述

(1) 食品添加剂生产现状

① 生产规模　食品添加剂行业已成为医药、农用化学品及饲料添加剂之后，第四类备受人们关注的精细化工行业。目前世界食品添加剂市场总销售额约 360 亿美元。世界市场上食品添加剂重要供应商有荷兰皇家帝斯曼公司（DSM)、巴斯夫公司、赢创德固萨（赖氨酸)、丹尼斯克特丹、嘉吉有限公司（油脂、大豆蛋白类营养强化剂)、IFF 公司、奎斯特（香料）和诺维信（酶制剂)。帝斯曼公司于 2003 年收购罗氏公司全球的维生素、胡萝卜素等精细化工业务后成为世界维生素之王，其维生素销售额约占全球一半。巴斯夫公司在全球维生素市场上约占 25%的份额，并在香料和赖氨酸市场举足轻重。近十年，我国食品添加剂行业获得快速发展，2009 年产量达 671 万吨，产值 669 亿元。味精、柠檬酸及盐、酶制剂、糖醇类甜味剂的产量较多，其中味精占到食品添加剂总产量的 40%，柠檬酸、维生素 C、糖精、苯甲酸钠、木糖及木糖醇等是我国传统出口产品，柠檬酸的产量和出口量均居世界第一，维生素 C 的产量占全球总消费量 50%以上。

② 消费结构　世界食品添加剂消费中，调味品占 30%，增稠剂占 17%、酸味剂占 13%、调味增强剂占 12%、甜味剂占 6%、色素占 5%、乳化剂占 5%、维生素和矿物质占 5%、酶占 4%、化学防腐剂占 2%、抗氧化剂占 1%。在调味品消费市场中，饮料业占 31%、佐料消费占 23%、奶制品业占 14%、其他占 32%。国内食品、饮料生产企业中消费最多的食品添加剂是香精香料，其次是甜味剂和防腐剂，其他食品添加剂消费排序依次为增稠剂、着色剂、增味剂、抗氧剂、酸味剂、乳化剂和护色剂。

③ 品种趋势　需求增长最强劲的食品添加剂是营养强化剂、甜味剂、酸味剂、增稠剂、防腐剂、着色剂和脂肪代用品。在营养强化剂中，除维生素、氨基酸外，具有特定保健功能的食品添加剂品种发展迅速，如促进双歧杆菌增殖的低聚糖产品、保护细胞并起传递代谢物质作用的磷脂类产品，以及能够捕集体内自由基的抗自由基物质；生物法番茄红素既有着色

功能，又具有保健作用；D-核糖是生产维生素 B_2 的原料，还可用于治疗运动导致的肌肉疼痛。在甜味剂中，主要发展热量低、不刺激胰岛素分泌、能缓解糖尿病的糖醇类产品。另外，以复配型甜味剂、增稠剂为代表的复配型食品添加剂也是未来发展趋势。

④ 主要应用 我国食品添加剂目前主要应用于饮料、焙烤食品、点心、冰淇淋、调味料、乳制品、沙司、酒、香烟、畜肉制品、鱼制品、米粉、水果蔬菜罐头和快餐食品等领域。

⑤ 食品添加剂生产监管 食品添加剂实行生产许可与监管制度，归口部门为国家质量监督检验检疫总局。执法依据为国家质量监督检验检疫总局 2010 年 4 月颁布的《食品添加剂生产监督管理规定》。

(2) 食品添加剂定义、分类和使用标准

① 食品添加剂定义 食品添加剂是指用于改善食品品质（色、香、味、分散性、疏松性、稠度、酸度等）、延长食品保存期（防腐、抗氧化、抗结等）、便于食品加工（消泡、脱模等）和增加食品营养成分（氨基酸、维生素等）的一类合成的或天然的化学物质。

② 我国食品添加剂分类 依据《食品添加剂使用卫生标准 GB 2760—2007》，我国将2000 多个品种的食品添加剂划分为 23 个类别，包括着色剂（E08）、漂白剂（E05）、护色剂（E09）、食品用香料（E21）、甜味剂（E19）、增味剂（E12）、乳化剂（E10）、膨松剂（E06）、增稠剂（E20）、酸度调节剂（E01）、面粉处理剂（E13）、稳定剂和凝固剂（E18）、防腐剂（E17）、抗氧化剂（E04）、抗结剂（E02）、水分保持剂（E15）、被膜剂（E14）、营养强化剂（E16）、胶基糖果中基础物质（E07）、酶制剂（E11）、消泡剂（E03）、食品工业加工助剂（E22）和其他（E23）等。食品工业加工助剂包括助滤、澄清、吸附、润滑、脱模、脱色、脱皮、提取溶剂和发酵用营养物质等。本属于食品添加剂的食用盐、味精和食用醋未被列入 GB 2760—2007，当作调味品入食品范畴。

③ 使用标准 食品添加剂的生产、使用品种必须属于国家标准《食品添加剂使用卫生标准 GB 2760—2007》或《食品营养强化剂使用卫生标准 GB 14880—1994》中的品种，使用范围和使用量不能超出上述两个标准规定的界限。例如，我国已列入 GB 2760—2007 的着色剂有 57 种，其他色素则不能作为食用着色剂使用。“酸枣色”着色剂在 GB 2760—2007 中列出，CNS 号为 08.133，表明可以作为食品添加剂使用，可用于酱渍的蔬菜、盐渍的蔬菜、酱油、果蔬汁、风味饮料，用量不超过 1g/kg，也可用于糖果和糕点，用量不超过 0.2g/kg。

(3) 食品添加剂典型品种 食品添加剂典型品种，见表 1-29 所列。

表 1-29 食品添加剂典型品种

食品添加剂类别	典 型 品 种
酸度调节剂(E01)	磷酸(CNS 号 01.106)、磷酸三钾(CNS 号 01.308)、柠檬酸(CNS 号 01.101)
抗结剂(E02)	滑石粉(CNS 号 02.007)、磷酸三钙(CNS 号 02.003)、硅铝酸钠(CNS 号 02.002)
消泡剂(E03)	聚二甲基硅氧烷(CNS 号 03.007)、聚氧丙烯甘油醚(CNS 号 05.005)
抗氧化剂(E04)	茶多酚(CNS 号 04.005)、丁基羟基茴香醚(BHA ,CNS 号 04.001)、二丁基羟基甲苯(BHT, CNS 号 04.002)
漂白剂(E05)	焦亚硫酸钾(CNS 号 05.002)、硫磺(CNS 号 05.007)
膨松剂(E06)	酒石酸氢钾(CNS 号 06.007)、磷酸氢钙(CNS 号 06.006)、硫酸铝铵(CNS 号 06.005)
胶基糖果中基础物质(E07)	巴拉塔树胶、松香甘油酯、石蜡、果胶、明胶、硬脂酸、苯甲酸钠、生育酚、滑石粉
着色剂(E08)	茶黄色素(CNS 号 08.141)、靛蓝(CNS 号 08.008)、二氧化钛(CNS 号 08.011)
护色剂(E09)	亚硝酸钠(CNS 号 09.002)、亚硝酸钾(CNS 号 09.004)、异抗坏血酸钠(CNS 号 04.018)

续表

食品添加剂类别	典　型　品　种
乳化剂(E10)	单甘油脂肪酸酯(CNS 号 10.006)、吐温 20(CNS 号 10.025)、木糖醇酐单硬脂酸酯(10.007)
酶制剂(E11)	阿拉伯呋喃糖苷酶、氨基肽酶、α-半乳糖苷酶、α-淀粉酶、胃蛋白酶、纤维素酶
增味剂(E12)	氨基乙酸(CNS 号 12.007)、琥珀酸二钠(CNS 号 12.005)、辣椒油树脂(CNS 号 00.012)
面粉处理剂(E13)	过氧化苯甲酰(CNS 号 13.001)、过氧化钙(CNS 号 13.007)、碳酸钙(CNS 号 13.006)
被膜剂(E14)	巴西棕榈蜡(CNS 号 14.008)、聚乙二醇(CNS 号 14.012)、聚乙烯醇(CNS 号 14.010)
水分保持剂(E15)	焦磷酸二氢二钠(CNS 号 15.008)、焦磷酸钠(CNS 号 15.004)、磷酸二氢钾(CNS 号 15.010)
营养强化剂(E16)	L-盐酸赖氨酸、维生素 A、维生素 E、维生素 B_1、维生素 C、胆碱、葡萄糖酸亚铁
防腐剂(E17)	苯甲酸(CNS 号 17.001)、丙酸钙(CNS 号 17.005)、对羟基苯甲酸甲酯(CNS 号 17.032)
稳定剂和凝固剂(E18)	石膏(CNS 号 18.001)、氯化钙(CNS 号 18.002)、氯化镁(CNS 号 18.003)
甜味剂(E19)	D-甘露糖醇(CNS 号 19.017)、甜蜜素(CNS 号 19.002)、麦芽糖醇(CNS 号 19.005)
增稠剂(E20)	果胶(CNS 号 20.006)、海藻酸钠(CNS 号 20.004)、黄原胶(CNS 号 20.009)
食品用香料(E21)	丁香叶油(N001)、芳樟醇(Ⅱ030)、乙基麦芽酚(A3005)、β-甲基紫罗兰酮(A3009)
食品工业加工助剂(E22)	氨水、丙酮、凡士林、高岭土、活性白土、双氧水、硫酸、石蜡、尿素、离子交换树脂
其他(E23)	高锰酸钾(CNS 号 00.001)、咖啡因(CNS 号 00.007)、络蛋白磷酸肽(CNS 号 00.016)

想一想

果汁包装瓶、乳饮料软包盒、饼干包装袋、方便面包装袋和儿童奶粉包装袋各取一个，读其上有关配料的说明文字，指出各组分的作用或类别。

1.4.1.2　知识点二　饲料添加剂及概述

(1) 饲料及饲料工业状况

① 饲料　人饲养动物的全部食物的总称，包括能量饲料（玉米、麸皮等）、蛋白质饲料（豆饼、棉仁粕、菜籽粕、鱼粉、血骨粉等）、矿维补充料（磷、钙和氨基酸等）三大营养成分及其配合物。人工饲料按营养元素在配方中含量分为全价饲料、浓缩饲料、预混料以及功能性饲料等四类。

全价饲料（配合饲料）是指包含比例平衡的所有营养物，并满足畜禽各种营养成分需要的饲料。**浓缩饲料**是指含有比例平衡的蛋白质、微量元素和其他添加剂的饲料，与能量饲料配合可成为全价饲料，在全价饲料中用量 10%～20%。**预混合饲料**是将一种或多种不同的微量原料（如维生素、矿剂、微量元素或药物）与载体混合而成的饲料，预混合饲料中不含蛋白质饲料，但与蛋白质和谷物等配合可成为全价饲料，用量 1%或低于 1%。**预混料精**是由预混合饲料加上常量钙、磷等混合而成的饲料，用量范围 1%～12%之间。功能性饲料是添加一种或多种用来增强新陈代谢或达到最佳生理状态的非营养性成分的饲料，能促进动物生长、增强免疫力、改善动物产品品质，并可减少环境污染和改善生态环境。

能区别配合饲料、浓缩饲料和预混合饲料的概念吗?

② 饲料工业状况　我国饲料工业在 20 世纪 80 年代初期进入快速的发展阶段，到了 90 年代末期进入稳定成熟的发展时期。目前已形成饲料机械工业、饲料加工工业、饲料原料工业、饲料添加剂工业和饲料服务等的五大支撑体系，推动着饲料工业的健康发展。

2009 年全国饲料产量达到 1.4 亿吨，年产值 4500 亿元，其中配合饲料产量 1.07 亿吨，浓缩饲料产量 2708 万吨，预混合饲料产量 595 万吨。预计，猪饲料产量将达到 5103 万吨，蛋禽饲料产量 2433 万吨，肉禽饲料产量 4173 万吨，水产、反刍饲料继续保持快速增长势头。

(2) 饲料添加剂及饲料添加剂工业

① 饲料添加剂　指在畜禽饲料中添加量很少，用以纠正由于饲料成分的缺乏而导致的营养缺乏症或在畜禽的生长中起特定作用的一类物质。饲料添加剂可分为营养性添加剂、非营养性添加剂，以及饲料加工与保藏剂等三大类。饲料添加剂可使牲畜生病少、生长快，具有价格高和经济效益好特点。

② 饲料添加剂工业　目前，我国饲料添加剂生产能力基本可满足国内饲料生产需求，其中磷酸氢钙、赖氨酸、氯化胆碱和维生素 E 等出口国外，而蛋氨酸、防腐防霉剂和抗氧剂等产能稍显不足。浙江新和成股份公司维生素 E 年生产能力超过了 1 万吨，进入了全球前四名的行列。陕西渭南饲料添加剂厂是目前亚洲生产能力最大的饲料级氯化胆碱生产企业。

到 2015 年，我国预混料年产预计达到 800 万吨。按此规模推算，届时我国主要饲料添加剂的需求量：蛋氨酸 12 万吨、赖氨酸 12 万吨、维生素 E 5000t、烟酸 3000t、泛酸 2500t、磷酸氢钙 100 万吨、防霉剂 4.5 万吨、10%盐霉素 5500t、10%杆菌肽锌 8500t 以及微量元素 40 万吨。另外，由于甲酸在仔猪饲料中应用推广，我国未来对甲酸需求量也将迅速增长。

全世界维生素年产销量达到 30 万吨，产值 25 亿美元，其中 50%用做饲料添加剂。由于疯牛病原因，欧洲各国已弃用牛骨粉、牛下水粉等蛋白饲料，加上禁用金霉素等抗生素，维生素 E 在饲料中添加量提高。全球市场维生素 E 需求增长最快，市场销售额超过 10 亿美元。

(3) 饲料添加剂类别与典型品种

① 饲料添加剂类别与典型品种　饲料添加剂类别与典型品种，见表 1-30 所列。

表 1-30　饲料添加剂类别与典型品种

大类	小类	作　用	典　型　品　种
营养性添加剂	氨基酸	通过补充植物性饲料中缺少的氨基酸，来提高其他氨基酸的利用率，促进畜禽生长、发育	赖氨酸、蛋氨酸、色氨酸、苏氨酸等。其中，赖氨酸、蛋氨酸能有效提高蛋白质的利用率，分别被看成营养中第一限制性氨基酸和第二限制性氨基酸
	微量元素	构成金属酶或金属酶激活因子，在酶系统起催化作用；构成激素和维生素，起特异生理作用；提供动物的免疫功能；协同钾、钠钙、镁等离子调节体液渗透压和酸碱平衡；作为普通元素的载体；在一些核酸中存在，起遗传作用	铜(Cu)：硫酸铜、寡肽铜等 铁(Fe)：硫酸亚铁、氯化亚铁、柠檬酸铁铵、柠檬酸铁等 锰(Mn)：硫酸锰、蛋氨酸锰等 锌(Zn)：硫酸锌、蛋氨酸锌、富马酸锌、寡肽锌等 钴(Co)：硫酸钴、碳酸钴、氯化钴等 铬(Cr)：酵母铬 碘(I)：碘酸钙、碘化钾等 硒(Se)：亚硒酸钠、硒酸钠、酵母硒等 其他微量元素还包括：锡(Sn)、钼(Mo)、镍(Ni)、钒(V)、氟(F)、硅(Si)、砷(As)、硼(B)等
	维生素	人和动物为维持正常的生理功能而必须从食物中获得的一类微量有机物质，在人体生长、代谢、发育过程中发挥着重要的作用	脂溶性维生素常用 4 种：维生素 A(视黄醇)、维生素 D(骨化醇)、维生素 E(生育酚)、维生素 K(抗生血因子)； 水溶性维生素常用 10 种：维生素 B_1(硫胺素)、维生素 B_2(核黄素)、维生素 B_5(泛酸)、维生素 B_4(胆碱)、维生素 B_3(烟酸、烟酰胺)、维生素 B_6(吡多醇)、维生素 B_{11}(叶酸)、维生素 B_{12}(氰钴胺素)、维生素 C(抗坏血酸)、维生素 H(生物素)

续表

大类	小类	作　　用	典　型　品　种
非营养性添加剂	药物性添加剂	按照使用说明书直接添加到动物的饲粮中，达到预防和治疗动物疾病作用，并伴随具有促进动物生长的一类药物	抗生素添加剂 化学合成药物添加剂 抗寄生虫药物添加剂 天然药物饲料添加剂
	饲用酶制剂	一类具有生物催化作用的大分子蛋白质	按作用机理分： 消化酶：淀粉酶、蛋白酶、脂肪酶； 非消化酶：纤维素酶、半纤维素酶、植酸酶、果胶酶等
	激素	由生物体特定细胞分泌的一类调节性物质，可利用生物基因工程生产	类固醇类激素：雄激素、雌激素、肾上腺皮质激素等； 多肽或蛋白类激素：激素释放因子、胰岛素、垂体激素、甲状旁腺激素等； 酚类激素：肾上腺素、甲状腺激等
	益生素	一类在动物消化道内起有益作用的微生物制剂	乳酸菌类：乳酸杆菌、Bifid 菌、乳酸球菌等； 芽孢杆菌：枯草芽孢杆菌、苏云金芽孢杆菌等
	中草药添加剂	一类可用做饲料添加物的中草药	含生物碱的中草药：槟榔、常山、黄连、乌头、延胡索、曼陀罗、钩藤、麻黄等； 含苷的中草药：槐花、陈皮、黄芩、虎杖、桔梗、柴胡、夹竹桃、白芷、杠柳等； 挥发油类中草药：丁香、薄荷、鱼腥草，樟等
	诱食剂	一类改善饲料适口性增进动物食欲的添加剂，又称食欲增进剂，属于非营养性添加剂	饲料香料：葱油、大蒜油、艾叶粉、五香粉及合成香料； 酸味剂：柠檬酸、苹果酸等； 甜味剂：葡萄糖、蔗糖、糖精等； 鲜味剂：味精等； 辣味剂：大蒜粉、辣椒粉等； 鱼腥味诱食剂：甜菜碱等
	着色剂	饲料着色剂是一类改善饲料外观颜色的着色剂	苋菜红、胭脂红、日落黄、甜菜红等
饲料加工与保藏剂	防霉剂	一类抑制霉菌繁殖、消灭真菌、防止饲料发霉变质的添加剂	丙酸钠、丙酸钙、山梨酸、山梨酸钾、苯甲酸、苯甲酸钠等
	抗氧剂	一类能够阻止或延迟饲料氧化、提高饲料稳定性和延长储存期的添加剂	乙氧基喹啉、二丁基羟基甲苯(BHT)、丁基羟基茴香醚(BHA)、抗坏血酸及钠盐等
	青储饲料添加剂	一类能够抑制饲料仓内有害微生物的活动，防止青储饲料腐败的添加剂	无机酸添加剂：盐酸、硫酸、磷酸等； 有机酸添加剂：甲酸、乙酸等； 防腐添加剂：甲醛、焦亚硫酸钠等
	饲料胶黏剂	一类有助于颗粒粘合、延长压膜寿命、减少运输中粉碎现象的物质	天然胶黏剂：鱼胶、动物胶、糯米粉等； 化学胶黏剂：羧甲基纤维素、聚乙烯醇、丙烯酸钠等

② 禁用品种　欧盟、美国等许多国家已明确禁止金霉素用于生产动物源性食品，并制定了严格的限量标准。我国禁止将瘦肉精（克伦特罗、莱克多巴胺、沙丁胺醇和西巴特罗）、地西泮等用于猪、牛等动物饲料。三聚氰胺在蛋白饲料和奶牛饲料中属于受限成分。

(4) 常用配合饲料的配方

① 猪用复合预混料配方　猪用复合预混料配方，见表 1-31 所列。

表 1-31　猪用复合预混料配方表

配方成分	单位	哺乳仔猪 (4.5～10kg)	仔猪 (10～18kg)	生长猪 (15～57kg)	肥育猪 (57～105kg)	种猪 (妊娠、哺乳母猪、公猪)
维生素						
维生素 A	百万 IU	4.4	3.3	2.2	2.2	5.5

续表

配方成分	单位	哺乳仔猪 (4.5～10kg)	仔猪 (10～18kg)	生长猪 (15～57kg)	肥育猪 (57～105kg)	种猪 (妊娠、哺乳母猪、公猪)
维生素 D_3	千 IU	440	440	330	220	440
维生素 E	千 IU	22	22	16.5	11	22
维生素 K	g	4.4	3.3	2.6	2.2	3.3
维生素 B_2	g	7.7	6.6	5.5	4.4	6.6
泛酸(维生素 B_5)	g	26	22	17.6	13.2	22
尼克酸(维生素 B_3)	g	40	31	22	17.6	31
胆碱(维生素 B_4)	g	—	—	—	—	440
维生素(B_{12})	mg	33	26.4	20	13	26.4
生物素(维生素 H)	mg	—	—	—	—	220
微量元素						
Zn	g	150	100	75	50	100
Fe	g	150	100	75	50	100
Cu	g	6	5	4	3	5
Mn	g	6	5	4	3	5
I	g	0.2	0.2	0.2	0.2	0.2
Se	g	0.3	0.3	0.1	0.1	0.1
其他						
抗菌素	g	100～250	100～250	50～100	20～50	50～200
硫酸铜	kg	0.5～1.0	0.5～1.0	6	6	
抗氧剂	g	120	120	120	120	120
载体	kg	+	+	+	+	+
总计	kg	10	10	10	10	10

注：1. 此配方为 1 吨配合饲料中预混料（10kg）的组成，按 1%添加到配合饲料中。

2. 维生素含量单位中“IU”指维生素所具有药效的国际单位等量，如 A500 型维生素 A，指每克含 500000IU。

② 鸡用复合预混料配方　鸡用复合预混料配方，见表 1-32 所列。

表 1-32　鸡用复合预混料配方表

配方成分	单位	肉用仔鸡		产蛋母鸡		雏鸡	
		1～30 日龄	31～70 日龄	高产期	中低产期	1～60 日龄	61～150 日龄
维生素 A	百万 IU	1000	700	1500	700	1000	300
维生素 D_3	千 IU	100	100	200	500	100	100
维生素 E	千 IU	1000	500	500	—	500	—
维生素 K	g	200	—	200	—	200	—
维生素 B_1	g			200	—	—	—
维生素 B_2	g	400	300	400	300	400	400
泛酸	kg	1	1	1	1	1	1
胆碱	kg	70	70	70	60	70	70
尼克酸	kg	2.5	2.5	2	1.5	2	2

续表

配方成分	单位	肉用仔鸡		产蛋母鸡		雏鸡	
		1～30 日龄	31～70 日龄	高产期	中低产期	1～60 日龄	61～150 日龄
维生素 B_6	g	—	—	600	—	—	—
叶酸	g	—	—	50	—	—	—
维生素 B_{12}	g	3	3	3	3	3	3
维生素 C	g	5	5	5	5	—	—
Mn	kg	5	5	5	5	5	5
Fe	kg	2	2	2	2	2	2
Cu	g	250	250	250	250	250	250
Zn	g	900	900	1350	900	900	900
Co	g	200	200	200	200	300	200
I	g	200	200	200	200	200	200
抗菌素	kg	1.5	—	—	—	1	—
抗球虫剂	kg	12.0	—	—	—	1.5	—
抗氧剂	kg	12.5	12.5	12.5	12.5	12.5	12.5
载体	kg	加至 1000	加至 1000	加至 1000	加至 1000	加至 1000	加至 1000

注：此配方为 1t 预混料（1000kg）的组成，按 1%添加到配合饲料中。

1.4.2　食品添加剂与饲料添加剂合成工艺

1.4.2.1　模块一　乳化剂甘油单硬脂酸酯合成工艺

（1）甘油单硬脂酸酯概述　甘油单硬脂酸酯（又称单甘酯），白色至微黄色蜡状固体；分子式 $C_{21}H_{42}O_4$，相对分子质量 358.56；密度 0.97g/cm^3，熔点 58～59℃；不溶于水，但与热水强烈振荡混合时可分散于水中，溶于热乙醇及植物油。质量指标中，碘值≤2.0g I_2/100g，酸值≤2.0mg KOH/g，凝固点 55～60℃，皂化值 160～175 mg KOH/g。

甘油单硬脂酸酯属于非离子型的表面活性剂，既有亲水又有亲油基因，具有润湿、乳化和起泡等功能，用于食物的乳化剂和添加剂。甘油单硬脂酸酯在表面活性方面强于甘油双硬脂酸酯（双甘酯）。

（2）甘油单硬脂酸酯的生产原理　甘油单硬脂酸酯的合成方法有直接酯化法、甘油醇解法、缩水甘油法和化学基团保护法。直接酯化法是利用硬脂酸与甘油在碱催化剂下直接反应，生成单甘酯与双甘酯的混合物；甘油醇解法是利用硬化油或硬脂酸甲酯在氢氧化钙催化下与过量甲醇进行酯化反应，生成单甘酯与双甘酯的混合物；缩水甘油法是利用环氧氯丙烷与硬脂酸钠先在相转移催化剂下进行酯化反应，再在碱催化下进行开环反应，生成高含量的单甘酯；化学基团保护法是采用甲乙酮（$CH_3COCH_2CH_3$）在对甲苯磺酸催化下，与甘油进行脱水反应，形成异亚丁基甘油，这样甘油分子上两个羟基得到保护，另一个羟基与脂肪酸进行酯化反应，中间产物再在乙二醇单甲醚中用硼酸分解保护基团，经过滤、水洗、干燥和浓缩结晶可得到高纯度的单甘酯。

直接酯化法由于原料安全，不残留有害物质，至今仍然是生产食品添加剂单甘酯的主要方法。直接酯化法生产单甘酯的反应式：

$$
2\begin{array}{l} CH_2OH \\ | \\ CHOH \\ | \\ CH_2OH \end{array} + 3\,RCOOH \rightleftharpoons \begin{array}{l} CH_2OCOR \\ | \\ CHOH \\ | \\ CH_2OH \end{array} + \begin{array}{l} CH_2OCOR \\ | \\ CHOH \\ | \\ CH_2OCOR \end{array} + 3\,H_2O
$$

单甘酯会发生歧化反应，反应式：

$$
2\begin{array}{l} CH_2OCOR \\ | \\ CHOH \\ | \\ CH_2OH \end{array} \longrightarrow \begin{array}{l} CH_2OCOR \\ | \\ CHOH \\ | \\ CH_2OCOR \end{array} + \begin{array}{l} CH_2OH \\ | \\ CHOH \\ | \\ CH_2OH \end{array}
$$

甘油分子中1,3位的羟基反应能力相同，而2位上的羟基由于受空间阻碍效应，难于反应，因而在脂肪酸与甘油的摩尔比小于2时，三甘油酯的生成量较少；为了提高酯化反应转化率和反应速率，工业中常采用回流脱水。由于甘油与脂肪酸的比重差较大，且互不相溶，因此反应中除了需要碱性催化剂外，还需要搅拌来提高两相的分散强度、加快反应速率；反应温度过高会导致碳链脱氢结焦和甘油脱水缩合，因而一般控制在180～200℃；反应时间2～6h。

(3) 甘油单硬脂酸酯的生产工艺

① 工艺流程　直接酯化法生产甘油单硬脂酸酯的工艺流程，如图1-38所示。

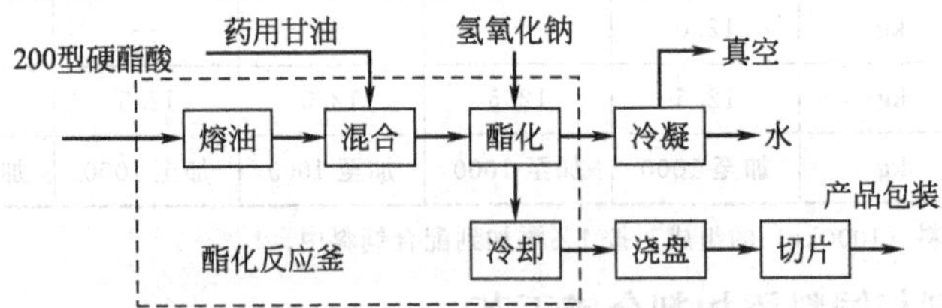

图1-38　直接酯化法生产甘油单硬脂酸酯的工艺流程

② 操作步骤　一级硬脂酸与甘油的摩尔比为1.2∶1，催化剂氢氧化钠用量为硬脂酸用量的0.1%。将200型硬脂酸加入酯化反应釜，加热先进行熔油过程，将硬脂酸熔化；之后加入药用甘油，搅拌混合，再加入计量的氢氧化钠，通入氮气、加热并在真空下进行酯化反应。当加热到160℃时有水冷凝出来，回流脱水，再继续升温200℃，保温1h。取样化验，当酸值≤2.0mg KOH/g方可结束反应（pH应小于5)，然后冷却降温、浇盘、切片得到食品添加剂甘油单硬脂酸酯产品。反应时间3～5h，产品中单甘酯含量40%～60%。每吨产品消耗硬脂酸大于820kg，甘油（95%以上）235kg。

(4) 安全与环保

① 硬脂酸，即十八烷酸，纯品为白色略带光泽的蜡状小片结晶体；分子式 $C_{18}H_{36}O_2$，相对分子质量284.48；熔点71.5～72℃，相对密度0.94；不溶于水，稍溶于冷乙醇，溶于丙酮、苯、乙醚等。无毒。

② 甘油，又名丙三醇，是一种无色、无臭、味甘的黏稠液体；分子式 $C_3H_8O_3$，分子量92.09；熔点20℃，沸点290.9℃，相对密度1.26（20℃)；可混溶于乙醇；本品可燃；食用对人体无毒。

想一想

直接酯化法生产甘油单硬脂酸酯中，反应温度200℃时副产的水会被蒸发，原料甘油呢？

1.4.2.2 模块二 防腐剂苯甲酸及钠盐的合成工艺

(1) 苯甲酸及钠盐的概述 苯甲酸，又称为安息香酸，无色、无味片状晶体，无嗅或略带安息香气味；分子式 C_6H_5COOH，相对分子质量 122.1；熔点 122.13℃，沸点 249℃，相对密度 1.27 (15/4℃)，在 100℃时迅速升华；苯甲酸在常温下难溶于水，在空气（特别是热空气）中微挥发，有吸湿性，但溶于热水、乙醇、氯仿和非挥发性油；苯甲酸属于酸性防腐剂，为提高水溶性及方便使用和储存，多般转化为苯甲酸钠后使用。

苯甲酸钠，又称安息香酸钠，白色颗粒或结晶性粉末，无气味，有甜涩味；分子式 $C_7H_5NaO_2$，相对分子质量 144；属于酸性防腐剂，在酸性食品中能部分转为有活性的苯甲酸，防腐机理同苯甲酸，在碱性介质中无杀菌、抑菌作用，其防腐最佳 pH 是 2.5～4.0。

(2) 苯甲酸及钠盐的生产原理 苯甲酸工业生产方法主要有三种，包括甲苯液相空气氧化法、三氯苄基甲苯水解法和邻苯二甲酸酐加热脱羧法。由于原料甲苯易得、生产经济性好，因而甲苯液相空气氧化法常用。

甲苯液相空气氧化法需要催化剂；早期催化剂为二氧化锰（固体），适宜氧化过程的间歇操作；更先进的技术是采用可溶性钴盐或锰盐为催化剂，同时采用醋酸为溶剂，可适合氧化过程的连续操作。

甲苯液相空气氧化法的反应式：

$$C_6H_5CH_3 + \frac{3}{2}O_2 \xrightarrow[\text{醋酸为溶剂}]{\text{醋酸钴或醋酸锰}} C_6H_5COOH + H_2O$$

其反应机理为自由基反应，反应温度 160～170℃；由于氧化反应放热，因而采用外部换热，气液在反应器中逆流接触；对原料空气加压有利于提高反应速率，反应压力 0.6～0.8MPa；催化剂采用醋酸钴或醋酸锰的醋酸溶液；为了提高转化率，停留时间 12～16h。

氧化产物使苯甲酸与副产物的混合物。副产物有苯甲醛、苯甲醇、邻甲基联苯、对甲基联苯及酯类，其中苯甲醛和苯甲醇价值高，因而氧化产物可采用精馏方法进行分离，不但获得精苯甲酸，而且可回收高价值的副产物。

(3) 苯甲酸及钠盐的连续生产工艺

① 工艺流程 苯甲酸及钠盐的连续生产工艺流程，如图 1-39 所示。

② 操作步骤 甲苯和催化剂溶液从顶部连续进入氧化反应器，空气经压缩机从底部连续进入氧化反应器，氧化反应器为气液鼓泡床塔式反应器，在氧化反应器中气、液呈逆流接触并发生氧化反应，温度 165℃，压力 0.8MPa。液相物料由反应器底部流出与原料甲苯和催化剂溶液一起，经废热锅炉冷却、降温后重新回到氧化反应器中反应；气相物料包括空气、未反应的甲苯、生成水，及夹带的产物苯甲酸和催化剂钴盐及醋酸，从顶部流出氧化反应器，进入第一气液分离器，在其中空气、未反应的甲苯和生成水等气态物料，与钴盐醋酸溶液和苯甲酸等液态物料得到分离。气态物料由第一分离器顶部流出，经冷凝器冷凝，水和甲苯成为液态，与空气一起进入第二分离器，在其中水、甲苯与空气分离；有一定压力的空气夹带少量未冷凝的甲苯经透平膨胀机降压并回收能量，含少量甲苯的空气经吸附甲苯后放空；水和甲苯靠重力分层，液相底部的水排出第二分离器，液相上层的甲苯回氧化反应器利用。由第一分离器底部出来的液态物料，包含钴盐醋酸溶液、苯甲酸和部分甲苯，进入甲苯精馏塔进行精馏。

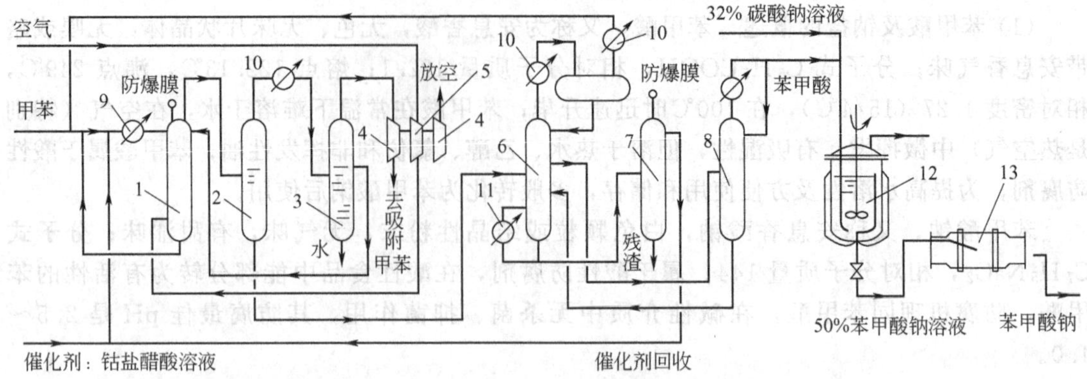

图 1-39 苯甲酸及钠盐的连续生产工艺流程

1—氧化反应器；2—第一气液分离器；3—第二气液分离器；4—透平膨胀机；5—压缩机；6—甲苯精馏塔；7—催化剂回收塔；8—苯甲酸精馏塔；9—废热锅炉；10—冷凝器；11—再沸器；12—中和釜；13—滚筒干燥器

在甲苯精馏塔中，塔顶馏出物为甲苯，可送回氧化反应器利用；塔釜出料送催化剂回收塔沉降，高稠物料（残渣）由催化剂回收塔的塔底排出，上层催化剂醋酸溶液从催化剂回收塔的顶部流出，送回氧化反应器；从甲苯精馏塔精精馏段侧线采出的苯甲酸，送到苯甲酸精馏塔精馏。在苯甲酸精馏塔，塔釜温度 190℃，塔顶温度 160℃，塔釜出料送回甲苯精馏塔的提馏段，塔顶馏出的物料经冷凝器冷凝，得到纯净的苯甲酸。

纯净的苯甲酸与流量比值控制的 32%碳酸钠溶液一起送入中和釜，中和温度 75℃，中和物料以 pH 7.5 为反应终点，得到含量 50%左右的苯甲酸钠溶液，送入滚筒干燥器干燥，得到苯甲酸钠产品。

(4) 安全与环保

① 苯甲酸生产中使用空气氧化甲苯，同时加压，有爆炸危险，工程措施和个人防护中注意防爆！

② 苯甲酸低毒，大鼠口服 LD_{50} 为 2530mg/kg。

③ 甲苯，无色，带特殊芳香味的易挥发液体；分子式 C_7H_8，相对分子质量 92.14；沸点 110.6℃，相对密度 0.866；能与乙醇等混溶；爆炸极限 1.2%～7.0%（体积分数）。低毒，大鼠经口 LD_{50} 为 5000mg/kg，高浓度气体有麻醉性，有刺激性。

④ 醋酸，无色的吸湿性液体，凝固后为无色晶体，有酸味及刺激性气味；分子式 $C_2H_4O_2$，相对分子质量 60.05；凝固点为 16.6℃，沸点 117.9℃，爆炸极限 4%～17%（体积分数）；对眼有强烈刺激作用，皮肤接触，轻者出现红斑，重者引起化学灼伤；低毒，大鼠经口 LD_{50} 为 3530mg/kg。

⑤ 醋酸钴，紫红色结晶体或结晶状粉末；化学式 $Co(CH_3COO)_2 \cdot 4H_2O$，相对分子质量 249.1；熔点 298℃，易溶于水，在乙醇中呈蓝色溶液，亦溶于稀酸，异丁醇等，当加热至 140℃时，失去全部结晶水。

想一想

① 甲苯氧化过程有爆炸危险吗？如何防止？

② 甲苯氧化生产苯甲酸工艺中为什么采用透平膨胀机？

1.4.2.3 模块三 饲料级硫酸锰生产工艺

(1) 饲料级硫酸锰概述 硫酸锰，白色或浅粉红色单斜晶系细结晶；分子式 $MnSO_4$，水合物 $MnSO_4 \cdot H_2O$，水合物相对分子质量 169.02；熔点 400℃（$-H_2O$），相对密度（水=1）2.95；易溶于水，不溶于乙醇。

饲料级硫酸锰，为硫酸锰水合物 $MnSO_4 \cdot H_2O$，执行原化工部颁 HG 2936—1999 标准，主要质量指标：硫酸锰（$MnSO_4 \cdot H_2O$）含量≥98%，硫酸锰（以 Mn 计）含量≥31%，砷含量≤0.0005%，铅含量≤0.001%，水不溶物含量≤0.05%，细度（通过 250μm 筛）≥95%。

(2) 饲料级硫酸锰的生产原理 硫酸锰的生产方法主要有软锰矿焙烧-酸浸法、菱锰矿酸浸法、苯胺还原酸浸法、两矿焙烧-水浸法和两矿一步酸浸法。软锰矿焙烧-酸浸法是先将高品位的软锰矿（MnO_2 含量 65%以上）与炭粉在还原焙烧炉中进行还原焙烧生成 MnO，再用硫酸浸取得到硫酸锰，该法需用高品位的软锰矿，经济性稍差；菱锰矿酸浸法是用菱锰矿与硫酸作用，再经精制得到硫酸锰，该法用到的菱锰矿是锰的碳酸盐矿物，呈淡玫瑰红色结晶体，比软锰矿价格高；苯胺还原酸浸法是以苯胺为还原剂，将软锰矿中 MnO_2 还原，同时苯胺被氧化为苯醌，硫酸锰仅作为副产，该法国外常用；两矿焙烧-水浸法是将软锰矿（含 MnO_2，有氧化性）与硫铁矿（含 FeS_2，有还原性）先在反射炉中焙烧，生成 Fe_2O_3 和 $MnSO_4$，再用水浸，该法适合缺硫酸的地区选用；两矿一步酸浸法是利用软锰矿与硫铁矿在硫酸作用下反应，Mn（Ⅳ）被还原成 Mn（Ⅱ），FeS_2 中硫被氧化成 SO_4^{2-}，该法特点是锰原料可以使用低品位的软锰矿（MnO_2 含量 20%～40%），硫铁矿价格也便宜，因而目前国内采用多。

两矿一步酸浸法的原料有软锰矿、硫铁矿和硫酸。软锰矿一般使用未经选矿的低品位软锰矿，粒度为 0.150mm 以下，其主要成分 MnO_2 约 20%～40%，Fe 约 7%，MgO 约 0.5%～1%，CaO 约 18%；硫铁矿，粒度为 0.150mm 以下，其主要成分中 FeS_2 约 57%，FeS 约 14%。由于软锰矿中的锰为 4 价态，不溶于酸或碱，因而需用还原剂还原 MnO_2，硫铁矿中 FeS_2 就是一种还原剂，两矿一步酸浸法的主反应式：

$$15MnO_2 + 2FeS_2 + 14H_2SO_4 \longrightarrow 15MnSO_4 + Fe_2(SO_4)_3 + 14H_2O$$

副反应：

$$MgCO_3 + H_2SO_4 \longrightarrow MgSO_4 + CO_2 + H_2O$$

$$CaCO_3 + H_2SO_4 \longrightarrow CaSO_4 + CO_2 + H_2O$$

$$Al_2O_3 + 3H_2SO_4 \longrightarrow Al_2(SO_4)_3 + 3H_2O$$

化学反应是提高软锰矿浸取率的关键过程。根据生产经验，软锰矿和硫铁矿的细度应小于 100 目，按化学反应式计算，软锰矿（MnO_2：100%）、硫铁矿（FeS_2：100%）和硫酸的用量配比（质量比）为 1∶0.18∶1.05，折成软锰矿（MnO_2：30%）、硫铁矿（FeS_2：57%）和硫酸（98%）的用量配比（质量比）为 1∶0.095∶0.32，但实际上硫铁矿和硫酸应对软锰矿过量，生产中软锰矿（MnO_2：30%）、硫铁矿（FeS_2：57%）和硫酸（98%）的用量配比（质量比）为 1∶0.4∶（0.6～0.65），硫铁矿和硫酸的用量不足，浸取率降低；另外，硫铁矿一般选原生矿，而浮选过的硫铁矿（表面粘有浮选药剂）及磁硫铁矿浸取效果较差。浸取（反应）过程为放热，反应初期需要蒸汽加热，当反应放热量增大时，通入空气降温，使反应温度维持 95℃，液固比 5∶1，反应 4～5h，以 MnO_2 计能获得 90%～93%的浸取率。

由于采用两矿，其中含铁量高，并在 MnO_2 氧化下会转变为 Fe^{3+}，若用中和剂脱铁，不但不利于过滤，而且 $Fe(OH)_3$ 絮凝物中会包裹 Mn^{2+}，减低锰的浸取率，增加环境污染，一般先采用脱铁剂脱除大部分的铁，再用中和剂脱出残余的铁和铝等金属离子。由于产品为饲料添加剂级的硫酸锰，因而需加脱杂剂除去砷和铅、镉等重金属离子。低品位的软锰矿中，钙含量较高，浸取后转化为硫酸钙，为便于过滤，最好让硫酸钙以二水物结晶析出，这样晶体粗大、稳定，同时对 Mn^{2+} 的包裹少，为此反应浆料需保持足够的 SO_3 浓度，反应中可预先加入一定量的二水硫酸钙晶种方便硫酸钙结晶；另外，有些析出的颗粒可能很细，压滤后会透过滤布，为此压滤后的料液需要澄清，一般为 2～3 天，同时硫酸钙、硫酸镁得到比较彻底的沉降分离。

浸取后的压滤料液呈弱酸性，滤布一般选用国产涤纶长纤滤布，漏水快，清洗方便；澄清后的料液含颗粒少，压滤可选 734 型涤纶短纤滤布，织物密集，颗粒截留性好。

结晶过程对产品质量也有很大影响。硫酸锰的水溶解性特殊，高于 27℃在水中溶解度随温度升高而降低，即具有负的溶解度温度系数。当采用蒸发法制取晶体时，易在蒸发设备表面生成盐层和析出细小的硫酸锰结晶，为避免这一现象，蒸发应在高温下进行，常压下 160℃以上，真空蒸发时温度可以低些。硫酸锰的结晶也可在中等浓度的硫酸中进行，节省蒸发浓缩工序，可节省蒸气消耗但增加酸性洗液量。

(3) 饲料级硫酸锰的生产工艺

① 工艺流程 饲料级硫酸锰的生产工艺流程，如图 1-40 所示。

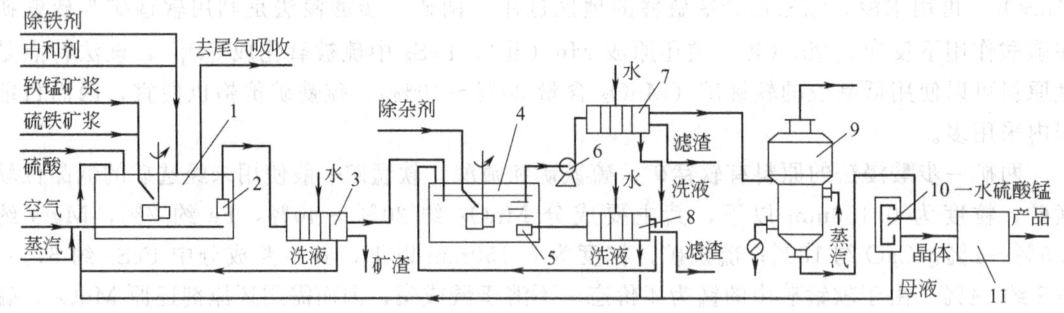

图 1-40 饲料级硫酸锰的生产工艺流程

1—化合槽；2,5—料浆泵；3,7,8—压滤机；4—澄清槽；6—清液泵；9—蒸发器；10—离心机；11—烘干机

② 操作步骤 将一定量的水注入化合槽，开启搅拌机，按一定比例准确加入软锰矿浆、硫酸，通过蒸汽升温，然后慢慢加入硫铁矿浆和除铁剂。加热升温至 95℃左右，保温 3h，反应完毕后加入中和剂调酸度，维持 pH 1.5～2，再反应 1～2h。之后继续加中和剂，到 pH＞5 时终止反应。将反应料浆用泵抽出，进行过滤，得到的硫酸锰溶液送入澄清槽，加入除杂剂，在搅拌的条件下保持一定时间，然后停止搅拌，静止澄清 48h，上层清液用泵送入压滤机过滤，滤液送蒸发器浓缩脱水，蒸发器出来的浓缩液趁热过滤，过滤母液送化合槽作下次浸取（反应）用做下次浸取（反应）用，晶体送烘干机干燥，得到一水硫酸锰产品。

澄清槽底部浆料送压滤机过滤，滤液送回澄清槽。所有压滤机的洗液均送回化合槽，作下次浸取（反应）用；压滤出来的矿渣或滤渣及时用石灰处理，固定其中的锰、铅和镉，避免造成环境危害。

(4) 安全与环保

① 硫酸锰，有毒，小鼠腹腔 LD_{50} 为 64mg/kg，有刺激性，避免产生粉尘；避免与酸类接触。

② 硫酸，无色无味油状液体，是一种高沸点难挥发的强酸；分子式为 H_2SO_4，相对分子质量 98；98.3%硫酸的熔点 10℃，沸点 338℃；具强腐蚀性、强刺激性；对环境有危害，对水体和土壤可造成污染。

③ 硫酸锰生产中存在废渣、废水和废气。废渣可通过石灰处理再掩埋。废水含锰等，需转化为固体物再随废渣掩埋。化合槽尾气中含有二氧化碳、氟化氢和硫化氢等，应作吸收处理再排放。

① 使用矿粉与使用矿浆作原料，在生产中有什么不同状况？

② 在硫酸锰生产中，两矿与硫酸化合时液固比对生产有什么影响？

1.4.2.4 项目实践教学——抗氧剂二丁基羟基甲苯（BHT）的实验室制备

（1）实验目的

① 了解抗氧剂二丁基羟基甲苯（BHT）的合成原理；

② 掌握低温反应的操作方法；

③ 掌握分液和重结晶的操作方法。

（2）实验原理　二丁基羟基甲苯，别名有2,6-二叔丁基对甲酚、3,5-二叔丁基-4-羟基甲苯、BHT，白色结晶或结晶性粉末，基本无臭，无味；分子式 $C_{15}H_{24}O$，相对分子质量220.36，熔点69.0～70.0℃，沸点265℃，密度1.048g/cm³；对热相当稳定；不溶于水、甘油和丙二醇，而易溶于乙醚、乙醇和油脂。

二丁基羟基甲苯为脂溶性抗氧化剂，阻延食用油脂的氧化酸败。可用于食用油脂、油炸食品、干鱼制品、饼干、方便面、速煮米、果仁罐头、腌腊肉制品、早餐谷类食品，其最大使用量为0.2g/kg。另外，该化合物也用于橡胶和塑料，作防老剂。

工业上采用对甲酚（也称对甲苯酚）与异丁烯在三氟化硼催化剂和氧化铝脱水剂存在下，加压反应，生成物经蒸馏、浓缩、结晶等步骤制得。实验室采用对甲酚与叔丁醇在浓硫酸催化剂存在下发生Friedel-Grafts反应来制备，其化学反应式：

$$CH_3C_6H_4OH + 2\,(CH_3)_3C{-}OH \xrightarrow{H_2SO_4} [(CH_3)_3C]_2C_6H_2(CH_3)OH + 2H_2O$$

对甲苯酚　　叔丁醇　　二丁基羟基甲苯（BHT）

该反应温度不宜过高，温度过高有利于叔丁醇脱水生成二异丁烯等副反应，因而此反应要求在冰盐浴中进行；由于浓硫酸遇水会放出稀释热，因而实际反应温度会在60℃左右。反应需要硫酸作为催化剂，且浓度要求高，浓度在95%以上，得二取代物即目的产物为主，若硫酸浓度降至75%，则主要生成一取代物即对甲基邻丁基苯酚，这对产品质量有影响，因而浓硫酸加入总量和加入速度都要求适宜。为了使对甲酚完全转化，让易分离的原料叔丁醇过量。为了降低温度和使硫酸浓度均匀，反应中要求不断搅拌。

（3）主要仪器和药品　50ml烧杯，100ml烧杯，250ml烧杯，冰盐浴，500ml分液漏斗、锥形瓶。

对甲酚，冰醋酸，叔丁醇，浓硫酸，无水硫酸钠，乙醚，无水乙醇。

（4）实验内容　在一个干燥的50ml烧杯中放入4.4g（0.04mol）对甲酚，2ml冰醋酸和11.2ml的叔丁醇（0.12mol，熔点26℃，需稍加热熔化），将其混合均匀，并置于冰盐浴中，冷却至0℃。量取10ml的浓硫酸，将量筒置于100ml烧杯中（防倾倒），并放在烧杯中放一些冰浴。

边搅拌，边用滴管滴加浓硫酸，使其混合均匀，如果出现红色（羟基被浓硫酸氧化），应停止滴加浓硫酸，并不断搅拌，直至颜色消退。加酸时间约需15～20min，这时生成一些白色固体，并有油层，加酸后继续搅拌20min。

在250ml烧杯中，加入一些冰块，再加入200ml水，将上述反应的混合物倒入其中，搅拌。再将该混合物转移至500ml分液漏斗中，再用60ml乙醚冲洗烧杯，然后倒入分液漏斗中，振摇1～2min（注意放气），分去下层水相，再用20ml水洗涤一次。乙醚层转移至锥形瓶中，用无水硫酸钠干燥。然后过滤，滤液置于锥形瓶中，在60℃热水浴中尽量蒸去乙醚，再置于真空干燥器中105℃干燥1h，以除去乙醚和可能生成的副产物二异丁烯。取出盛有干燥物料的锥形瓶，趁热用玻璃棒不断摩擦锥形瓶内壁，引起晶核，并摇动使结晶在黏稠液中析出；然后将锥形瓶放到冰盐浴中冷却，使结晶完全，抽滤，压干，称重。若重结晶，则每克粗产物约用2ml的无水乙醇溶解，冷却至10～20℃结晶、分离、真空干燥得到产品，称重，测熔点（70℃）。若熔点偏低，则再重结晶一次。

（5）安全与环保

① 二丁基羟基甲苯，微毒，大鼠口服LD_{50}为2000mg/kg。

② 对甲酚，无色结晶块状物，分子式C_7H_8O，相对分子质量108.14；熔点34.69℃，沸点201.9℃，85.7℃（1.33kPa），相对密度（20/4℃）1.0178；稍溶于水，溶于乙醇、乙醚和碱溶液，溶于苛性碱液和常用有机溶剂，能随水蒸气挥发；有腐蚀性。

③ 叔丁醇，常温下为无色透明液体或固体（25℃下），具有樟脑香味；分子式$C_4H_{10}O$，相对分子质量74.12；熔点25.69℃，沸点82.4℃，液态时相对密度（水为1）0.79，蒸气压5.33kPa（24.5℃），爆炸极限2.3%～8.0%（体积分数）；属于易燃液体。

④ 二异丁烯，又称2,4,4-三甲基-1-戊烯，无色液体。熔点－93.6℃，沸点101.2℃，相对密度0.72（20/4℃），折射率1.4079，闪点－6℃，特别臭。本实验中为副产物。

（6）实践教学评估

① 针对实验装置安装进行评估。

② 针对学生称量、回流分液、油水分液、中和值测定操作、中和操作进行评估。

③ 查看学生实验中产品的收率。

④ 针对原理进行评估；提问：反应中生成的水分出去了吗？随着硫酸的滴加，硫酸浓度会呈什么变化？粗产品中可能有几种酚类化合物同时存在？除重结晶外，能用蒸馏进行分离吗？

本项目小结

一、食品添加剂与饲料添加剂概述

1. 食品添加剂是指用于改善食品品质（色、香、味、分散性、疏松性、稠度、酸度等）、延长食品保存期（防腐、抗氧化、抗结等）、便于食品加工（消泡、脱模等）和增加食品营养成分（氨基酸、维生素等）的一类化学合成或天然物质。

2. 我国食品添加剂目前主要应用于饮料、焙烤食品、点心、冰淇淋、调味料、乳制品、沙司、酒、香烟、畜肉制品、鱼制品、米粉、水果蔬菜罐头、快餐食品等领域。

3. 食品添加剂实行生产许可与监管制度，归口部门为国家质量监督检验检疫总局。执法依据为国家质量监督检验检疫总局2010年4月颁布的《食品添加剂生产监督管理规定》。

4. 依据《食品添加剂使用卫生标准GB 2760—2007》，我国将2000多个品种的食品添加剂划分为 23 个类别，包括着色剂（E08）、漂白剂（E05）、护色剂（E09）、食品用香料（E21）、甜味剂（E19）、增味剂（E12）、乳化剂（E10）、膨松剂（E06）、增稠剂（E20）、酸度调节剂（E01）、面粉处理剂（E13）、稳定剂和凝固剂（E18）、防腐剂（E17）、抗氧化剂（E04）、抗结剂（E02）、水分保持剂（E15）、被膜剂（E14）、营养强化剂（E16）、胶基糖果中基础物质（E07）、酶制剂（E11）、消泡剂（E03）、食品工业加工助剂（E22）和其他（E23）等。食品工业加工助剂包括助滤、澄清、吸附、润滑、脱模、脱色、脱皮、提取溶剂和发酵用营养物质等。

5. 饲料是人饲养动物所有食物的总称，包括能量饲料（玉米、麸皮等）、蛋白质饲料（豆饼、棉仁粕、菜籽粕、鱼粉、血骨粉等）、矿维补充料（磷、钙和氨基酸等）三大营养成分及其配合物。人工饲料按营养元素在配方中含量分为全价（配合）饲料、浓缩饲料、预混料以及功能性饲料等四类。

6. 预混合饲料是将一种或多种不同的微量原料（如维生素、矿剂、微量元素或药物）与载体混合而成的饲料，预混合饲料中不含蛋白质饲料，但与蛋白质和谷物等配合可成为全价饲料，用量 1%或低于 1%。

7. 饲料添加剂是指在畜禽饲料中添加量很少，用以纠正由于饲料成分的缺乏而导致的营养缺乏症或在畜禽的生长中起特作用的一类物质。饲料添加剂可分为营养性添加剂、非营养性添加剂以及饲料加工与保藏剂等三大类。

8. 营养性添加剂包括氨基酸、微量元素和维生素；非营养性添加剂包括药物性添加剂、饲用酶制剂、激素、益生素、中草药添加剂、诱食剂和着色剂；饲料加工与保藏剂包括防霉剂、抗氧剂、青储饲料添加剂和饲料胶黏剂等。

二、食品添加剂与饲料添加剂合成工艺

1. 乳化剂甘油单硬脂酸酯直接酯化法合成采用硬脂酸与甘油为原料，在碱催化剂下直接反应，生成单甘酯与双甘酯的混合物。核心过程为硬脂酸与甘油的酯化反应，一级硬脂酸与甘油的摩尔比为 1.2∶1，催化剂氢氧化钠为硬脂酸用量的 0.1%，反应温度 160～200℃，反应时间 3～5h，当酸值≤2.0mg KOH/g 方可结束反应（pH 应小于 5），产品中单甘酯含量 40%～60%。

2. 甲苯液相空气氧化法连续生产苯甲酸钠，原料为甲苯，催化剂为可溶性钴盐或锰盐的醋酸溶液。反应温度 160～170℃，外部换热，气液在反应器中逆流接触，反应压力0.6～0.8MPa，停留时间 12～16h。生产过程包括甲苯氧化、气液分离、分水、甲苯精馏、催化剂的回收、苯甲酸精馏、中和与干燥等工序。

3. 饲料级硫酸锰的生产采用两矿一步酸浸工艺。两矿指低品位的软锰矿和硫铁矿，浸取采用硫酸。浸取中软锰矿（MnO_2：30%）、硫铁矿（FeS_2：57%）和硫酸（98%）的用量配比（质量比）为 1∶0.4∶（0.6～0.65），液固比 5∶1，反应温度 95℃，反应 4～5h，以 MnO_2 计能获得 90%～93%的浸取率。浸取后加除铁剂脱 Fe^{3+}，再用中和剂脱出残余的铁和铝等金属离子。为了得到饲料级硫酸锰，需加除杂剂脱砷和铅等有害物质。生产过程包括浸取（化合）、压滤、澄清、浓缩结晶、过滤和干燥等工序。

思考与习题

(1) 选择题

① 在下列物质中，不属于食品添加剂的物质为（　　）。

a. 食品级氨水　b. 食用盐　c. 食品级柠檬酸　d. 食品级亚硝酸钠

② 在肉类腌制品中，(　　) 能作为护色剂使用。

a. 核黄素　b. 茶多酚　c. 异抗坏血酸钠　d. β-胡萝卜素

③ BHA 的化学名称为 (　　)。

a. 叔丁基对苯二酚　b. 焦硫酸钠　c. 没食子酸丙酯　d. 丁基羟基茴香醚

④ BHT 的化学名称为 (　　)。

a. 二丁基羟基甲苯　b. 苯甲酸钠　c. 味精　d. 日落黄

⑤ 在下列物质中，属于营养性饲料添加剂的物质为 (　　)。

a. 蛋白酶　b. 乳酸杆菌　c. 赖氨酸　d. 动物胶

⑥ 在下列维生素中，属于脂溶性的物质为 (　　)。

a. 核黄素　b. 泛酸　c. 胆碱　d. 维生素 E

⑦ A500 型维生素 A，指每克含 500000IU，1t 肉用仔鸡用复合预混料需要维生素 A 的量为 1000 百万 IU，折成质量需要 (　　) kg。

a. 1　b. 2　c. 3　d. 4

⑧ 甘油单硬脂酸酯在食品添加剂中属于 (　　)

a. 乳化剂　b. 抗氧化剂　c. 防腐剂　d. 消泡剂

(2) 名词解释

① 食品添加剂

② 预混合饲料

③ 饲料添加剂

(3) 食品添加剂有什么作用？

(4) 直接酯化法生产单甘酯，为什么不能得到高纯度的单甘酯？

(5) 甲苯液相空气氧化法连续生产苯甲酸钠有哪些工序？

(6) 两矿一步酸浸工艺生产饲料级硫酸锰，采用什么原料？包括哪些工序？

1.5 项目五　医药

项目任务

① 了解医药的定义、分类及发展，了解化学原料药的主要品种，了解医药工业现状和化学制制药工业特点；

② 掌握化学原料药阿司匹林、氨基比林的合成工艺；

③ 通过实践教学掌握苯佐卡因的实验室制备。

医药按加工阶段划分包括化学原料药和药物制剂。以化学原料药为主要生产目的加工行业称为化学原料药产业；从事将原料药（包括化学合成原料药、生物制品原料药及动、植物提取物）加工制成便于病人服用的医药制剂（如片剂、胶囊、注射液、丸剂和软膏剂等）加工行业称为医药制剂产业。化学原料药产业和医药制剂产业都可归为医药制造行业，只是前者处于产业链的上游，核心加工是合成反应，关注生产收率和产品质量；后者处于产业链的下游，核心加工是复配，关注制剂的药效和安全。

近年来，我国化学原料药的生产技术取得重大突破，生产水平提高很快。我国抗生素原料药生产技术水平和质量基本上与国际顶尖企业接轨，在国际市场中占据了 30%的市场份额；维生素 C 是我国最大的原料药生产品种，产品的收率从 48%提高到 60%，占据国际市场近 50%的份额；解热镇痛类原料药占据国际市场总量的 45%；皮质激素原料药在近年来技术上取得重大突破，成本大幅降低，质量达到国际先进水平，如地塞米松在亚洲市场占有率达到 50%，并逐步进入欧洲和北美市场。

1.5.1　医药分类及品种

1.5.1.1　知识点一　医药的定义和分类

(1) 医药的定义和发展　医药是指用以预防、诊断和治疗疾病的各类化学物质。目前，临床药物主要有四大来源，即化学合成法、生物化学法、动物脏器以及植物提取法。从药品价值来看，生物化学法是最重要的方法，可以生产各类抗生素、有价值的疫苗和血清等，但从产量来看，化学合成法占有统治地位，可以生产解热镇痛药物、精神治疗药物和抗组织胺药物等。

早期药物化学的特点，是从天然药物中提炼有效成分。如从金鸡纳树皮中提炼抗疟药奎宁，从鸦片里提取镇痛药吗啡等。随着近代化学的发展，加上医疗上需要更多廉价的药品，促使对许多化学品，如染料及其中间体类化学品进行药理试验，发现它们的药效，从而导致化学药物范围的扩大，并初步形成药物的化学合成和工业生产。例如，将从煤焦油中分离出来的酚用于消毒抗菌；将煤焦油中分离出来的化学品经进一步合成得到的水杨酸苯酯用于肠道消毒；在发现染料中间体苯胺及乙酰苯胺具有解热镇痛作用后，经过结构改造导致出现了临床使用的非那西丁（即对乙氧基乙酰苯胺）与扑热息痛（即对羟基乙酰苯胺）。

(2) 医药的分类　按药理作用，医药分为心血管系统药、抗病毒药、抗菌药、抗精神失常药、抗炎解热镇痛药、消化系统药、抗癌药、呼吸系统药、麻醉药、催眠药和镇静药、抗癫痫药、抗组织胺药、利尿脱水药、脑血管障碍治疗药、降血糖药、维生素类药、激素类药和血液系统药等。其中，心血管系统药又分为降血脂药、抗心绞痛药、抗高血压药、抗心律失常药和强新药等；抗菌药又可分为磺胺类药、抗生素类药以及喹诺酮药。

想一想

① 我们平时生病时服用的药是原料药吗？
② 临床上所用的药来源有哪几种？

1.5.1.2　知识点二　化学原料药的主要品种

(1) 化学原料药的定义、分类及质量标准

① 化学原料药的定义　化学原料药是化学药品制剂的药效成分，是主要通过化学合成法、生物化学法或动植物提取法等方法获得，具有一定药效且纯度较高的一类精细化学品。

② 化学原料药的分类　根据来源，化学原料药分为化学合成药和天然化学药两大类。化学合成药又可分为无机合成药和有机合成药；无机合成药为无机化合物（极个别为元素），如用于治疗胃及十二指肠溃疡的氢氧化铝、三硅酸镁等；有机合成药主要是由基本有机化工原料，经一系列有机合成反应而制得的药物，如阿司匹林、化学合成咖啡因和人工合成胰岛素等。天然化学药又可分为生物化学药、动物化学药和植物化学药三大类。抗生素、重组人胰岛素是由微生物发酵制得，属于生物化学药范畴；从动物组织中提取的透明质酸属于动物化学药；从茶叶中提取的咖啡因属于植物化学药。近年出现的多种半化学合成抗生素，则是微生物发酵和化学合成相结合的产品。化学原料药中有机合成化学药在品种、产量及产值方面所占比例都很大，是化学制药工业的支柱。

③ 化学原料药的质量标准　原料药质量好坏决定制剂质量的好坏，因此化学原料药的质量控制要求很严。世界各国对于泛应用的原料药都制订了严格的国家药典标准，作为质量

控制依据。

（2）化学原料药的主要品种　化学原料药主要种类有抗菌素类、解热镇痛类、非甾类抗炎药、心血管系统类、镇静催眠药类、抗精神失常药类、抗组织胺药、抗溃疡药类以及抗病毒药类等。每种类化学原料药都有不少品种。

① 抗菌素类　包括磺胺类、抗生素类及喹诺酮类。

a. **磺胺类**　磺胺类是一类用于预防细菌感染性疾病的化学治疗药物，主要品种包括磺胺嘧啶 SD、磺胺异噁唑 SIZ、新诺明 SMZ、长效磺胺 SMD、周效磺胺 SDM 等。磺胺类药物的通式：

$$H_2N-C_6H_4-SO_2NHR$$

b. **抗生素类**　抗生素类是某些微生物的代谢产物，属于抗菌素类药物，对各种病原微生物有强力的抑制作用或灭杀作用。主要的来源是生物合成（即发酵的方法），少数利用化学合成或半化学合成制得。半合成抗生素和发酵抗生素相比，具有更多的优点，因为通过结构改造，可以降低毒性。减少耐药性、改善生物利用度以及提高治疗效力等。主要有青霉素类和头孢菌素类。青霉素是霉菌属青霉素所产生的一类抗生素的总称。青霉素原料药的系列品种有青霉素 G、普鲁卡因青霉素 G、青霉素 V、羟胺苄青霉素（阿莫西林）、哌拉西林等。头孢菌素类也称为先锋霉素类，是由头孢菌素 C 经过半合成制得的一类抗菌素，与青霉素类的结构有相似之处，具有相似的药理作用原理，不同之处在于青霉素类的含硫环为五元环，而先锋霉素含六元环。临床上应用的头孢类抗菌素已有 10 余种，国内常用的品种有先锋霉素、先锋霉素Ⅰ、先锋霉素Ⅱ、先锋霉素Ⅳ和先锋霉素Ⅴ。

c. **喹诺酮类**　喹诺酮类按结构分为萘啶羧酸类、吡啶并嘧啶酸类、喹啉羧酸类以及曾啉羧酸（苯并哒嗪类）类。喹诺酮类临床上常用的品种包括依诺沙星、萘啶酸、诺氟沙星（即氟哌酸）、环丙沙星、哌氟沙星、氧氟沙星等。

② 解热镇痛类　解热镇痛药能使发热病人的体温恢复正常，还具有一定程度的镇痛作用。解热镇痛药主要有水杨酸类、苯胺类和吡唑酮类等三类。

a. **水杨酸类**　主要的品种有乙酰水杨酸（阿司匹林）、贝诺酯（扑热痛）、5-对氟苯基乙酰水杨酸（优司匹林）等。

b. **苯胺类**　苯胺类衍生物的毒副作用较大，应用不如水杨酸类药物广泛，目前临床应用的主要是对乙酰氨基苯酚（扑热息痛）。

c. **吡唑酮类**　吡唑酮类衍生物较多，其中应用最广的有安替比林、氨基比林和安乃近。其结构式分别为：

安替比林　　氨基比林　　安乃近

③ 非甾类抗炎药　炎症是机体对感染的一种防御性机制，主要表现为红肿和疼痛。用来治疗胶原组织疾病（如风湿性和类风湿性关节炎、风湿热、骨关节炎、红斑狼疮）的药有非甾类药物，该类药物中目前应用较广泛的品种有布洛芬、布替布芬和萘普生等。

④ 心血管系统药　心血管系统的药物主要作用于人体心脏及血管系统，改善心脏的功能，调节心脏血液的总输出量，或改变循环系统各部分的血液分配。根据用于治疗疾病的类

型一般分为降血脂药、抗心绞痛药、降压药、抗心律失常药、抗心力衰竭药、周围血管扩张药和抗休克药七类。

a. **降血脂药**　降血脂药又称为抗动脉粥样硬化药。应用降血脂药可减少血脂的含量，缓解动脉粥样硬化病症状。此类药主要分为三类。第一类，苯氧乙酸酯类，主要品种为氯贝丁酯（即安妥明）、甲基安妥明、环丙贝特、吉非罗齐和降脂新；第二类，烟酸类，主要品种有烟酸肌醇酯、烟酸戊四醇酯和吡啶甲醇；第三类，羟甲戊二酰辅酶 A 还原酶抑制剂，主要的品种有洛代他丁和新代他丁等。

b. **抗心绞痛药**　一般认为心绞痛的发作是由于心肌急剧的暂时性缺血和缺氧引起，是冠心病的常见症状。抗心绞痛药通过增加供氧或降低耗氧来治疗心绞痛，目前临床上用的该类药物主要是通过降低心肌耗氧量而达到缓解治疗的目的。抗心绞痛药有两类：一类是亚硝酸酯类，主要品种有亚硝酸异戊酯、硝酸甘油酯、尼可雷啶等；另一类是钙拮抗剂，即钙通道阻滞剂，主要品种有硝基吡啶、尼卡地平、尼索地平及地尔硫䓬等。

c. **降压药**　高血压为最常见的心血管疾病，临床表现为动脉血压升高。抗高血压药能降低血压，减少脑出血或肾心功能丧失的发生率，从而减少死亡率，并延长寿命。根据药理性质或作用机理，可将抗高血压药分为以下几类：中枢性降压药，主要品种有可乐定和甲基多巴；神经节阻断药，主要有美加明、六甲溴铵等；作用于交感神经系统的降压药，主要品种有利血平、胍乙啶和胍环啶；作用于血管平滑肌的降压药，主要品种有苯酞嗪、布屈嗪、长春胺等；影响肾素-血管紧张素-醛固酮系统的药物，主要品种有卡托普利、依纳普利、赖诺普利和阿拉普利等；突触后 α_1 肾上腺素受体阻滞药，主要有哌唑嗪等。

d. **抗心律失常药**　心律失常分心动过速型和心动过缓型。心动过缓型可用阿托品或异丙肾上腺素治疗，心动过速型的药物根据药物作用机理分为以下几类：抑制 Na^+ 转运类药，该类包括 I_A 类，如双异丙吡胺、缓脉灵等，I_B 类，如利多卡因、美西律等，I_C 类，如氟卡胺、氯卡胺以及常咯啉等；β-受体阻滞药，常用的有普萘洛尔、阿替洛尔、美拖洛尔等；延长动作电位过程的药物，主要有乙胺碘呋酮、*N*-乙酰普鲁卡因等。

⑤ 镇静催眠药　引起类似正常睡眠状态的药物称为催眠药。催眠药在小剂量时可使服用者处于安静或思睡状态，称为镇静药。镇静药按结构大致分为三类：酰脲及氨基甲酸酯类，主要品种有阿达林、苯巴比妥、异戊巴比妥、甲喹酮及佐匹克隆等；苯二氮卓类，典型品种有利眠宁、安定、氟托西伴等；水合氯醛、对羟苄醇及其衍生物。

⑥ 抗精神失常药　用以治疗各种精神失常疾患的药物，统称为抗精神失常药。这类药又可分为抗精神分裂症药、抗抑郁药和抗焦虑药等。抗精神分裂症药中典型的是吩噻嗪类和丁酰苯类，其中的氯丙嗪毒副作用大，后来相继合成出了三氟丙嗪、奋乃静、泰尔登、氟哌啶醇、溴哌利多、氟司必林、舒必利等；抑郁症是以情绪异常为主要临床表现的精神疾患，常有强烈的自杀意向及躯体性伴随症状。抗抑郁药的主要品种是利用生物电子原理合成的丙咪嗪和氯米帕明、阿米替林、氟西丁等。

⑦ 抗组织胺药　现代医学已经证明过敏反应与体内释放的组织胺有关。组织胺是一种化学递质，有其形成、释放和作用过程，抗组织胺药也就有阻断其形成、释放和作用之分。组织胺必须与组织胺受体作用才能产生效应。组织胺受体分为组织胺 H_1 受体和 H_2 受体，因此抗组织胺药也可分为组织胺 H_1 受体拮抗剂和 H_2 受体拮抗剂。前者主要作为抗过敏药，后者主要作为抗溃疡药。组织胺 H_1 受体拮抗剂根据化学结构分为四类：氨基醚类，主要有盐酸苯海拉明、氯苯拉明、司他斯丁等；乙二胺类，如安体根、吡苄胺等；丙胺类，主要有马来酸氯苯那敏（即扑尔敏）等；哌啶类，如卡巴斯丁、氮拉斯丁等；此外还有盐酸西替利

嗪等。

⑧ 抗溃疡药　抗溃疡药中除了组织胺 H_2 受体拮抗剂类，还有质子泵抑制剂类和前列腺素类。组织胺 H_2 受体拮抗剂主要有咪唑类，如西咪替丁、米芬替丁；呋喃类，如雷尼替丁；噻唑类，如法莫替丁；哌啶甲苯类，如罗沙替丁和吡啶类如依可替丁等。质子泵抑制剂是一类使胃酸分泌受到抑制的药物，典型品种有兰索拉唑、奥美拉唑、苯辛替明等。前列腺素（PG）首先是从人体的前列腺液体中发现的，经研究发现前列腺素（PG）的多种类似物不仅能抑制胃酸的分泌，而且作用强、持效久、选择性高、副作用小，还具有保护黏膜的作用。前列腺素（PG）在临床上还可用于流产、引产及治疗高血压、气喘等，主要的品种有米索前列醇、奥诺前列素和罗沙前列醇等。

⑨ 抗病毒药　据不完全统计，人类的传染病中病毒性疾病高达 60%～65%，病毒性疾病已经成为当前严重危害人类健康的大敌。最常见的病毒性疾病包括流感、麻疹、水痘、流行性腮腺炎、脊髓灰质炎、病毒性肝炎、流行性出血热及艾滋病。目前投放市场的主要品种有核苷类（如碘苷、三氟胸苷、阿糖腺苷）、开环核苷类（如无环鸟苷、丙氧鸟苷）、金刚完胺类（如金刚烷乙胺）等。

另外，化学合成药还包括抗肿瘤药、抗寄生虫病药、激素及调节内分泌药、呼吸系统用药、消化系统用药、血液系统用药、泌尿系统用药、解毒药、麻醉药和各类维生素等。

想一想

① 化学原料药根据来源分有哪两大类？主要品种有哪些？

② 当你感冒时，曾经服用过哪一类的抗菌素药？

③ 解热镇痛药有几类？各类作用机理是怎样的？你曾经服用过什么品牌的退烧药？

④ 布洛芬属于什么药？能治疗哪一类病？

⑤ 心血管系统疾病分哪几类？心绞痛病人服用的硝酸甘油酯主要能发挥什么作用？

⑥ 请说出几例属于抗过敏药或抗溃疡药的名称。

1.5.1.3　知识点三　医药工业现状和化学制药工业特点

（1）医药工业的现状

① 医药产业规模化程度和集中度稳步提高　20 世纪 90 年代全球医药产业掀起一股重组、兼并之风，不仅使各公司规模有了一定程度的提高，同时也加剧了医药市场的垄断性。中国现有的中外医药合资企业约 1800 家，世界排名前 25 位的制药公司有 21 家均抢滩中国建立了合资企业，这些外资企业所生产的药品和进口的药品已占中国大城市医院药品销售额的 60%～65%，占全国整个药品销售额的 1/4。

② 全球医药的发展呈缓步增长态势　据艾美仕市场研究公司（IMS Health）的年度预测报告，2011 年全球药品销售额预计将增长 5%～7%，最高达到 8900 亿美元。美国迄今是全球最大的药品市场，2011 年销售额预计达到 3200～3300 亿美元，增速为 3%～5%；日本作为第二大市场，2011 年预计增长 5%～7%，达到 960～1000 亿美元；欧洲五大市场——德国、法国、意大利、西班牙和英国作为一个整体，2011 年预计增长 1%～3%，达到 1350～1450 亿美元；新兴市场的增速将超过发达国家，其中中国市场预计有爆炸性增长，增速介于 25%～27%，销售额超过 500 亿美元，成为全球第三大医药市场。

③ 全球医药新品种出现速度趋缓　医药产业是高风险、高投入、高回报的技术密集型产业，该产业发展的动力来自于受专利保护的创新药物的生产上市获得的超额利润。但目前世界多数国家对新药安全性要求提高，创新药物难度加大。据测算，世界上一种新药开发的平均成本为 2.5 亿美元，开发平均周期为 10～15 年。另外，在一些国家如印度、智利等国，新药不被列入专利保护范围，可被仿制生产。2009 年全球以新分子实体上市的新药仅 30 个左右。

④ 医药产品质量要求越来越严　药品的质量直接关系到人们的身体健康和生命安全。药品的质量和其他产品相比较显得尤其重要，因而从药品的工艺研制、药效毒性评价、临床试验评价到药品上市销售等环节均要严把质量关。随着各种药害事件的发生，人们已经逐步认识到药品的质量必须从源头抓起，药品质量的控制不应该只是在事后补救，而应该是贯穿在药品的研制、生产、销售、临床使用的整个环节。

世界上第一个药品生产质量管理规范（GMP）1962 年在美国产生。GMP 的观念和理论经过了 6 年的考验，得到了发展和完善，并逐步为各国政府所接受。

我国在 1999 年公布了修订后的《药品生产质量管理规范》(1998 年修订)，2004 年完成了所有药品生产企业的 GMP 认证工作。随后我国相继公布并实施了《药品经营质量管理规范》(GSP)、《药品非临床研究质量管理规范》（GLP)、《药品临床研究质量管理规范》(GCP)、《中药材生产质量管理规范》（GAP)，药品生产质量管理逐步延伸到药用辅料、药品包装等环节。

（2）化学制药工业的特点　目前，化学制药工业呈现以下特点。

① 药品品种多、更新速度快。

② 药品生产工艺复杂、技术含量高、生产规模较小，所需要的原辅材料繁多，配套供应困难。

③ 产品质量要求严格，检测技术先进，严格按 GMP 要求监控生产中“精”、“烘”、“包”过程。

④ 药品的生产多采用间歇式生产方式，岗位工序之间的衔接要好，要合理简便地安排生产流程，生产日常管理要科学高效。

⑤ 所采用的原辅料多为易燃、易爆、有毒物品，操作岗位危险性大、危害性强，安全防范措施必须严密。

⑥ 生产过程中所排放的废气、废液、废渣对环境污染严重，废物中所含成分复杂，治理难度大。

想一想

① GMP 是什么？它有何意义？

② 化学制药工业有何特点？

1.5.2　化学制药工艺

1.5.2.1　模块一　阿司匹林合成工艺

（1）阿司匹林概述　阿司匹林又名乙酰水杨酸，外观为白色针状或板状结晶，或白色结晶装颗粒，无臭或微带酸味、味微酸，熔点 135～140℃，微溶于水（1∶300)，易溶于醇(1∶7)，可溶于乙醚（1∶20)、氯仿（1∶17)，水溶液呈酸性反应。阿司匹林属于解热镇痛药，具有解热作用、消炎作用和抗凝血作用。

（2）阿司匹林合成原理　阿司匹林合成过程包括两个合成步骤。首先以苯酚为原料生产水杨酸；然后水杨酸乙酰化生产乙酰水杨酸。

① 水杨酸的制备　以苯酚为原料合成水杨酸的反应式：

$$C_6H_5OH \xrightarrow[\triangle 0.6MPa]{NaOH/CO_2} o\text{-}HOC_6H_4COONa \xrightarrow{H^+} o\text{-}HOC_6H_4COOH$$

$$2\,C_6H_5OH + C_6H_5ONa \longrightarrow 2\,C_6H_5OH \cdot C_6H_5ONa$$

$$2\,C_6H_5OH \cdot C_6H_5ONa + CO_2 \longrightarrow 2\,C_6H_5OH + o\text{-}HOC_6H_4COONa$$

在氢氧化钠溶液中，苯酚形成钠盐，在溶液中成为苯酚的负离子，再在130℃及0.6MPa压力下与CO_2发生羧基化反应，然后再酸化得到水杨酸。该工艺分为两步完成。首先形成苯酚和苯酚钠的复合物；然后复合物吸收二氧化碳发生羧基化反应。

② 乙酰水杨酸的制备　水杨酸乙酰化生产乙酰水杨酸的反应式：

$$o\text{-}HOC_6H_4COOH + (CH_3CO)_2O \xrightarrow{75\sim80℃} o\text{-}CH_3COOC_6H_4COOH$$

(3) 阿司匹林合成工艺

第一步　水杨酸的制备

a. 工艺流程　水杨酸制备工艺流程，如图1-41所示。

b. 操作步骤　按苯酚∶氢氧化钠∶二氧化碳＝1.0∶0.13∶0.7的质量配比，在反应釜中加入苯酚，然后在搅拌情况下加入氢氧化钠和少量水，使1/3的苯酚成钠盐。蒸去水，通入二氧化碳升压至0.6MPa，反应温度控制在130℃，反应到计量的二氧化碳被通入。反应结束后减压蒸馏蒸出未反应的苯酚，加入40%硫酸酸化至pH为1～2，过滤得水杨酸粗品。脱去水分，升华得水杨酸精制产品。

注意事项：水杨酸制备时，温度应控制在130℃，温度过高易生成对羟基苯甲酸；过量的苯酚应综合利用；酸析时应在30℃以下，控制pH为1～2；水杨酸粗品采用升华法精制，升华前需先蒸出水分。

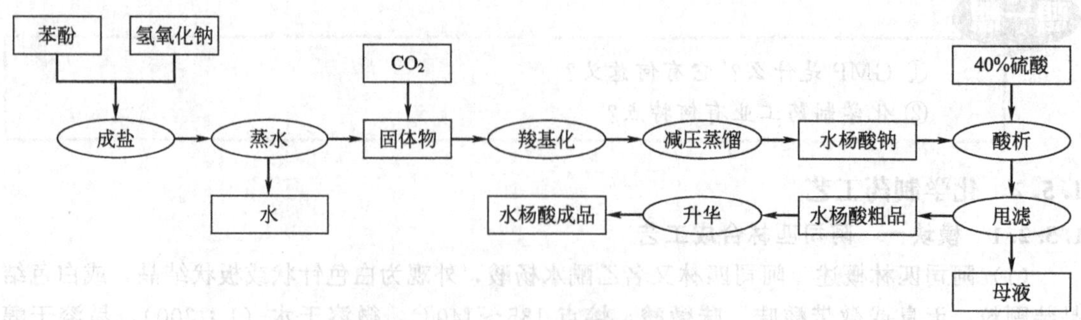

图1-41　水杨酸制备

第二步　乙酰水杨酸的制备

a. 工艺流程　乙酰水杨酸制备工艺流程，如图1-42所示。

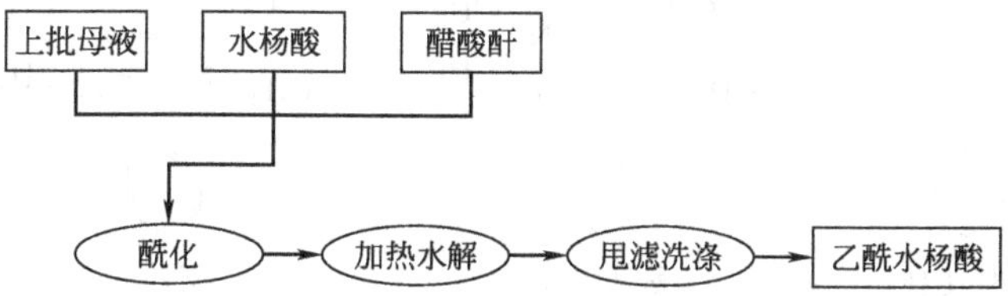

上批母液　水杨酸　醋酸酐 → 酰化 → 加热水解 → 甩滤洗涤 → 乙酰水杨酸

图 1-42 乙酰水杨酸制备工艺流程

b. 操作步骤 在装有回流冷凝器的搪玻璃酰化反应釜中，投入上批乙酰水杨酸生产的母液及 221kg 乙酸酐，在搅拌下加入 280kg 水杨酸，逐步升温至 75～80℃，保温搅拌反应 5h。反应结束后，缓缓冷却至析出结晶。用离心机过滤收集乙酰水杨酸结晶体，并尽量除尽母液，收集母液供下批反应。晶体以冷水洗涤数次，滤干，用气流干燥器干燥、过滤，即得乙酰水杨酸成品。

注意事项：乙酰水杨酸制备时，原料水杨酸必须经升华精制，质量合格，以保证产品质量；反应体系中加入上批的酰化母液，以提高收率；反应温度应严格控制在 70～75℃，不得超过 88℃，否则易发生副反应；酰化母液中可能带入反应生成的杂质（醋酸苯酯、乙酰水杨酸苯酯、水杨酸苯酯及水杨酸的聚合物等），由于酰化反应是在醋酸溶液中保温进行，这样带入的聚合物可同时进行水解，转化为阿司匹林目的产物；带入苯酯类在离心洗涤工序中可除去。

(4) 安全环保

① 苯酚密度 1.071℃，熔点 42～43℃，沸点 182℃。无色或白色晶体，有特殊气味。溶于乙醇、乙醚、氯仿、甘油、二硫化碳等。加热能溶于水，有毒，具有腐蚀性，在空气中变粉红色。

② 醋酐为无色透明液体，有刺激气味，其蒸气为催泪毒气；蒸气压 1.33kPa/36℃；闪点 49℃；熔点－73.1℃；沸点 138.6℃；溶解性，溶于苯、乙醇、乙醚。吸入后对呼吸道有刺激作用，引起咳嗽、胸痛、呼吸困难。眼直接接触可致灼伤；蒸气对眼有刺激性。皮肤接触可引起灼伤。口服灼伤口腔和消化道，出现腹痛、恶心、呕吐和休克等。其蒸气与空气形成爆炸性混合物，遇明火、高热能引起燃烧爆炸。

③ 操作时要戴化学安全防护眼镜，穿防护服（防腐材料制作），戴橡皮手套，工作后，淋浴更衣。泄漏时疏散泄漏污染区人员至安全区，禁止无关人员进入污染区，切断火源。建议应急处理人员戴自给式呼吸器，穿化学防护服。合理通风，不要直接接触泄漏物，在确保安全情况下堵漏。喷水雾能减慢挥发（或扩散），但不要对泄漏物或泄漏点直接喷水。

想一想

① 在制备乙酰水杨酸晶体时，降温冷却应注意什么问题？

② 使用苯酚时要注意哪些问题？我们在用醋酐工业品时应注意哪些方面？

1.5.2.2 模块二 氨基比林合成工艺

(1) 氨基比林概述 氨基比林又称为匹拉米洞；二甲氨基安替比林，4-二甲氨基-1,5-二甲基-2-苯基-3-吡唑啉酮，属于吡唑酮类解热镇痛药。吡唑酮类衍生物较多，其中安替比林、氨基比林、安乃近三者应用广泛，它们都是 5-吡唑酮类衍生物，所不同的仅是 4 位上的取代基，结构式如下：

安替比林　　氨基比林　　安乃近

氨基比林为白色叶状结晶或结晶性粉末。无气味，味微苦。在空气中稳定，但在日光下会变质，当有水分时，易与弱氧化剂起化学反应。易溶于醇、氯仿、苯和乙醚，能溶于水。在水中的溶解度随苯甲酸钠的加入而增加。水溶液对石蕊呈弱碱性。熔点为 107～109℃。氨基比林属吡唑酮类非甾抗炎药，具有较强的解热镇痛、抗炎及抗风湿作用，用于发热、头痛、关节痛、神经痛、痛经及活动性风湿症等。但由于不良反应严重，如粒细胞缺乏症、再生障碍性贫血等，因此在临床上的应用已日益减少。

(2) 安基比林生产原理　上述三个化合物具有基本相同的结构，其中氨基比林与安乃近都是以安替比林为原料经进一步反应而得，故该类化合物生产关键是安替比林的合成。目前，安替比林的合成基本都采用苯胺为原料，经重氮化、还原、缩环、甲基化、水解而制得。安基比林合成有七个步骤。

① 苯胺的重氮化

$$C_6H_5-NH_2 \xrightarrow[63\sim65℃]{NaNO_2/HCl} C_6H_5-N_2^+Cl^-$$

② 重氮盐的还原　重氮盐还原为苯肼可采用的方法有锌粉还原、氯化亚锡还原、电解还原及亚硫酸盐还原等，工业上主要采用亚硫酸盐还原。还原反应一般分为两个阶段进行，即冷还原与热还原：

$$C_6H_5N_2^+Cl^- + (NH_4)_2SO_3 \xrightarrow{30℃} C_6H_5-N{=}N-SO_3NH_4 \xrightarrow[70℃]{+NH_4HSO_3} C_6H_5-N(SO_3NH_4)-NHSO_3NH_4$$

③ 苯肼磺酸铵盐的水解与中和

$$C_6H_5-N(SO_3NH_4)-NH-SO_3NH_4 \xrightarrow[98\sim102℃]{H_2SO_4} C_6H_5-NHNH_2\cdot\frac{1}{2}H_2SO_4 \xrightarrow{中和} C_6H_5-NHNH_2$$

④ 吡唑酮的合成

$$C_6H_5NHNH_2 + CH_3COCH_2CONH_2 \xrightarrow{-H_2O,-NH_3} \text{吡唑酮 }(CH_3-C{=}CH,\ HN,\ C{=}O,\ N-C_6H_5)$$

缩合反应在 pH 为 2.5、温度为 58～62℃下进行，乙酰乙酰胺的加料速度应先慢后快，搅拌速度不宜过快，这样能使生成的吡唑酮结晶体大，便于结晶过滤。反应结束后，用液氨调节 pH 至 4.4～4.7，以使吡唑酮完全结晶析出。再以离心机进行离心过滤，得**吡唑酮**结晶。

⑤ 甲基化反应和水解反应

$$\text{吡唑酮} + (CH_3)_2SO_4 \xrightarrow[6h]{150\sim170^\circ C} \text{1-苯基-2,3-二甲基吡唑酮}\cdot CH_3SO_4^- \xrightarrow[H_2O]{NaOH} \text{安替比林}$$

甲基化反应在 150～170℃进行，反应时间约为 6h。甲基化反应的配料比为：吡唑酮∶硫酸二甲酯∶氢氧化钠＝1∶1.16∶2.66。甲基化反应结束后，先加入适量水在 105～110℃水解 3h，使甲基化反应副产的硫酸甲酯钠水解生成甲醇和硫酸钠，回收甲醇。水解结束后静置分层，分出水层，油层即为**安替比林**。

⑥ 硝化和还原

$$\text{安替比林} + NaNO_2 \xrightarrow{37\sim39^\circ C} \text{4-}NO_2\text{-安替比林} \xrightarrow[NH_4HSO_3]{(NH_4)_2SO_3} \text{4-}NH_2\text{-安替比林}$$

⑦ 催化烃化　安替比林经硝化和还原的中间体氨基安基比林，再与甲醛和氢气进行催化烃化，得到安基比林。

$$\text{4-}NH_2\text{-安替比林} + HCHO + H_2 \xrightarrow[60\sim85^\circ C]{\text{催化剂}} \text{4-}N(CH_3)_2\text{-安替比林}$$

(3) 生产工艺　以苯胺为原料生产氨基比林的工艺流程，如图 1-43 所示。

向重氮化釜中加水、30%盐酸和苯胺，搅拌溶解，加冰降温至 0℃，自液面下加入 30%的亚硝酸钠溶液，重氮化反应控制温度为 0～2℃，反应约 30min，到达终点后将物料送入冷还原釜，加亚硫酸铵于 30℃下反应 3h，再送至热还原釜中加亚硫酸氢铵于 70℃还原 2h。所得苯肼磺酸铵盐物料在环合釜中加硫酸、98～102℃进行水解，加氨水中和得苯肼。苯肼与乙酰基乙酰胺在 50℃左右反应，反应结束后离心过滤、水洗、干燥而得**吡唑酮**。

在干燥的甲基化釜中，加入吡唑酮，再加入硫酸二甲酯，升温至 160℃，反应 6h，加热水煮沸 2h。将此甲基化反应物放入盛有氢氧化钠溶液的水解罐中，在 100～110℃搅拌水解 3h。静置分层，取油层得**安替比林**。

安替比林与 50%硫酸配成溶液，其中含安替比林 38%～40%、含硫酸 11%～12%。将此溶液与亚硝酸钠溶液同时输送至亚硝化反应釜中，控制两者的流量，反应温度 45～50℃，搅拌反应结束后用碘化钾淀粉试纸测反应终点。将亚硝反应生成的亚硝基安替比林立即送至还原罐，与罐内配好的还原剂亚硫酸氢铵、亚硫酸铵的水溶液反应。取样测 pH 及还原度，pH 在 5.4～5.8 之间，还原度约为 15（即 1ml 还原液消耗 0.1N 碘液的毫升数）。还原结束后，pH 调节至 5.8～6.0，还原度为 5 左右。升温至 100℃，水解 3h。降温至 80℃，用液氨中和至 pH 为 7～7.5，静置分层。分去废水，得氨基安替比林油（含量 80%以上）。将其压入结晶罐，搅拌、冷却结晶、离心过滤，得**氨基安替比林**。

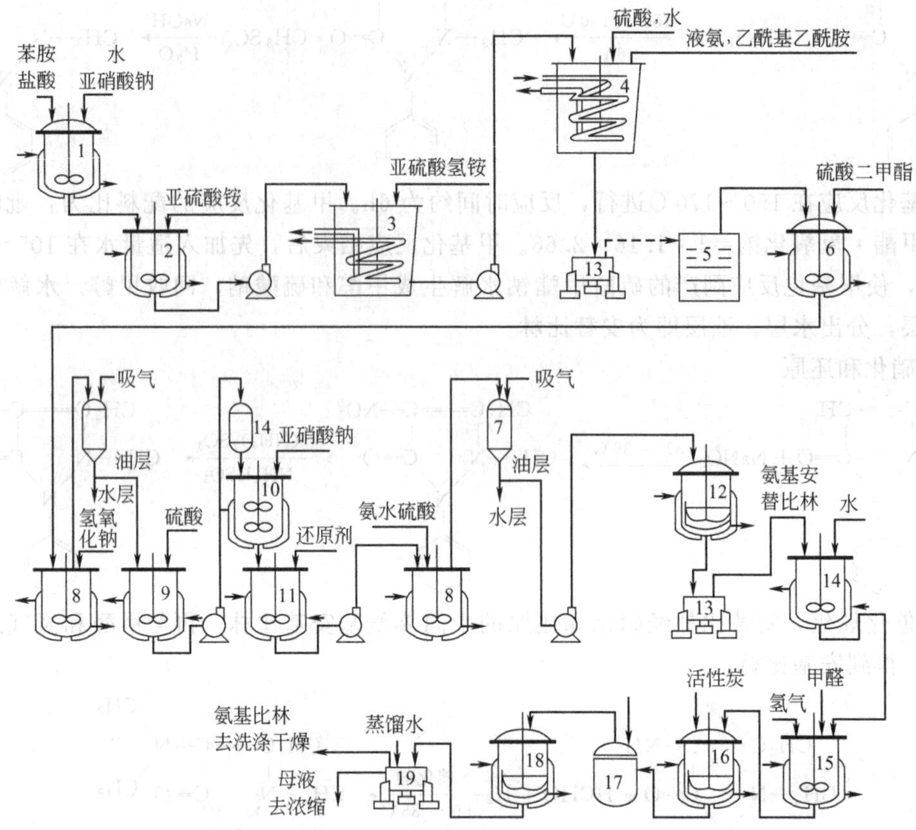

图 1-43　氨基比林生产工艺流程

1—重氮化釜；2—冷还原釜；3—热还原釜；4—环合釜；5—干燥釜；6—甲基化釜；7—分油器；8—水解釜；9—配料釜；10—亚硝化釜；11—还原罐；12—结晶釜；13,19—离心机；14—溶解罐；15—氢化釜；16—脱色釜；17—压滤器；18—结晶釜

溶解罐中先加水，加热至 50～60℃，搅拌下投入氨基安替比林，全溶后流入氢化罐中。用水洗涤溶解罐，与镍催化剂搅匀再加至氢化罐。将氢化罐抽真空，然后关闭真空阀，通入氢气，开动搅拌，待压力升至 0.245MPa 时，停止通氢。加入甲醛，继续通入氢气。加甲醛的速度以每加 5L 甲醛吸氢 1.8～2m^3 为标准，反应温度控制在 60～85℃，甲醛加完后继续反应 10min，测试终点。合格后压滤，滤液冷至 25℃以下，析出结晶，离心过滤得氨基比林粗品。在脱色罐中加入氨基比林粗品、乙醇、活性炭，升温至 75～80℃，搅拌脱色 1h，然后压滤。滤液冷至 10℃，析出结晶，离心过滤后，用乙醇洗涤，后经气流干燥，得**氨基比林**产品。

(4) 安全环保

① 苯胺为无色或微黄色油状有毒液体，有强烈气味；闪点 70℃；熔点 −6.2℃；沸点 184.4℃；微溶于水，溶于乙醇、乙醚、苯。苯胺的毒性，主要是形成的高铁血红蛋白所致，造成组织缺氧，引起中枢神经系统、心血管系统和其他脏器损害。苯胺遇高热、明火或与氧化剂接触，有引起燃烧的危险。

② 乙酰乙酰胺为无色针状结晶，具有刺激性气味，催泪性极强。熔点 79℃，沸点 223.5℃。溶于水、乙醇和乙醚，微溶于其他溶剂。不稳定，久存会易变色。遇铁离子变色。

③ 硫酸二甲酯为无色至微棕色油状剧毒液体，有醚样气味。密度 $1.33g/cm^3$。凝固点 −27℃，沸点 188℃（分解）。微溶于水，溶于醇、醚、二氧六环、丙酮、芳香烃类，稍溶于二硫化碳、脂肪烃类。能被水或强碱逐渐分解。对呼吸系统、皮肤和黏膜有强腐蚀刺激作用，影响神经系统和血液系统，能损害心、肺、肝、肾等功能。可能接触其蒸气时，应该佩戴自吸过滤式防毒面具（半面罩）。

④ 苯肼为淡黄色晶体或油状液体，有刺激性气味；蒸气压 1.33kPa/115℃；闪点 70℃；熔点 19.4℃；沸点 243.5℃；不溶于冷水，溶于热水、乙醇、醚、苯等多数有机溶剂；相对密度为 1.10；有强烈的溶血作用，并能促进高铁血红蛋白的生成和损害肝、肾、心脏等器官，对皮肤有刺激性和致敏作用。遇明火、高热可燃烧。与强氧化剂可发生反应。受热分解放出有毒的氧化氮烟气。空气中浓度较高时，应该佩戴防毒面具。

① 氨替比林以苯胺为原料生产经过哪几个单元反应？
② 氨基比林以安替比林为原料经过哪些单元反应而合成？

1.5.2.3 项目实践教学——苯佐卡因的实验室制备

(1) 实验目的

① 通过苯佐卡因的合成了解药物合成的基本过程；

② 掌握酯化反应的原理及基本操作；

③ 巩固回流、过滤和结晶等基本操作技术。

(2) 实验原理　苯佐卡因为局部麻醉药，外用为撒布剂，用于手术后创伤止痛，溃疡痛，一般性痒等。苯佐卡因为白色结晶性粉末，味微苦而麻；熔点 88～90℃；易溶于乙醇，极微溶于水。苯佐卡因化学名为对氨基苯甲酸乙酯，化学结构式为：

H_2N—⟨苯环⟩—$COOC_2H_5$

最早的局部麻醉剂是从秘鲁野生的古柯灌木叶子中提取出来的生物碱——古柯碱，又叫柯卡因。1862 年 Niemann 首次分离出纯古柯碱，他发现古柯碱有苦味，且使舌头产生麻木感。1880 年，von Anrep 发现，皮下注射古柯碱后，可使皮肤麻木，连扎针也无感觉，进一步研究使人们逐渐认识到古柯碱的麻醉作用，并很快在牙科手术和外科手术中被用做局部麻醉剂。但古柯碱有严重的副作用，如在眼科手术中会使瞳孔放大；容易上瘾；对中枢神经系统也有危险的作用等。在弄清了古柯碱的结构和药理作用之后，人们开始寻找它的代用品，苯佐卡因就是其中之一。

以对硝基甲苯为原料的合成路线如下：

CH_3（对位 NO_2）$\xrightarrow{氧化}$ $COOH$（对位 NO_2）$\xrightarrow{还原}$ $COOH$（对位 NH_2）$\xrightarrow{酯化}$ $COOC_2H_5$（对位 NH_2）

或

CH_3（对位 NO_2）$\xrightarrow{氧化}$ $COOH$（对位 NO_2）$\xrightarrow{酯化}$ $COOC_2H_5$（对位 NO_2）$\xrightarrow{还原}$ $COOC_2H_5$（对位 NH_2）

本实验以对硝基苯甲酸乙酯为原料合成苯佐卡因，反应式：

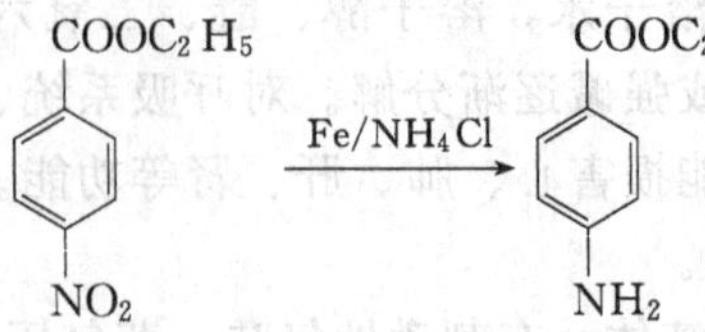

$$p\text{-}O_2N{-}C_6H_4{-}COOC_2H_5 \xrightarrow{Fe/NH_4Cl} p\text{-}H_2N{-}C_6H_4{-}COOC_2H_5$$

(3) 主要仪器和药品　三口烧瓶；圆底烧瓶；回流冷凝管；水浴锅；电加热套；搅拌器；分液漏斗；布氏漏斗；表面皿等。

对硝基苯甲酸乙酯 2g；氯化铵 0.3g；还原铁粉 1.8g；Na_2CO_3 饱和溶液；二氯甲烷；5%盐酸；活性炭。

(4) 实验内容

① 对氨基苯甲酸乙酯的制备（还原）　在 50ml 三口烧瓶中，加入水 10ml，氯化铵 0.3g，还原铁粉 1.8g，加热至微沸 5min。稍冷，慢慢加入对硝基苯甲酸乙酯 2g，充分激烈搅拌，回流反应 90min，待反应液冷却到室温，加入少量 Na_2CO_3 饱和溶液调至 pH 为7～8，加入 12ml 二氯甲烷，搅拌 3～5min，抽滤；滤查用少量的二氯甲烷洗涤，抽滤，合并滤液，用分液漏斗分出有机层，并用 5%盐酸萃取，萃取液用 40%氢氧化钠溶液调至 pH 为 8，析出结晶，抽滤，得到氨基苯甲酸乙酯（苯佐卡因）粗品，晾干后称重。

纯对氨基苯甲酸乙酯为白色针状晶体，熔点为 91～92℃。

② 精制　将粗品置于装有回流冷凝管的 100ml 圆底瓶中，加入 10～15 倍（ml/g）50%乙醇，在水浴锅上加热溶解。稍冷，加活性炭脱色（活性炭用量视粗品颜色而定），加热回流 20min，趁热抽滤（布氏漏斗、抽滤瓶应预热）。将滤液趁热转移至烧杯中，自然冷却，待结晶完全析出后，抽滤，用少量 50%乙醇洗涤两次，压干，干燥得苯佐卡因产品。测熔点，称重，计算收率。

(5) 实验数据及处理

物料＼步骤＼结果	原料观察	还原结果	精制结果
氯化铵	外观：		
还原铁粉	外观：	—	—
对硝基苯甲酸乙酯	外观：	—	
对氨基苯甲酸乙酯	—	粗品外观：	粗品外观： 熔点： 质量：
	—	质量：	收率：

(6) 安全与环保

① 当心盐酸和氢氧化钠溶液腐蚀。

② 还原反应中，因铁粉密度大，沉于瓶底，必须将其搅拌起来，才能使反应顺利进行，故充分激烈搅拌是铁粉还原反应的重要因素。

(7) 实践教学评估

① 针对实验装置安装进行评估。

② 针对学生称量、还原反应操作、中和值测定和调 pH 值操作、萃取、抽滤和脱色操作进行评估。

③ 针对原理进行评估；提问：对硝基苯甲酸乙酯中硝基还原除用 Fe/NH_4Cl 外还有什么方法？为什么实验室中硝基还原多用 Fe/NH_4Cl 法？

本项目小结

一、医药分类及品种

1. 医药是指用以预防、诊断和治疗疾病的各类物质。目前，临床药物主要有四大来源，即化学合成法、生物化学法、动物脏器以及植物提取法。

2. 化学原料药根据它的来源分为化学合成药和天然化学药两大类。用化学方法合成或半化学方法合成的大宗化学原料药的品种有：抗菌素类、维生素类、解热镇痛类心血管系统类、镇静催眠药、非甾类抗炎药、镇静催眠药、抗精神失常药、抗组织胺药和抗溃疡药类及抗病毒药等。

3. 抗菌素类包括磺胺类、抗生素类及喹诺酮类。

4. 解热镇痛类药主要分为水杨酸类、苯胺类和吡唑酮类三类。

5. 非甾类抗炎药物中目前应用较广泛的品种有布洛芬、布替布芬、萘普生等。

6. 心血管系统药一般分为降血脂药、心绞痛药、降压药、抗心律失常药和抗新药五类。

7. 镇静催眠药分为酰脲及氨基甲酸酯类、苯二氮卓类、水合氯醛、对羟苄醇及其衍生物。

8. 抗精神失常药分为抗精神分裂症药、抗抑郁药和抗焦虑药等。

9. 抗组织胺药及抗溃疡药中前者主要作为抗过敏药，后者主要作为抗溃疡药。

10. 抗病毒药有核苷类、开环核苷类、金刚完胺类等。

二、化学制药工艺

1. 阿司匹林生产工艺

阿司匹林是以苯酚、氢氧化钠、二氧化碳、乙酸酐为原料生产。在反应釜中加入苯酚，然后在搅拌情况下加入氢氧化钠，使 1/3 的苯酚生成钠盐。蒸去水，通入二氧化碳至压力 0.6MPa，反应结束后减压蒸馏，加入 40%硫酸酸化至 pH＝1～2，过滤得水杨酸粗品。蒸去水分，升华得水杨酸精品。在装有回流冷凝器的搪玻璃酰化反应釜中，投入上批乙酰水杨酸生产的母液及 221kg 乙酸酐，在搅拌下加入 280kg 水杨酸，逐步升温至 75～80℃，保温搅拌反应 5h。反应结束后，缓缓冷却至析出结晶。用离心机过滤收集乙酰水杨酸结晶体，并尽量除尽母液，收集母液供下批反应。晶体以冷水洗涤数次，滤干，用气流干燥器干燥、过滤，即得乙酰水杨酸成品。

2. 氨基比林生产工艺

氨基比林以苯胺为原料，经重氮化、重氮盐的还原及水解、中和得到吡唑酮。在甲基化釜中，使硫酸二甲酯和吡唑酮在 160℃发生甲基化反应 6h，然后经搅拌水解再静置分层后得油层即为安替比林。安替比林与 50%硫酸配成溶液与亚硝酸钠溶液同时输送至亚硝化反应釜中，在 45～50℃搅拌下进行亚硝化反应，反应结束后在还原釜中用配好的还原剂亚硫酸氢铵、亚硫酸铵的水溶液进行还原反应，控制好反应终点，降温至 80℃，用液氨中和至 pH 为 7～7.5，静置后分去废水层，油层即氨基安替比林。搅拌、冷却结晶、离心过滤，得氨基安替比林。溶解罐中先加水，加热至50～60℃，搅拌下投入氨基安替比林，全溶后流入氢化罐中。在氢化罐中加催化剂，通氢气控制压力约0.245MPa时，加入甲醛，继续通氢气进行甲基化反应，反应至终点压滤，滤液冷至25℃以下，析出结晶，离心过滤得氨基比林粗品。在脱色罐中加入氨基比林粗品、乙醇、活性炭，升温至75～80℃，搅拌脱色1h，然后压滤。滤液冷至10℃，析出结晶，离心过滤后，用乙醇洗涤，后经气流干燥，得氨基比林产品。

思考与习题

(1) 化学原料药按药理作用可分为哪几类？

(2) 抗菌素类药可分为哪几类？请分别举例说出几种药品名称。

(3) 解热镇痛类药可分为哪几类？请分别举例说出几种药品名称。

(4) 非甾类抗炎药主要是治疗哪一类疾病？常见的药物有哪几种？

(5) 心血管系统药可分为哪几类？请分别举例说出几种药品名称。

(6) 镇静催眠药可分为哪几类？请分别举例说出几种药品名称。

(7) 抗精神失常药可分为哪几类？请分别举例说出几种药品名称。

(8) 常见的抗过敏药有哪些？常见抗溃疡药有哪些？

(9) 抗病毒药可分为哪几类？请分别举例说出几种药品名称。

(10) 试述阿司匹林的生产原理、生产方法以及用途。

(11) 试述氨基比林的生产原理、生产方法以及用途。

1.6 项目六 农药

项目任务

① 了解农药生产现状及品种、农药的定义、残留、急性毒性、分类和典型品种；

② 掌握敌百虫连续法生产工艺和草甘膦除草剂烷基酯法生产工艺；

③ 掌握植物生长调节剂*4-吲哚-3-*丁酸的实验室制备方法。

1.6.1 农药分类及品种

农药是农用化学品的一个类别，与动物用药（兽药）、饲料添加剂、肥料和农用薄膜等一同构成农林牧高效农业的化学物质基础。农业中使用农药的效益和效果显而易见，投入产出比在10以上。使用化学农药仍是目前耗能最低、防治最迅速、效果最佳的作物保护措施；当有害生物爆发成灾时，化学防治也几乎是唯一可采取的手段。在全球人口增长及耕地面积减少的矛盾下，农药的广泛施用以提高单位面积产量是解决粮食问题的重要出路，是现阶段高效农业发展的必由之路。我国发展农业，确保以占世界7%的耕地面积养活占世界总人口22%的人口，就必须重视育种和包括农药在内的农用化学品生产与开发。

1.6.1.1 知识点一 农药的生产现状

(1) 生产和消费规模 世界农药市场已步入成熟期，2008年销售额超过了400亿美元。拜耳、先正达、巴斯夫、陶氏化学、孟山都、杜邦、玛克西姆-阿甘北美子公司（MANA）和澳洲新农（Nufarm）等几个跨国公司，占据其中销售额的75%～80%。2008年中国农药产量达 190 万吨，居全世界第一位，产量远大于国内消费量，出口超过 100 万吨，出口额近 40 亿美元。

(2) 品种数目和生产消费结构　目前世界农药品种（有效成分）估计近 2000 种，登记注册的有效成分约 1500 种，常年生产有 500～600 个品种，不同牌号的商品制剂约 35000 种。除草剂、杀虫剂和杀菌剂是世界农药市场三大主体，按销售额分别占 48%、25% 和 24%。我国已能生产 300 多种原药、3000 多种制剂。在农药生产结构中，杀虫剂、杀菌剂和除草剂产值分别占 45%、13% 和 41%。而在国内消费结构中，三者份额分别 46%、26% 和 24%。

(3) 农药的生产监管　我国农药登记归口农业部，农药生产三证包括《农药登记证》、《生产准产证》和《产品标准证》。

1.6.1.2　知识点二　农药的定义和分类

(1) 农药的定义　农药（pesticide），也叫农业植保化学品，指用于防治农业上各种有害生物（有害昆虫、螨虫、植物病原微生物、杂草、水生植物及鼠类等）和调节农作物生长的一类药剂，包括农药原药和农药助剂。农药原药是指农药的有效成分。农药助剂分为增效助剂和加工使用助剂。增效剂起增加农药药效作用，例如草甘膦除草剂中常用硫酸铵、十二烷基甜菜碱等作增效剂；加工使用助剂是为农药制剂制造和使用需要而添加的填料载体、种衣剂、乳化剂、分散剂、润湿剂和展着剂等。

(2) 农药的残留与急性毒性

① 农药的残留　农药的残留是农药使用后一个时期内没有被分解而残留于生物体、收获物、土壤、水体、大气中的微量农药原体、有毒代谢物、降解物和杂质的总称。农药的残留对人的影响与慢性中毒相当。有机氯化合物，尤其六六六和滴滴涕，属于高残留性的化学物质。六六六和滴滴涕现已禁用。

② 农药的急性毒性　有毒危险化学品的毒性常以 LD_{50}（使试验动物的半数致死剂量，mg/kg 体重）来表示，按 LD_{50} 的大小，急性毒性分为剧毒、高毒、中毒、低毒和微毒等五种。农药属于有毒危险化学品，其急性毒性有高毒、中毒、低毒和微毒四种，划分见表 1-33所列。

表 1-33　农药急性毒性的划分

毒性	剧毒	高毒	中毒	低毒	微毒
LD_{50}/(mg/kg 体重)	<50	51～100	101～500	500～5000	>5000
举例	涕灭威、甲胺磷、甲基对硫磷、对硫磷、久效磷、磷胺、氧乐果	氟乙酰胺、氰化物、磷化锌、磷化铝、呋喃丹	倍硫磷、敌敌畏、乐果、2,4-滴、叶蝉散、速灭威、敌克松、杀螟松、菊酯类	敌百虫、杀虫双、辛硫磷、乙酰甲胺磷、二甲四氯、丁草胺	多菌灵、百菌清、乙膦铝、代森锌、西玛津
许可状态	禁用	禁用或限制	许可，逐步替代	发展方向	发展方向

③ 禁止和限制使用的农药　国家明令禁止使用的农药有 23 种，包括六六六、滴滴涕、毒杀芬、二溴氯丙烷、杀虫脒、二溴乙烷、除草醚、艾氏剂、狄氏剂、汞制剂、砷、铅类、敌枯双、氟乙酰胺、甘氟、毒鼠强、氟乙酸钠、毒鼠硅、甲胺磷、甲基对硫磷、对硫磷、久效磷和磷胺等品种。

有选择禁止和限制使用的农药有 19 种。其中，氧乐果禁止在甘蓝上使用；三氯杀螨醇和氰戊菊酯禁止在茶树上使用；丁酰肼（比久）禁止在花生上使用；特丁硫磷禁止在甘蔗上使用；甲拌磷、甲基异柳磷、特丁硫磷、甲基硫环磷、治螟磷、内吸磷、克百威（呋喃丹）、涕灭威、灭线磷、硫环磷、蝇毒磷、地虫硫磷、氯唑磷、苯线磷等禁止在蔬菜、果树、茶叶和中草药材上使用。

另外，除草剂2,4,5-T(2,4,5-三氯苯氧乙酸）在生产过程中会产生一种称为二噁英的副产物，具有强烈的致畸作用，我国已禁止使用。

(3) 农药的发展　农药的发展大致经历三个阶段。

① 第一阶段为以天然药物、无机农药为主的农药萌芽阶段　在20世纪40年代以前属于这个阶段，少数天然药物如尼古丁、雄黄等被用做杀虫或杀菌；后来出现为数不多无机农药，如石硫合剂（石灰与硫磺的水煮液）和波尔多液（硫酸铜与石灰水混合液），主要用于杀菌。

② 第二阶段为以合成有机农药为主的快速发展阶段　20世纪40年代到70年代属于这个阶段，先后出现有机氯杀虫剂如滴滴涕、六六六，有机磷类杀虫剂、氨基甲酸酯类杀虫剂，以及生物农药等，在这个阶段世界农药产量快速扩大、品种急剧增加，到70年代中期世界农药产量达180万吨，品种达一千三百之多。

③ 第三阶段为以高效低毒农药为主的农药修正阶段　随着农药的大量使用，70年代以后高毒、高残留农药对健康和环境危害问题引起普遍关注和重视，世界许多国家建立起农药审查登记制度，把审查为高毒高残留的农药列入禁止生产之列，1990年美国撤销登记、停止使用的农药达31种，其中包括滴滴涕、六六六、氟乙酰胺和毒杀酚等；这个阶段农药开发方向转为易降解、高活性（每亩用量降到10g以下）、低残留和低毒目标，一系列高效低毒、选择性好的农药新品种如拟除虫菊酯类、沙蚕毒类和杂环类杀虫剂、高效内吸杀菌剂和农用抗生素，以及新型除草剂相继被开发出来。

(4) 农药的分类

农药的分类方法有多种，可按防治对象、按成分和来源、按作用方式、按毒性作用机制、按化学结构和加工剂型等方法分类，也可进行综合或交叉分类。

① 按防治对象分类　可分为杀虫剂、杀螨剂、杀菌剂、杀线虫剂、除草剂、植物生长调节剂、杀鼠剂、脱叶剂、种子处理剂和植物生长调节剂等。

② 按成分和来源分类　可分为化学合成农药和生物源农药。化学合成农药包括无机农药和有机农药；生物源农药包括微生物源农药和高等生物源农药，微生物源农药由分为农用抗生素（如井冈霉素）和微生物杀虫剂（如苏云金杆菌）；高等生物源农药包括植物性农药（如除虫菊素）和动物性农药（如昆虫激素）。

③ 按作用方式分类　杀虫剂可分为胃毒剂（如敌百虫等）、触杀剂（如大多数有机磷、菊酯类等）、熏蒸剂（如硫酰氟）、内吸剂（如内吸磷、克百威等）以及特异性昆虫生长调节剂；特异性昆虫生长调节剂包括驱避剂（如香茅油）、不育剂（如保幼炔）、拒食剂（如拒食胺）、生长抑制剂（如灭幼脲）和性引诱剂。除草剂可分为内吸除草剂（如草甘膦）和触杀除草剂（如克无踪）。杀菌剂可分为保护性杀菌剂（如代森钠）和内吸性杀菌剂（如萎锈灵）。

④ 按毒性作用机制分类　杀虫剂可分神经致毒农药、几丁质合成抑制剂，以及人工合成保幼激素、脱皮激素和昆虫信息素；神经致毒农药包括有机磷类、氨基甲酸酯类和拟除虫菊酯类，主要能抑制了昆虫体内的胆碱酯酶；几丁质合成抑制剂如苯甲酰脲类化合物，通过抑制昆虫体内几丁质合成，影响昆虫正常发育，把昆虫表皮当作杀虫剂靶标；合成保幼激素

和脱皮激素通过干扰昆虫的内分泌，造成昆虫不育和蜕皮；合成昆虫信息素通过控制昆虫的行动、交配、产卵、天敌以及摄食等方面来达到杀虫的目的。

杀鼠剂按毒性作用机制分为急性杀鼠剂和慢性杀鼠剂，磷化锌和安妥等属于急性杀鼠剂，溴鼠隆、溴敌隆属于慢性杀鼠剂，为第二代抗凝血杀鼠剂。杀菌剂中，三唑类杀菌剂属于麦角甾醇生物合成抑制剂。

除草剂按作用机制分为光合作用抑制剂、氨基酸生物合成抑制剂、脂类代谢抑制剂和细胞分裂抑制剂等。磺酰脲类除草剂可抑制乙酰乳酸合成酶，阻碍带侧链氨基酸（缬氨酸、亮氨酸及异亮氨酸）的生物合成；双丙氨膦可抑制谷氨酰胺合成酶，让植物因体内游离氨的含量显著增加而中毒死亡。

⑤ 按化学结构分类　无机农药包括含铜、氟、磷等无机农药，如波尔多液（杀菌剂）、氟硅酸（杀虫剂）、磷化锌（杀鼠剂）；有机农药可分为有机磷类（如敌敌畏杀虫剂、异稻瘟净杀菌剂）、氨基甲酸酯类（如甲萘威杀虫剂、禾草丹杀菌剂）、氮杂环化合物类（如多菌灵杀菌剂、莠去津除草剂）、拟除虫菊酯类（如氯氰菊酯杀虫剂），以及有机氯类（如甲氧滴滴涕杀虫剂、三氯杀螨醇、茅草枯除草剂）、有机硫类（如代森锌杀菌剂）、有机膦类（如草甘膦除草剂）、苯氧羧酸类（如 2,4-滴除草剂）、酰胺类（如丁草胺除草剂）、二硝基苯胺类（如氟乐灵除草剂）、二苯醚类（如三氟羧草醚）和取代脲类（如敌草隆除草剂）等。

⑥ 按加工剂型分类　农药可分为粉剂、可湿性粉剂、可溶性粉剂、乳剂、乳油、浓乳剂、乳膏、糊剂、胶体剂、熏烟剂、熏蒸剂、烟雾剂、油剂、颗粒剂和微粒剂等。农药大多数是液体或固体形态，少数是气体。根据害虫或病害种类以及农药本身物理性质，采用不同的用法，如制成粉末撒布，制成水溶液、悬浮液或乳浊液喷射，或制成蒸气或气体熏蒸等。

1.6.1.3　知识点三　农药的典型品种

(1) 杀虫剂典型品种　杀虫剂典型品种，见表 1-34 所列。

表 1-34　杀虫剂典型品种列举表

类　别	典型品种	分子结构举例	说　明
有机磷类	敌百虫、敌敌畏、马拉硫磷、甲基异柳磷、辛硫磷、乙酰甲胺磷、毒死蜱、甲基毒死蜱、三唑磷	敌百虫：$(CH_3O)_2P(=O)-CH(OH)-CCl_3$ 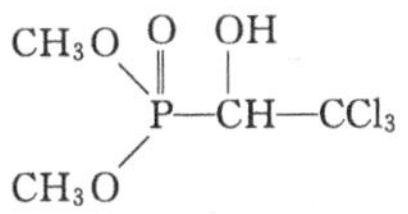 甲基异柳磷：$(CH_3)_2CHNH-P(=S)(OCH_3)-O-C_6H_4-C(=O)-O-CH(CH_3)_2$ 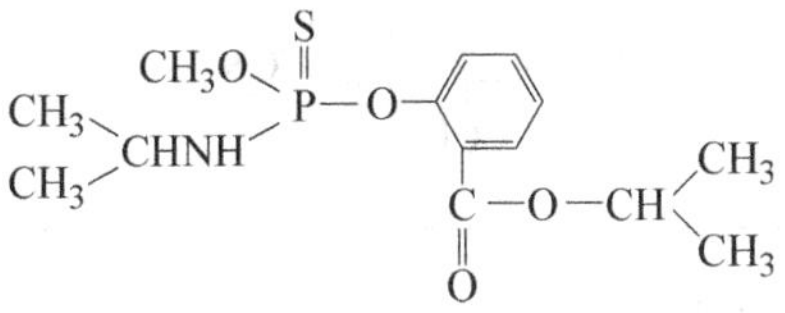	品种多，杀虫广谱，分解快，在自然界和生物体内残留少，被广泛用于防治各类害虫。但有些属剧毒农药，使用不当易引起人、畜中毒
氨基甲酸酯类	西维因、抗蚜威、丁硫克百威、克百威、灭多威、硫双威	西维因：1-萘基-$OCONHCH_3$ 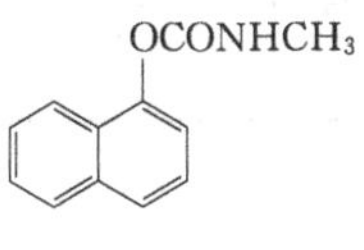	大多数品种对温血动物和鱼类低毒，在自然界易分解，有选择性，杀虫作用迅速，可以用来防治对有机磷药剂产生抗药性的一些害虫

续表

类别	典型品种	分子结构举例	说明
有机氮类	沙蚕毒素类：杀虫双、杀螟丹 硫脲类：杀虫脲 双酰肼类：抑食肼、虫酰肼 苯甲酰脲类：氟啶脲、除虫脲 脒类：双甲脒、单甲脒 杂环类：吡虫啉、氟虫腈	杀虫双：$(H_3C)_2N-CH(CH_2SSO_3Na)_2$ 氟啶脲： 双甲脒： 吡虫啉：	沙蚕毒素类可以作为防治对有机磷有抗药性的害虫，一般具有胃毒、触杀作用，不少品种还有很强的内吸性，对害虫选择性强 双酰肼类杀虫剂属于昆虫生长调节剂 苯甲酰脲类杀虫剂中一部分属于昆虫生长调节剂，另一部分属于几丁质合成抑制剂 脒类杀虫剂的杀螨效果更突出 杂环类杀虫剂研究活跃，一些优秀品种相继问世，如茚虫威、噁虫酮、氟虫腈和吡咯胺等
拟除虫菊酯类	氯菊酯、溴氰菊酯、戊菊酯、氰戊菊酯、氯氰菊酯、胺菊酯、甲氰菊酯、三氟氯氰菊酯、氟氰戊菊酯、氟胺氰戊菊酯、联苯菊酯、醚菊酯	三氟氯氰菊酯：	拟除虫菊酯类杀虫剂具有光稳定性好、高效、低毒和强烈的触杀作用，无内吸作用，用于防治多种农业害虫和卫生害虫，一般对叶螨的防治效果很差，连续使用也易导致害虫产生抗药性
有机氯类	甲氧滴滴涕、林丹(99%以上的丙体六六六)	甲氧滴滴涕：	有机氯农药属于高残留性农药，但林丹仍在特定范围应用，硫丹以进口为主
有机氟类	氟定脲、氟虫脲、氟氰戊菊酯、氟虫腈	氟虫腈：	在氮杂环类农药中，多数品种引入氟元素，药效会有显著提高
特异性昆虫生长调节剂	灭幼脲、除虫脲、定虫隆、氟虫脲、扑虱灵、灭蝇胺	灭幼脲：	不直接杀死害虫，而是引起昆虫生理上的某种特异性反应，使昆虫发育、繁殖、行动等受到阻碍和抑制，从而达到控制害虫的目的
熏蒸剂	溴甲烷、磷化铝	磷化铝：AlP	能挥发成气体毒杀害虫的药剂，主要用于仓库等熏杀害虫

续表

类　别	典型品种	分子结构举例	说　　明
杀螨剂	三氯杀螨醇、尼索朗、克螨特、溴螨酯、螨卵酯、浏阳霉素	三氯杀螨醇： $Cl-C_6H_4-C(OH)(CCl_3)-C_6H_4-Cl$	专门用来防治害螨的一类选择性的有机化合物
其他杀虫剂	微生物源：苏云金杆菌(BT)、阿维菌素等 植物源：苦参碱、烟碱、鱼藤酮、茶皂素、楝素乳油等		微生物来源杀虫剂对多种鳞翅目幼虫有较好的防治效果

见过或熟悉哪些杀虫剂？

(2) 杀菌剂典型品种　杀菌剂是能够抑制病菌生长、保护植物不受侵害，或能够渗进植物内部杀死病菌的化学药剂统称，主要包括杀真菌剂和杀细菌剂。防治线虫病害称为杀线虫剂，防治病菌病害使用病毒钝化剂。典型品种见表 1-35 所列。

表 1-35　杀菌剂典型品种列举表

类别	典型品种	分子结构举例
无机杀菌剂	波尔多液、石灰硫黄合剂	波尔多液： $CuSO_4 \cdot xCu(OH)_2 \cdot yCa(OH)_2 \cdot zH_2O$
有机硫杀菌剂	代森锌、代森铵、代森锰锌、福美双、福镁胂	代森锰锌： $\left[\begin{matrix} CH_2NHC(=O)-S \\ \vert \qquad\qquad\quad Mn \\ CH_2NHC(=O)-S \end{matrix}\right]_x \cdot Zn_y$
有机磷杀菌剂	异稻瘟净、乙膦铝(疫霜灵)	异稻瘟净： $[(CH_3)_2CHO]_2P(=O)-S-CH_2-C_6H_5$
取代苯类杀菌剂	甲基托布津、甲霜灵、百菌清	甲基托布津： $C_6H_4[NHC(=S)-NHC(=O)-OCH_3]_2$

续表

类别	典型品种	分子结构举例
杂环类杀菌剂	吗啉类：十三吗啉 哌嗪类：嗪胺灵 咪唑类：多菌灵、抑霉唑、咪酰安、苯来特 三唑类：三唑酮（粉锈宁）、烯唑醇（速保利）、氟硅唑 嘧啶类：甲嘧醇 吡啶类：丁赛特 硫环类：稻瘟灵	十三吗啉： 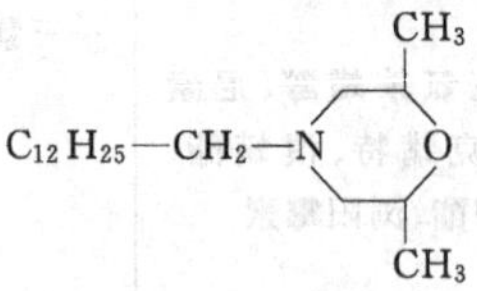 $C_{12}H_{25}-CH_2-N$（2,6-二甲基吗啉环，CH_3、CH_3） 多菌灵： 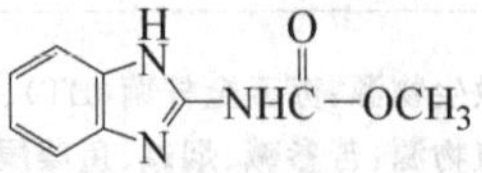 （苯并咪唑-2-基）$-NHC(=O)-OCH_3$ 三唑酮： 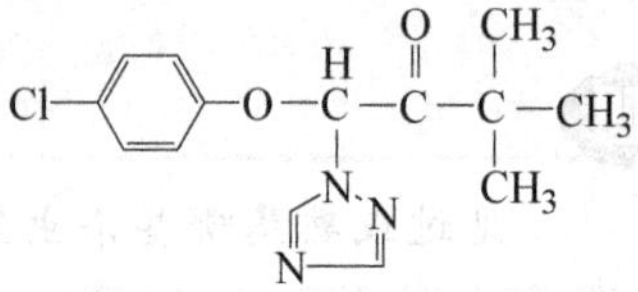 $Cl-C_6H_4-O-CH(N\text{-三唑基})-C(=O)-C(CH_3)_3$
农用抗菌素	链霉素、多抗霉素、抗霉菌素 120	—
其他品种	三环唑、霜脲氰（克露）	—

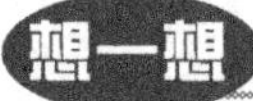

见过或熟悉哪些杀菌剂？

（3）除草剂典型品种　除草剂典型品种，见表 1-36 所列。

表 1-36　除草剂典型品种列举表

类别	典型品种	分子结构举例
有机膦类	草甘膦	草甘膦： 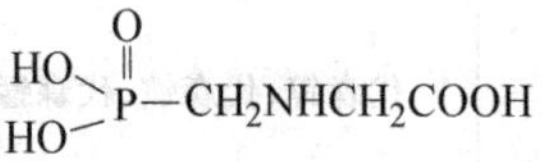 $(HO)_2P(=O)-CH_2NHCH_2COOH$
苯氧羧酸类	2,4-滴丁酯、吡氟乙草灵	2,4-滴丁酯： 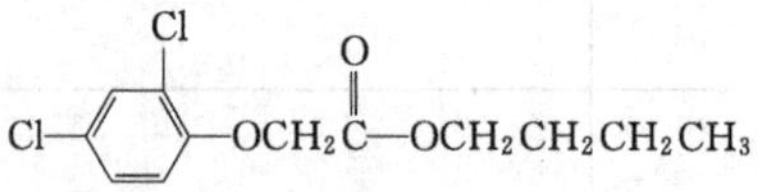 $2,4\text{-}Cl_2C_6H_3-OCH_2C(=O)-OCH_2CH_2CH_2CH_3$
酰胺类	丁草胺、敌稗	丁草胺： 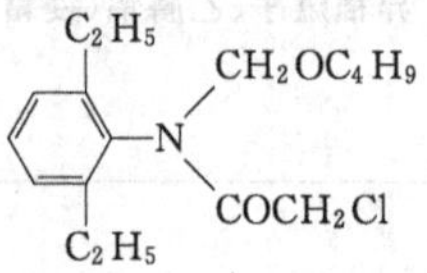 $2,6\text{-}(C_2H_5)_2C_6H_3-N(CH_2OC_4H_9)(COCH_2Cl)$
氨基甲酸酯类	禾草丹、野麦畏、禾草灵	禾草灵： 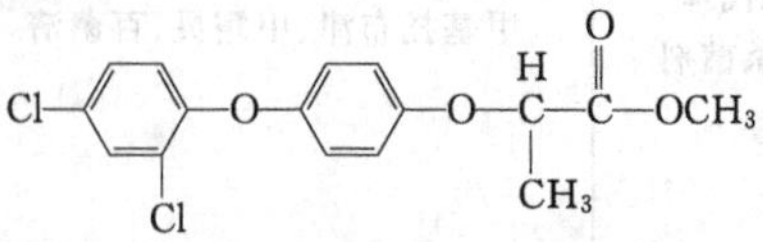 $2,4\text{-}Cl_2C_6H_3-O-C_6H_4-O-CH(CH_3)-C(=O)-OCH_3$

续表

类别	典型品种	分子结构举例
磺酰脲类	绿磺隆、甲磺隆、苄嘧磺隆、阔叶净	绿磺隆： 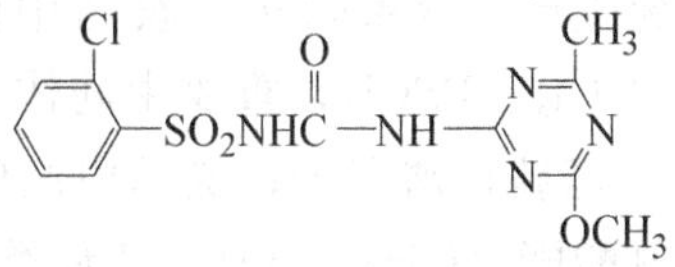
杂环类	氰草津(三嗪类)、西玛津、百草枯	氰草津： 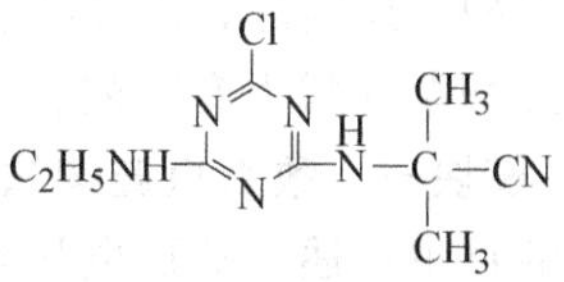
芳氧苯氧羧酸类	三氟羧草醚	三氟羧草醚： 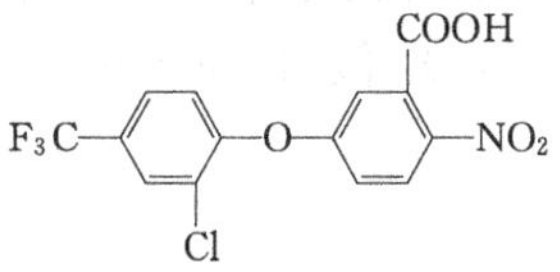
微生物来源	双丙氨膦	双丙氨膦：属于三肽天然产物

见过或熟悉哪些除草剂？

(4) 杀鼠剂典型品种　杀鼠剂典型品种，见表 1-37 所列。

表 1-37　杀鼠剂典型品种列举表

类别	典型品种	分子结构举例
急性杀鼠剂	磷化锌、安妥	安妥： 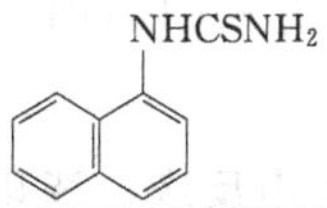
慢性杀鼠剂	溴鼠隆、溴敌隆	溴敌隆： 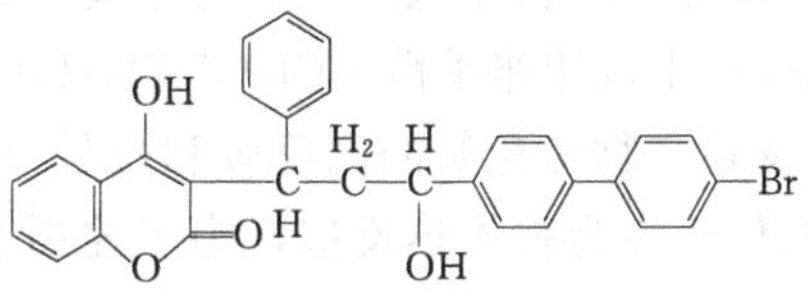

(5) 植物生长调节剂典型品种　植物生长调节剂典型品种有多效唑、矮壮素、抑芽唑、三十烷醇、甲哌鎓（助壮素）等。其中，多效唑化学名称（2*RS*，3*RS*)-1-(4-氯苯基)-4,4-二甲基-2-(1*H*-1,2,4-三唑-1-基)戊-3-醇，作用为能阻止秧苗顶端生长优势，促进侧芽滋生。矮壮素结构式$[(CH_3)_3N^+CH_2CH_2Cl]Cl^-$，其功效同赤霉素的效果正好相反，属于赤霉素的拮抗剂，其作用是控制植株的根茎叶生长，促进植株的花和果实生长，使植株的间节缩

短、矮壮并抗倒伏，促进叶片颜色加深，光合作用加强，提高植株的坐果率、抗旱性、抗寒性和抗盐碱的能力。

1.6.2 农药生产工艺

农药生产重视系列化，农药中间体承担核心作用。有机磷农药原料有磷、氯和硫及 PCl_3、$POCl_3$、$PSCl_3$，重要中间体有亚磷酸二甲酯、磷酸三甲酯、*O*,*O*-二烷基硫代磷酰氯、*O*,*O*-二烷基硫代磷酸等；氨基甲酸酯类农药原料有一氧化碳、氯气及光气，主要中间体为甲基异氰酸酯（CH_3NCO）；杂环类杀菌剂和除草剂生产中，三聚氯氰中间体可以生产莠去津、西玛津等多个三嗪类除草剂，1,2,4-三唑中间体可以生产三唑酮、三唑醇、腈菌唑、氟硅唑、烯唑醇、戊唑醇、丙环唑、三氟苯唑等杀菌剂。本学习项目中，围绕有机磷系列产品介绍敌百虫和草甘膦生产工艺。

1.6.2.1 模块一 敌百虫连续法生产工艺

（1）敌百虫概述 敌百虫学名 *O*,*O*-二甲基-(2,2,2-三氯-1-羟基乙基)膦酸酯，一种有机磷杀虫剂。敌百虫分子式 $C_4H_8Cl_3O_4P$，相对分子质量 257.45。工业品为白色固体，纯品熔点 83～84℃，能溶于水和有机溶剂，性质较稳定，但遇碱后水解成敌敌畏。用做杀虫剂，大白鼠经口 LD_{50} 值为 560～630mg/kg。可燃、有毒。敌百虫结构式：

$$(CH_3O)_2P(=O)\text{—}CH(OH)\text{—}CCl_3$$

（2）敌百虫的生产原理 敌百虫是在 1952 年由拜耳公司的 W. 洛仑茨首先合成。目前，生产方法有两步加料法和一步加料法两种。两步加料法是先用甲醇与三氯化磷进行酯化制得亚磷酸二甲酯，再与三氯乙醛重排缩合生成敌百虫原药。一步加料法是先将甲醇、三氯化磷和三氯乙醛三种原料按适当比例同时加入反应器，先要让甲醇和三氯化磷进行酯化反应生成亚磷酸二甲酯、氯化氢和氯甲烷，在低温下减压脱除副产氯化氢和氯甲烷，然后升温，让亚磷酸二甲酯与三氯乙醛继续缩合成敌百虫；一步加料法在我国采用较多，该法可间歇或连续生产，特点是流程短、设备小和产量大。

① **总反应** 原料包括三氯化磷、甲醇和三氯乙醛，总反应的反应式：

$$PCl_3+3CH_3OH+CCl_3CHO \longrightarrow (CH_3O)_2P(=O)\text{—}CH(OH)\text{—}CCl_2\text{—}Cl+CH_3Cl+2HCl$$

② **酯化过程中反应** 酯化过程中甲醇与三氯化磷反应先得到亚磷酸三甲酯，亚磷酸三甲酯很快与副产氯化氢反应生成亚磷酸二甲酯和氯甲烷。酯化过程中伴随甲醇和三氯乙醛的加成反应[生成甲半缩醛 $CCl_3CH(OH)OR$ 和甲缩醛 $CCl_3CH(OR)OR'$，但对主反应影响不大]以及副产物氯化氢的副反应和过量三氯化磷的副反应。

酯化反应为强放热反应，为了控制温度需要对反应体系冷却，反应式：

$$PCl_3+3CH_3OH \longrightarrow (CH_3O)_3P+3HCl$$

$$(CH_3O)_3P+HCl \longrightarrow (CH_3O)POH+CH_3Cl$$

副产物氯化氢的副反应 有三种反应，反应式：

$$(CH_3O)_2POH+HCl \longrightarrow CH_3OP(OH)_2+CH_3Cl$$

$$CH_3OP(OH)_2+HCl \longrightarrow P(OH)_3+CH_3Cl$$

$$4P(OH)_3+HCl \xrightarrow{200℃} 3H_3PO_4+PH_3$$

过量三氯化磷的副反应 有两种反应，反应式：

$$CH_3OH + PCl_3 \longrightarrow CH_3OPCl_2 + HCl$$

$$2CH_3OH + PCl_3 \longrightarrow (CH_3O)_2PCl + 2HCl$$

③ **缩合过程中的反应** 缩合过程中，主要让亚磷酸二甲酯与三氯乙醛进行**重排缩合反应**，生成敌百虫。在缩合过程中由于氯化氢存在，因而伴随敌百虫脱去甲基的副反应。重排缩合反应式：

$$(CH_3O)_2POH + CCl_3CHO \longrightarrow (CH_3O)_2P(=O)-CH(OH)-CCl_3$$

敌百虫脱去甲基副反应的反应式：

$$(CH_3O)_2P(=O)-CH(OH)-CCl_3 + 2HCl \xrightarrow{\geqslant 55℃} (HO)_2P(=O)-CH(OH)-CCl_3 + 2CH_3Cl$$

(3) 敌百虫一步加料连续法生产工艺 敌百虫一步加料连续法生产包括酯化（合成亚磷酸二甲酯）、脱酸（脱副产物氯化氢）、缩合（合成敌百虫）和脱液等四个核心工序，工艺流程如图 1-44 所示。

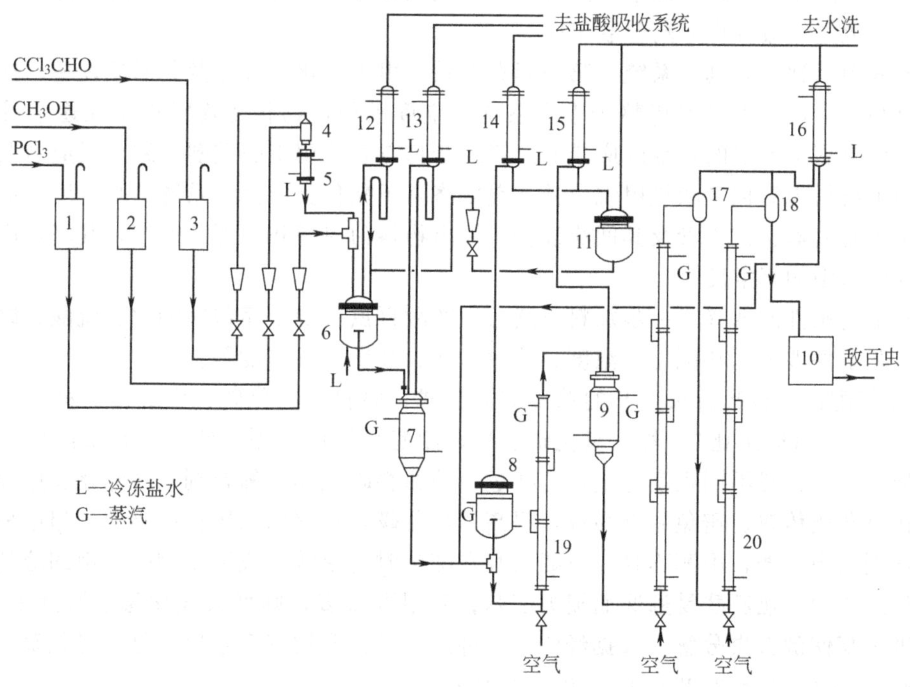

图 1-44 敌百虫一步加料连续法生产工艺流程

1～3—高位计量槽；4—混合器；5—冷却器；6—酯化反应器；7—脱酸器；8—缩合反应器；9—脱液器；10—成品储罐；11—中间计量槽；12～16—回流冷凝器；17,18—气液分离器；19,20—输送管道

甲醇和三氯乙醛分别由各自的高位计量槽流出，经流量计控制一定流量，连续加入混合器中，混合液经冷却器降温后连续流入酯化反应器。三氯化磷经高位计量槽流出，通过流量计控制一定流量，也连续加入酯化反应器。在酯化反应器（属于连续反应釜）中进行酯化反应，生成亚磷酸二甲酯、氯甲烷和氯化氢，酯化反应后的酯化液经由釜底伸入的有一定高度

的溢流管溢流，流至脱酸器，气体副产物氯化氢和氯甲烷在真空系统作用下经回流冷凝器抽出酯化反应器，其中带出的甲醇和三氯乙醛在回流冷凝器中冷凝并回流到酯化反应器。为了减少氯化氢发生的副反应，酯化反应器用冷冻盐水冷却，确保酯化反应温度低于55℃。酯化反应温度与连续反应釜的停留时间有关，若酯化反应温度选择偏高，则停留时间必须短，即流过连续反应釜的物料流速应大。

酯化液连续进入脱酸器。在真空系统作用和80℃温度下，脱酸器中酯化液内残余的氯化氢和氯甲烷被进一步脱出。脱酸后的物料由缩合反应器底部连续进入缩合反应器，该反应器维持一定的真空度和90～95℃温度，在缩合反应器中原料三氯乙醛与中间产物亚磷酸二甲酯发生重排缩合反应，生成敌百虫。依靠真空系统，在缩合反应器中，物料内残余的氯化氢和氯甲烷被进一步脱出。

缩合得到的物料由缩合反应器底伸入的有一定高度的溢流管溢流，流经升膜管并进入脱液器（属于降膜蒸发设备）。给脱液器抽真空，并加热升膜管和脱液器中物料，温度达到95～105℃，在升膜管和脱液器中回流液体（主要为过量的甲醇和三氯乙醛）会蒸发，蒸汽被真空系统抽走，同时敌百虫溶液浓度提高。脱液后的物料从脱液器底部流出，进入温度为145℃的升膜管组，物料快速通过升膜管组，进一步脱净剩余的回流液（主要为亚磷酸二甲酯及亚磷酸，亚磷酸74℃熔化，常压下200℃气化并分解）。产品由升膜管组的最后一支升膜管的气液分离器流入成品储槽（敌百虫进入成品储槽时为熔融液，冷后为固体）。再经质量检验后分批送往敌百虫原药包装工序。

该流程中用到三套真空系统。第一套真空系统用于酯化反应器及其回流设备，抽出物料为氯化氢和氯甲烷。为了保持整个生产系统真空度平衡，物料能连续稳定在逐个设备间流动，酯化反应真空系统的真空度应最低。第二套真空系统用于脱酸器、缩合反应器及其回流设备，抽出物料为氯化氢和氯甲烷，其真空度略高于酯化反应真空系统的真空度。第三套真空系统用于脱液器、升膜管及其回流设备，抽出物料为甲醇和三氯乙醛等，其真空度应略高于缩合反应器中的真空度。

(4) 工艺条件的选择　一步加料连续法生产敌百虫关键工序包括酯化、脱酸、缩合和脱液等。工艺条件涉及原料配比、温度、停留时间、酸度和真空度等。

① 原料配比　按敌百虫生产的总反应方程式，原料三氯化磷、甲醇和三氯乙醛的理论配比为1∶3∶1（摩尔比）。若三氯化磷过量，则酯化反应的副产物多。在实际生产中，一般让甲醇和三氯乙醛不同程度过量，这样过量的原料既能作为稀释剂减缓酯化反应速率，又可作为传热介质传热、避免局部高温，提高三氯化磷转化率和缩短反应周期。但甲醇与三氯乙醛的比例应当协调，甲醇不足，三氯乙醛在酯化时与甲醇形成甲半缩醛和甲缩醛的反应不充分，低沸点的三氯乙醛易逃逸而损失醛基；若甲醇太多，则增大氯化氢在溶液中溶解度，造成酸度过高使敌百虫分解。根据经验，三种原料最佳配比（摩尔比）是三氯化磷∶甲醇∶三氯乙醛＝1∶(3.13～3.35)∶(1.04～1.10)。

② 温度和停留时间　在酯化反应中，随着反应温度升高和停留时间的增长，氯化氢与亚磷酸二甲酯反应加速，生成亚磷酸和氯甲烷，这时非盐酸酸度会逐渐升高，为了防止氯化氢的副反应、控制反应体系中非盐酸酸度，酯化反应的温度应在55℃以下，停留时间不宜过长。

在脱酸中，一般采用锥形脱酸器，酯化液被甩盘均匀地洒到上端内壁，物料沿器壁呈膜状流下，通过器壁夹套加热和器内抽真空，物料中溶解的氯化氢和一部分低沸点物（如甲醇）同时被蒸出，蒸出物料在冷凝器中冷凝而回流到脱酸器中，未冷凝的氯化氢和氯甲烷被真空泵抽走。回流液中会溶解部分氯化氢，且回流液量越多返回的氯化氢越多。为减少氯化氢被回流液二次溶解返回脱酸器，需要控制脱酸器温度来控制蒸发量；蒸发量少了，回流量也少，返回的氯化氢就少；当然，脱酸器温度太低，氯化氢蒸出不充分。因此一般在真空下脱酸器温度控制在 80℃左右。

缩合反应是一个微放热过程，在醛基充足情况下，提高温度有利提高反应速率和反应转化程度；但体系中或多或少存在氯化氢，当缩合温度过高，目的产物敌百虫会分解从而降低产品质量和收率。比较理想做法是让缩合反应在回流液沸点温度下进行，即在真空条件下温度为 90～95℃。缩合反应的停留时间是以流量大小和反应器中溢流管的高度两个因素来控制。停留时间过短，缩合反应不完全，产率低，而停留时间过长，敌百虫分解量增多且产量降低。根据生产经验，缩合反应的停留时间以 40～50min 为宜。

在脱液阶段，应迅速把缩合反应工序过来物料中的回流液脱掉，否则在非盐酸酸度（如亚磷酸）影响下，敌百虫发生脱甲基等副反应。因此，缩合反应工序过来物料先进入升膜管蒸发，再进入降膜蒸发的脱液器，在真空系统配合下，当脱液温度达到 95～105℃时，能达到较好的蒸发效果。为了脱净回流液又防止敌百虫分解，可让物料快速经过 145℃的升膜管组。

③ 酸度　酸度是单位体积液体中所含能提供（解离出）氢离子与强碱（如 NaOH、KOH）等发生中和反应的物质总量。敌百虫生产中物料的酸度来自酯化反应的副产物氯化氢。由于酯化阶段温度较低，酯化液中不可避免地会溶解一部分氯化氢，这样在后续地升温缩合过程中会继续与亚磷酸二甲酯反应，转化为非盐酸的酸（亚磷酸和 PH_3）。敌百虫生产中物料的酸度是盐酸的酸度和非盐酸的酸度之和，盐酸的酸度可通过抽真空和升温排出氯化氢来降低，而非盐酸的酸度不能在低温的脱酸阶段降低。酸度高的后果是不但消耗了亚磷酸二甲酯，并且在缩合阶段会使目的产物敌百虫分解，降低目的产物收率和影响产品质量（敌百虫脱掉甲基后几乎没有药效）。控制缩合阶段酸度的关键是控制酯化液的酸度，并提高脱酸过程中脱酸效果。

④ 真空度　根据经验，酯化反应真空系统的真空度应高于 0.075MPa。同时为了保持整个生产系统真空度平衡，酯化反应真空系统的真空度、脱酸器中的真空度、缩合反应器中的真空度、脱液器真空系统的真空度应逐步提高。

（5）安全与环保

① 甲醇　易燃、易爆、有毒、有刺激性气味的液体，化学式 CH_3OH，相对分子质量 32.04；沸点 64.8℃，闪点 11℃，爆炸极限 44.0%～5.5%（体积分数）；有麻醉作用。

② 三氯乙醛　化学式 CCl_3CHO，相对分子质量 147.4，无色油状液体，有刺激性气味；溶于水、乙醇和乙醚；沸点 97.8℃，相对密度 1.51214（20/4℃）；与醇作用生成稳定的半缩醛和甲缩醛；大量接触会引起人兴奋，随后产生深度麻醉，同时麻痹和抑制中枢神经导致死亡；对农作物有害。

③ 三氯化磷　分子式 PCl_3，相对分子质量 137.3，无色澄清的发烟液体；沸点 75.5℃，相对密度 1.574（21℃）；与有机物接触会着火，易燃，易刺激黏膜，有腐蚀性，有毒！

④ 亚磷酸二甲酯　易燃、有害无色液体；分子式 $C_2H_7O_3P$，相对分子质量 110.04；沸点 170～171℃，闪点 29.4℃，密度 1.20；属于可燃性液体，有害，能引起眼睛、皮肤、呼吸道损害。

⑤ 氯甲烷　分子式 CH_3Cl，易燃，有毒气体，有醚样的微甜气味；易溶于水、乙醇、

氯仿等；易燃爆，有毒。沸点－23.7℃，爆炸极限19.0%～7.0%（体积分数）。

一步加料连续法生产敌百虫流程中为什么需要脱酸工序？

1.6.2.2 模块二 草甘膦除草剂生产工艺

(1) 草甘膦除草剂概述 草甘膦属于有机磷除草剂，低毒，学名 *N*-(膦酰基甲基) 甘氨酸（简写PMG），分子式 $C_3H_8NO_5P$，相对分子质量169，CAS号1071-83-6，其结构式：

$$(HO)_2P(=O)-CH_2NHCH_2COOH$$

草甘膦纯品为白色结晶，相对密度1.74，230℃左右熔化并伴随分解；25℃时水中的溶解度为1.2%，不溶于一般有机溶剂，但其钠盐、铵盐在水中的溶解性明显提高，其异丙胺盐完全溶解于水。国家标准GB 12686—2004中质量指标包括草甘膦质量分数≥95.0%、甲醛质量分数≤0.8g/kg、亚硝基草甘膦质量分数≤1.0mg/kg、氢氧化钠不溶物质量分数≤0.2g/kg。

草甘膦被发现以来，由于优良的除草性能而备受关注。随着抗草甘膦转基因大豆、玉米等作物大面积种植，现已成为全球最大除草剂品种，是名副其实的“第一农药”。我国从20世纪80年代开始研发草甘膦，90年代已能大规模生产。目前，国内草甘膦生产能力和实际产量都跃居世界前列。

(2) 草甘膦生产方法和原理

① 草甘膦生产方法 目前草甘膦生产方法主要有烷基酯法和亚氨基二乙酸（IDA）法。这两种工艺中根据原料和工艺条件不同又可分出许多合成路线方法。

a. **烷基酯法** 该法以甘氨酸、多聚甲醛、亚磷酸烷基酯为原料，经缩合和水解得到草甘膦。根据亚磷酸烷基酯的不同，分为亚磷酸二甲酯法、亚磷酸二乙酯法和亚磷酸三甲酯法，而亚磷酸二甲酯法常用。亚磷酸二甲酯路线生产草甘膦的主要原料为甘氨酸、多聚甲醛、亚磷酸二甲酯、甲醇（溶剂）、三乙胺（催化剂）、盐酸和烧碱，草甘膦收率80%～83%。

b. **亚氨基二乙酸法** 亚氨基二乙酸法根据亚氨基二乙酸合成原料不同，又分为氯乙酸法、氮川三乙酸法、氨代氯乙酸法、一乙醇胺法、氢氰酸法和二乙醇胺法等。但目前主要采用二乙醇胺法和氢氰酸法。

② 草甘膦烷基酯法生产原理 亚磷酸二甲酯路线草甘膦是以甘氨酸、多聚甲醛和亚磷酸烷基酯为原料，经重排缩合、缩合和酸解等步骤制得。

甘氨酸 + 多聚甲醛 ⟶ *N*,*N*-二羟甲基甘氨酸三乙胺盐；+ 亚磷酸二甲酯 ⟶ *N*-羟甲基，*N*-(*O*, *O*-二甲基亚膦酸基) 亚甲基甘氨酸三乙胺盐（又称：草甘膦酸二甲酯的三乙胺盐）⟶ 草甘膦

a. **化学反应** 烷基酯法生产草甘膦的化学反应包括多聚甲醛的解聚、甲醛与甘氨酸的在三乙胺催化下重排缩合（包括与三乙胺成盐）、亚磷酸二甲酯与重排缩合产物的缩合和酸解。反应式：

$$\underset{\text{多聚甲醛}}{(CH_2O)_n} \xrightarrow{CH_3OH、NEt_3} \underset{\text{甲醛}}{nHCHO}$$

$$2HCHO + NH_2CH_2COOH + N(CH_2CH_3)_3 \xrightarrow{CH_3OH} (HOCH_2)_2NCH_2COONHEt_3$$

甲醛　甘氨酸　三乙胺　N,N-二羟甲基甘氨酸三乙胺盐

$$(CH_3O)_2P(O)H + (HOCH_2)_2NCH_2COONHEt_3 \xrightarrow[65\sim70℃]{CH_3OH\ 回流}$$

亚磷酸二甲酯　N,N-二羟甲基甘氨酸三乙胺盐

$$(CH_3O)_2P(O)CH_2N(CH_2OH)CH_2COONHEt_3 + H_2O$$

N-羟甲基，N-(O,O-二甲基亚膦酰基) 亚甲基甘氨酸三乙胺盐

$$(CH_3O)_2P(O)CH_2N(CH_2OH)CH_2COONHEt_3 + H_2O + 2HCl \xrightarrow{酸解}$$

N-羟甲基，N-(O,O-二甲基亚膦酰基) 亚甲基甘氨酸三乙胺盐

$$(HO)_2P(O)CH_2NHCH_2COOH \cdot HCl + CH_2(OCH_3)_2 + NEt_3 \cdot HCl$$

草甘膦盐酸盐　甲缩醛　三乙胺盐酸盐

或

$$(CH_3O)_2P(O)CH_2N(CH_2OH)CH_2COONHEt_3 + 2CH_3OH + 4HCl \xrightarrow{酸解}$$

N-羟甲基，N-(O,O-二甲基亚膦酰基) 亚甲基甘氨酸三乙胺盐

$$(HO)_2P(O)CH_2NHCH_2COOH \cdot HCl + 2CH_3Cl + CH_2(OCH_3)_2 + NEt_3 \cdot HCl + H_2O$$

草甘膦盐酸盐　氯甲烷　甲缩醛　三乙胺盐酸盐

式中，Et 表示乙基，NEt_3 为三乙胺 $N(CH_2CH_3)_3$

b. **工艺条件选择**　工艺条件的选择依据解聚、重排缩合、缩合和酸解四个反应的特性。

解聚反应是一个弱吸热过程，反应吸热量 61kJ/(mol 甲醛)，从热效应看不需要对反应提供很多热量。但解聚中，稍加热可以加快反应速率，一般解聚温度为 35～40℃；为了提高解聚转化率，时间一般为 20～90min，以解聚物料变清为反应终点。

甲醛与甘氨酸的重排缩合反应是一个放热过程，反应放热量 82.5kJ/(mol 甲醛)。但重排缩合中，稍加热可以加快反应速率，重排缩合反应温度 30～44℃；反应中要求搅拌良好；为了提高甘氨酸重排缩合反应的转化率，一般让多聚甲醛对甘氨酸过量 40%～100%；溶剂甲醇用量要足够多，一般 1mol 甘氨酸用 0.2～0.6L 甲醇；三乙胺在该反应中起催化作用，反应体系要求无水，溶剂甲醇和原料三乙胺进反应器前应该干燥（脱水），三乙胺用量应该对甘氨酸应稍过量；反应时间一般为 20～90min，以甘氨酸反应完全为反应终点。

亚磷酸二甲酯与重排缩合反应产物的缩合反应是一个强放热过程，温度低有利于提高转化率，另外温度过高会使反应向生成增甘膦（亚磷酸二甲酯与产物继续反应的新产物）方向进行，因而需要通过冷却或溶剂蒸发来控制温度；但为了提高反应速率，反应温度一般选 50～60℃；反应中要求搅拌良好；亚磷酸二甲酯进反应器前应该干燥，亚磷酸二甲酯与甘氨

酸的摩尔比（1.02～1.10）：1，反应时间不能太短，一般2～5h。

酸解（也称为水解）反应是一个放热反应，反应开初产生大量热，应考虑冷却。酸解用酸为30%的盐酸；盐酸加入方式或加入速度对中间产物分子上羟甲基和甲基脱去有影响，为了尽可能多得氯甲烷可分批加入。盐酸用量对甘胺酸用量摩尔比一般（2.9～3.4）：1；反应温度维持在60～120℃为宜；酸解反应时间需要2～5h左右；酸解中要求搅拌良好。

（3）草甘膦烷基酯法生产工艺

① 工艺流程　甘氨酸法草甘膦生产工艺流程简图，如图1-45所示。在缩合反应釜中先投入溶剂甲醇和催化剂三乙胺，再投入多聚甲醛解聚（溶解），加甘氨酸进行重排缩合反应，再加亚磷酸二甲酯进行缩合；缩合物料送入水解釜，加盐酸进行酸解，经蒸馏脱溶剂甲醇和甲缩醛，再减压蒸馏将甲醇、甲缩醛、氯化氢和氯甲烷脱尽，脱出的冷凝物料送去溶剂回收系统（回收甲醇和甲缩醛）、脱出的氯化氢被碱液吸收，氯甲烷等气体送尾气处理系统，水解釜中水溶液送去结晶釜；结晶釜物料送去过滤，过滤母液送三乙胺回收系统，固体物料送干燥得到产品草甘膦。

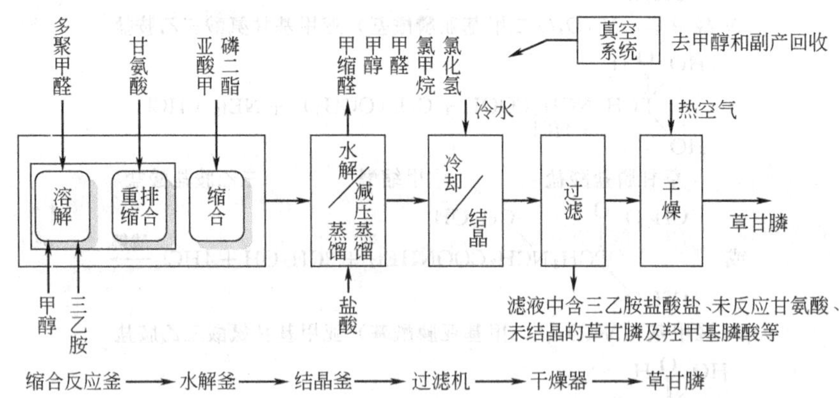

图1-45　甘氨酸法草甘膦生产工艺流程

② 解聚、重排缩合和缩合反应过程操作　草甘膦生产中缩合反应釜系统，如图1-46所示。将7760L甲醇（密度0.79kg/L）、1930L三乙胺（密度0.73kg/L）从高位槽定量投料（防静电，两者控制投料速度），加入到缩合反应釜，搅拌，回流装置通入冷却水，加800kg多聚甲醛（含量96%），密闭，反应釜加热升温到40℃，溶液逐渐变清。保温30min后，加入1000kg甘氨酸，搅拌，通过冷却水或蒸汽维持44℃，60min后溶液逐渐变透明，以甘氨酸反应完全为反应终点。

将1435L亚磷酸二甲酯（密度1.07kg/L）从高位槽定量分步投入到缩合反应釜，搅拌，开初，反应釜开蒸汽适当加热，回流装置通入冷却水或冷冻盐水，投料后反应温度会升高，冷却装置的冷却水量要求逐渐加大流量，反应釜在60℃后注意通入冷却，控制温度在60℃，缩合反应2～5h，当回流温度开始下降时，逐渐停冷却水，之后通蒸汽，控制温度。当回流温度不再下降时，维持0.5h，即可出料，送去酸解工序。

③ 酸解工序操作　将30%的盐酸4400L（密度1.1kg/L）送入高位槽，水解釜配冷凝器（回流）。开启水解釜加热，搅拌，回流冷凝器通冷却水。将计量盐酸分三批加到水解釜（放热，加入过快，料液温度会升高很快），夹套换成冷却水，在80℃左右进行酸解反应。在计量的盐酸加完后，加入盐酸用量60%的水，回流下酸解反应2h左右终止反应。未冷凝的酸解尾气送去尾气处理系统。酸解终止后转入脱溶剂操作。

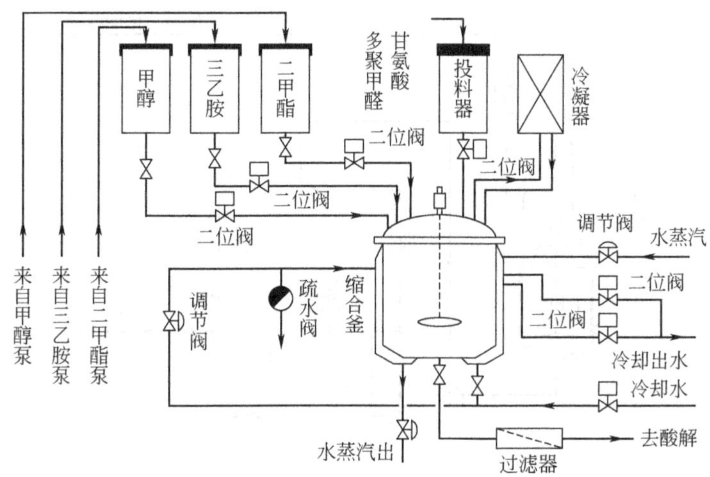

图1-46 草甘膦生产中缩合反应釜系统

脱溶剂采用常压蒸馏。脱溶剂指脱除物料中甲醇。开启回流冷凝器冷却水和水解釜的蒸汽，温度由80℃按一定程序逐步上升到110℃，控制蒸馏速度，使其在3～5h完成。蒸出的物料经冷凝，大部分变成液体被收集，主要为甲醇和甲缩醛等，去溶剂精馏系统处理，尾气进入尾气处理系统。停止水解釜加热，转而进入脱酸操作。

脱酸采用减压蒸馏。脱酸指脱除物料中氯化氢。在脱酸操作中，将蒸馏装置的冷凝器与真空装置（喷射泵）相接，喷射泵工作介质可为碱液。开启喷射泵，使回流冷凝器顶部压力为80～100mmHg。之后，通蒸汽加热水解釜，使釜温升高，蒸出物料中含有残余的甲醇、甲缩醛和氯甲烷等，甲醇、甲缩醛经回流冷凝器冷凝成液体送溶剂回收系统，尾气中氯化氢等被喷射泵中碱液吸收，尾气中氯甲烷由纳氏泵送尾气处理系统。脱酸中，釜中物料温度不断升高，当到达110℃时终止脱酸。冷却至90℃时往水解釜中加入一定量的冷水，之后料液及时送结晶工序。

④ 连续结晶工序操作　烷基酯法生产草甘膦连续结晶工艺流程，如图1-47所示。以烷基酯法生产的水解液进入中和釜，用30%碱液中和草甘膦盐酸盐中的盐酸，控制碱液流量，将pH调到1.5（pH过高，会使三乙胺析出，也会产生草甘膦钠盐）；中和后的水解液从顶部进入结晶大槽，然后经结晶大槽D点进入循环系统，循环液由结晶大槽A点再进入槽内；结晶温度20℃，物料结晶平均停留时间为8h，结晶后的固液体系由结晶大槽底部连续送去分离工序（过滤后母液中草甘膦含量约1.7%）。

在连续结晶时，结晶颗粒很容易沉淀聚集到槽内底部，为此，在槽的底部设置循环泵出口（即C点），使循环物料适时冲刷槽内底部，防止较大的晶体沉降，另外结晶槽的底部采用锥形结构，便于沉淀下来的结晶颗粒更容易通过C点进料冲刷到锥端出口，重新悬浮起来，进入循环体系。

另外，还可以在结晶器上设置B点与循环泵入口相连，并设置了自动控制阀门，防止当出现意外，D点堵塞后在泵的入口产生负压，使泵发生气蚀现象，当负压超过设定值后，B点自动阀门开启，保证液体循环起到保护循环泵的作用。结晶槽还可以设置一个热水入口，用于定期洗涤可能结晶于管壁的晶体以及在系统发生堵塞时用于洗刷循环系统。

循环系统可以采用多台循环泵，上述的A点、B点、C点可以在多台循环泵上配套使用，其中B点和C点也可以只在其中部分循环泵上配套使用。

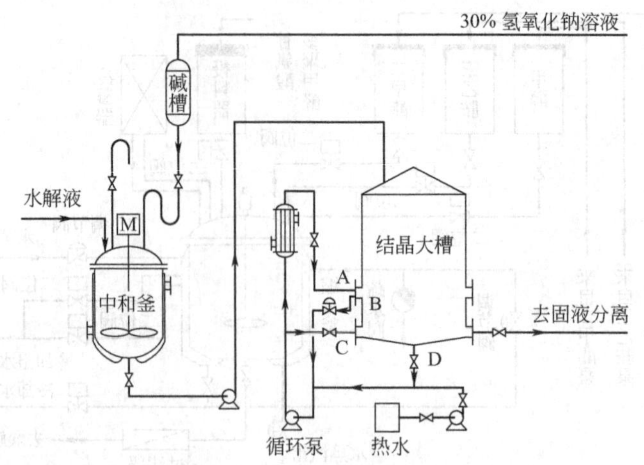

图 1-47　烷基酯法生产草甘膦连续结晶工艺流程

⑤ 过滤干燥操作　过滤设备为自动卸料连续式离心机，可由 PLC 程序控制，过滤温度 15～20℃，过滤中要求用水洗草甘膦晶体。过滤母液去三乙胺回收系统，过滤固体去干燥工序。在干燥工序，采用沸腾床干燥，干燥温度 110～120℃，使草甘膦的水含量（干燥减量）达到质量要求（合格品＜2%，一等、优等品＜1%）。干燥后物料经检验包装，得到草甘膦产品。

① 草甘膦生产中亚磷酸二甲酯与重排缩合反应产物的缩合反应，适宜温度为多少？为什么不能过高？

② 草甘膦连续结晶工艺中是怎样解决结晶大槽堵塞问题？

（4）草甘膦烷基酯法生产中催化剂三乙胺、溶剂甲醇及副产物氯甲烷的回收工艺　草甘膦烷基酯法生产中，使用大量的催化剂三乙胺和溶剂甲醇，另外也产生较大量的副产物氯甲烷，从节约生产成本和减少环境污染考虑，三乙胺、甲醇及氯甲烷都必须回收，因而草甘膦烷基酯法生产中包括三乙胺回收系统、溶剂甲醇回收系统及氯甲烷回收系统等三个辅助加工系统。回收的三乙胺和甲醇可循环利用，回收的氯甲烷可用于生产有机硅单体，回收的甲缩醛和 10%草甘膦钠盐水剂可用于对外销售。

① 三乙胺回收工艺　三乙胺回收系统以草甘膦结晶母液为加工对象，草甘膦结晶母液经液碱中和主要成分为三乙胺 10%～15%，氯化钠大于 10%，草甘膦 1%～1.8%，其余为水等。

a. **主要工序**　该系统涉及置换与精制、精馏和精馏母液浓缩三个主要工序。其中置换操作是用 30%碱液处理草甘膦结晶母液，将三乙胺从三乙胺盐酸盐中置换出来，同时生成氯化钠和水；精制操作是将置换出来油相（三乙胺和水）用固体氢氧化钠脱水，生成精三乙胺；精馏操作是将水相中残余的三乙胺从氯化钠溶液中分离出来，馏出的粗三乙胺返回置换工序，精馏釜出料即精馏母液，可去精馏母液浓缩工序，蒸发水分，获得 10%草甘膦钠盐溶液。三乙胺连续回收系统工艺流程图，如图 1-48 所示。

b. **三乙胺回收系统操作**　过滤出草甘膦的结晶母液和 30% NaOH 溶液按一定流量比（恒定母液流量，NaOH 溶液流量由 pH 计进行反馈调节）连续进入混合器进行置换（中和）反应，并放出反应热，控制 pH 为 10～12。三乙胺在母液中的溶解度与温度有关，且易挥

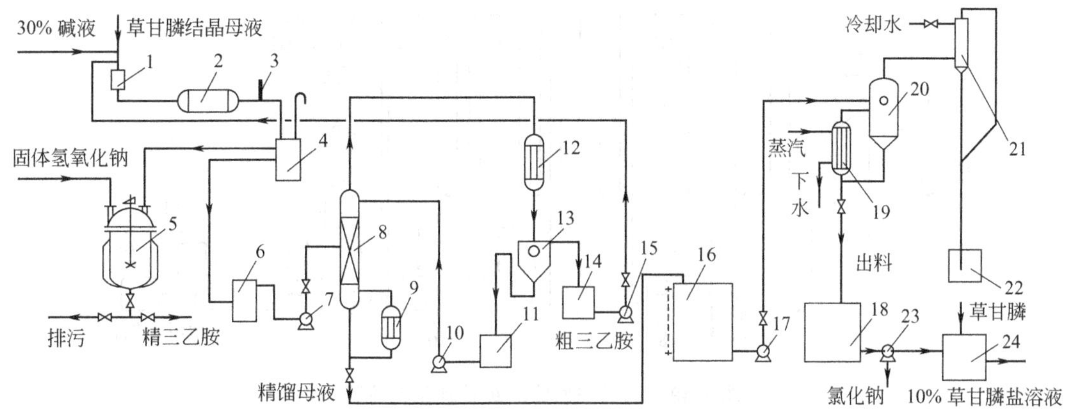

图 1-48　三乙胺连续回收系统工艺流程

1—混合器；2—冷凝器；3—pH 计；4—重力层析器；5—脱水釜；6—过滤器；7,10,15,17—泵；8—蒸馏塔；9—再沸器；11—过渡槽；12—冷凝器；13—油水分离器；14—粗胺过渡槽；16—精馏母液槽；18—10%草甘膦产品中间槽；19—加热室；20—蒸发室；21—冷凝器；22—水封槽；23—过滤机；24—调配器

发，为控制混合液的温度，出混合器的中和液直接进入换热器，再进入重力层析器分层。上层油相进三乙胺脱水釜，用固体 NaOH 脱水后得合格的精三乙胺去循环套用；下层水相经过滤后进回收精馏塔，控制蒸馏塔顶温度在 90℃左右，馏出蒸汽经冷凝后进液位自动平衡式油水分离器，下层水相回流，上层少量油相（三乙胺质量分数约 70%）返回碱液混合器。

塔釜出料去精馏母液进入浓缩工序的自然循环蒸发器蒸发，在其中进行半间歇操作（关底部出料阀），即蒸发原料连续进料蒸发，至规定浓度后一次出料（开底部出料阀），蒸发器真空由自排不凝性气体的大气冷凝器产生，操作正常时系统真空度可达 0.08MPa。蒸发出料经过滤机滤去结晶的氯化钠，滤液为饱和氯化钠溶液，其中含草甘膦含量约 2%～2.5%，该溶液加入草甘膦配制 10%草甘膦钠盐水剂（草甘膦另一种产品形式）。

② 溶剂甲醇回收工艺　溶剂甲醇回收系统以酸解工序蒸出大量的稀甲醇溶液为加工对象。稀甲醇溶液中含有 60%左右的甲醇、10%左右的副产物甲缩醛和氯甲烷，其余为水。对其进行连续、高效的分离回收，不仅可以大大减少设备投资、节约生产用地、降低草甘嶙生产成本，还能大大减轻工人的劳动强度，减少污染物排放。

溶剂甲醇回收工艺一般采用连续精馏的双塔分离流程。第一个塔为脱甲缩醛塔，塔顶得到甲缩醛，塔釜物料再进入第二个塔精馏（甲醇精馏塔），塔顶得到精甲醇，塔釜排出废水，进入污水处理池。

③ 副产品氯甲烷的回收工艺　氯甲烷回收系统以处理酸解工序蒸出的不凝尾气为加工对象。该尾气中主要含有氯甲烷，另外含有未凝的甲缩醛和甲醇，以及 HCl 等。

氯甲烷回收系统一般采用三级处理工艺，工艺流程如图 1-49 所示。将酸解尾气先引入缓冲罐，再通经水洗塔水洗，除去尾气中的甲缩醛、甲醇，得一级处理后气体；草甘膦合成中酸解过程中产生的尾气流量不均衡，从 40～130℃气流量呈正态分布，在 100～110℃气流量达到最大值，通过调节循环水量来控制吸收后气体中甲缩醛和甲醇的含量，水洗塔为聚丙烯填料塔，内填玻璃矩鞍环的填料。一级处理后的气体经碱液吸收塔洗涤，除去气体中的酸性物质（HCl)，得二级处理后气体，碱液吸收塔为填料塔，碱液为浓度 30%的 NaOH 溶液。二级处理后的气体通经浓硫酸干燥塔干燥，得三级处理后气体，即纯度不小于 99.95%的氯甲烷气体，浓硫酸干燥塔为三塔串联式干燥塔。

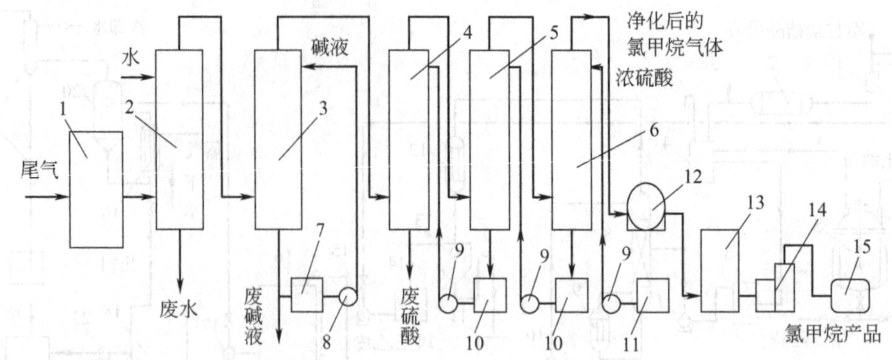

图 1-49 氯甲烷回收三级处理工艺流程

1—缓冲罐；2—水洗塔；3—碱洗塔；4—第三硫酸干燥塔；5—第二硫酸干燥器；6—第一硫酸干燥器；7—碱液槽；8—碱液泵；9—硫酸泵；10—硫酸中间槽；11—硫酸槽；12—鼓风机；13—气柜；14—压缩机；15—氯甲烷产品罐

三级处理后氯甲烷气体经罗茨鼓风机送至气柜后，经压缩机压缩至 0.7～0.8MPa，经换热器被冷凝为液体，然后收集于氯甲烷产品罐。

(5) 安全与环保

① 多聚甲醛，易燃固体，化学式 $(HCHO)_n$，单体相对分子质量 30；为甲醛的低聚物，粉末状；有强烈刺激性，有致敏作用，眼直接接触可致灼伤；操作人员佩戴防尘面具(全面罩)，穿胶布防毒衣，戴橡胶手套。

② 甘氨酸，分子式 $C_2H_5NO_2$，相对分子质量 75.07；白色结晶或结晶状粉末；熔点约 236℃，相对密度 1.160；易溶于水，10%的水溶液 pH 为 5.0～7.0。微毒，大白鼠经口 LD_{50} 为 7.39g/kg。

③ 三乙胺，易燃、具强刺激性无色油状液体，有强烈氨臭。分子式 $C_6H_{15}N$，相对分子质量 101.19；沸点 89.5℃，爆炸范围 8.0%～1.2%（体积分数）；微溶于水，溶于乙醇、乙醚等多数有机溶剂；其蒸汽与空气可形成爆炸性混合物；有中等毒性，大鼠经口 LD_{50} 为 460mg/kg；要求密闭操作，加强通风。

④ 甲缩醛，低闪点易燃液体，有类似氯仿的气味；结构式 $CH_3OCH_2OCH_3$，相对分子质量 76.09；沸点 42.3℃，闪点 −17.8℃，自燃点 237℃，爆炸范围 17.6%～1.6%；与醇、醚、丙酮等混溶；溶解能力比乙醚、丙酮强，能溶解树脂和油类；和甲醇的共沸混合物能溶解含氮量高的硝化纤维素；操作注意火源和热源。

1.6.2.3 项目实践教学——植物生长调节剂 4-吲哚-3-丁酸的实验室制备

(1) 实验目的

① 了解 4-吲哚-3-丁酸的合成原理；

② 掌握包含电动搅拌器、三口烧瓶、分水器和回流冷凝器实验装置的安装；

③ 掌握伴有回流和分水反应的实验室操作。

(2) 实验原理

① 主要性质和用途　4-吲哚-3-丁酸（IUPAC）也称吲哚丁酸或 3-吲哚丁酸；分子式 $C_{12}H_{13}NO_2$，相对分子质量 203.19，CAS 号 133-32-4；纯品为白色结晶固体，熔点 124～125℃（纯品）；121～124℃（原药），溶于苯（溶解度大于 1000g/L）等，难溶于水（20℃水中溶解度 50mg/L）；本品在中性、酸性介质中稳定，在碱金属的氢氧化物和碳酸化合物

的溶液中则成盐。农药制剂为无漂移粉剂或可湿性粉剂，广泛用于水杉、杨树、茶树、苹果、桃、梨、柑橘、猕猴桃、葡萄、草莓、一品红、石竹、菊花、月季、木兰和杜鹃等植物扦插生根；本品低毒，大鼠急性经口 LD_{50} 为 3160mg/kg，但对蜜蜂无毒；对环境有害，鲤鱼半数耐受水平（TLm，48h）180mg/L。吲哚丁酸结构式：

（吲哚环，N—H）$-(CH_2)_3COOH$

② 合成原理　吲哚与 γ-丁内酯，在氢氧化钾作用下于 280～290℃反应生成吲哚丁酸钾；吲哚丁酸钾用盐酸酸化制得吲哚丁酸。实验中，由于吲哚是固体，且不溶于水，因而为了使产物中少含吲哚，采用让 γ-丁内酯过量。反应式：

吲哚 + $\overline{OCH_2CH_2CH_2CO}$（γ-丁内酯）$\xrightarrow{KOH}$ 吲哚丁酸钾 $-(CH_2)_3COOK + H_2O$

吲哚$-(CH_2)_3COOK$ $\xrightarrow{HCl}$ 吲哚丁酸 $-(CH_2)_3COOH$ $+ KCl$

(3) 主要仪器和药品　电加热套（配 50ml 烧瓶），50ml 三口烧瓶，电动搅拌器，水银温度计，回流冷凝器，分水器，分液漏斗（100ml），烧杯，真空泵，布氏漏斗，表面皿。

吲哚，γ-丁内酯，氢氧化钾，四氢萘，聚乙二醇，盐酸（5%），pH 试纸。

(4) 实验内容　实验装置，如图 1-50 所示。按装置图安装实验装置。将 5.9g 吲哚、9.8g 氢氧化钾、1g 相转移催化剂聚乙二醇和干燥的 15ml 四氢萘分别投入三口烧瓶，混合后在室温下搅拌 30min，加 5.6g 的 γ-丁内酯，在高于 200℃下边搅拌边回流 4h。反应体系中水分由分水器除去。冷却后用 75ml 水将固体全部溶解。用分液漏斗分液，分出有机层用 5%盐酸酸化，至 pH 为 7，则有大量灰白色固体析出。布氏漏斗真空抽滤，水洗，灰白色固体置于表面皿中，105℃下干燥，得到产物吲哚丁酸，粗品收率 92.6%。

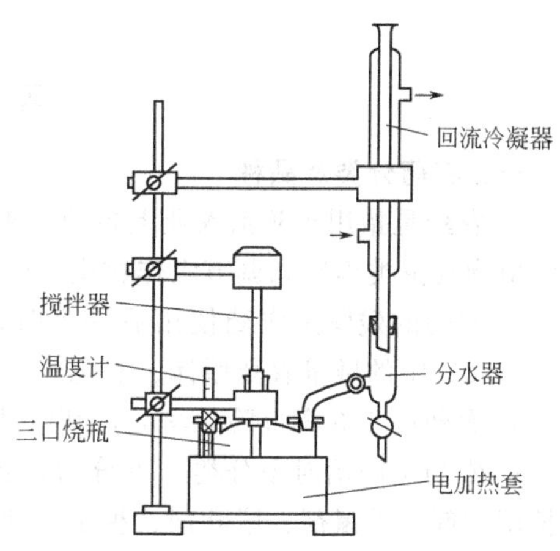

图 1-50　吲哚丁酸制备实验装置

(5) 实验数据与处理

原料用量				产品质量	以吲哚计算的收率/%
名称	吲哚	γ-丁内酯	氢氧化钾	吲哚丁酸(粗品)	收率=(实验得到的吲哚丁酸质量/以吲哚质量计算的吲哚丁酸理论质量)×100%
质量/g	5.9	5.6	9.8		
摩尔/mol	0.05	0.07	0.175		

(6) 安全与环保

① 吲哚 又称 2,3-苯并吡咯或 1H-吲哚，分子式 C_8H_7N，相对分子质量 117.15，CAS 号 120-72-9；无色片状白色晶体，遇光日久会变黄红色；沸点 253～254℃，熔点 51～53℃；溶于 70%乙醇等，几乎不溶于水；吲哚及其同系物广泛存在于自然界，如茉莉花中，浓时粪臭味，高度稀释有香味，可作香料。

② γ-丁内酯，分子式 $C_4H_6O_2$，相对分子质量 86.09，CAS 号 96-48-0；熔点－43.53℃，沸点 204℃，相对密度 1.1253 (25/4℃)；无毒透明的油状液体；和水完全可以互溶，可溶于乙醇、乙醚、苯和丙酮。用于有机合成，作为质子型溶剂用于封闭式干电池和锂电池电解液。有麻醉作用。

③ 四氢萘，分子式 $C_{10}H_{12}$，相对分子质量 132.20，CAS 号 119-64-2；无色或浅色透明液体；能与乙醇和乙醚相混溶，不溶于水，但能随水蒸气挥发；相对密度 0.981 (13℃)，熔点－30℃，沸点 207.2℃，自燃点 385℃，闪点 71.11℃；低毒性，大鼠口服 LD_{50} 为 2860mg/kg；遇明火、高温、强氧化剂可燃。

(7) 实验教学评估

① 针对实验装置安装进行评估；

② 针对学生称量、回流分液、油水分液、中和值测定操作、中和操作进行评估；

③ 查看学生实验中产品的收率；

④ 针对原理进行评估；提问：在合成吲哚丁酸时，为什么在吲哚和 γ-丁内酯两种原料中让 γ-丁内酯过量？

本项目小结

一、农药分类及品种

1. 农药是指用于防治农业上各种有害生物（有害昆虫、螨虫、植物病原微生物、杂草、水生植物及鼠类等）和调节农作物生长的一类药剂，包括农药原药和农药助剂。

2. 农药的残留是农药使用后一个时期内没有被分解而残留于生物体、收获物、土壤、水体、大气中的微量农药原体、有毒代谢物、降解物和杂质的总称。

3. 农药属于有毒危险化学品，其急性毒性有高毒、中毒、低毒和微毒四种。

4. 农药按防治对象分类 可分为杀虫剂、杀螨剂、杀菌剂、杀线虫剂、除草剂、植物生长调节剂、杀鼠剂、脱叶剂、种子处理剂和植物生长调节剂等。

5. 农药按加工剂型可分为粉剂、可湿性粉剂、可溶性粉剂、乳剂、乳油、浓乳剂、乳膏、糊剂、胶体剂、熏烟剂、熏蒸剂、烟雾剂、油剂、颗粒剂和微粒剂等。

二、农药生产工艺

1. 敌百虫生产方法有两步加料法和一步加料法两种。两步加料是先用甲醇与三氯化磷酯化制得亚磷酸二甲酯，再与三氯乙醛重排缩合生成敌百虫原药，该法缺点是亚磷酸二甲酯精制过程增长工艺流程。一步加料法是先将甲醇、三氯化磷和三氯乙醛三种原料按适当比例同时加入反应器，先要让甲醇和三氯化磷进行酯化反应生成亚磷酸二甲酯、氯化氢和氯甲烷，在低温下减压脱除副产氯化氢和氯甲烷，然后升温，让亚磷酸二甲酯与三氯乙醛继续缩合成敌百虫；一步加料法在我国采用较多。

2. 敌百虫一步加料连续法生产包括酯化（合成亚磷酸二甲酯）、脱酸（脱副产物氯化氢）、缩合（合成敌百虫）和脱液等四个核心工序。在三氯化磷、甲醇和三氯乙醛三种原料中，让甲醇和三氯乙醛过量，酯化反应的温度 45℃左右，脱酸温度 80℃，缩合反应温度 90～95℃，脱液温度 95～105℃，短暂加热到 145℃。酯化、脱酸、缩合和脱液，每个工序均需要真空操作配合。

3. 烷基酯法生产草甘膦是以甘氨酸、多聚甲醛和亚磷酸烷基酯为原料，经多聚甲醛的解聚、甲醛与甘氨酸的在三乙胺催化下重排缩合、亚磷酸二甲酯与重排缩合产物的缩合，以及酸解、脱溶剂、脱酸、中和、结晶和过滤等过程制得。原料配比（摩尔比）为甲醛：甘氨酸：亚磷酸二甲酯：甲醇：三乙胺＝(1.4～2)：1：(1.02～1.10)：(4～15)：(1.05～1.40)；多聚甲醛解聚温度为 35～40℃，甲醛与甘氨酸重排缩合反应温度 30～44℃，亚磷酸二甲酯的缩合反应温度为 50～60℃，其中甲醇为溶剂、三乙胺为催化剂；缩合反应体系要求无水，甲醇和三乙胺进缩合反应釜前应该干燥（脱水）。酸解中盐酸用量对甘胺酸用量摩尔比一般(2.9～3.4)：1；反应温度维持在 50～120℃。缩合和酸解中要求搅拌良好。

4. 草甘膦烷基酯法生产中还包括三乙胺回收系统、溶剂甲醇回收系统及氯甲烷回收系统等三个辅助加工系统。每个辅助加工系统都有独立的加工工艺。

思考与习题

(1) 指出农药和农药的残留的概念。

(2) 农药常见剂型有哪些？

(3) 敌百虫生产中若采用亚磷酸二甲酯和三氯乙醛为原料，则在经济性方面可能与以甲醇、三氯化磷和三氯乙醛为原料的一步加料法类似，还是与前三种原料的两步加料法类似？

(4) 敌百虫一步加料连续法生产工艺中酯化、缩合均采用釜式反应器，如何实现连续操作的？

(5) 敌百虫生产中的脱液工序，主要采用降膜蒸发或升膜蒸发，了解其中的物料状态吗？

(6) 烷基酯法生产草甘膦中，三乙胺起什么作用？

(7) 烷基酯法生产草甘膦中，水对缩合工序中反应有何影响？原料为什么不用甲醛而用多聚甲醛？

(8) 烷基酯法生产草甘膦中，缩合过程副反应多，主要有哪些？有什么后果？怎样抑制副反应？

(9) 烷基酯法生产草甘膦连续结晶工艺中为什么需要中和操作？pH 控制多少好？

1.7　项目七　染整助剂

项目任务

① 了解染整助剂的定义和作用，印染助剂和织物整理剂的种类和主要品种；

② 通过实践教学，认识某些染整助剂的品种外观，观察染料、匀染剂染色，了解涂料印花胶黏剂印花、织物的树脂整理过程；

③ 掌握网印印花粘合剂和荧光增白剂 VBL 的生产工艺；

④ 掌握尿素甲醛树脂防皱剂的实验室制备方法。

我国纺织品产量约占世界总产量的 30%，保持着 10%～15%左右的增长速度。染整助剂是纺织印染剂及整理剂的简称，是织物后处理加工中不可缺少的部分。作为精细化工的一个类别，染整助剂日益受到人们的重视。随着研究工作日益深入和应用水平不断提高，国产的染整助剂的品种也愈来愈多。

1.7.1 染整助剂分类及品种

1.7.1.1 知识点一 染整助剂的定义和作用

（1）染整助剂的定义　纺织工业加工除了纺丝、纺纱和织布等传统工序外，还包括前处理、染色、印花和后整理等四大工序。

前处理主要是去除纺织纤维上的各种杂质，改善纺织物的性能、为后续工序提供合格的半制品。染色是通过染料和纺织纤维发生的物理或化学的结合，使纺织物获得鲜艳、均匀和坚牢的色泽。印花是用染料或颜料在纺织物上获得各种花纹图案。后整理是根据纺织纤维的特性通过化学或机械的作用，改进纺织物的外观或形态稳定性，提高纺织物的服务性能或赋予纺织物阻燃、拒水、拒油、抗静电、抗菌防霉等特殊功能。

纺织染整助剂是在织物前处理、染色、印花和后整理过程中使用，以提高纺织品的质量、改善加工效果、提高生产效率、简化工艺过程、降低生产成本和赋予纺织品各种优异的性能一类化学品。

（2）染整助剂的作用　染整助剂在染整工业中主要作用包括润滑、润湿、促染、乳化、分散、助溶增溶、发泡、消泡、净洗、匀染、柔软、固色、防水、防污、防皱、防缩、阻燃、抗静电、防蛀和防霉等。

1.7.1.2 知识点二 印染助剂种类和主要品种

印染助剂类别主要有匀染剂、固色剂、增稠剂、胶黏剂和荧光增白剂等。每类印染助剂都有很多品种。

（1）匀染剂

① 匀染剂的功能　对织物染色，必须使染料分子均匀地分布在纤维表面上，并使分布于纤维表面的染料向纤维内部扩散。当织物整个表面的颜色深度、色光和艳亮度都很一致时，该染色可称为均匀染色。但实际染色中常出现不均匀染色现象，如条花和染斑，一方面原因是由于纤维的物理、化学结构不均匀；另一方面是染色前处理和染色条件不当所致。为使染色中染色速度快、易起斑的染料达到均匀染色的目的。可采取下列措施：一方面控制染色速度，这可通过控制升温速度、控制染料的瞬染性、使用匀染剂、缓染剂，使拼色的染料保持染色速度一致和控制促染剂；另一方面使染浴的浓度和温度均匀，可加大染液流量、使用匀染能力大的染色机械和提高溶液的稳定性。虽然凭借高超的染色技术、严格细心的操作，有时可以获得均匀的染色效果，但并不十分稳妥。简单易行的方法是加入匀染剂。

匀染剂具有缓染性和移染性。匀染既能使染料缓慢的被纤维吸附，又能使染料从深色部分向浅色部分移动，同时不降低染色坚牢度。大多数的匀染剂都属于表面活性剂，根据极性基团的解离性质并根据离子型表面活性剂所带电荷，可分为阴离子型、阳离子型和非离子型等类型。

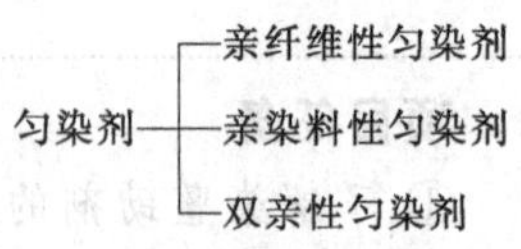

匀染剂
- 亲纤维性匀染剂
- 亲染料性匀染剂
- 双亲性匀染剂

图 1-51　按作用机理分类

② 匀染剂分类　按作用机理分类，如图 1-51 所示；按染色中纤维类型分类，如图 1-52 所示。

③ 常见的匀染剂品种

a. **匀染剂 S**　属于阴离子型匀染剂，主要用做酸性染料的匀染。结构式：

CH_2　SO_3Na

b. **匀染剂 AN**　属于阳离子型匀染剂，主要用做酸性染料的匀染。结构式：$C_{17}H_{35}CONHCH_2CH_2N(CH_3)_2$。

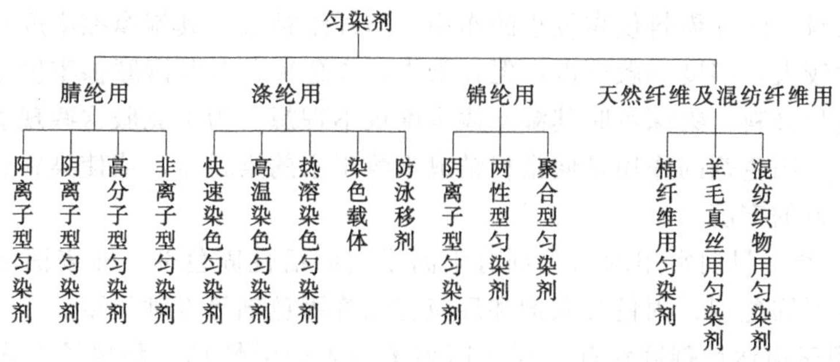

图 1-52　按染色中纤维类型分类

c. **匀染剂 DC**　化学名称 *N*,*N*-二甲基十八烷基苄基氯化铵，属于阳离子型匀染剂，主要用于阳离子型染料的匀染。结构式：

$$\left[C_{17}H_{35}-\overset{\displaystyle CH_3}{\underset{\displaystyle CH_3}{N}}-CH_2-C_6H_5 \right]^+ Cl^-$$

d. **匀染剂 1227**　化学名称 *N*,*N*-二甲基十二烷基苄基氯化铵，属于阳离子型匀染剂，主要用于阳离子型染料的匀染。结构式：

$$\left[C_{12}H_{25}-\overset{\displaystyle CH_3}{\underset{\displaystyle CH_3}{N}}-CH_2-C_6H_5 \right]^+ Cl^-$$

e. **匀染剂 GS**　由 A 和 B 两组分构成，两者主要用做分散染料的匀染剂。结构式：

$$\begin{array}{l} CH_2-O-(CH_2CH_2O)-CO-(CH_2)_7CH{=}CH(CH_2)_7CH_3 \\ | \\ CH-O-(CH_2CH_2O)-CO-(CH_2)_7CH{=}CH(CH_2)_7CH_3 \\ | \\ CH_2-O-(CH_2CH_2O)-CO-(CH_2)_7CH{=}CH(CH_2)_7CH_3 \end{array}$$

A 组分

$$C_6H_5-\underset{\displaystyle CH_3}{HC}-C_6H(CH(CH_3)C_6H_5)_2-O-(CH_2CH_2O)_{25}-SO_3NH_4$$

B 组分

f. **匀染剂 BOF**　属于聚醚型匀染剂，主要用做分散染料的匀染。结构式：

$$R-C_6H_4-O\!\left(CH_2CH_2O\right)_n H$$

(2) 固色剂

① 固色剂功能　固色剂是固色过程所用的化学品。纤维和织物经染色后，虽然可以染出比较鲜艳的颜色，但由于有些染料上带有可溶性基团使湿处理牢度不够，褪色和沾色现象不仅使纺织品本身外观陈旧，同时染料还会从已经染色的湿纤维上掉下来，以致沾污其纤维

和织物。直接染料、酸性染料仅靠较小的作用力与纤维结合，其湿摩擦牢度较差；活性染料与纤维的结合力较大，牢度一般可以，但在染中、深色颜色时其湿摩擦牢度也较低；不溶性的偶氮染料及硫化染料，染深色时其湿摩擦牢度也不理想。为了克服这些现象，通常进行固色剂的固色处理。固色剂的作用是使染料结成不溶于水的染料盐，或使染料分子增大而难溶于水，以提高染料的牢度。

② 固色剂分类　目前常用的固色剂有阳离子表面活性固色剂、非表面活性季铵型固色剂、阳离子树脂型固色剂、固色交联剂和反应型无醛固色剂等五种类型。

a. **阳离子型表面活性剂固色剂**　属于阳离子型表面活性剂。阳离子型表面活性剂可不同程度的提高直接染料和酸性染料的染色坚牢度，提高的程度主要取决于染料本身，因为生成的盐类的溶解度与染料的相对分子质量及磺酸基或羧酸基的数目有关。在多数场合下，阳离子型表面活性剂固色剂具有较好的固色作用，但在改进皂洗牢度方面还有不足。阳离子型表面活性剂固色剂多数属于烷基吡啶盐类。结构式：

$$R-^{+}N\langle\text{pyridine}\rangle X^{-}$$ R为$C_{10}\sim C_{20}$烷基，X为强无机酸根

b. **非表面活性季铵型固色剂**　这类固色剂的分子结构中尽管含有2个或2个以上的季铵基团（属于阳离子基团），但并不属于阳离子型表面活性剂的范畴。水溶性阴离子染料用于染色之后，采用含氮或其盐类与芳基或杂环基而不是与高分子烷基结合的固色剂进行固色处理，能够提高染色牢度，尤其是耐洗牢度。

c. **树脂型固色剂**　一般为具有立体结构的水溶性树脂，它是目前应用于直接染料染色后处理较为广泛的一种固色剂。

d. **固色交联剂**　属于反应型的固色剂。它是最近发展起来的一种新型染料固色剂，既具有能与纤维键合的活性基团，又具有能与染料阴离子结合的阳离子基团。固色交联剂能将水解染料加以固色，在获得相近染色深度和牢度情况下，可节约活性染料50%左右。

e. **反应型无醛固色剂**　属于反应型的固色剂。它是以环氧氯丙烷为反应性基团与胺、醚、羧酸等反应而制得的固色剂，大多数为聚合物，具有阳离子和反应性基团，能与带负电染料（活性、酸性、直接染料）结合成盐，又能与纤维和染料中的羟基、氨基等基团交联，从而提高染色的湿处理牢度。

(3) 增稠剂　纺织品印花被称为局部染色，是通过使用印花浆料（色浆）来完成的。织物印花按着色剂分为染料印花和涂料印花。染料印花也叫湿法印花，染料印花浆料采用水基溶液或悬液浆料（俗称水浆），着色剂为染料，印花设备采用花筒或圆网或平网，适合织物大面积图案的印花。涂料印花也叫干法印花，涂料印花浆料多采用乳液浆料（俗称胶浆），着色剂为颜料，印花设备以平网为主，适合对印制图案有精致要求并仅起点缀性效果的小面积印花。染料印花浆料和涂料印花浆料配方，都会用到增稠剂。

① 增稠剂概念　增稠剂是一种在印花浆料（色浆）中起增稠作用的高分子化合物，它赋予印花浆料（色浆）的黏性和可塑性，从而把染料（或颜料）和其他化学助剂传递到织物上去，防止花纹渗化。当完成固色后，增稠剂被从织物上洗去。

增稠剂在印花浆料中也叫糊料。糊料与水配制得到的溶液或分散体系（悬液或乳液）称为原糊。溶液型或悬液型原糊（如海藻酸钠糊、淀粉糊或合成增稠剂糊）与染料和其他助剂拼配可得到水基溶液或悬液浆料，其印花效果很大程度上取决于原糊性能。乳液型原糊（A邦浆或合成增稠剂糊）与胶黏剂、颜料和其他助剂拼配可得到乳液浆料。

悬液浆料的印花原理是在印花机械力所产生的切变力作用下，印花水溶液浆料的黏度会

瞬间大幅度降低；当切变力消失时，印花水溶液浆料的黏度回复至原来情况，这样印花水溶液浆料在高黏度下使织物印花轮廓清晰。其中，增稠剂赋予了印花浆料这种随切变力改变而发生黏度变化的特性。

② 增稠剂分类　按来源分为天然增稠剂、改性的天然增稠剂、乳化增稠剂（乳化糊）和合成增稠剂。

a. **天然增稠剂和改性增稠剂**　在合成增稠剂为出现之前，织物印花使用天然增稠剂和改性的天然增稠剂，如海藻酸钠、淀粉类、纤维素和树胶之类等。

海藻酸钠印花色浆印花时给色量高、可塑性好，印制精细花纹时轮廓清晰；渗透性良好，印花得色均匀，印花织物手感柔软；黏附于花筒或筛网的糊料也易于清除。

淀粉配制印花色浆成糊率较高，淀粉印花色浆具有给色量较高、印花轮廓清晰和不粘烘筒等优点，除涂料印花和活性染料印花外，适宜作其他各类染料印花色浆的糊料，是一种主要糊料。但淀粉印花色浆难以洗除，因此不单独使用。

糊精是利用淀粉在强酸作用下加热烘培，使其分子链裂解的产物。糊精制糊方便，渗透性好，但表面给色量低、轮廓线条较差和制糊率低。一般糊精与淀粉混用，互相取长补短。

羧甲基淀粉（CMS）是由醚化天然淀粉制得。它防止了淀粉分子的连接，同时，显著地改进了稳定性和洗净性。CMS 已被用做分散性染料印花中的增稠剂，也被用于活性染料印花。

改性纤维素用做印花原糊，主要有羧甲基纤维素（CMC）和水溶性甲基纤维素。

b. **乳化增稠剂**　乳化增稠剂也称为乳化糊，属非离子型，可与一般涂料印花粘合剂拼用。主要品种有 Acrapan A（乳化浆 A，俗称 A 邦浆），是由 70%～80%的高沸点煤油、羧甲基纤维素（CMC）、乳化剂和水在高速搅拌下形成 O/W（油/水相）乳状液，所用的煤油为 200 号溶剂油（沸程 140～200℃）。乳化浆 A 为白色、稠厚状水包油乳液，稳定性好，具有花纹精细、色泽鲜艳、手感柔软、易在亲水性纤维上印透和印花后的洗涤简单等优点，但其中含有大量溶剂油，在印花后烘干中，溶剂油进入大气中，浪费资源也污染环境。

c. **合成增稠剂**　属于从取代的乙烯基化合物衍生而来的长链聚合物，主要用于配制乳液印花浆料，也用于配制悬液印花浆料，也与天然糊料配合使用，用于水溶液型印花浆料。其单体的结构式为：

$$\begin{array}{ccc} H & & R \\ & \diagdown \quad \diagup & \\ & C{=}C & \\ & \diagup \quad \diagdown & \\ H & & X \end{array}$$

其中，R 为烷基基团；X 为官能基团。合成增稠剂具有非常典型的假塑性流变性能。它们在应力下立即变稀且流动性好；当应力消失后，瞬时就回复其原来的黏度。合成增稠剂配制的印花色浆印花后能得到较光滑、均匀和精细的印花制品。由于合成增稠剂对水有极高的增稠能力，即使用量很少，也能得到类似于 Acrapan A 乳化浆的产物，被称为无煤油涂料印花。合成增稠剂有非离子型和阴离子型两大类。非离子型乳化增稠剂是一种非离子高分子化合物的乳化体，大多数是聚乙二醇醚类衍生物，这类增稠剂使用方便、适应性好、应用面也较广，但其增稠效果不如阴离子型增稠剂；阴离子型增稠剂是一种高分子电解质化合物，由含有羧基的烯酸、丙烯酸酯或苯乙烯及有两个烯基的化合物一起共聚获得。这类增稠剂分子链上含有羧酸基，在中和后，即使固含量极低也有较高的黏度，它对印花后织物手感和色光基本上无不良的影响。

（4）胶黏剂

① 胶黏剂功能　胶黏剂用于配制乳液印花浆料（胶浆），胶浆主要用于涂料印花。胶黏剂是一种高分子成膜物质，在色浆中呈溶液或分散状，当溶剂或其他液体蒸发后，在印花的地方形成一层很薄（通常只有几微米厚）的膜，通过成膜而将颜料颗粒等物质黏着在纺织品的表面。成膜的好坏将直接影响印花织物的牢度等性能。目前，涂料印花浆料配制主要采用合成树脂胶黏剂，并且拼用固含量很低的乳化糊作糊料。常用的胶黏剂主要是丙烯酸酯、丁二烯、醋酸乙烯酯、丙烯腈、苯乙烯等单体的共聚物。

② 胶黏剂分类　涂料印花胶黏剂按分散情况分为水分散型、油/水型和水/油型三种糊料。按反应性能分为非反应型胶黏剂和反应型胶黏剂。

a. **非反应型胶黏剂**　在印花和后处理的过程中，无论是自身或与交联剂、纤维等都不发生反应；主要包括聚丙烯酸酯共聚物、丁二烯共聚物以及醋酸乙烯酯共聚物；这类胶黏剂所结的膜一般可被适当的溶剂溶解，耐热性、干洗牢度和摩擦牢度不够理想。

b. **反应型胶黏剂**　通过在胶黏剂分子链中引入适当的反应性基团，使胶黏剂能通过交联或直接和纤维结合，形成网状结构，因此耐溶剂性、耐热性和弹性均大为提高，摩擦牢度也可改善；根据所含的反应性基团的不同可分为含氨基单体的胶黏剂、含羟基单体的胶黏剂和可自身交联并和纤维反应的胶黏剂三类。

羟甲基酰胺属于可自身交联并和纤维反应的胶黏剂，作用机理分两个步骤，首先发生自身交联反应，然后与纤维素纤维的反应。其过程可表示如下。

自身交联反应：

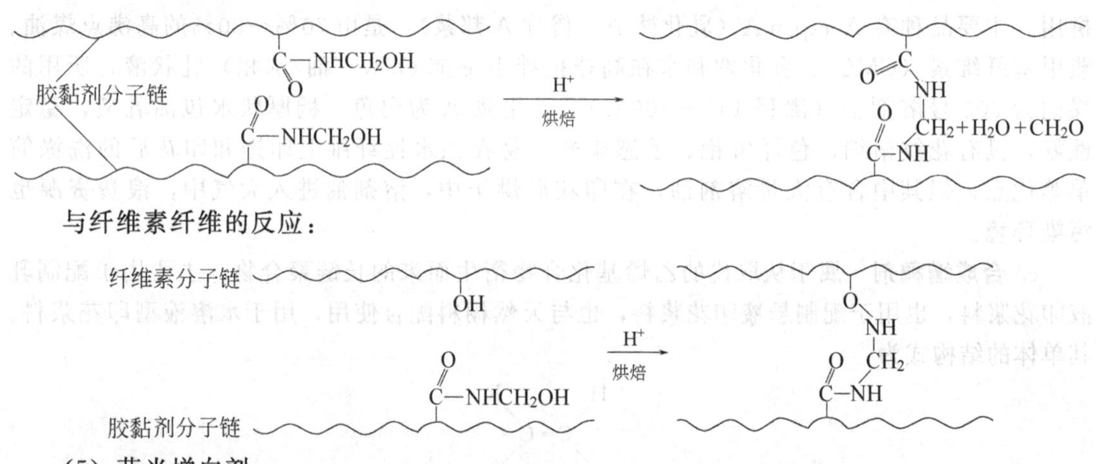

（5）荧光增白剂

① 荧光增白剂的概念　荧光增白剂是无色的荧光染料，也称光学增白剂。它和被增白的物体不发生化学反应，而是依靠光学作用增加物体的白度，是利用荧光给予人们视觉器官以增加白度感觉的白色染料。它像各种纤维染色所有的染料一样，可以上染各种类型的纤维。

② 荧光增白剂的分类　能产生荧光增白作用的化合物主要有二氨基二苯乙烯型、香豆素型、苯并噁唑型、萘二甲酰亚胺型、吡唑啉型五类，见表1-38所列。

a. **二氨基二苯乙烯类**　该类荧光增白剂是4,4′-二氨基-二苯乙烯-2,2′-二磺酸（DSD酸）与三聚氯氰的缩合物，在已商品化的荧光增白剂中，该类荧光增白剂品种最多，占80%以上，它们被广泛用于纤维素类纺织品中，同时在纸张、再生纤维以及洗涤剂的应用也很广泛。典型的品种有荧光增白剂VBL等。

表 1-38 主要类型荧光增白剂代表结构式及商品

类别	结构通式	代表物	商品名	最大吸收波长(nm)及色光
二氨基二苯乙烯型	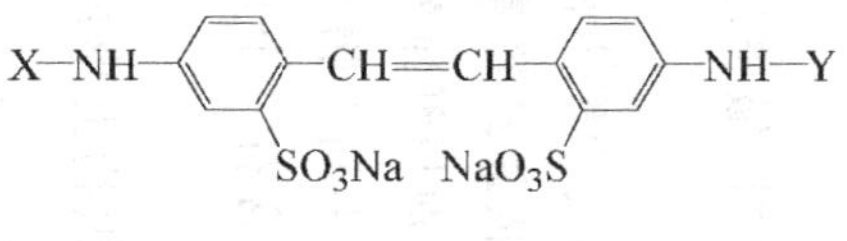 X—NH—, —CH═CH—, —NH—Y, SO_3Na, NaO_3S	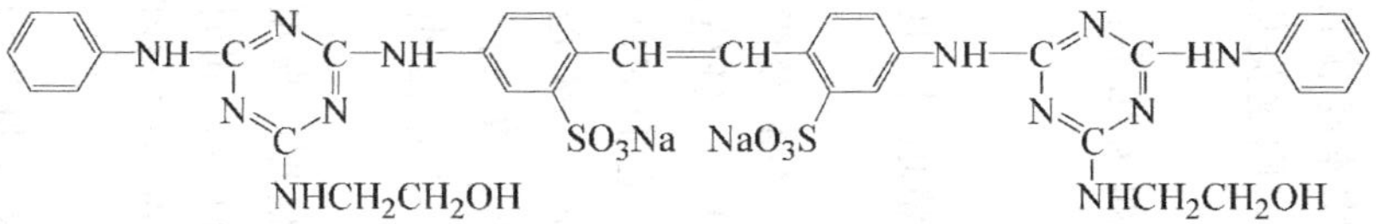 —NH—, —NH—, —CH═CH—, —NH—, —HN—, N, C, SO_3Na, NaO_3S, $NHCH_2CH_2OH$, $NHCH_2CH_2OH$	荧光增白剂 VBL	346 蓝色荧光
香豆素型	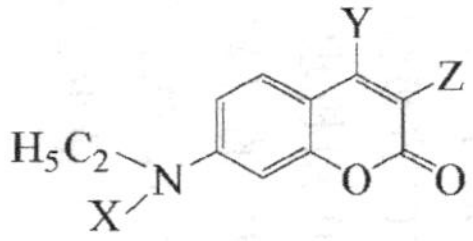 Y, Z, H_5C_2, N, X, O, O	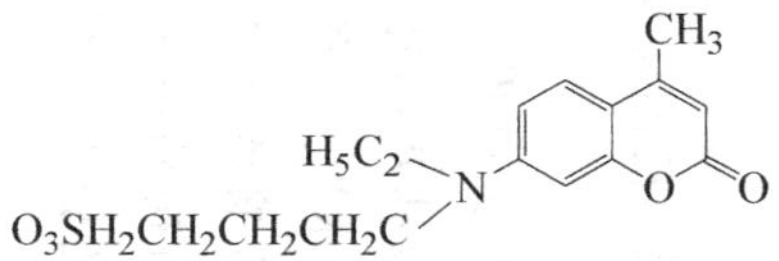 CH_3, H_5C_2, N, $O_3SH_2CH_2CH_2CH_2C$, O, O	荧光增白剂 WS	较强蓝色荧光
苯并噁唑型	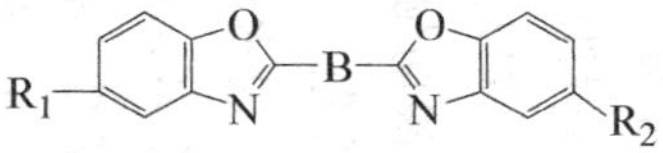 R_1, O, N, B, O, N, R_2 (对称型)	$R_1=R_2=CH_3$ B=—CH═CH—	荧光增白剂 DT	363
		$R_1=R_2=H$ B= 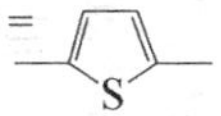 (S)	荧光增白剂 EBF	367 蓝色荧光
		$R_1=R_2=t\text{-}C_4H_9$ B= 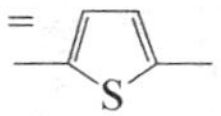 (S)	荧光增白剂 OB	374 亮蓝荧光
	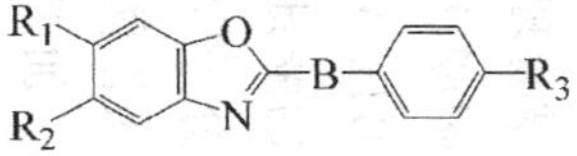 R_1, R_2, O, N, B, R_3 (不对称型)	$R_1=R_2=CH_3$, $R_3=COOCH_3$ B=—CH═CH—	荧光增白剂 ET	—
萘二甲酰亚胺型	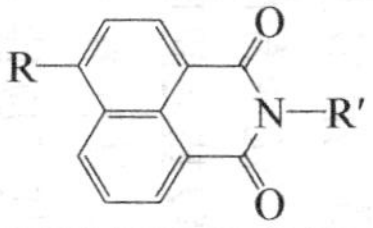 R, O, N—R′, O	$R=OCH_3$, $R'=CH_3$	荧光增白剂 AT	蓝色荧光
吡唑啉型	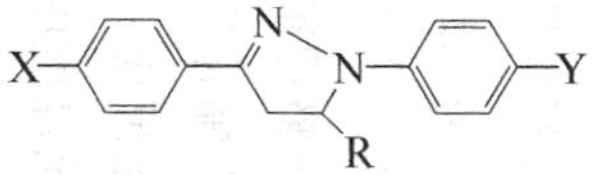 X, N, N, Y, R	X=Cl, $Y=SO_3Na$ R=H	荧光增白剂 WG	350 蓝色荧光
		X=Cl, $Y=SO_3NH_2$ R=H	荧光增白剂 DCB	

b. **香豆素类** 香豆素本身就具有非常强烈的荧光，在它的4位、7位上引入各种取代基团就可使其成为具有实用价值的荧光增白剂。该类型品种尽管它的耐日晒牢度不好，但由于它的荧光十分强烈，故自它从1954年上市以来，一直被用于羊毛纤维的增白。

c. **苯并噁唑类** 该类荧光增白剂产量上仅次于二氨基二苯乙烯型的荧光增白剂，且多数属于高性能的荧光增白剂。典型品种如荧光增白剂OB-1，被广泛用于涤纶纤维树脂的原液增白。它不常以单一组分使用，而是常与其他相似结构的荧光增白剂一起使用，构成混合型荧光增白剂。

d. **萘二甲酰亚胺型** 4-氨基-1,8-萘二甲酰亚胺以及它们的*N*-衍生物本身就具有较强烈的绿光黄色荧光，所以它们一直被用做荧光染料。将4位上的氨基酰化，则这类化合物的最大荧光波长向蓝移动，适合作为荧光增白剂使用。

e. **吡唑啉型** 1,3-二苯基-吡唑啉类化合物具有强烈的蓝色荧光，如荧光增白剂DCB，用于腈纶纤维的增白。

1.7.1.3 知识点三 织物整理剂种类和主要品种

织物整理剂包防皱整理剂、柔软整理剂、抗静电整理剂、抗菌防臭整理剂、阻燃整理剂和防水整理剂等类别。

(1) 防皱整理剂 棉、麻、丝织物及黏胶纤维在纺织印染过程中，不断经受外力（牵伸、弯曲、拉宽等）的作用而变形，而在洗涤过程中的湿和热的作用下，纤维的变形部分会急速复原，从而产生剧烈的收缩现象，一般称为“缩水”。另外，它们的纤维缺少弹性，防皱性较差，为克服以上缺点，除对织物进行机械防缩整理之外，主要是使用防缩防皱剂进行化学整理。由于防缩防皱剂主要由合成树脂的初缩体组成，故一般也称树脂整理。按防皱整理剂结构进行分类，可分为*N*-羟甲基类树脂整理剂、无甲醛类树脂整理剂和关联剂等。

① *N*-羟甲基化合物整理织物 常用于棉及黏胶纤维等织物的防皱整理。典型品种如二羟甲基乙烯脲（DMEU），它在纤维素纤维整理中，可与纤维素的羟基反应，同时羟甲基基团之间也进行脱水缩合，再脱出甲醛，脱出的甲醛能被织物所吸收，再进一步与纤维素的羟基反应，并形成若干缩合型长分子链，达到防皱效果。

N-羟甲基化合物整理织物的耐洗性取决于*N*-羟甲基化合物与纤维素交联反应生成物的稳定性，实际上是指交联生成物对酸、碱水解的稳定性。

② 无甲醛类树脂整理剂 在无甲醛类树脂整理剂中，包括多元羟酸防皱整理剂、聚氨酯防皱整理剂、环氧树脂防皱整理剂和热塑性树脂防皱整理剂等几类。

多元羟酸作为防皱整理剂能够改善棉、黏胶以及麻织物的防皱性和尺寸稳定性，典型品种如1,2,3,4-丁烷四羟酸（BTCA)。多元羟酸防皱整理剂作用机理是依靠纤维素分子的羟基和整理剂的羧基之间形成的酯键而交联。首先，多元羟酸中的羟酸分别与纤维素上的羟基发生酯化反应，从而在纤维分子间形成交联，脱水成酐；然后，通过酐中间产物与纤维发生酯化反应。以其反应性和抗皱性能考虑，每个多元羟酸分子中最少必须含有三个羟酸，随着多元羟酸中羟酸数目的增加，加工织物的防皱性亦提高。

而聚氨酯、环氧树脂、热塑性树脂作为无甲醛树脂整理剂，能在织物上形成强韧的薄膜，从而赋予织物以防皱性。

③ 反应性交联剂 反应性交联剂又称架桥剂，一般是含有多个能和纤维素纤维的羟酸发生反应的化合物，如乙烯砜、乙烯亚胺、二异氰酸酯、缩水甘油醚等。这些交联剂单独使用、或与防皱效果好的树脂（如脲醛、羟甲基三聚氰胺等）合用，处理的织物即得到“洗可

穿”的效果。这是由于交联剂的官能团像活性染料的活性基一样既能和纤维分子中的羟基或氨基发生化学反应，又与树脂整理剂分子中的羟基或氢基发生化学反应。因此，反应性交联剂能使纤维分子之间，纤维和树脂整理剂之间，以及树脂整理剂分子之间均产生共价结合，从而防皱性能大为增进。经反应性交联剂整理，不仅在干燥情况而且在潮湿情况下，织物都具有较强的防皱性能。

(2) 柔软整理剂　天然纤维在后处理中使用过各种树脂，虽然被赋予防缩、防皱、快干和免烫等性能，但手感变得粗糙，因此在树脂工作液中或在后期处理浴中常加入柔软剂，同时进行柔软整理。

柔软整理剂一般为表面活性剂。当在整理液中加入柔软整理剂后，柔软整理剂能在纺织纤维与整理液的界面发生定向吸附，从而降低了界面张力，使纤维变得容易扩展表面、伸展长度，这样织物变得蓬松、丰满、产生了柔软手感。另外，柔软整理剂在纤维表面被吸附，产生一薄层，且疏水基向外整齐地排列，这样织物之间、织物与人体之间摩擦就发生在互相滑动的疏水基之间，疏水基越长越易于滑动，从而获得柔软的手感。

柔软整理剂大致分非表面活性类、表面活性剂类、反应型和高分子聚合物乳液型等四类。使用中，一般采用不同类型的柔软整理剂复配。

① 非表面活性类　该类柔软整理剂是以天然油脂、石油为原料，在乳化剂的作用下配置而成的乳液，可用做纺织油剂和柔软整理剂。

② 表面活性剂类　大部分柔软整理剂品种都属于表面活性剂。早些时期，阴离子型和非离子型柔软剂用于纤维素纤维的柔软整理，但现在被阳离子型柔软剂替代。阳离子型柔软剂既适合纤维素纤维的柔软整理，也适合合成纤维的柔软整理。

③ 反应型柔软剂　反应型柔软剂，也称为活性柔软剂，是在分子中含有能与纤维素纤维的羟基（—OH）直接反应形成酯键或酯醚共价结合的柔软剂。因具有耐磨、耐洗的持久性，故又被称为耐久性柔软剂。

④ 高分子聚合物乳液　这类柔软剂主要是由聚乙烯或有机硅树脂等高分子聚合物制成的乳液，用于织物整理不泛黄，不使染料变色，不仅有很好的柔软效果，而且还有一定的防皱和防水性能。在织物进行树脂整理时，若加入这类柔软剂，即可改善织物的手感，又可防止或减轻树脂整理剂引起的纤维强度和耐磨性降低等问题。但它们的摩擦牢度较差，价格较贵，故仅用于高档纺织物的整理。

(3) 抗静电整理剂　抗静电剂是添加在各种纤维中或涂覆在各种纤维表面以防止高分子材料的静电危害的一类化学物质。抗静电剂的作用是将体积电阻率高的高分子材料的表面层的电阻率降低到 $10^{10}\Omega$ 以下，从而减轻高分子材料在加工和使用过程中静电积累。抗静电剂按其应用方法可分为纤维外用抗静电剂和内用抗静电剂。外用抗静电剂又分为暂时性的抗静电剂和耐用性的抗静电剂抗静电剂。而内用抗静电剂均为永久性的抗静电剂。内用抗静电剂一般在高分子材料合成时或制作加工及纤维成型过程中添加进去的抗静电剂。外用抗静电剂多属于表面活性剂，使用时通常是配成 0.5%～2.0%浓度的溶液，然后用涂布或喷雾或浸渍等方法使之附着纤维表面。

(4) 抗菌防臭整理剂　为了让织物在穿用抗菌防臭，可利用抗菌防臭整理剂进行防臭整理。抗菌防臭整理剂是具有抗菌防臭能力的加工助剂。抗菌防臭整理剂的种类很多，性能各异。常用的抗菌防臭整理剂主要有有机硅季铵盐类、季铵盐类、双胍类和无机类等。无机类抗菌整理剂主要用于合成纤维的纺丝加工中，有机硅季铵盐类、季铵盐类、双胍类等有机类抗菌整理剂主要用于天然纤维的后整理。代表性品种，见表 1-39 所列。

表 1-39 抗菌防臭整理剂主要类型及代表性品种

分类	代表性抗菌防臭剂品种
无机类	抗菌性泡沸石，含金属离子溶出型玻璃粉、硅酸银、磷酸盐类等
与纤维配位的金属类	磺酸银、聚丙烯酸硫酸锌配位化合物等
有机硅季铵盐	十八烷基二甲基-3-(三甲氧基硅烷丙基)氯化铵
季铵盐类	十六烷基二甲基苄基氯化铵、聚氧乙烯基三甲基氯化铵、3-氯-2-羟丙基三甲基氯化铵、*N*-甲基-*N*-十六烷基-3-(乙基砜-2-硫酸钠)丙基溴化铵
双胍类	1,1′-六亚甲基-双[5-(4-氯苯基)双胍]二盐酸盐、聚六亚甲基双胍盐酸盐
苯酚类	烷基双酚钠盐、2-溴-3-硝基-1,3-丙二醇、对氯间二甲苯酚
铜化合物	含硫化铜黏胶、聚丙烯腈-硫化铜复合物、苯酚类铜络合树脂
天然化合物	植物类提取物、壳聚糖等
其他	碘配位化合物

(5) 阻燃整理剂　阻燃是指降低材料在火焰中的可燃性，减慢火焰蔓延速度，当火焰移去后能很快自熄，不再引燃。阻燃整理是通过吸附沉积、化学键合、非极性范德瓦耳斯力结合及黏合等作用使阻燃剂固着在织物或纱线上，而获得阻燃效果的加工过程。

阻燃整理对于阻燃剂的要求是颗粒细，易渗入纤维，与纤维结合能力强，尽可能少影响织物的性能和色泽，对染色等助剂无不良影响，在印染厂现有设备上无需特殊装置便可进行阻燃整理。阻燃剂种类繁多，其化学组成、结构及使用方法也各有不同。最常使用的阻燃剂是以元素周期表中第Ⅲ族的硼和铝，第Ⅴ族的氮、磷、锑、铋，第Ⅵ族中的硫，第Ⅶ族的氯和溴等元素为基础的某些化合物。此外，镁、钡、锌、锡、钛、铁、锆和钼的化合物也被用做阻燃剂。而大多数的有机阻燃剂是以磷和溴为中心阻燃元素的化合物。

按化合物的类型，阻燃剂可分为无机阻燃剂和有机阻燃剂两大类。按所含的阻燃元素来分类，则可分为磷系、卤系、硫系、锑系、硼系和铝系阻燃剂等，卤系又可进一步分为氯系和溴系。按阻燃剂的使用方法和在聚合物中的存在形态，可分为添加型和反应型两大类；添加型阻燃剂在使用时是将阻燃剂分散到聚合物中或涂布在聚合物表面，它们与聚合物不发生化学反应，属于物理分散性的混合；而反应型阻燃剂则往往作为一种组分参加聚合反应，或者能与聚合物发生反应，它们相互之间存在着化学键合，使阻燃剂能长期稳定地存在于材料内部而不渗出流失；添加型阻燃剂比反应型阻燃剂应用更多。

(6) 防水整理剂　防水整理是赋予织物拒水和耐水压两方面性能的加工。防水整理包括拒水整理和涂层整理。拒水整理是以改变织物的表面性能、变亲水性为疏水性为目的的整理，经拒水整理的织物犹如荷叶上一样，水滴在其表面能滚动而不能润湿；涂层整理是在织物的表面涂上一层不能透水的连续薄膜，从而获得阻塞织物的组织孔隙，并阻碍水滴通过织物的效果。

防水整理剂是通过防水整理能固着于织物或纤维表面，或浸透于纤维内部，甚至与纤维进行化学结合，或在纤维内部聚合固着，从而增强织物表面的防水性的一类化学物质。

防水整理剂一般可分为两大类。一类是不透气性防水剂，如油性皮膜类物质、橡胶类、纤维素衍生物、乙烯系树脂、四氟乙烯及聚氨酯等；另一类是透气性防水剂——拒水剂，包括有暂时性防水剂和耐久性防水剂（即反应型防水剂）。

1.7.1.4　项目实践教学——染料染色和涂料印花胶黏剂印花

(1) 观察染料及匀染剂染色

① 实验试剂及材料　净洗剂 LS、酸性大红 GR、弱酸深蓝 5R、碳酸钠、2.5%硫酸钠溶液、匀染剂 SO 和醋酸-醋酸钠缓冲液。

② 实验材料和染液的准备

a. **羊毛织物的准备**　在 40～50℃时分别把两块 1g 羊毛织物放入 50ml、浓度为 5g/L 的净洗剂 LS 洗涤液中，加 1g 的碳酸钠，处理 20min，充分洗净待用。

b. **染料溶液的配制**　将 1g 酸性大红 GR 染料放入 100ml 的烧杯中，加少量蒸馏水调成浆状，再加 50ml 煮沸的蒸馏水并搅拌，使之全部溶解，移至 100ml 的容量瓶中，烧杯用蒸馏水洗涤两次，洗液一并倒入容量瓶中，冷至室温后用冷蒸馏水稀释到刻度，得 1%酸性大红 GR 染料溶液。用同样方法配制弱酸深蓝 5R 染料溶液。

c. **其他试剂准备**　匀染剂 SO，2.5%硫酸钠溶液，1%醋酸-醋酸钠缓冲液。

③ 实验操作　取两个 200ml 的烧杯。一个放入 0.5g 匀染剂 SO，另一个不放匀染剂。然后分别吸取 5ml 1%染料溶液，放入两个烧杯中，均匀搅拌 2min，加 10ml 2.5%硫酸钠溶液，3ml 1%醋酸-醋酸钠溶液，加蒸馏水得体积为 100ml 的染浴。染浴加热到 40℃，将上述处理的两块羊毛织物分别放入进行染色。将羊毛不断翻动，经 6min 后将两块试样同时取出，洗涤晾干，观察比较染色织物的色泽差异。

④ 实验结果　现场观察提问。

(2) 涂料印花胶黏剂印花

① 实验仪器及试剂　塑料杯，烧杯，量筒，印花台板和筛网，小面积花板，刮刀，刻度吸量管，蒸箱或高压锅，熨斗。

纯棉漂白织物，涂料绿 FB，涂料黄 FG，尿素，网印胶黏剂，交联剂 FH，A 邦浆。

② 实验操作过程　包括调浆，印花，烘干，最后汽蒸。

a. **涂料印花色料配方**　涂料印花色料配方，见表 1-40 所列。

表 1-40　涂料印花色料配方

项　目	涂料绿 FB(印花色浆)	涂料黄 FG(印花色浆)
颜料/g	涂料绿 FB　3	涂料黄 FG　3
尿素/g	2.5	2.5
水	X	X
网印胶黏剂/g	20	20
A 邦浆/g	15	15
交联剂 FH/ml	1.25	1.25

b. **配制涂料印花色浆**　将配方中颜料和尿素混合，加水搅拌均匀得到颜料混合物；将 A 邦浆加入网印胶黏剂中，搅拌均匀，再将其加入到颜料混合物中，搅拌均匀，最后加入用水稀释后的交联剂，搅拌均匀。

c. **印花**　利用涂料绿 FB 印花色浆和涂料黄 FG 印花色浆各印一块织物，再将涂料绿 FB 印花色浆和涂料黄 FG 印花色浆以 1∶2 拼混后印花。(最好使用小面积花板印花，以防渗化)，最后烘干，汽蒸（100℃，5min)。观察整个操作及印花后的效果。

③ 实验结果　现场观察提问。

1.7.2　染整助剂生产工艺

1.7.2.1　模块一　网印印花胶黏剂生产工艺

(1) 涂料印花及涂料印花色浆的概述

① 印花概念及分类　织物印花按工艺方法分为直接印花、拔染印花、防染印花和涂料印花。

a. **直接印花**　一种直接在白色织物或在已预先染色的织物上印花，印花图案的颜色要比所染底色深得多。大量常见的印花方式是直接印花。

b. **拔染印花**　分两步进行，第一步把织物匹染成单色，第二步把图案印在织物上。第二步中的印花浆料含有能破坏底色染料的强漂白剂，因此用这种方法能生产蓝底白圆点图案的花布，这种工艺叫拔白。当漂白剂与不会同它反应的染料混合在同一中时，印花浆料可进行色拔印花。比如当一种合适的黄色染料与蓝色的漂白剂混合在一起时，就可在蓝底织物上印出黄色圆点图案。

c. **防染印花**　包括两阶段工序，即在白色织物上印上能阻止或防止染料渗透进织物的化学药剂或蜡状树脂，然后再匹染织物，上染底色从而衬托出白色花纹。

d. **涂料印花**　利用不溶于水的颜料和胶黏剂混合印在纺织品上，经过一定处理在纺织品上形成一种透明的有色薄膜的印花方法。

② 涂料印花特点　涂料印花具有印花工艺简单、生产流程短、不需要水洗等后整理，以及减少了废水排放。颜料色谱广泛，色泽鲜艳，拼色打样较便捷，调色也较其他染料方便，并且印制出的花形轮廓清晰，立体感强，层次分明。印花对象的适用性广泛，包括各种纤维、各种织物，特别是对混纺织物较其他染料方便；印花工艺的适用性也较广泛，可用于一些特殊的印花方法，还可与其他染料共同印花。涂料印花不足之处有以下五个方面。第一，涂料的色光不及与结构相当的染料色光，如铜酞菁蓝颜料色光不及在织物上生成的铜酞菁蓝染料鲜艳；第二，深浓色泽的干、湿摩擦牢度和水洗牢度还不太理想；第三，手感较为粗硬和胶黏剂容易结皮；第四，剩浆的废物利用较为困难；第五，网印时也容易塞网。

③ 涂料印花浆料组成　涂料印花色浆由颜料、胶黏剂、交联剂、增稠剂以及其他助剂（如分散剂、保湿剂、柔软剂、消泡剂等）组成。其中胶黏剂对织物印花性能影响很大。

(2) 印花胶黏剂的生产工序及聚合工艺方法

① 生产工序　涂料印花胶黏剂大都为乳液型。制备涂料印花胶黏剂的乳液聚合过程大致分乳化、聚合和保温等步骤。

a. **乳化**　将水、乳化剂（非离子型乳化剂，如平平加 O、OP-10 等，阴离子乳化剂十二烷基硫酸钠、十二烷基本磺酸钠，聚合型乳化剂对苯乙烯磺酸钠等）及部分单体加入反应器中，搅拌 30～40min，形成乳状液。

b. **聚合**　加入聚合引发剂（过硫酸钾或过硫酸铵），升温使单体（以乙烯基单体为主，如丙烯酸类）发生聚合反应。反应开始后，滴加剩余的单体，并一直保持反应温度。单体滴加速度一般控制在 1～3h 内完成。

c. **保温**　单体滴加完后，为使反应充分进行，在保持反应温度或适当提高温度的状态下继续搅拌反应 0.5～1h。然后降温，过滤出料。

② 聚合工艺方法　聚合工艺方法有全部单体一次加入反应器中的方法，部分单体打底、部分单体滴加的方法，全部单体滴加法，全部原料预乳化法，乳化剂全部打底法，部分单体

的延迟滴加法，以及“种子”聚合法等。不同合成工艺对乳液的性能有很大影响。

a. **全部单体一次加入反应器中的方法**　这种方法是将水、乳化剂、引发剂及单体全部加入反应釜中，升温引发聚合。反应产物的相对分子质量分布比较均匀，乳液粒径大小均一。但所有单体都在反应釜中，反应开始后有大量反应热放出，温度上升很快，很难控制反应温度。合成固含量较高的乳液一般不用这种工艺。

b. **部分单体打底、部分单体滴加的方法**　这种方法是用 1/5～1/3 的单体及水、乳化剂、引发剂打底，反应开始后滴加剩余的单体。由于打底的单体量少，反应开始后方热量也较少，反应温度比较容易控制。在这样的工艺条件下，反应产物相对分子质量和乳液粒径都比较均匀。

c. **全部单体滴加法**　在这种工艺中，反应放热受单体的滴加速度制约，所以反应温度很容易控制。生成物相对分子质量、粒径比较均一。

d. **全部原料预乳化法**　这种方法是将水、乳化剂、引发剂、单体一起在反应釜中搅拌成乳状液，然后留少部分打底。其余部分的滴加。在这样的工艺中，反应温度较易控制，但反应产物相对分子质量和乳液粒径差异较大。而且，如果乳化液效果不好，滴加部分的乳状液要不停地搅拌，否则就会分层，使滴加成分均一。若对乳化剂、引发剂或部分单体改变加入方式，则对乳液性能也很大影响。

e. **乳化剂全部打底法**　乳化剂全部打底，有利于单体的分散，形成的反应中心多，乳液粒子细；部分乳化剂打底，部分乳化剂滴加，随着打底与滴加乳化剂比例的增加，乳液粒子变细。使用聚合型乳化剂，可以使用乳化剂和单体一起共聚合，提高乳液胶黏剂的黏合力和耐水性。

f. **部分单体的延迟滴加法**　部分单体的延迟滴加能明显地改变乳液的性能。交联单体延迟滴加，有利于乳液粒子表面活性基团增多，印花胶黏剂中可以有较多的活性基团与织物纤维上的羟基（—OH）或外交联剂起化学反应。

g. **“种子”聚合法**　先用某种单体聚合，形成“种子”，再加入其他单体，使后加入的单体在形成的“种子”上聚合，生成具有核-壳结构的乳液粒子。这种所谓“种子”乳液聚合的工艺实际上是聚合物在乳液粒子中的微观共混，能明显地改变乳液的性能。

（3）网印印花胶黏剂的生产

① 网印印花胶黏剂概述　产品属于交联型胶黏剂，使用时需加入交联剂，特别适合于荧光涂料和白色涂料印花用。其特点是稳定性好、流动性好、不塞网，起泡性小，且不需另加消泡剂。主要用做棉、黏胶纤维、蚕丝、涤纶、锦纶和聚乙烯纤维及其混纺织物的筛网印花黏合剂。

② 生产配方　本例中的网印胶黏剂是由丙烯酸丁酯（BA）、甲基丙烯酸甲酯（MMA）和丙烯酰胺（AM）三元共聚物乳液，其配方见表 1-41 所列。产品含固量 40%，pH＝5～6，外观为白色稠厚乳状液可以用水任意稀释，使用后的筛网和机件很容易用水冲洗。

表 1-41　网印胶黏剂配方　　单位：kg

组合	质量	组合	质量
甲基丙烯酸甲酯(MMA)	104	乳化剂	适量
丙烯酸丁酯(BA)	280	水	适量
丙烯酰胺(AM)	16	总计	1000
过硫酸铵	适量		

③ 生产工艺　采用全部单体滴加法生产。将 400kg 水、乳化剂和 2/3 引发剂加入高位槽中，开动搅拌，使乳化剂、引发剂溶解。然后将甲基丙烯酸甲酯、丙烯酸丁酯和丙烯酰胺按配方量加入高位槽，继续搅拌乳化。在反应釜中加入剩余的乳化剂和引发剂，搅拌，升温至80～82℃时，开始从高位槽中向反应釜内滴加乳化液，反应立即开始进行，滴加时间掌握为4～5h，反应温度始终控制在 82～85℃。滴加完乳化液后，继续搅拌保温 1h 以后，然后冷却降温，并打开真空泵，将反应釜抽真空，真空度为 46～53kPa，抽去未反应的单体，出料过滤，即得成品。

(4) 环保安全　本品生产中应戴手套和防护眼镜，避免直接与皮肤和眼睛接触。

1.7.2.2　模块二　荧光增白剂 VBL 生产工艺

(1) 荧光增白剂 VBL 概述　荧光增白剂是利用光学补色作用，增加日光下白度的一种助剂，是近于无色的染料，可增加织物的白度。荧光增白剂 VBL 主要用于纤维素织物和纸张的增白，浅色纤维织物增艳以及拔染印花白地增白等。增白剂 VBL 上染性能基本上与染料相似，可用食盐、硫酸钠等促染，用匀染剂做缓染。

(2) 荧光增白剂 VBL 的生产原理　荧光增白剂 VBL 属于二氨基二苯乙烯系增白剂。其结构式：

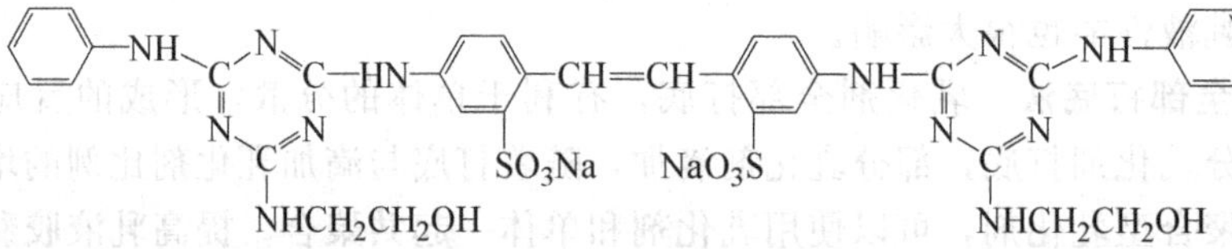

[结构式：苯基—NH—三嗪环（取代基 $NHCH_2CH_2OH$）—HN—苯环（SO_3Na）—CH=CH—苯环（NaO_3S）—NH—三嗪环（取代基 $NHCH_2CH_2OH$）—NH—苯基]

荧光增白剂 VBL 合成原料为 DSD 酸、三聚氯氰、苯胺和一乙醇胺。合成过程包括一缩物合成、二缩物合成和荧光增白剂 VBL 合成等步骤。

① DSD 酸（4,4′-二氨基二苯乙烯-2,2′-二磺酸）与三聚氯氰缩合成一缩物

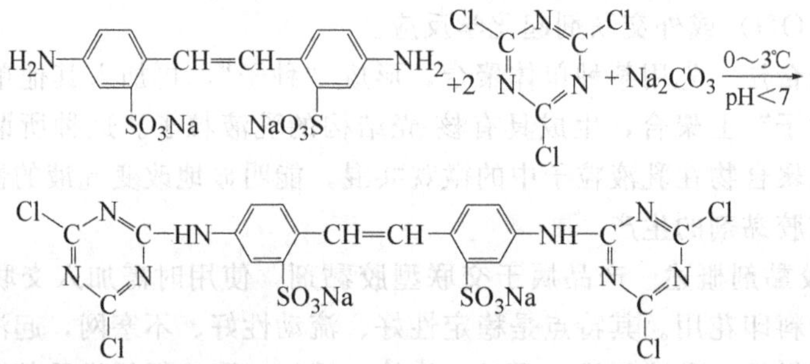

$$H_2N—C_6H_3(SO_3Na)—CH{=}CH—C_6H_3(SO_3Na)—NH_2 + 2\,C_3N_3Cl_3 + Na_2CO_3 \xrightarrow[pH<7]{0\sim3℃}$$

$$Cl_2C_3N_3—HN—C_6H_3(SO_3Na)—CH{=}CH—C_6H_3(SO_3Na)—NH—C_3N_3Cl_2$$

② 一缩物与苯胺缩合生成二缩物

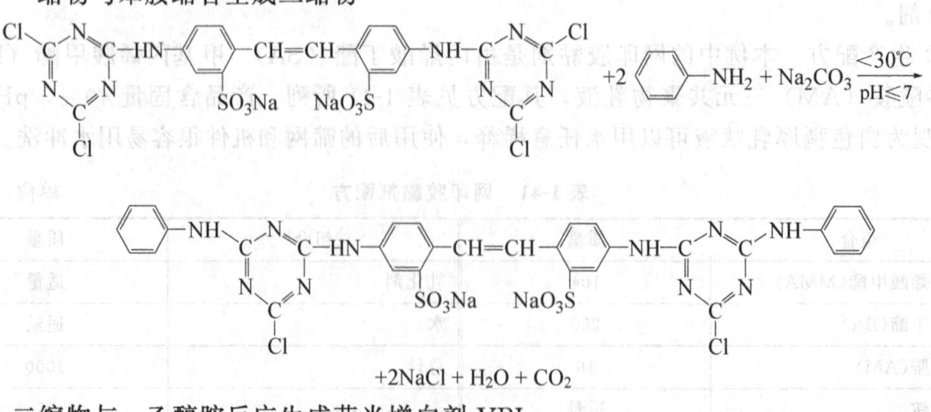

$$Cl_2C_3N_3—HN—C_6H_3(SO_3Na)—CH{=}CH—C_6H_3(SO_3Na)—NH—C_3N_3Cl_2 + 2\,C_6H_5NH_2 + Na_2CO_3 \xrightarrow[pH\leqslant7]{<30℃}$$

$$C_6H_5NH—C_3N_3Cl—HN—C_6H_3(SO_3Na)—CH{=}CH—C_6H_3(SO_3Na)—NH—C_3N_3Cl—NHC_6H_5 + 2NaCl + H_2O + CO_2$$

③ 二缩物与一乙醇胺反应生成荧光增白剂 VBL

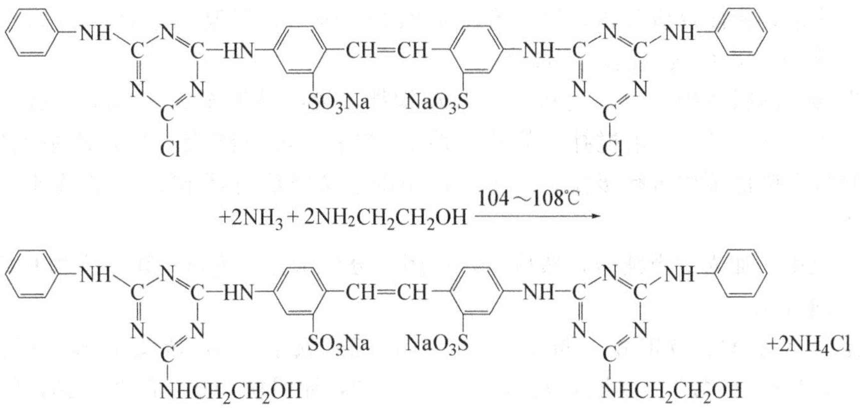

$$+2NH_3+2NH_2CH_2CH_2OH \xrightarrow{104\sim108℃}$$

$$+2NH_4Cl$$

(3) 生产工艺

① 工艺流程　工艺流程如图 1-53 所示。

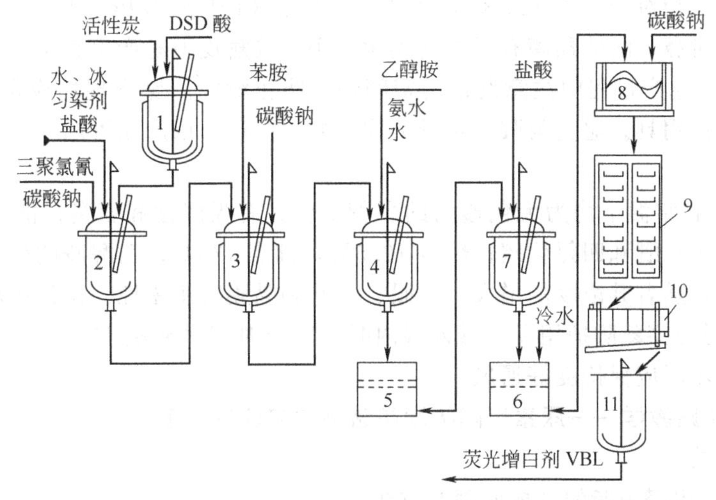

图 1-53　荧光增白剂 VBL 生产工艺流程

1—溶解釜；2—一次缩合釜；3—二次缩合釜；4—三次缩合釜；5—过滤器；6—吸滤桶；7—酸析釜；8—捏合机；9—烘房；10—砂磨机；11—拼混机

② 操作过程　在缩合釜中加水、碎冰开动搅拌，使釜内温度降至 0℃左右，加入 10%匀染剂 O 的水溶液（含匀染剂 O 200g）和 2L 工业盐酸。停止搅拌，加入三聚氯氰，开动搅拌，打浆 1h，温度保持在 0℃。

将 DSD 酸于溶解釜中进行中和溶解，pH7.5，用活性炭脱色（活性炭用量为 DSD 酸干品的 10%，脱色温度为 90～95℃），然后根据 DSD 酸含量的分析，将 DSD 酸的溶液稀释。

将 DSD 酸溶液于 2.5h 内均匀加至一次缩合釜中。加入一定量后，同时加入 10%的碳酸钠溶液进行中和，温度控制在 0～3℃，pH 控制为 5～6。待全部 DSD 酸加完后，搅拌 45mim，在 15mim 内在加入 10%碳酸钠溶液中和至 pH 为 6～7。加完后，测氨基。若氨基已消失，则到达第一次缩合反应终点。

第一次缩合反应到达终点后，将物料送入二次缩合釜中，于 0.5h 内均匀地加入苯胺。加完后，缓缓地均匀升温，温度达到 12℃时开始用 10%的碳酸钠溶液中和，升温至 30℃，pH 控制在 6～7。测氨基值。若氨基值消失，则为第二次缩合反应的终点。

将第二次缩合物转为带夹套的三次缩合釜中，一次加入乙醇胺，升温到 80～85℃，加入氨水。加完后，密闭反应釜内，继续升温至104～108℃，保温3h。冷却至55～60℃，加水，静置沉淀3h。反应液澄清后，过滤。

滤液即转入酸析釜内，升温至90℃，开动搅拌，继续升温至95～98℃，逐渐加入工业盐酸析至pH＝1～1.5，停止搅拌，静置沉淀2h左右。酸析液澄清后，放去上层澄清液，下层酸析物放至吸滤桶中进行吸滤。吸干后，用冷水洗涤滤饼至pH 5，再吸干，将滤饼送至捏合机中。

在捏合机中，加入适当纯碱，然后捏合成团，分出水分，进行干燥、磨粉和标准化，即得荧光增白剂VBL。

消耗定额（kg/t）：DSD酸（折100%）280，三聚氯氰295；苯胺150，一乙醇胺132，氨水（20%）186，碳酸钠400kg，盐酸（31%）500，元明粉380，活性炭30，匀染剂1。

（4）安全与环保

① DSD酸是具有辛辣气味的结晶体。溶于氯仿、四氯化碳、乙醇、热的醚、丙酮、二噁烷，微溶于水。相对密度1.32。熔点145℃。沸点（101.858kPa）194℃。有毒，是一种强烈的催泪剂。对鼻、眼的黏膜有强烈的刺激作用，接触皮膜易产生红斑。空气中最高容许浓度0.1mg/m^3。生产过程中注意设备的密闭性，防止泄漏。操作现场应保持良好的通风，操作人员穿戴防护用具。避免与胺类及碱类物品共同储运。该产品可燃，遇明火、高温有发生火灾的危险。

② 乙醇胺有在室温下均为无色透明的黏稠液体；有吸湿性和氨臭；能与水、乙醇和丙酮等混溶，微溶于乙醚和四氯化碳；熔点10.5℃，沸点170℃；乙醇胺的稀溶液具有非常弱的碱性和刺激性，随着其浓度的增大，对眼、皮肤和黏膜有刺激性。操作现场最高容许浓度6mg/m^3。操作时应穿戴防护用品。溅入眼内时，应及时用水冲洗15min以上，必要时应请医生诊治。操作场所应保持良好通风。

1.7.2.3 项目实践教学——尿素甲醛树脂防皱剂的实验室制备

（1）实验目的

① 学习尿素-甲醛树脂的合成原理及方法；

② 掌握织物防皱防缩的处理方法。

（2）实验原理　尿素和甲醛在中性或碱性介质中可以进行加成反应，获得单羟甲基脲和双羟甲基脲。反应方程式：

$$NH_2CONH_2 + HCHO \longrightarrow NH_2CONHCH_2OH\text{(单羟甲基脲)}$$

$$NH_2CONH_2 + 2HCHO \longrightarrow HOCH_2NHCONHCH_2OH\text{(双羟甲基脲)}$$

双羟甲基脲能继续与甲醛发生逐步缩聚（2-2官能度缩合体系），获得不同聚合度的缩聚产物——尿素甲醛树脂，通过让尿素和甲醛的配比为非等物质量（摩尔比不要为1∶2）就能控制尿素甲醛树脂的分子量。用做织物防皱防缩的尿素甲醛树脂实际上只要其初缩体，即低分子的线型缩聚产物，因而反应中选尿素和甲醛的摩尔配比1∶1.6（与等物质量的1∶2相比，非等量程度大）。在反应中pH＞7时，温度不超过40℃，否则双羟甲基脲中N原子上H会表现出反应活性，使缩合体系变为3-2（或4-2）官能度缩合体系，当反应程度达到其凝结点后会出现凝结现象。这是要避免的！

（3）主要仪器和药品　250ml四口烧瓶，电动搅拌器，水浴锅，60ml滴液漏斗，三角漏斗，温度计。

甲醛（37%），尿素，三乙醇胺，氢氧化钠浓溶液，氯化铵。

（4）实验内容

① 尿素甲醛初缩体的合成　在四口烧瓶中加入 48g（0.59mol）甲醛（37%浓度），用 1.2g 三乙醇胺调节至 pH=8（用 pH 试纸检验）。将 250mL 四口烧瓶置于水浴锅中。将温度计（100℃）从侧口中插入到液体中。从另一侧口中引出一根导管，导管另一头与一个三角漏斗的流出管口连接，将玻璃漏斗倒置于一个装有浓氢氧化钠溶液的烧杯的液面以上（注意导管不要插入到反应液中，以防倒流）。四口烧瓶的中孔装上电动搅拌浆。在搅拌情况下，逐渐从四口烧瓶的第三个侧口加入 23g（0.38mol）尿素（若室温较低，可先将甲醛加热到 30℃左右，再分批投入尿素）。当尿素完全溶解后，调节 pH 值为 8～9，在 30℃左右下继续搅拌反应 1h。将导管撤掉，换上装有 28g 冷水的滴液漏斗，快速滴加冷水。体系温度不超过 40℃（若高于 40℃，则需将烧瓶放入冷水中尽快冷却），继续搅拌反应 2h。反应结束后，将上述反应液倒入烧杯中，静置 5h 以上，取上层清液，即**尿素甲醛初缩体**（防皱剂）。

② 尿素甲醛树脂防皱剂配制　在烧杯中加入少量水，搅拌下加入 20～30g 柔软剂 VS、5g 渗透剂 JFC3 和尿素甲醛初缩体，边加边搅拌，最后加入 2～3g 氯化铵催化剂。搅拌均匀即得尿素甲醛树脂防皱剂。

③ 织物整理　织物经过这种尿素甲醛树脂防皱剂处理后，尿素甲醛树脂防皱剂因分子量小且处于可溶状态，容易借机械浸轧渗透到纤维内部，然后经过烘干（85～90℃）和烘焙，尿素甲醛树脂（初缩体）在纤维内部继续缩聚成体型高分子化合物，达到织物定型处理的目的。

(5) 产品性质和用途　尿素-甲醛树脂又称脲醛树脂，也称羟甲基脲树脂，简称 UF，是常用的氨基树脂。用于织物整理的尿素-甲醛树脂是其初缩体。初缩体外观为无色黏稠的浆状物，能溶于水，可加水稀释。初缩体为低分子化合物，属于中间体，应用时要调整 pH<7，高温下才能聚合成为具有防皱功能的体型树脂。

本品用于棉织物防皱防缩树脂整理，特别是人造棉织物的整理（一般都以脲醛树脂为主）。用本品整理不但可以获得优良的防皱防缩效果，还能增加织物的染色牢度。由于此整理剂成本低廉，使用方便，因此获得了普遍应用。但需要指出的是甲醛有污染，目前趋向采用无甲醛防皱整理剂。

(6) 注意事项

① 甲醛以澄清为好，如果浑浊，应先处理。方法是：甲醛经 KOH 处理至 pH 为 8，加热 60℃左右，静止澄清 24h，吸取清液使用。

② 产品固含量 30%～35%，游离甲醛 2%～3%。

③ 暂时不用的脲醛树脂初缩体，需冲淡至固含量 15%～20%保存。若放置时间过长，或气温过低，有结晶析出，可用水浴加热至 40℃，使其溶解，再加冰水冷至室温仍可使用。使用前需测固含量。

④ 尿素与甲醛的配比（物质的量比）要严格控制，在尿素∶甲醛=1∶1.6 时，初缩体中单、双羟甲基脲的比例才能达 1∶0.5 以上，产品才有效果，才能保证整理的织物有较好的质量。

本项目小结

一、染整助剂的分类及品种

1. 纺织染整助剂是在织物前处理、染色、印花和后整理过程中使用，以提高纺织品的质量、改善加工效果、提高生产效率、简化工艺过程、降低生产成本和赋予纺织品各种优异的性能一类化学品。染整助剂在染整工业中主要作用包括润滑、润湿、促染、乳化、分散、助溶增溶、发泡、消泡、净洗、匀染、柔软、固色、防水、防污、防皱、防缩、阻燃、抗静电、防蛀和防霉等。

2. 印染助剂类别主要有匀染剂、固色剂、增稠剂、胶黏剂和荧光增白剂等。每类印染助剂都有很多品种。织物整理剂包括防皱整理剂、柔软整理剂、抗静电整理剂、抗菌防臭整理剂、防污整理剂、阻燃整理剂以及防水整理剂等。

二、染整助剂生产工艺

1. 网印印花胶黏剂生产工艺

网印胶黏剂是由丙烯酸丁酯（BA）、甲基丙烯酸甲酯（MMA）和丙烯酰胺（AM）三种单体采用全部单体滴加法共聚而成。先将400kg水、乳化剂和2/3引发剂加入高位槽中，开动搅拌，使乳化剂、引发剂溶解。然后将甲基丙烯酸甲酯、丙烯酸丁酯和丙烯酰胺按配方量加入，继续搅拌乳化。在搅拌情况下反应釜中加入剩余的乳化剂和引发剂，升温至80～82℃时，开始从高位槽中向反应釜内滴加乳化液，反应温度始终控制在82～85℃。滴加完乳化液后，继续搅拌保温1h以后，然后冷却降温，将反应釜抽真空，真空度为46～53kPa，抽去未反应的单体，出料过滤，即得成品。

2. 荧光增白剂VBL生产工艺

荧光增白剂以DSD酸和三聚氯氰、苯胺，以及一乙醇胺为原料制备。该产品的制备经过DSD酸与三聚氯氰缩合成一缩物，一缩物再与苯胺缩合生成二缩物，最后二缩物与一乙醇胺反应生成荧光增白剂VBL。第一次缩合时，若氨基已消失，则到达第一次缩合反应终点；第二次缩合加入苯胺反应，测氨基值，氨基值消失即为第二次缩合反应的终点；最后加入一乙醇胺控制好条件，经反应、沉淀、过滤、酸析、再吸滤，滤饼进行干燥、磨粉和标准化，即得荧光增白剂VBL。

思考与习题

(1) 简述染整助剂的作用。
(2) 匀染剂有何作用？简单举例说明几个匀染剂。
(3) 简述固色剂的功能，常用的固色剂分为哪几类？
(4) 染料印花中，增稠剂起何作用？常用的增稠剂分为哪几类？
(5) 涂料印花胶黏剂常用的单体原料有哪几类？非反应型胶黏剂和反应型胶黏剂如何起粘合作用？
(6) 简述荧光增白剂的增白机理。常见的荧光增白剂分为哪几类？
(7) 常见的防皱整理剂分为哪几类？分别如何发挥防缩防皱作用？
(8) 常用的柔软整理剂分为哪几类？这些柔软剂是如何发挥“柔软”作用的？
(9) 试述抗静电整理剂、抗菌防臭整理剂、阻燃整理剂以及防水整理剂的作用。
(10) 试述荧光增白剂VBL合成原理及生产方法。

第 2 篇　精细化工产品配方工艺

本篇任务

① 了解日用化学品的特点、分类、性能及应用；

② 通过实践教学，认识日用化学品生产中所用原料的外观、性能及其在配方中的作用效果；

③ 掌握常用日用化学品的配方和生产工艺；

④ 通过训练，掌握某些日用化学品的实验室制备方法。

2.1　项目一　肥皂与合成洗涤剂

项目任务

① 了解合成洗涤剂的定义、分类及在日常生活中的使用情况；

② 通过实践教学，了解洗衣粉、日用液体合成洗涤剂及肥皂的外观、香味及洗涤去污情况；

③ 通过观察熟悉合成洗涤剂常用原料的外观及相关性能；了解洗衣粉、日用液体洗涤剂的配方及其设计规律；

④ 掌握洗衣粉的喷雾干燥生产工艺，液体合成洗涤剂的间歇生产工艺，及肥皂的生产工艺；

⑤ 通过训练，掌握餐具洗涤剂的实验室配制。

2.1.1　合成洗涤剂分类和组成

2.1.1.1　知识点一　合成洗涤剂定义、分类

根据国际表面活性剂会议（C. I. D）用语，所谓洗涤剂，是指以去污为目的而设计配方的制品，由必需的活性成分（活性组分）和辅助成分（辅助组分）构成。作为活性组分的是表面活性剂，作为辅助组分的有助剂、抗沉淀剂、酶、填充剂等，其作用是增强和提高洗涤剂的各种效能。

合成洗涤剂则是起源于表面活性剂的开发，是指以（合成）表面活性剂为活性组分的洗涤剂。

合成洗涤剂通常按用途分类，可分为家庭用和工业用两大类，也可分为个人护理用品、家庭护理用品、工业及公共设施用品等。个人护理用品主要有洗发香波、沐浴液、洗手液、洗面奶等。家庭护理用品主要包括洗衣粉、洗衣膏、液体织物洗涤剂、织物调理剂、各种织物专用洗涤剂，以及厨房、卫生间、居室等各种清洗剂。工业及公共设施洗涤剂主要有交通运输设备、工农业生产过程和装置、场所的专用清洗剂，包括工艺用洗涤剂和非工艺用洗涤剂（工业洗涤剂），以及宾馆、医院、洗衣房、剧场、办公楼和公共场所用具的专用清洗剂（即公共设施洗涤剂）。公共设施洗涤剂是适应人类生活社会化，从家用洗涤剂分化出来的一类洗涤剂，用于公共设施及社会化清洁服务，洗涤过程一般由专职人员来承担。

2.1.1.2 知识点二 合成洗涤剂的主要组成

洗涤剂是按一定的配方配制的产品，配方的目的是提高去污力。洗涤剂的原料可分为两大类：一类是表面活性剂，是洗涤剂的主要成分，在配方中起着洗涤和各种调理作用；另一类是洗涤助剂，它们在洗涤过程中发挥助洗作用或赋予洗涤剂以某些特殊功能如柔软、增白等，辅助原料用量虽少，但却对洗涤剂的性能起着很重要的作用，当然也有用量很大的辅助原料，如洗衣粉中作为填料的硫酸钠的质量分数可达40%。

(1) 表面活性剂　在洗涤剂中，表面活性剂一般作为洗涤成分，但在某些配方中也用做辅助原料，起乳化、润湿、增溶、保湿、润滑、杀菌、柔软、抗静电、发泡、消泡等作用。

从用量看，使用最多的是阴离子表面活性剂，因为阴离子表面活性剂有良好的洗涤去污能力，其次是非离子表面活性剂和两性表面活性剂。阳离子表面活性剂，由于它在纤维上的吸附大、洗涤力小，且价格昂贵，很少用于洗涤剂，有时在洗涤剂中加入阳离子表面活性剂主要是为了使洗涤剂具有杀菌消毒能力或起柔软、抗静电作用。

在洗涤剂中常用的表面活性剂主要有如下几种。

阴离子表面活性剂：烷基苯磺酸钠（LAS）、烷基磺酸钠、脂肪醇硫酸钠、脂肪醇聚氧乙烯醚硫酸钠（AES）和烷基硫酸钠（AOS）等。

非离子表面活性剂：烷基酚聚氧乙烯醚、脂肪醇聚氧乙烯醚（AEO）和烷醇酰胺等。聚醚是近几年来生成低泡洗涤剂的常用活性物，一般常用环氧乙烷和环氧丙烷共聚的产物，常与阴离子表面活性剂复配，主要用做消泡剂。

两性表面活性剂：如甜菜碱等，一般用于低刺激的洗涤剂中。

(2) 洗涤助剂　洗涤助剂种类很多，大部分为专用产品，其在洗涤剂中的使用频率和重要性不亚于主要成分表面活性剂。助剂与表面活性剂配合，能够发挥各组分互相协调，互相补偿的作用，进一步提高产品的洗净力，使其综合性能更趋完善，成本更为低廉。

洗涤助剂在洗涤剂中一般起以下作用。

第一，增强表面活性，增加污垢的分散、乳化、增溶，防止污垢再沉积。

第二，软化硬水，防止表面活性剂水解，提高洗涤液碱性，并有碱性缓冲作用。

第三，改善泡沫性能，增加物料溶解度，提高产品黏度。

第四，降低皮肤的刺激性，并对纺织品起柔软、抑菌、杀菌、抗静电、整饰等作用。

第五，改善产品外观，赋予产品美观的色彩和优雅的香气，使消费者喜爱选用，提高商品的商业价值。

洗涤助剂分为无机和有机助剂两类。洗涤剂中常用的洗涤助剂如下。

① 无机助剂

a. **磷酸盐**　磷酸盐的种类很多，在合成洗涤剂中使用的磷酸盐主要是缩合磷酸盐，常用的有磷酸三钠、三聚磷酸钠（STPP，俗称五钠）、焦磷酸四钾、六偏磷酸钠等。其中三聚磷酸钠对金属离子有很好的络合能力，不仅能软化硬水，还能络合污垢中的金属成分，在洗涤过程中起使污垢解体的作用，从而提高了洗涤效果。同时，三聚磷酸钠在在洗涤过程中还起到“表面活性”的效果，对污垢中的蛋白质有溶胀和增溶作用；对脂肪类物质能起到促进乳化作用；对固体颗粒有分散作用，防止污垢的再沉积；此外，它还能使洗涤剂保持一定的碱性，具有缓冲作用。由于三聚磷酸钠具有以上的诸多优点，所以成为洗涤剂中最常用也是性能最好的洗涤助剂。然而，含STPP的洗涤剂排放后会导致水体富营养化（又称为过肥现象），因为磷是一种营养物质，它可以造成水中藻类的疯长。而大量藻类又会消耗水中的氧分，造成水中微生物缺氧死亡、腐败，水体失去自净功能从而破坏水质。因此，含磷洗衣粉的污染问题已经引起了世界各国的普遍重视，很多国家提出了禁磷和限磷措施，并在不断地研究和开发 STPP 的替代品，取得了不少成果，其中比较有效的助剂有：有机螯合助剂，如二乙胺四醋酸（EDTA）、氮川三醋酸（NTA）、酒石酸钠、柠檬酸盐、葡萄糖酸盐等；高分子电解质助剂，如聚丙烯酸盐以及人造沸石（分子筛）等。目前普遍认为，人造沸石是比较有发展前途的洗涤助剂。

b. **硅酸钠**　通常称为水玻璃或泡花碱，水玻璃的水溶液相当于由硅酸钠与硅酸组成的缓冲溶液。水玻璃在溶液中能控制 pH、储存碱性物质，起到减少洗涤剂消耗和保护织物的作用。此外，水解产生的胶体溶液对固体污垢微粒有分散作用，对油污有乳化作用，能阻止污垢在被洗物上的再沉积，并对金属（如铁、铝、铜、锌等）具有防腐蚀作用。制造粉状洗涤剂时，加入水玻璃能使产品保持疏松，防止结块，增加颗粒的强度、流动性和均匀性，但其水解生成的硅酸溶胶可被纤维吸附而不易洗去，织物干燥后会感到手感粗糙，故洗衣粉中的添加量不宜过多。

c. **硫酸钠**　通常添加到粉状洗涤剂中作为填料，以降低成本，在洗衣粉中的添加量一般为 20%～40%。如果硫酸钠与阴离子表面活性剂配伍使用，由于溶液的 SO_4^{2-} 增多，使阴离子表面活性剂的表面吸附量增加，因此降低了洗涤液的表面张力，有利于润湿、去污等作用。同时，硫酸钠的加入还可降低料液的黏滞性，便于洗衣粉成型。

d. **碳酸钠**　在洗衣粉中作为碱剂和填充剂，能使污垢皂化，并保存洗衣粉溶液一定的 pH，有助于去污，同时还具有软化硬水的作用，但碳酸钠的碱性较强，一般只用在抵档的洗衣粉中。

e. **漂白剂**　洗涤剂中加入的漂白剂主要是次氯酸盐和过酸盐两大类。

次氯酸盐主要用次氯酸钠，分子式 NaClO，为白色粉末，稳定性差，易受光、热与重金属和 pH 值的影响。次氯酸钠易溶于水，生成氢氧化钠和新生态氧，氧化力很强，具有刺激性。

过酸盐主要是过硼酸钠和过碳酸钠，用量一般占粉质量的 10%～30%。

② 有机助剂

a. **羧甲基纤维素钠（CMC）**　主要起携污作用。若在洗涤剂中加入 1%～2%的 CMC，则在洗涤时 CMC 被吸附在被洗物表面，同时也被吸附在污垢粒子的表面上，使二者都带上负电荷。在同性电的相互排斥作用下，污垢就难以重新沉积到被洗物的表面上。另外，CMC 还具有增稠、分散、乳化、悬浮和稳定泡沫的作用。这些作用能使污垢稳定地悬浮于洗涤液中，更不容易再发生沉积。

b. **泡沫稳定剂与泡沫抑制剂**　泡沫虽与洗涤剂的洗涤能力没有直接的关系，但适当的泡沫可起到携污作用，增加洗涤效果；但用洗衣机洗涤时，如果泡沫过多，则会妨碍洗衣机的有效工作。因此，应根据使用情况来选择适当泡沫的洗涤剂。

配制高泡洗涤剂应配方中常加入少量泡沫稳定剂，使洗涤液的泡沫稳定而持久。烷醇酰胺属非离子型表面活性剂，在洗涤剂的配方中起增稠和稳定泡沫作用，并兼有悬浮污垢防止其再沉积的功效。在与主要活性物间的互相配合下，其脱脂力（脱乳化动植物油脂及矿物油的能力）有显著的提高。常用的烷醇酰胺品种是椰子油二乙醇胺。

然而，在配制洗衣机用的低泡洗涤剂时，却应在配方中加入少量二十二烷酸皂或硅氧烷等泡沫抑制剂。

c. **酶**　属于生物制品，无毒并能完全生物降解。酶作为洗涤剂的助剂具有专一性，洗涤剂中的复合酶能将污垢中的脂肪、蛋白质、淀粉等较难去除的成分分解为易溶于水的化合物，因而提高了洗涤剂的洗涤效果。在洗涤剂中添加酶制剂可以降低表面活性剂和三聚磷酸钠的用量，使洗涤剂朝低磷或无磷的方向发展，减少对环境的污染。目前应用于洗涤剂中的酶主要有蛋白酶、脂肪酶、纤维素酶和淀粉酶。

使用加酶的洗衣粉时需注意哪些方面？

d. **抗静电剂和柔软剂** 为了改进织物手感和降低织物表面静电干扰，在洗涤剂中往往要加入柔软剂和抗静电剂，通常是使用一些阳离子表面活性剂，如二硬脂酸二甲基氯化铵、硬脂酸二甲基辛基溴化铵、高碳烷基吡啶盐和高碳烷基咪唑啉盐，另外一些非离子表面活性剂如高碳醇聚氧乙烯醚和具有长碳链的氧化胺也具有柔软功能。

e. **荧光增白剂** 属于无色的荧光染料。经荧光增白剂处理过的物品，在含紫外光源（如日光）照射下看上去白色的更白，有色的更艳，增强了外观的美感。在合成洗涤剂中添加适量和适当的 FB，不但能改善粉状洗涤剂的外观，提高洗衣粉粉体的白度，同时还能增加被洗涤织物的白度或鲜艳度，改善洗涤效果，提高合成洗涤剂本身的商业价值。FB 在洗涤剂中的添加量很少，一般为洗涤剂活性物的 1%左右。

f. **溶剂** 常用的溶剂有松油、醇、醚、酯和氯化烃等。有时候为了使全部组分保持溶解状态，还需加入助溶剂，如甲苯磺酸钠、二甲苯磺酸钠和尿素等。

2.1.2 肥皂与合成洗涤剂配方和生产工艺

2.1.2.1 模块一 洗衣粉的典型配方和生产工艺

(1) 洗衣粉的典型配方 洗衣粉是用量最多的一种洗涤制品。早期的洗衣粉一般是以阴离子表面活性剂为活性物。后来为了调理阴离子表面活性剂的过强洗涤性，在配方中加入一些其他类型的表面活性剂（如非离子表面活性剂）作为调理剂，构成复配型洗衣粉；在 20 世纪 60 年代以来，洗衣粉中的磷导致的水域富营养化使得 STPP 在洗衣粉中的应用受到很大的限制，很多国家和地区都尝试寻找 STPP 的替代物，从而配成低磷或无磷洗衣粉。洗衣粉的典型配方见表 2-1～表 2-4 所列。

表 2-1 普通洗衣粉的配方（单以阴离子表面活性剂为活性物） 单位：%

组分	质量分数			组分	质量分数		
	1	2	3		1	2	3
烷基苯磺酸钠	30	30	15	硅酸钠	6	6	6
烷基磺酸钠	—	—	10	CMC	1.4	1.4	1.2
STPP	30	20	16	荧光增白剂	0.1	0.1	0.08
纯碱	—	—	4	硫酸钠	余量	余量	余量

表 2-2 复配型洗衣粉的配方（阴离子表面活性剂与其他类型的表面活性剂复配物作为活性物）

单位：%

组分	质量分数			组分	质量分数		
	1	2	3		1	2	3
烷基苯磺酸钠	30	25	20	硅酸钠	8	10	8
AEO	1	2	0.3	碳酸钠	—	5	15
OP-10	1.5	—	2	荧光增白剂	0.2	0.1	—
CMC	1.4	1.2	1	硫酸钠	22.9	28	47
对甲苯磺酸钠	2.4	1.5	—	水分	适量	适量	适量
STPP	30	24	10				

表 2-3　低磷洗衣粉的配方（以 4A 沸石部分代替 STPP）　单位：%

组分	质量分数	组分	质量分数
LAS	6	纯碱	10
AOS	7.5	泡花碱(干基)	3
AEO_9	1.5	CMC	1
STPP	10	元明粉	46
4A 沸石	15		

表 2-4　无磷洗衣粉的配方（以 4A 沸石代替 STPP）　单位：%

组分	质量分数	组分	质量分数
LAS	0～6	纯碱	10
AOS	6～12	泡花碱(干基)	3
AEO_9	3	CMC	1
4A 沸石	25	元明粉	44
PAA	2		

(2) 洗衣粉的生产工艺　洗衣粉的生产工艺主要有喷雾干燥工艺和附聚成型工艺。在我国 90%的洗衣粉都是通过喷雾干燥法生产的，附聚成型工艺生产的仅占 10%左右，这里介绍喷雾干燥法生产洗衣粉。

喷雾干燥工艺又称为高塔喷雾工艺，是将固/液态原料按配方先制成料浆，经过滤、老化、均质后，用高压泵将料浆送至喷粉塔顶部，通过喷枪喷成雾状，与塔内的热空气相遇进行干燥，成品粉从塔底排出，尾气从塔顶由尾气机抽出，经除尘后排入大气，塔底排出的洗衣粉经风送老化、筛分后可作为后配工序的底粉或直接包装。此法可生产出易溶解的空心颗粒状产品，主要用于生产密度低（0.28～0.36g/cm^3）的普粉。

利用喷雾干燥法生产洗衣粉主要包括以下几个步骤：配料（制料浆）、过滤、脱气、研磨、喷雾干燥成型、粉体的冷却和包装。其中的每一步都会对成品的质量有影响，但从配方的角度看，最重要的是配料工序。工艺流程图，如图 2-1 所示。

① 配料　配料是将各种洗衣粉原料和水混合成料浆的过程，一般有间隙配料和连续配料两种。料浆配制的基本要求是均匀无团块，有较高的固液比并有较好的流动性。但总固体含量高时黏度大，流动性就会受到一定的影响，反之亦然。因此，应该通过实验确定两者的最佳值，力求在料浆流动性较好的前提下提高总固体含量。为了达到这要求，在配料中应注意以下三个方面。

第一，投料次序　制备料浆时各组分的添加次序对料浆的均匀性和三聚磷酸盐的水解程度有较大的关系。通常有三个原料需要着重考虑，即三聚磷酸盐、碳酸钠和羧甲基纤维素钠。三聚磷酸钠有Ⅰ型和Ⅱ型之分，两者的水合速率不同，应根据设备条件和工艺流程，选择合适的Ⅰ型和Ⅱ型比例，以达到尽可能块的水合速率，而又不至于形成硬块。通常应先将表面活性剂溶于水中，再加磷酸盐以利分散水合并避免大量水解。也可先将三聚磷酸钠预水合至一定程度，使其生成六水合物的品种，以加速水合速率。

碳酸钠和水玻璃等碱性助剂应在磷酸盐分散均匀后再加入，防止磷酸盐较长时间处于高碱性环境中，也可防止进一步水解。同时后加碱性助剂不会使料浆稠度过高，由于羧甲基纤维素的增稠作用，过早加入会使稠度增大而不便操作。如果在料浆制备的最后阶段再加入，则因料浆中溶解的电解质量很高，羧甲基纤维素几乎不溶解，只是成分散悬浮态存在于料浆

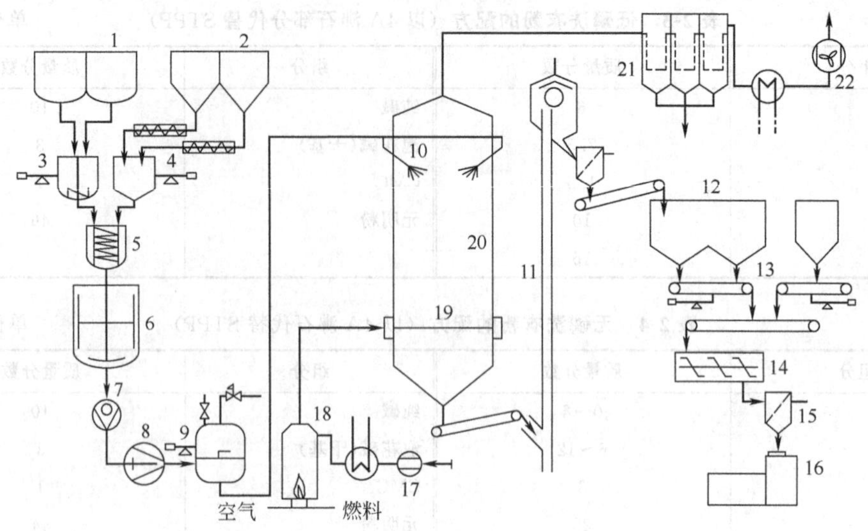

图 2-1 喷雾干燥法生产洗衣粉的工艺流程

1—液体原料储罐；2—固体原料储罐；3—液体原料计量器；4—固体原料计量器；5—混合器；6—中间储罐；7—加压泵；8—高压泵；9—空气储罐；10—喷嘴；11—气升器；12—粉储槽；13—皮带计量输送器；14—粉混合器；15—筛子；16—包装机；17—送风机；18 燃烧器；19—环状通风道；20—喷粉塔；21—袋式过滤器；22—排气装置

中，从而增稠作用大大减弱，料浆稠度也不会增加很多。

若配方中含有热敏性物质，如某些非离子表面活性剂、酶、硼酸钠、香精等，应在喷雾干燥后以后配料的方式加入，否则喷雾干燥时的高温会大量分解破坏这些成分。

第二，料浆温度　配料时控制料浆的温度也很重要，温度低，物质溶解慢，溶解不完全，料浆黏度大，流动性差；温度过高，加速三聚磷酸钠水解，使料浆发松。根据经验，一般将料浆温度控制在 60℃左右为佳。

第三，搅拌和投料速度　配料时应使三聚磷酸钠充分水合成六水合物，这样，喷雾干燥后的成品粉中水分才会以结晶水的形式存在，粉品疏松且流动性好，不返潮结块。因此，搅拌和投料速度都很重要。如果投料速度过快且搅拌不良，三聚磷酸钠结块致使以后操作困难，因此间隙配料时应注意投料均匀，三聚磷酸钠不可投得太快，搅拌时间也不可太长，以免料浆吸水膨胀和吸进大量空气致使料浆发松，流动性差。

② 料浆后处理　料浆后处理包括过滤、脱气、研磨等工序。

第一，过滤工序。配好的料浆中可能有些结块或不溶物，需要过滤除去。间歇配料可采用筛网过滤或离心过滤，连续配料一般可采用磁过滤器过滤。

第二，脱气工序。在配料过程中，由于搅拌可能产生大量气泡，这些气泡会影响到高压泵的压力升高和喷雾干燥的成品质量，因此必须进行脱气处理。目前，国内大多数洗衣粉厂均采用真空离心脱气机进行脱气。

第三，研磨工序。脱气后的料浆，为了更加均匀，防止在喷雾干燥时堵塞喷枪，还有必要对料浆进行研磨，常用的研磨设备是胶体磨。

③ 成型　工业上，洗衣粉的成型主要有以下几种方法：简单吸收法、中和吸收法、附聚成型法、喷雾干燥法。成型后的粉剂应保持干燥、不结块，颗粒具有流动性，并具有倾倒时不飞扬、入水溶解快等特点，才能适应消费者的需求。

喷雾干燥是通过大量的高温干燥介质（热空气）与高度分散的雾化浆料作相对运动来完

成干燥的，它包括喷雾和干燥两个方面。

料浆的雾化是通过雾化器来完成的，雾化器主要有三种：气流式雾化器、压力式雾化器和旋转式雾化器。目前洗衣粉的喷雾干燥一般是使用压力式雾化器。通过压力使料浆雾化为细雾滴，使料浆的表面积大大增加，从而增加了蒸发表面，缩短了干燥时间。

被雾化成细雾滴的料浆在塔内的停留时间一般只有几秒钟左右，在这段时间内雾滴经历恒速蒸发、降速蒸发、雾滴爆破及冷却老化等四个阶段，使水分迅速蒸发而获得粉状或细粉状产品。干燥方式主要有两种类型：一种是并流式干燥，这种方式是气液两相由上而下并流干燥，雾滴在含水量最高时与最热的空气接触，水分蒸发迅速，蒸发强度大，但由于雾滴的迅速蒸发，颗粒易膨胀而破碎，产生较多的细粉。另一种是逆流式干燥，气相由下往上，液相由上往下逆流接触而干燥，这种方式雾滴开始时与较低温度的热空气接触，表面蒸发速度较慢，内部水分逐步扩散到表面再蒸发，干燥从表面开始，边下降边蒸发水分，颗粒表面不断加厚，当内部含水的颗粒与热风入口处的最高温空气相接触时，颗粒内水分气化膨胀，把干燥的表皮冲破，将颗粒变成拳头状。逆流式干燥制得的洗衣粉颗粒一般较硬，表观密度也较大，颗粒大小可控，细小的颗粒在下降过程中还可以结合成大颗粒，因此降低了产品的细粉量，现大多数的洗衣粉厂都采用逆流式干燥法。

④ 包装　成型后由塔底排出的洗衣粉经风送老化、筛分后包装成产品出售。

① 配料是洗衣粉生产中的重要工序，讨论要怎样才能配出好的料浆？

② 喷雾干燥法生产洗衣粉，塔内的干燥方式有几种？比较哪种方式较好。

2.1.2.2 模块二　液体洗涤剂的配方及生产工艺

(1) 液体洗涤剂的配方　液体洗涤剂是仅次于粉状洗涤剂（洗衣粉）的第二大类洗涤制品。由于液体洗涤剂具有制造工艺简单，能耗低，使用方便等优点，使得液体洗涤剂已成为人们生活中不可缺少的必需品，洗涤剂由固态向液态发展也是一种必然趋势。

液态洗涤剂按功能、用途可分为四类：衣物用液体洗涤剂，包括轻垢型和重垢型；餐具液体洗涤剂；硬表面清洁剂，如建筑清洗剂，厨房、家具、饰物用清洁剂等；工业用液体洗涤剂。另外，发用液体洗涤剂（如香波、护发素等）和沐浴用液体洗涤剂（如沐浴液、洗手液等）可归到化妆品与盥洗卫生品的范畴。以下对衣物用和餐具洗涤剂的配方进行介绍。

① 衣物用液体洗涤剂

a. **轻垢型衣物用液体洗涤剂**　轻垢型衣物用液体洗涤剂以轻薄贵重的丝、毛、麻等织物为洗涤对象，这些衣物附着的污垢不严重，对去污的要求不是很高，但要求洗后织物色泽不变，手感柔软，呈低碱性或中性，对皮肤刺激低，性能温和。这类洗涤剂一般只用 LAS、AES、AEO 等表面活性剂复配溶解即可，不需添加碱性洗涤助剂，其配方见表 2-5 所列。

表 2-5　衣物用液体洗涤剂配方　　单位：%

组　分	质量分数			组　分	质量分数		
	1	2	3		1	2	3
烷基苯磺酸钠	10	—	15	6501	1	1.5	2
氢氧化钠	0.8	—	—	氯化钠	适量	适量	适量
三乙醇胺	1.5	—	3	色素、香精	适量	适量	适量
AES(100%)	6	8	12	去离子水	余量	余量	余量
AEO-10	—	12	—				

b. **重垢型衣物用液体洗涤剂** 重垢型衣物用液体洗涤剂的洗涤对象是厚重织物和内衣等污垢严重的衣物。重垢型衣物用液体洗涤剂有两类：非结构型与结构型重垢液体洗涤剂，前者配方见表 2-6 所列，后者配方见表 2-7 所列。

表 2-6 非结构型重垢液体洗涤剂配方 单位：%

组 分	质量分数			组 分	质量分数		
	1	2	3		1	2	3
烷基苯磺酸钠	10	9	12	单乙醇胺	—	—	3
n-SAA(聚氧乙烯木糖醇酯)	2	3	—	EDTA	—	—	3
二乙醇胺	3.6	3	—	二甲苯磺酸钾	5	4	4
焦磷酸钾	12	10	—	荧光增白剂	0.1	0.1	0.1
PVP(聚乙烯吡咯烷酮)	0.7	—	0.7	去离子水	余量	余量	余量
硅酸钾	4	4	—				

表 2-7 无磷结构型重垢液体洗涤剂配方 单位：%

组 分	质量分数	组 分	质量分数
烷基苯磺酸钠	31	月桂基甲基丙烯酸酯(33%)	2.1
AEO_9	13.2	PAA 聚丙烯酸(相对相对分子质量为 12500)	适量
氢氧化钠(50%)	7.9	去离子水	余量
柠檬酸钠	16.4		

② **餐具液体洗涤剂** 餐具液体洗涤剂可分为手洗餐具洗涤剂和机洗餐具洗涤剂两类。手洗餐具洗涤剂除用于洗涤餐具外，还可兼用于洗涤蔬菜、水果和锅、勺等炊具，目前国内生产的餐具洗涤剂多数是属于手洗餐具洗涤剂。其配方见表 2-8 所列。

表 2-8 手洗餐具洗涤剂配方 单位：%

组 分	质量分数		组 分	质量分数	
	1	2		1	2
LAS	14	10	柠檬酸钠	—	0.19
AES	3.3	35	柠檬酸	—	0.1
6501	2	—	乙醇	—	7
OB_2(十二烷基二甲基氧化胺)	—	12.5	防腐剂	适量	适量
EDTA	0.1	—	香精、色素	适量	适量
二甲苯磺酸钠	3	5	去离子水	余量	0.8

机洗餐具洗涤剂的去污主要是依赖强烈的机械作用和洗涤液的强烈碱性，并且要求洗涤液的泡沫少。在配方上，表面活性剂在机洗餐具洗涤剂中的用量很少，一般用量为 1%～3%，而且通常选用低泡，最好是选具有消泡作用的表面活性剂，如 AEO、TX、环氧丙烷/环氧乙烷嵌段共聚物等。其配方见表 2-9 所列。

表 2-9 机洗餐具洗涤剂配方 单位：%

组 分	质量分数			组 分	质量分数		
	1	2	3		1	2	3
STPP	30	—	20	二氯异氰尿酸钠	—	—	1.8
PO/EO 嵌段共聚物	2	—	—	KOH	10	30	—
焦磷酸钾	5	20	—	硅酸钠	—	5	8
AEO-9	—	—	1	碳酸钠	—	—	余量
NaOCl(15%)	—	8	—	去离子水	53	37	

(2) 液体洗涤剂的生产工艺 液体洗涤剂的配制工艺比较简单，一般采用间歇式批量化生产工艺，这是因为液体洗涤剂产品品种繁多，根据市场需要可及时变换原料及工艺条件，来适应不同液体洗涤剂产品及不同配方的生产要求。液体洗涤剂生产所涉及的设备主要是带搅拌的混合罐、高效乳化或均质设备、物料输送泵、真空泵、计量泵、物料储罐和计量罐、加热和冷却设备、过滤设备、包装和灌装设备。液体洗涤剂生产工艺主要包括原料预处理、混合或乳化、产品后处理和包装几个工序，生产工艺流程如图 2-2 所示。

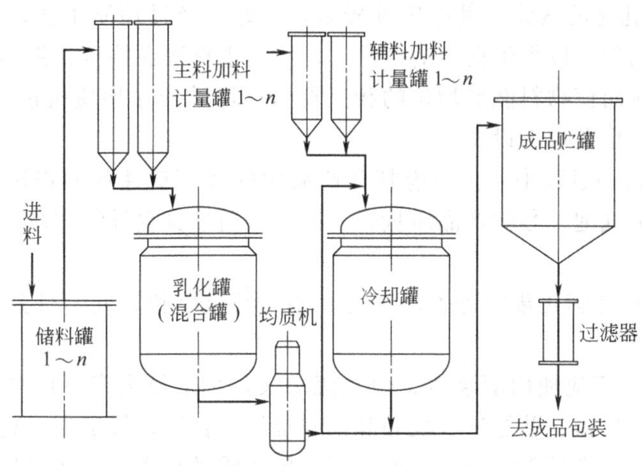

图 2-2 液体洗涤剂生产工艺流程示意

① 原料预处理 原料的预处理主要有水的去离子处理、灭菌处理，固体原料的粉碎、除杂与预熔（溶），液体原料的提纯、预热等。另外，为保证每批产品质量一致，所用原料应经化验合格后方可投入使用。

② 混合或乳化 液体洗涤剂的配置过程以混合及乳化为主，但不同类型的产品有其各不相同的特点，应根据产品的特点选用合适的工艺，生产上一般有两种配制方法。

a. 冷混法 首先将去离子水加入混合锅中，然后将表面活性剂溶解于水中，再加入其他助洗剂，待其形成均匀溶液后，就可加入其他成分如香料、色素、防腐剂、螯合剂等。如用到香料而不能完全溶解，可先将它同少量助洗剂混合后，再投入溶液，或者使用香料增溶剂来解决；色素通常先配成色浆再加入；最后用柠檬酸或其他酸类调节至所需的 pH，用无机盐（氯化钠或氯化铵）来调节至合适的黏度。整个过程不需要加热。冷混法一般适用于不含蜡状固体或难溶物质的配方。

b. 热混法 当配方中含有蜡状固体或难溶物质时，如珠光或乳浊制品等，一般采用热混法。

首先将去离子水加入混合锅中，在不断搅拌下（注意液面要没过搅拌桨叶，以免过多的空气混入，产生大量的泡沫）加入表面活性剂，加热到 70℃，然后加入要溶解的固体原料，投料顺序为先投易溶组分，对较难溶的组分如 AES，应先加入增溶剂如甲苯磺酸钠或其他易溶的表面活性剂后，再投入，以避免出现 AES 的凝胶。保温 70℃继续搅拌，直到所有物料完全溶解或生成乳状液。当温度下降至 50℃左右时，加入色素、香料和防腐剂等。热混法中加香的温度控制非常重要。在较高温度下加香不仅会使易挥发香料挥发，造成香精流失，同时也会因高温发生化学变化，使香精变质，香气变差。所以一般在较低温度下（<50℃）加入。pH 和黏度的调节也应在较低温度下进行，用 LAS 与 AES 复合型活性剂配制液体洗涤剂时，应十分注意在过程中 pH 及黏度的控制，若 pH>8.5，再继续投入其他成分会出现浑浊，使产品不易呈透明状。由于所用原料中可能有热敏性物质，因此采用热混法时，温度不宜过高（一般不超过75℃），以免这些成分受到破坏。

③ 产品后处理　无论产品是透明溶液还是乳状液，在包装前都还要经过一些后处理，以保证产品质量或提高产品稳定性。后处理可包括以下操作。

a. **过滤**　在混合或乳化操作时，要加入各种物料，难免带入或残留一些机械杂质，或产生一些絮状物。这些都直接影响产品的外观，所以一定要在包装前过滤掉。

b. **均质**　经过乳化的液体，其稳定性较差，最好再经过均质工艺，使乳液中分散相的颗粒更加细小、更均匀，以得到稳定的产品。均质是指料液在挤压、强冲击或失压膨胀的作用下使物料细化，从而使物料能更均匀的相互混合。均质依靠均质机进行。均质机是食品、乳品、化妆品行业的重要加工设备。

c. **排气**　在混合的过程中，由于搅拌和产品中的表面活性剂的作用，不可避免地将空气带入产品中，产生气泡，影响产品质量。一般可采用抽真空排气方法，快速将液体中的气泡排出。

d. **陈化**　将物料在陈化罐中静置储存几个小时乃至更长时间，待其性能稳定后再进行包装。

④ 包装　正规生产应使用灌装机、包装流水线。小批量生产可用高位槽手工灌装。严格控制灌装量，做好封盖、贴标签、装箱和记载批号、合格证等工作。袋装产品通常应使用灌装机封口。包装是生产过程的最后一道工序，包装质量与产品内在质量同等重要。

2.1.2.3　模块三　肥皂配方及生产工艺

（1）肥皂的配方组成　肥皂的主要成分是脂肪酸盐，主要是钠盐、钾盐和铵盐。除脂肪酸盐外，为了改进肥皂的性能，提高去污能力，调整肥皂中脂肪酸的含量，降低肥皂的成本，使织物留香，在肥皂配制时还需加入一定的填料和香精等成分。其配方见表2-10所列。

表 2-10　肥皂的配方　　单位：%

组　分	质量分数	组　分	质量分数
牛油	13	结晶阻化剂	2
椰子油	13	30%NaOH溶液	20
蓖麻油	10	95%乙醇	6
蔗糖	10	甘油	3.5
去离子水	10	茉莉花香精	适量

（2）肥皂的生产工艺　肥皂的生产可分为两个阶段，第一阶段是制造皂基，第二阶段是调料并加工成型。

① 皂基的制造

a. **油脂的预处理**　随着使用者对肥皂质量要求的提高，生产上对油脂的质量要求也越来越严格。制皂前对油脂进行些预处理是必要的。预处理方法主要包括脱胶、脱酸、脱色、脱臭四个工序。

脱胶是除去油脂中磷脂、蛋白质及其他胶质和黏液质。方法主要是用磷酸处理油脂：工业生产的毛油先经过过滤除去泥沙、纤维素等不溶杂质后，在热交换器中加热到40～50℃，送入混合器与磷酸混合，再送去反应器使胶质进行凝聚，含有凝聚物的油脂与热水混合，使凝聚物等胶体杂质吸水呈小胶粒存在，然后用离心机分离，油相送入真空干燥器进行脱水，除去水分和空气后即为脱胶油脂。

脱酸是指除去油脂中游离脂肪酸和色素的处理过程。用油脂皂化法制皂，则必须除去油脂中的游离脂肪酸，否则会影响白土的漂白脱色效果。一般可用碱炼法除去游离脂肪酸。具体方法是用淡碱液（约 15%）处理油脂，把油脂中的游离脂肪酸中和成肥皂，中和产生的絮状皂具有一定的吸附作用，可以将蛋白质、色素等其他杂质吸附下来，再经离心机分离，杂质进入皂脚储罐储存，而液态油再进入另一混合器用热水洗涤，去除油中残留的碱液和肥皂，最后进行真空干燥脱除水分和气体，得到脱酸精油。

在脱酸的过程中虽可将一些色素除去，但如果是要制备浅色皂特别是白色皂时，则需进一步进行脱色处理。脱色的方法主要有化学法和物理吸附法两种。化学法是用氧化、还原剂漂去油脂中的色素；物理吸附法是用活性白土等吸附油脂中的色素，白土的用量为油脂的 3%～5%，也可在白土中加入 0.2%～0.3%的活性炭以提高脱色效果，脱色温度一般为 105～130℃。

天然的动植物油脂中往往具有些特殊的气味，这会影响肥皂特别是香皂的气味，所以有必要对这些油脂进行脱臭处理。主要是用通入过热蒸汽进行气提的方法，除去油脂中有异味的物质。

肥皂生产中所用油脂为什么要进行预处理？主要的预处理方法有哪些？

b. **皂基的制造**　皂基是指含水分约为 35%的纯质熔融皂，又称为净皂。它是制造肥皂的半成品。

皂基的制造主要有油脂皂化法和脂肪酸中和法两种方法，目前大多数企业都采用油脂皂化法来制造皂基，故这里简单介绍油脂皂化法。

皂化法是将油脂与碱直接进行皂化反应而制得皂基，可用以下反应式表示：

$$\begin{array}{l} CH_2OOCR \\ | \\ CHOOCR'' \\ | \\ CH_2OOCR'' \end{array} + 3NaOH \longrightarrow \begin{array}{l} CH_2OH \\ | \\ CHOH \\ | \\ CH_2OH \end{array} + RCOONa + R'COONa + R''COONa$$

皂化法工业上有间歇式和连续式两种生产工艺。间歇式生产是在有搅拌装置的开口皂化锅中完成，因此又称为大锅皂化法，利用油脂和碱进行皂化反应，然后经过盐析、碱析、整理等过程而制得皂基。连续式制皂法是建立在油脂连续化基础上，用管式反应器，即两管道分别输送碱液和脂肪酸，在汇合处进行瞬间中和反应，然后离心分离，真空出条。间歇法制皂虽然生产周期长、效率较低，但设备投入少，工艺简单，目前仍为许多厂家所广泛使用。

大锅皂化法制皂基主要经过如下几个工序。

第一，皂化。将油脂和碱液加入皂化锅使之发生皂化反应。对于易皂化的油脂应先加入，这样被皂化的油脂可起到乳化作用，促进后加进的难皂化油脂的皂化过程。NaOH 溶液的加入也要分段加入，浓度由稀到高逐步增加。皂化完后的产物称为皂胶。皂化过程还应主要控制加热蒸汽的量，皂化开始阶段蒸汽量要大，充分加热，当反应进入急速反应期，应及时调整蒸汽量甚至是通冷却水来带走反应中产生的热量。

第二，盐析。皂化得到的皂胶中除了肥皂外，还有大量的水分和甘油，以及油脂中残留的一些色素、磷脂等杂质，为了分离出肥皂，可加入 NaCl 进行盐析。由于 NaCl 的同离子作用，使肥皂（脂肪酸钠）溶解度降低而析出。此过程可通过控制 NaCl 的投入量，来获得尽量多的肥皂，必要时还可进行多次盐析。

第三，碱析。即补充皂化。它是加入过量碱进一步皂化处理盐析皂的过程。将盐析皂加水煮沸后，加入过量的 NaOH 碱液，使第一次皂化反应后剩下的少量油脂完全皂化，同时进一步除去色素及杂质。静置分层后，上层为皂，送下一个整理工序；下层为碱析水，可用于下一锅的油脂皂化。

第四，整理。属于制造皂基的最后一个过程，即通过调整皂胶中肥皂、水和电解质三者之间的比例，以便使皂基和皂脚充分分离，尽量增加皂基的得率。调整好的皂胶在大锅中保持 85～95℃下静置 24～40h，皂胶分成两层：上层为皂基，下层为颜色较深、含杂质的皂脚。分离出的皂基在高温下是融化状态的肥皂，呈半透明的黏稠状，可直接冷却成固体粗肥皂，或保持流体状输送到下一工序进行调料并加工成型。

② 调料并加工成型　前面制备好的皂基再经过调料、加工成型便可制成成品肥皂。生产工艺如图 2-3 所示。

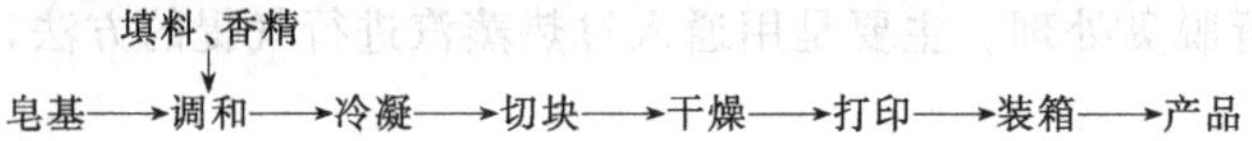

填料、香精 ↓

皂基 ⟶ 调和 ⟶ 冷凝 ⟶ 切块 ⟶ 干燥 ⟶ 打印 ⟶ 装箱 ⟶ 产品

图 2-3　肥皂加工工艺示意

目前的加工成型工艺主要有两种：框板法和真空干燥冷却法。前者属于传统工艺，在发达国家已淘汰；后者属于连续化成型制皂工艺，产品质量优良，生产效率高，是目前主要的生产工艺。

a. **框板法**　在皂基中加入添加物，经均匀混合后，注入框板内，使之冷却固化，然后切断成型。为了使其迅速冷却，提高生产效率，可使用冷却框板，因此，这种方法又称为冷板车法。

用这种方法制得的肥皂较硬，入水不易糊化，但发泡性较差。另外，所得肥皂中含水量较多（可达 25%～30%），长期存放易收缩变形。

b. **真空干燥冷却法**　皂基及其他添加组分在配料罐中保持 75～95℃调和及均化后，经过滤器，再由泵打入真空冷却室，使其冷却凝固。冷却室内由于真空，使得水的沸点下降到 26℃，这样当 90℃的料浆从喷口喷出时，其中的水分急剧汽化，肥皂的温度也迅速下降到 26℃以下，并固化在筒壁上，被旋转的刮刀铲下，铲下的皂片落入锥形底下面的压条机料斗里，进入螺杆压条机，被挤压成连续的皂条，再被切块机切成规定形状的皂块。

刚切好的皂块含水分较多，质地松软，不能立刻打印成型，需送入烘房进行烘晾。烘晾大概要 15～20min 左右，分前后两段，前段吹热风，使肥皂表面的水分干燥，后段吹冷风，使肥皂表面冷却变硬，以便打印成型。

从烘房中拿出已冷却肥皂，用细钢丝（或铁丝）切割成块，切割后的边脚料可在下次回锅再用。将切割好的肥皂条放在晾皂架上晾到不粘手时即可开始打印，即将肥皂放在打字模具内打压印字。打印后再放在晾皂架上晾干。经装箱包装，即为成品。

2.1.2.4　项目实践教学——餐具洗涤剂的实验室配制

（1）实验目的

① 了解餐用洗涤剂的性能、特点和基本组成；

② 了解餐用洗涤剂的配制技术，熟悉配方中各种原料的作用。

（2）实验原理　餐具洗涤剂中大约含有 10%～15%的表面活性剂，其中阴离子表面活性剂占 80%以上，因为阴离子表面活性剂具有较好的清洗能力。目前国内主要采用 LAS+AES+6501 复配体系，而国外（如日本）则采用 LAS+AES（或 AOS）+OB_2（十二烷基二甲基氧化胺），近年来美国 P&G、德国汉高、日本花王已采用 APG 代替 OB_2，亦有把甲酯磺酸盐（MES）加入到餐具洗涤剂中。

LAS/AES 可以减低 LAS 的刺激性，对去污力有增效作用，一般 LAS/AES=(80/20～70/30）最佳，适当增加 AES 的比例，还可增大产品的透明度，降低刺激性，有利于调节产品的黏度。LAS/AEO 复配，去污力以 80/20 最佳，而 LAS/MES 和 AES/MES 复配，协同效应最佳比例均为 1/1，尤其是低温洗涤。配方中加入 AEO，可提高产品的去油污性，并能增加产品的低温稳定性。

液体洗涤剂的生产过程比较简单，其过程为：按配方要求，将各种液体原料经配料送入液体洗涤剂配料罐，然后按配方要求加入小量固体组分、液体组分，经搅拌或混合器充分混合后，经 pH 控制仪等检验仪器设备测定合格后送入成品包装工序，进行包装。

餐具洗涤剂去污力评价方法有两种：一是人工洗盘泡沫终点法；二是 Inerts 法，即将污垢涂在玻璃片上，用质量法测去污力，可在 RHL-Q 型立式去污机中进行实验，国内一般采用第二种方法测餐具洗涤剂的去污力。

一个性能良好的餐用洗涤剂应符合如下要求。

第一，产品清晰透明，色泽浅淡，无不愉快气味，黏度适中；第二，泡沫性能良好；第三，对油脂的乳化和分散性能良好，去油污性能强；第四，手感温和，不刺激皮肤；第五，低毒无毒，使用安全。

产品符合《手洗餐具用洗涤剂》GB 9985—2000 标准内容中的技术指标。

(3) 主要仪器和药品 恒温水浴锅，搅拌器，烧杯，量筒，托盘天平，温度计，药勺。

K12，AES，6501，食盐，苯甲酸钠，柠檬酸，增白剂，香精，去离子水。

(4) 实验内容

① 通用餐具洗涤剂配方 通用餐具洗涤剂配方，见表 2-11 所列。

表 2-11 餐具洗涤剂配方 单位：%

组分	质量分数	组分	质量分数
K12	10	甘油	调节 pH 为 7.5～8
AES	8	柠檬酸	适量
6501	3	食盐	适量
苯甲酸钠	0.3	香精	75
EDTA	1	去离子水	调节 pH 为 7.5～8

② 配制步骤 将配方中的去离子水和甘油投入烧杯中，水浴加热，同时开启搅拌，当水温增加到 40℃时，缓慢加入 AES，继续搅拌至完全溶解，当溶液温度升高到 60℃时，缓慢加入 K12，至完全溶解。将物料温度降到 50℃以下，依次加入 6501、苯甲酸钠、EDTA。用精密试纸检验溶液 pH，以饱和柠檬酸溶液调节产品 pH 在 7.5～8.0 之间，再加入香精，搅拌下冷却至室温。以适量食盐调节产品黏度至所需黏度即可。

(5) 注意事项

① 搅拌速度要控制稳定，不宜过快，否则将产生大量气泡。

② 一定要把 AES 慢慢加进水中，而决不能直接加水去溶解 AES，否则可能成为一种黏

度极大的凝胶。

③ 6501 在高温下容易分解而带有令人不愉快的气味，故应在较低温度下加入。

(6) 实验数据及处理

① 原料性状观察及结果　原料性状观察及结果填入表 2-12。

表 2-12　原料性状观察及结果

结果 原料	颜色	状态	水溶性	在配方中所起作用
K12				
AES				
6501				
苯甲酸钠				
EDTA				
甘油				
柠檬酸				
增白剂				
香精				

② 产品质量　产品质量的结果填入表 2-13。

表 2-13　产品质量表

指标名称		检验结果描述
感官指标	外观	
	香气	
	手感	
理化指标	pH	
	耐热	
	耐寒	
	洗涤力	

(7) 实践教学评价

① 针对实验装置装拆进行评价；

② 针对学生物料称量、温度控制、搅拌速度控制进行评价；

③ 针对学生对产品的黏度调节、pH 调节进行评价；

④ 针对产品的质量进行评价；

⑤ 针对学生对实验结果的分析进行评价。

想一想

① 分析配方中各组分的作用。

② 试分析本配方中各种表面活性剂分别是什么类型的表面活性剂，其中起洗涤作用的是哪些？

本项目小结

一、合成洗涤剂分类和组成

1. 洗涤剂，是指以去污为目的而设计配方的制品，由必需的活性成分（活性组分）和辅助成分（辅助组分）构成。

2. 合成洗涤剂按用途分类，可分为家庭用和工业用两大类，也可分为个人护理用品、家庭护理用品、工业及公共设施用品等。

3. 洗涤剂的原料可分为两大类：一类是表面活性剂，是洗涤剂的主要成分，在配方中起着洗涤和各种调理作用；另一类是洗涤助剂，在洗涤过程中发挥助洗作用或赋予洗涤剂以某些特殊功能如柔软、增白等。

4. 在洗涤剂中，表面活性剂一般作为洗涤成分，但在某些配方中也用做辅助原料，起乳化、润湿、增溶、保湿、润滑、杀菌、柔软、抗静电、发泡、消泡等作用。用得最多的是阴离子表面活性剂，其次是非离子表面活性剂和两性表面活性剂。

5. 助剂与表面活性剂配合，能够发挥各组分互相协调，互相补偿的作用，进一步提高产品的洗净力，使其综合性能更趋完善，成本更为低廉。常用的助剂有：三聚磷酸钠（STPP）、硅酸钠、硫酸钠、碳酸钠、漂白剂、羧甲基纤维素钠（CMC）、泡沫稳定剂与泡沫抑制剂、酶、抗静电剂和柔软剂、荧光增白剂、溶剂等。

二、肥皂与合成洗涤剂配方和生产工艺

1. 普通洗衣粉（单以阴离子表面活性剂为活性物）、复配型洗衣粉（以其他类型的表面活性剂复配阴离子表面活性剂作为活性物）、低磷洗衣粉（以 4A 沸石部分代替 STPP）、无磷洗衣粉（以 4A 沸石代替 STPP）等配方。

2. 洗衣粉的生产——喷雾干燥工艺又称为高塔喷雾工艺，是将固/液态原料按配方先制成料浆，经过滤、老化、均质后，用高压泵将料浆送至喷粉塔顶部，通过喷枪喷成雾状，与塔内的热空气相遇进行干燥，成品粉从塔底排出，尾气从塔顶由尾气机抽出，经除尘后排入大气，塔底排出的洗衣粉经风送老化、筛分后可作为后配工序的底粉或直接包装。

3. 间歇式生产液体洗涤剂主要包括原料预处理、混合或乳化、产品后处理和包装等工序。

4. 肥皂的主要成分是脂肪酸盐，主要是钠盐、钾盐和铵盐。除脂肪酸盐外，为了改进肥皂的性能，提高去污能力，调整肥皂中脂肪酸的含量，降低肥皂的成本，使织物留香，在肥皂配制时还需加入一定的填料和香精等成分。

5. 在选择制皂用油脂时，可根据油脂的相对密度、凝固点、皂化值、酸值、碘值、皂化物等指标来选择。油脂制皂前还需进行些预处理，主要有脱胶、脱酸、脱色、脱臭四个工序。

6. 皂基的制备主要用大锅皂化法，在有搅拌装置的开口皂化锅中间歇操作完成，利用油脂和碱进行皂化反应，然后经过盐析、碱析、整理等过程而制得皂基。

7. 目前肥皂的加工成型工艺主要有两种：框板法和真空干燥冷却法。

（1）框板法　在皂基中加入添加物，经均匀混合后，注入框板内，使之冷却固化，然后切断成型。为了使其迅速冷却，提高生产效率，可使用冷却框板，因此，这种方法又称为冷板车法；用这种方法制得的肥皂较硬，入水不易糊化，但发泡性较差。另外所得肥皂中含水量较多（可达 25%～30%），长期存放易收缩变形。

（2）真空干燥冷却法　皂基及其他添加组分在配料罐中保持 75～95℃ 调和及均化后，

经过滤器，再由泵打入真空冷却室，使其冷却凝固。冷却室内由于真空，使得水的沸点下降到26℃，这样当90℃的料浆从喷口喷出时，其中的水分急剧汽化，肥皂的温度也迅速下降到26℃以下，并固化在筒壁上，被旋转的刮刀铲下，铲下的皂片落入锥形底下面的压条机料斗里，进入螺杆压条机，被挤压成连续的皂条，再被切块机切成规定形状的皂块。

思考与习题

（1）洗涤剂中最常用的表面活性剂是哪类表面活性剂？为什么？

（2）合成洗涤剂常用的助剂有哪些？简述它们在洗涤剂中的作用。

（3）使用含磷洗涤剂会对水域水体产生什么影响？从配方角度考虑，应该怎样解决这问题？

（4）简述喷雾干燥法制备洗衣粉的原理。

（5）洗衣粉为什么要进行后配料？

（6）肥皂的生产中，盐析的作用是什么？

（7）简述真空干燥冷却制皂的过程。

（8）肥皂的生产中，“碱炼”和“碱析”是同一个过程吗？为什么？

2.2 项目二 化妆品与盥洗卫生品

项目任务

① 了解化妆品的定义及在日常生活中的使用情况；

② 掌握一些常见化妆品的典型配方；

③ 通过观察，熟悉化妆品常用原料的外观及相关性能；

④ 掌握乳液类化妆品、表面活性剂液洗类化妆品、粉类化妆品和气溶胶类化妆品生产工艺；

⑤ 掌握雪花膏的实验室配制。

2.2.1 化妆品分类及品种

2.2.1.1 知识点一 化妆品与盥洗卫生品定义、作用及生理学基础

（1）定义 广义地说，化妆品是指化妆用的物品。

不同的国家对化妆品的定义有所不同。按照我国《化妆品卫生监督条例》中的规定，化妆品是指以涂擦、喷洒或其他类似的方法，散布于人体表面任何部位（皮肤、毛发、指甲、口唇等）以达到清洁、消除不良气味、护肤、美容和修饰目的的日用化学工业产品。

化妆品对人体的作用必须是缓和、安全、无毒、无副作用，并且主要以清洁、保护、美化为目的。应当指出，我国《化妆品卫生监督条例》中规定的“特殊用途化妆品”，是指用于育发、染发、烫发、脱毛、美乳、健美、除臭、祛斑、防晒等目的的化妆品。无论是化妆品，或是特殊用途化妆品都不同于医药用品，其使用目的在于清洁、保护和美化修饰方面，并不是为了达到影响人体构造和机能的目的。为方便起见，常将化妆品和特殊用途化妆品统称为化妆品。

（2）作用 化妆品的作用主要体现在以下五个方面。

① 清洁作用 祛除皮肤、毛发、口腔和牙齿上面的脏物。如清洁霜、清洁奶液、净面面膜、清洁用化妆水、泡沫浴液、洗发香波、牙膏等。

② 保护作用　保护皮肤及毛发，使其滋润、柔软、光滑、富有弹性，抵御寒风、烈日、紫外线辐射等的损害。如雪花膏、润肤露、防晒霜、润发油、护发素。

③ 营养作用　补充皮肤及毛发营养，增加组织活力，保持皮肤角质层的含水量，减少皮肤皱纹，减缓皮肤衰老以及促进毛发生理机能，防止脱发。如人参霜、维生素霜、珍珠霜、营养面膜、生发水、药性发乳、药性头蜡等。

④ 美化作用　美化皮肤及毛发，使之增加魅力，或散发香气。如香粉、胭脂、发胶、唇膏、香水等。

⑤ 防治作用　预防或治疗皮肤及毛发、口腔和牙齿等部位影响外表功能的生理病理现象。如雀斑霜、粉刺霜、药物牙膏、生发水、祛臭剂等。

(3) 化妆品生理学基础

① 化妆品与皮肤　化妆品大多涂擦在人的皮肤表面，与人的皮肤长时间连续接触。配方合理、与皮肤亲和性好、使用安全的化妆品能起到清洁、保护、美化皮肤的作用；相反，使用不当或使用质量低劣的化妆品，会引起皮肤炎症或其他皮肤疾病。因此，为了更好地研究化妆品的功效，开发与皮肤亲和性好、安全、有效的化妆品，有必要了解有关的皮肤科学。

人的皮肤由外及里共分三层：最外一层叫表皮；中间一层叫真皮；最里面的一层叫皮下组织。表皮由里到外又分为：基底层，棘层，颗粒层，透明层，角质层。在角质层中含有天然保湿因子（NMF），可以使皮肤保持一定的水分。皮肤的解剖和组织，如图 2-4 所示。

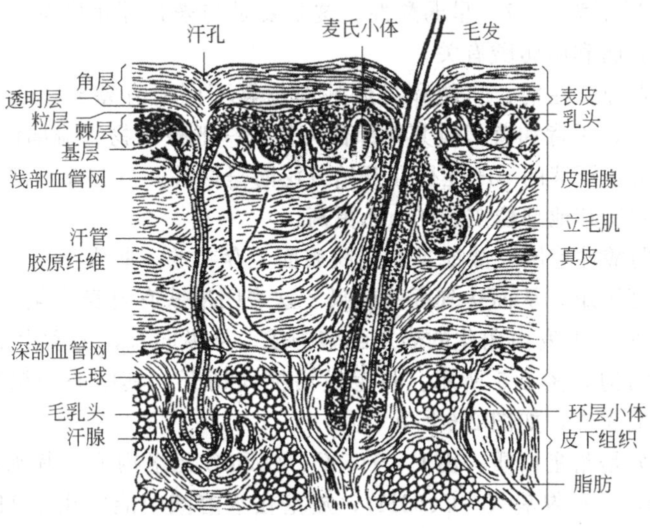

图 2-4　皮肤的解剖和组织示意

皮肤还可以分泌出皮脂，具有润滑皮肤和毛发、防止体内水分的蒸发和抑制细菌的作用，还有一定的保温作用。皮脂分泌量因身体部位各异而有所不同，皮脂腺多的头部、面部、胸部等的皮脂分泌量较多，手脚较少。从性别和年龄上看，皮脂排泄在儿童期较少；由于性内分泌的刺激，在接近青春期迅速增加，到了青春期及其以后一段短的时期，则比较稳定；到老年时，又有下降，尤以女性更甚。从季节上讲，夏季比冬季分泌量大，而且 20～30℃时分泌量最大。同时，分泌量也受营养的影响，过多的糖和淀粉类食物使皮脂分泌量显著增加，而脂肪的影响则较小。

根据皮脂分泌量的多少，人类皮肤分为干性、油性、中性三大类型。这也是选择化妆品类型重要依据。

a. **干性皮肤** 皮肤毛孔不明显，皮脂腺的分泌少而均匀，没有油腻的感觉，肤色洁白，或白里透红，细嫩、干净、美观。表皮角质层中含水量少，常在10%以下，因此这种皮肤经不起风吹雨打和日晒，常因情绪的波动和环境的迁移而发生明显的变化，保护不好容易出现早期衰老的现象。宜使用刺激性小的香皂、洗面奶、清洁霜等清洁用品和擦用多油的护肤化妆品，如冷霜等。

b. **油性皮肤** 毛孔粗大，皮脂的分泌量特别多，同时毛囊口还会长出许多小黑点，脸上经常是油腻光亮，易长粉刺和小疙瘩，肤色较深。但油性皮肤的人不易起皱纹，又经得起各种刺激。可选用肥皂、香皂等去污力强的清洁用品洗脸，宜使用少油的化妆品，如雪花膏、化妆水等。

c. **中性皮肤** 中性皮肤介于上述两种类型皮肤之间，仅程度不同地偏重于干性皮肤或油性皮肤，当然偏重于干性皮肤较为理想。皮肤不粗不细，对外界刺激亦不敏感。选用清洁和护肤化妆品的范围也较宽，通常的护肤类化妆品均可选用。

皮肤的类型还受年龄、季节等影响。青春期过后，油性皮肤就会逐渐向中性及干性皮肤转变。在冬季寒冷、干燥的外界环境中，即使是油性皮肤，也易引起干燥、粗糙；夏季，皮肤分泌机能旺盛，汗多，中性皮肤也会呈现为油性皮肤。皮肤的状态随外界环境的变化而变化，所以选择化妆品时要根据变化有所不同。

皮肤表面分泌的皮脂与汗液的混合物形成一层乳化薄膜（皮脂膜），如在皮肤表面上加少量净化水，可测得其pH，通常是在4.2～6.5之间，称为皮肤的pH。皮肤的pH，平均约为5.75，正常状况下为4～7，呈弱酸性。这主要是与来自汗水乳酸及氨基酸有关，还与皮脂成分中的中性脂肪和脂肪酸有关。

皮肤pH常随人种、性别、年龄和身体的部位等不同而有差异。幼儿及成年人较老人低，女性比男性稍高，手背和背部较其他部位为低。一般被衣物遮盖部位或汗水不易蒸发部位pH略高，这是由于汗液的pH往往在开始分泌时呈酸性，分泌多时则倾向于碱性。大汗腺部位皮肤的pH亦比其他部位皮肤的pH更高。

皮肤的pH为弱酸性范围，故能抑制皮肤表面上存在的一些常见菌，如化脓性菌、白癣菌的繁殖，使其发育困难，从而达到灭菌效果。这表明皮肤有自身净化作用。

② 化妆品与毛发 毛发由角化的表皮细胞构成。从纵向看，毛发由毛杆、毛根、毛球、毛乳头等组成，其结构如图2-5所示。将毛发沿横向切开，其中心为髓质，周围覆盖有皮质，最外面一层为毛表皮，如图2-6所示。

毛发的基本成分是角蛋白质，由C、H、O、N和S元素构成，其水解产物氨基酸分子中含有氨基（$—NH_2$）和羧基（—COOH），羧基在水溶液中能电离出H^+而显示酸性，而氨基能和酸（H^+）结合显示碱性，所以角蛋白质是一个两性化合物。毛发在沸水、酸、碱、氧化剂和还原剂等作用下可发生某些化学变化，控制不好会损坏毛发。但在一定条件下，可以利用这些变化来改变头发的性质，达到美发、护发等目的。在此仅介绍与烫发、染发以及护发等有关的一些化学性质。

a. **水的作用** 毛发具有良好的吸湿性，如采用离心脱水法测得毛发在水中的最大吸水量可达30.8%。水分子进入毛发纤维内部，使纤维发生膨化而变得柔软。当角蛋白和水分子之间形成氢键的同时，肽链间的氢键相对减弱，毛发纤维的强度稍有下降，断裂伸长增加。但当干燥后，肽链间的氢键可重新形成，毛发恢复原状，而无损其品质。

当毛发在水中加热时（100℃以下），即开始水解，但反应进行得很慢。在高温下并有压力的水中，毛发中的胱氨酸被分解（二硫键断裂）生成巯基和亚磺酸基：

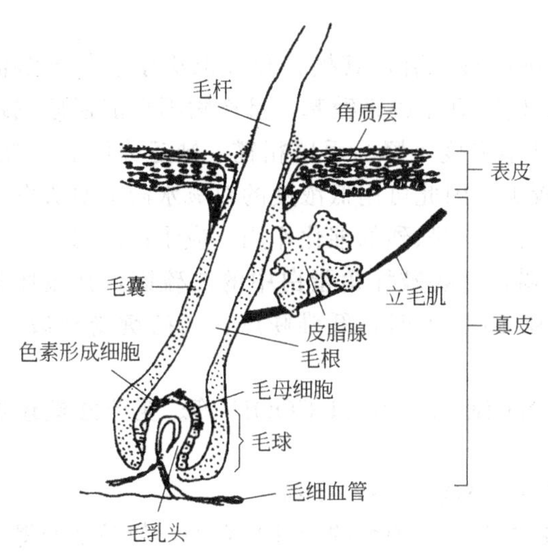

图 2-5 毛发的结构

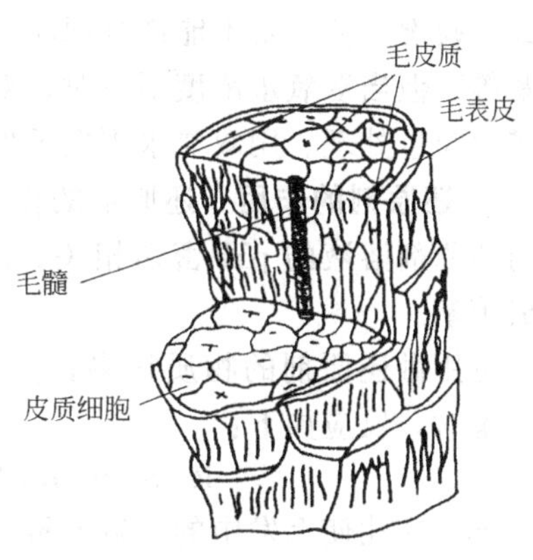

图 2-6 头发的纵横剖面和截面

$$R—S—S—R'+H_2O\xrightarrow[压力]{高温}RSH+R'OSH$$

b. **热的作用** 毛发在高温（如 100～105℃）下烘干时，由于纤维失去水分会变得粗糙，强度及弹性受到损失。若将干燥后的毛发纤维再置于潮湿空气中或浸于水中，则将由于重新吸收水分而恢复其柔软性和强度。但是长时间的烘干或在更高温度下加热，则会引起二硫键或碳-氮键和碳-硫键的断裂而引起毛发纤维的破坏，并放出 H_2S 和 NH_3。因此，经常及长时间对头发进行吹风定型，不利于头发的健康。

c. **日光的作用** 如前所述，毛发角蛋白分子中的主链是由众多肽键连接起来的，而C—N键的离解能比较低，日光下波长小于 400nm 的紫外线的能量就足以使它发生裂解；另外，主链中的羰基对波长为 280～320nm 的光线有强的吸收力。所以主链中的肽链在日光中紫外线的作用下显得很不稳定。再者，日光的照射还能引起角蛋白分子中二硫键的开裂。因此，在持久强烈的日光照射下，会引起毛发变得粗硬、强度降低、缺少光泽、易断等变化。

d. **酸的作用** 毛发纤维对无机酸稀溶液的作用有一定的稳定性。弱酸或低浓度的强酸一般对毛发纤维无显著的破坏作用，仅盐键发生变化。如将羊毛或头发浸在 0.1mol/L 的盐酸溶液中，盐键按下式断裂：

$$RNH_2\cdot HOOC—R'+HCl\longrightarrow R—NH_2HCl+HOOC—R'$$

盐酸溶液中，羊毛或头发的纤维很易伸长。假如用水冲洗彻底，将酸洗掉，盐键将回复到原来的状态。高浓度的强酸及高温对头发有显著的破坏作用。头发用 6mol/L 的盐酸溶液煮沸几小时，可完全水解成为氨基酸分子。破坏主多肽键的反应将使毛发纤维强度减弱。酸性条件能破坏主多肽键，而不破坏胱氨酸结合，即二硫键将完整无损地留在胱氨酸内。

e. **碱的作用** 碱对毛发纤维的作用剧烈而又复杂，除了使主链发生断裂外，还能使横向连接发生变化，使二硫键和盐式键等断裂形成新键。毛发受到碱的损伤后，纤维变得粗糙、无光泽、强度下降、易断等。

在碱性条件下，角蛋白质大分子间的盐式结合解离，大分子受力拉伸时，由于受侧链的束缚较小，而易于伸直。当溶液碱性较强时，二硫键易于拆散。

碱对毛发的破坏程度受碱的浓度、溶液的 pH、温度、作用时间等影响。温度越高，pH 越高，作用时间越长，则破坏越严重，如煮沸的氢氧化钠溶液，浓度在 3%以上，就可使羊毛纤维全部溶解。

f. **氧化剂的作用** 氧化剂对毛发纤维的影响比较显著，其损害程度取决于氧化剂溶液的浓度、温度及 pH 等。氧化剂可使毛发中的二硫键氧化成磺酸基，且产物不再能还原成巯基或二硫键，使毛发不能恢复原状，以致毛发纤维强度下降、手感粗糙、缺乏光泽和弹性、易断等。但当双氧水浓度不高时，对毛发损伤较少，因此可用低浓度的双氧水溶液对头发进行漂白脱色处理。用双氧水漂白毛发，金属铁与铬具有强烈的催化作用，应予以注意。

g. **还原剂的作用** 还原剂的作用较氧化剂弱，主要破坏角蛋白中的二硫键，其破坏程度与还原剂溶液的 pH 密切相关。溶液的 pH 在 10 以上时，纤维膨胀，二硫键受到破坏，生成巯基。

可用做还原剂的物质很多，如 $NaHSO_3$、Na_2SO_3、$HSCH_2COOH$ 等。亚硫酸钠还原二硫键时，反应如下：

$$R—S—S—R + Na_2SO_3 \longrightarrow R—S—SO_3^- + RS^- + 2Na^+$$

该反应能使毛发中的二硫键被切断，形成赋予毛发可塑性的巯基化合物，使毛发变得柔软易于弯曲。但若作用过强，二硫键完全被破坏，则毛发将发生断裂。该反应生成的巯基在酸性条件下比较稳定，大气中的氧气不容易使其氧化成二硫键。而在碱性条件下，则比较容易被氧化成二硫键，在有痕量的金属离子如铁、锰、铜等存在时，更将大大加快转化成二硫键的反应速率。

烫发即是利用上述化学反应，首先使用还原剂破坏部分二硫键，使头发变得柔软易于弯曲，当头发弯曲成型后，再在氧化剂的作用下，使二硫键重新接上，保持发型。

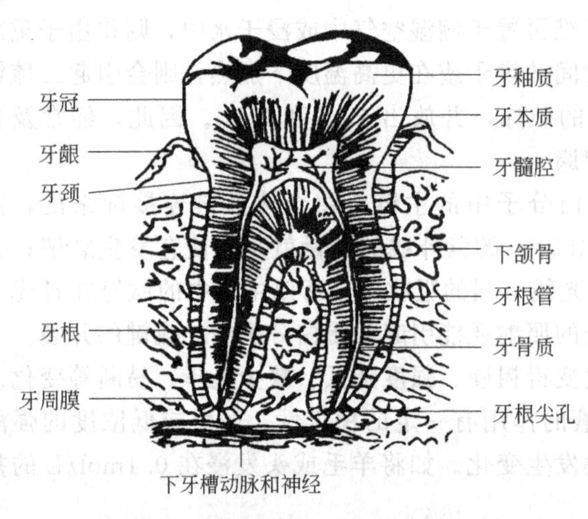

图 2-7 牙齿及其周围组织剖面

③ 化妆品与牙齿 牙齿是钙化了的硬固性物质，所有牙齿都牢牢地固定在上下牙槽骨中。露在口腔里的部分叫牙冠，嵌入牙槽中看不见的部分称为牙根，中间部分称为牙颈，牙根的尖端叫根尖。牙齿的本身叫做牙体，包括牙釉质、牙本质、牙骨质和牙髓四个部分。牙齿周围的组织称为牙周组织，包括牙周膜、牙槽骨和牙龈。牙齿及其周围组织剖面，如图 2-7 所示。

牙病的患病率高，分布极广，是人类最常见的疾病之一。常见牙病主要包括龋病、牙周病和牙本质敏感症等。处理和治疗这些牙病是牙科医生的任务，化妆品化学家的作用是研究开发预防这些牙病的产品，如口腔卫生用品，通过日常的使用，达到预防牙病或减轻已有牙病的目的。牙齿的保护应以预防为主。牙病的预防，必须从儿童时期就开始。儿童正处于发育时期，牙齿过早龋坏，会影响儿童的咀嚼功能及健康地成长。乳牙过早损坏，可影响颌骨发育，造成牙齿畸形。所以应从小培养良好的口腔卫生习惯，保护好牙齿。

2.2.1.2 知识点二 化妆品主要原料、分类及主要品种

(1) 化妆品主要原料 化妆品的原料按其在化妆品中的性能和用途可分为主体原料和辅助原料（包括添加剂）两大类。主体原料是能够根据各种化妆品类别和形态的要求，赋予产品基础骨架结构的主要成分，它是化妆品的主体，体现了化妆品的性质和功用；而辅助原料

则是对化妆品的成型、色、香和某些特性起作用，一般辅助原料用量较少，但不可缺少，化妆品的某些特殊功效就是靠加入特定的添加剂而具有的。主体原料和辅助原料之间没有绝对的界限，在不同的配方产品中所起的作用也不一样。

① 主体原料

a. **油性原料** 油性原料是化妆品的主要基质原料，一般可以分为油脂、蜡类、脂肪酸、脂肪醇和酯类。油脂和蜡类原料根据来源和化学成分不同，可分为植物性、动物性和矿物性油脂及蜡、合成油脂等。油性原料除了赋予化妆品基体外，在化妆品中还起着屏障、滋润、清洁、溶剂、乳化、固化等作用。

在化妆品中用到的油性原料很多，主要品种见表 2-14 所列。

表 2-14 化妆品常用油性原料的种类

类 别	种 类
植物油	橄榄油、蓖麻油、霍霍巴油、椰子油、棕榈油等
动物油	水貂油、羊毛脂
动物性蜡	蜂蜡、鲸蜡、虫胶蜡
矿物油	液体石蜡、凡士林、石蜡
合成油	硬脂酸、鲸蜡醇、硬脂醇、胆甾醇、硅油、角鲨烷、硬脂酸单甘油酯

b. **粉质原料** 粉类原料是粉末剂型化妆品，如爽身粉、香粉、粉饼、唇膏、胭脂、眼影粉等的基质原料，其用量可高达 30%～80%。其目的是赋予皮肤色彩，遮盖色斑，吸收油脂和汗液；在一些芳香制品中也有用做香料的载体；此外，在粉体化妆品中加入一些便宜的粉质原料，还可起到降低成本的作用。

化妆品中常用到的无机粉质原料有：滑石粉、钛白粉（TiO_2）、锌白粉（ZnO）、高岭土、膨润土、硅藻土、碳酸钙、碳酸镁等；有机粉质原料有：聚乙烯粉、合成蜡微粉、聚甲基丙烯酸酯微球、纤维素微珠、硬脂酸锌等。

c. **水溶性聚合物**（胶质原料） 水溶性聚合物又称水溶性高分子化合物或水溶性树脂，指结构中具有羟基、羧基或氨基等亲水基的高分子化合物。它们易与水发生水合作用，形成水溶液或凝胶，亦称黏液质。可作化妆品的基质原料，也在化妆品的乳剂、膏霜和粉剂中作为增稠剂、分散剂或稳定剂。水溶性聚合物的种类多，主要品种见表 2-15 所列。

表 2-15 化妆品用水溶性聚合物分类

项 目	分 类
天然高分子化合物	动物性:明胶,酪蛋白、琼脂 微生物来源:汉生胶(又称黄原胶) 植物性:淀粉 植物性胶质:阿拉伯胶 植物性黏液质:榅桲提取物、果胶 海藻类:海藻酸钠
半合成高分子化合物	甲基纤维素、乙基纤维素、羧甲基纤维素钠 CMC、羟乙基纤维素 HEC、羟丙基纤维素 HPC、阳离子纤维素聚合物、阳离子瓜尔胶
合成高分子化合物	乙烯类:聚乙烯醇、聚乙烯吡咯烷酮 丙烯酸聚合物(卡波系列) 聚氧乙烯 其他:水溶性尼龙等

d. **溶剂** 溶剂原料包括水、醇类（乙醇、异丙醇、正丁醇）、酮类（丙酮、丁酮）、醚类酯类、芳香族溶剂（甲苯、二甲苯）。在化妆品中，水是化妆品不可缺少的原料，通常使用的产品用水为经过处理的去离子水。乙醇是香水、古龙水、花露水的主要原料；异丙醇取代乙醇用于指甲油，正丁醇是指甲油的原料；丙酮、丁酮、醚类酯类、芳香族溶剂用于指甲油、油脂、蜡的溶剂。

② 辅助原料

a. **表面活性剂** 在化妆品中，表面活性剂的作用表现为去污、乳化、分散、湿润、发泡、消泡、柔软、增溶、灭菌、抗静电等特性，其中去污、乳化、调理为主要特性。表面活性剂在化妆品中往往同时起着几个作用，利用表面活性剂单一性能的化妆品几乎没有，大多是同时利用表面活性剂的多种性能；同时，大多数的化妆品中也都不止用一种表面活性剂，往往是用多种不同的表面活性剂配合使用，这时候就要考虑不同表面活性剂之间的配伍性。例如在洗涤类化妆品中，就是靠添加阴离子表面活性剂赋予产品去污洗涤力的，为改善其洗涤性和调理性还加入非离子、两性离子及阳离子表面活性剂。各类离子表面活性剂各有特长，发挥优势综合互补。阴离子表面活性剂去污力强，泡沫丰富，性价比优，是香波的主体；非离子表面活性剂乳化力强，泡沫细密持久，性能温和；两性离子表面活性剂温和，相容性好，提供细密的泡沫等；阳离子表面活性剂调理性好。

不同类型的表面活性剂应如何搭配使用？

b. **保湿剂** 化妆品中常用保湿剂是多元醇型、天然型，主要有甘油、丙二醇、山梨醇、聚乙二醇、透明质酸（HA）、乳酸钠、吡咯烷酮羧酸钠（简称 PCA-Na）、胶原蛋白、尿素、乳酸、甲壳素衍生物、芦荟、海藻提取物等。另外，一些油性成分也具有保湿功能，其作用是在皮肤表面形成封闭的薄膜，控制水分的蒸发，如凡士林、白油、硅油、羊毛脂、霍霍巴油、角鲨烷（深海鲨鱼肝油）、小麦胚芽油等。

c. **抗氧剂、防腐剂** 化妆品中常用的抗氧剂大体上可以分为五类：酚类，醌类，胺类，有机酸、醇与酯类，无机酸及其盐类。常用抗氧剂有二叔丁基对甲酚（BHT）、生育酚。常用防腐剂主要有尼泊金酯、苯甲酸及其盐类、Bronopol（布罗波尔）、Kathon CG（凯松 CG）、Germall Ⅱ（杰马Ⅱ）、Germaben Ⅱ等。

d. **功效性原料** 对于强调功效的化妆品，如祛斑、防晒、营养或减肥等产品，常添加某些有特效的化学品或天然提取物。在化妆品中常用的一些天然植物，见表 2-16 所列。

表 2-16 天然植物成分及其提取物在化妆品中的应用

名称	主要活性成分	功 能	用 途
沙棘	维生素、黄酮类生物活性物质、氨基酸、维生素 F 胡萝卜素、亚油酸	杀菌、消炎、止痒	膏霜发用制品
酒花	精油、树脂、苦味素和单宁胆碱、生物碱、植物激素、维生素 C	雌性激素、滋补、防腐、消炎	膏霜固发和疗效化妆品
芦荟	芦荟素、芦荟大黄素	杀菌、增白、收敛	防晒护肤化妆品
麦芽	蛋白质、卵磷脂、果糖、维生素、植物激素	改进血液循环、改善皮肤活力	膏霜、疗效化妆品、儿童化妆品
蘑菇	天然类脂中的胡萝卜素、磷脂蜡、脂肪酸	杀菌、愈合	头发调理剂、膏霜、护肤品

续表

名称	主要活性成分	功　能	用　途
大黄	蒽苷、单宁	刺激作用	头发营养素
海藻	海藻酸、碘、钾、粗蛋白	增进血液功能、防皱护肤	膏霜、香波
丹参	丹参酮、维生素 E、丹参醇	对皮肤有收敛作用、防止皮肤老化、杀菌治粉刺	美容霜、香波、护肤品
薄荷	薄荷醇、薄荷酮、莰烯薄荷脂	清洁皮肤、保护头发、愈合作用	防裂膏、指甲增强剂
黄瓜	氨基酸、黏蛋白、矿物质、维生素	收敛作用、镇静剂、润湿皮肤	润湿霜、面膜保湿剂
番茄	有机酸、番茄红素、维生素、黄酮类	杀菌、洁肤	着色剂、美容面膜
莴苣	葡萄糖苷、蛋白质、维生素	营养皮肤、调理毛发	美容奶液、护肤护发用品
生姜	姜醇、姜烯、氨基酸	促进血液循环、促进毛发生长	生发水、头发调理品
苹果	糖、果胶、蛋白质、单宁、维生素	营养、润湿皮肤	香波、婴儿化妆品、化妆水
柑橘	维生素、泛酸	洁肤、润湿作用	浴用化妆品、清洁霜
草莓	蛋白质、维生素、酸、果糖	除斑、收敛、杀菌、滋补	皮肤滋补剂、美容霜、皮肤霜
胡萝卜	胡萝卜素、糖、果胶、维生素	色素、滋补、美容	奶液、膏霜、化妆水
杏	柠檬酸、胡萝卜素、黄酮类	抗菌、滋补、润湿	营养美容霜、擦面剂、润湿剂
人参	人参皂苷、人参酸、植物甾醇胆碱、氨基酸、肽、糖类	促进血液循环、嫩肤、抗衰老	生发剂、美容霜、护肤化妆品
芍药	牡丹酸、芍药苷、蛋白质、谷甾醇、鞣质、脂肪油	收敛、消炎	膏霜、护肤护发化妆品

另外，对于防晒化妆品的防晒功能，是靠添加防晒剂来实现的。化妆品中所用的防晒剂按其防晒机理可分为物理性防晒剂和化学性防晒剂。物理性防晒剂又称为紫外线屏蔽剂，主要是指具有反射紫外线作用的物质，当日光照射到这类物质时，可使紫外线散射，从而阻止了紫外线的射入。这类物质一般是超微的白色无机粉末，如钛白粉、滑石粉、陶土粉、氧化锌等。化学性防晒剂又称为紫外线吸收剂，是一种具有吸收作用的物质，这类物质一般为具有共轭体系的化合物，按吸收辐射的波段不同，可分为 UVA 吸收剂（如二苯酮类、邻氨基苯甲酸酯和二苯甲酰甲烷类化合物）和 UVB 吸收剂（如对氨基苯甲酸酯、水杨酸酯、肉桂酸酯和樟脑的衍生物）。

e. **香精、色素**　化妆品的配方设计是否成功，香味往往是非常重要的因素，调配得当的香精不仅使产品具有优雅舒适的香味，还能掩盖产品中某些成分的不良气味。化妆品的加香除了必须选择适宜香型外，还要考虑到所用香精对产品质量及使用效果是否有影响。化妆品的赋香率因品种而异。对一般化妆品来讲，添加香精的数量达到能消除基料气味的程度就可以了。对于香波、唇膏、香粉、香水等以赋香为主的化妆品来说，则需要提高赋香率。

(2) 化妆品的种类　化妆品种类繁多，其分类方法也五花八门。如下是根据不同的分类标准对常用化妆品进行的分类。

① 按剂型分类　该分类是按产品的外观性状、生产工艺和配方特点进行，有 15 类，水剂、油剂、乳剂、粉状、块状、悬浮状、表面活性剂溶液类、凝胶状、气溶胶、膏状、锭状、笔状、蜡状、薄膜状、纸状等。

此种分类方法有利于化妆品生产装置的设计和选用，产品规格标准的确定以及分析试验方法的研究，对生产和质检部门进行生产管理和质量检测是有利的。

② 按使用部位分类　根据使用部位分为皮肤用化妆品、发用化妆品、唇和眼用化妆品和指甲用化妆品。

a. **皮肤用化妆品**　指皮肤及面部用化妆品。有洁肤用品如洗面奶、清洁霜、磨砂膏；有护肤用品如雪花膏、润肤乳液、护肤水、保湿霜等；有美肤用品如香粉、胭脂、美白霜等。

b. **发用化妆品**　指头发专用化妆品。有洗发香波、洗发膏等；有护发用品如护发素、发乳、发油、焗油等；有美发用品如摩丝、烫发液、染发剂、漂白剂等。

c. **唇和眼用化妆品**　指唇及眼部用化妆品。唇部用品如唇膏、唇线笔、亮唇油等。眼部用品有眼影粉、眼影液、眼线液、眼线笔、眉笔、睫毛膏等。

d. **指甲用化妆品**　有指甲上色用品如指甲油、指甲白等；有指甲修护用品如去皮剂、柔软剂、抛光剂、指甲霜等；有卸除用品如去光水、漂白剂等。

此种分类较直观，有利于配方研究过程中原料的选用，有利于消费者了解和选用化妆品。但不利于生产设备、生产工艺条件和质量控制标准等的统一。

③ 按功能分类　按功能分为洁肤化妆品、护肤化妆品、美容类化妆品和特殊用途化妆品。

a. **洁肤化妆品**　能去除污垢、洗净皮肤而又不伤害皮肤的化妆品，如清洁霜、洗面奶、浴液、香波、清洁面膜、洁面乳、洁面水、洁面凝膏、磨面膏、去死皮膏、洗手膏、去痱水、去甲水、卸装液等。

b. **护肤化妆品**　给皮肤及毛发补充水分、油分或养分，具有特殊营养功效的化妆品，如化妆水、润肤露、按摩膏、雪花膏、香脂、保湿霜、营养霜、奶液、蜜、防裂油、精华素、防皱霜、护发素、发油、发乳、护手霜、护足霜、柔肤水、收敛水、紧肤水、保湿平衡霜等。

c. **美容类化妆品**　用于眼、唇、颊及指甲等部位，以达到改善容颜的化妆品。如胭脂、唇膏、粉底、眉笔、指甲油、眼影粉、眼影膏、眼线笔、睫毛膏、眼线液、粉饼等。

d. **特殊用途化妆品**　用于育发、染发、烫发、脱毛、丰乳、健美、除臭、祛斑、防晒等。

现将常用化妆品归类，见表 2-17 所列。

表 2-17　常用化妆品归类表

产品类型		产品举例
一般液态类(不需经乳化的液体类)	护发、清洁类	洗发液、洗发膏、浴液、洗手液、发露、发油(不含推进剂)、摩丝(不含推进剂)、梳理剂、洗面奶、液体面膜等
	护肤水类	护肤水、紧肤水、化妆水、收敛水、卸妆水、眼部清洁液、按摩液、护唇液等
	染烫发类	染发剂、烫发剂等
	啫喱类	啫喱水、啫喱膏、美目胶等
膏霜乳液类(需乳化)	护肤清洁类	膏、霜、蜜、香脂、奶液、洗面奶等
	发用类	发乳、焗油膏、染发膏、护发素等
粉类	散粉类	香粉、爽身粉、痱子粉、定妆粉、面膜(粉)等
	块状粉类	胭脂、眼影、粉饼等
气雾剂及有机溶剂类(含推进剂、易燃易爆有机溶剂)	气雾剂类	摩丝、发胶、彩喷等
	有机溶剂类	香水、花露水、指甲油等
蜡基类(主基料为蜡)	—	唇膏、眉笔、唇线笔、发蜡、睫毛膏等
口腔清洁类	—	牙膏、牙粉、漱口剂等

2.2.2　化妆品与盥洗卫生品配方

2.2.2.1　模块一　护肤、护发化妆品典型配方

护肤化妆品可给皮肤补充水分和脂质，从而恢复和保持皮肤的润湿性，使皮肤健康，延缓皮肤的老化。

常见的护肤化妆品有雪花膏、润肤霜、润肤乳液、冷霜（香脂）、祛斑霜、防皱霜、营养霜、美白霜等。润肤霜和抗衰老霜的典型配方分别见表 2-18 和表 2-19 所列。

表 2-18　O/W 型润肤霜配方　　单位：%

组　分	质量分数	组　分	质量分数
白油	18.0	丙二醇	4.0
棕榈酸异丙酯	5.0	Carbopol 934	0.2
十六醇	2.0	三乙醇胺	1.8
硬脂酸	2.0	防腐剂	适量
单甘酯	5.0	香精	适量
吐温 20	0.8	去离子水	加至 100.0

表 2-19　抗衰老霜配方　　单位：%

组　分	质量分数	组　分	质量分数
十六烷基糖苷	6.0	山梨醇(70%)	5.0
棕榈酰羟化小麦蛋白	2.5	香精	适量
异壬基异壬醇酯	25.0	防腐剂	适量
白油	5.0	去离子水	加至 100.0
聚二甲基硅烷醇/聚二甲基硅烷酮	5.0		

目前市场上主要的护发产品有护发素、焗油、发油、发蜡、发乳等。护发素和焗油的典型配方分别见表 2-20 和表 2-21 所列。

表 2-20　乳液型护发素配方　　单位：%

组分(油相)	质量分数	组分(水相)	质量分数
乳化蜡	6.0	硬脂酸二甲基苄基氯化铵	1.0
桃仁油	7.0	骨胶原蛋白的酶水解物	4.0
甘油基硬脂酸酯	0.8	EDTA 二钠	0.03
羊毛脂	4.0	对羟基苯甲酸甲酯	0.2
香精	适量	色素	适量
羟基苯甲酸丙酯	0.01	氢氧化钠(10%)溶液	适量
PVP	0.25	去离子水	加至 100.0

表 2-21　焗油的配方　　单位：%

组分(油相)	质量分数	组分(水相)	质量分数
聚氧乙烯(50)羊毛脂	1.5	羟乙基纤维素	0.5
聚氧乙烯(75)羊毛脂	0.5	单乙醇胺	3.0
聚氧乙烯(20)油醇醚	0.5	防腐剂(Germaben Ⅱ)	1.0
椰油基二甲基季铵化羟乙基纤维素	0.5	去离子水	加至 100.0
氧化油酸酯基·三甲基铵	3.0		

2.2.2.2 模块二 牙齿清洁剂典型配方

口腔卫生用品主要包括牙膏、牙粉、牙片、漱口水和爽口液。借助于他们的作用能除掉牙齿表面的食物碎屑，清洁口腔和牙齿，防龋消炎，祛除口臭，并且使口腔留有清爽舒适的感觉。其中以洁齿为主要目的的牙膏，已成为必不可少的日常卫生用品。牙膏的配方见表2-22和表2-23所列，其中表2-23为含氟牙膏配方。

表 2-22 普通牙膏配方 单位：%

组 分	质量分数	组 分	质量分数
磷酸氢钙	48.0	糖精	0.25
甘油	28.0	香精	1.2
羧甲基纤维素钠	1.2	去离子水	17.85
月桂醇硫酸钠	3.5	防腐剂	适量

表 2-23 含氟牙膏配方 单位：%

组 分	质量分数	组 分	质量分数
焦磷酸钙	48.0	焦磷酸亚锡	2.5
甘油	25.0	糖精	0.2
海藻酸钠	1.5	香精	1.0
十二醇硫酸钠	1.5	防腐剂	适量
单月桂酸甘油酯硫酸钠	1.0	去离子水	18.8
氟化亚锡	0.5		

2.2.2.3 模块三 芳香化妆品典型配方

传统的香水都是溶剂型的产品，香精香料被溶解在乙醇和异丙醇中成为透明溶液。溶剂型香水外观美观、配制工艺简单、喷洒后挥发速度快因而香气容易散发出来，比较受消费者欢迎，一直是香水里的主流产品。由于大部分产品都采用酒精作为溶剂，所以也可以称之为酒精类香水。主要包括香水、古龙水和花露水三种，它们的典型配方分别见表2-24～表2-26所列。

表 2-24 茉莉香型香水配方 单位：%

原料成分	质量分数	原料成分	质量分数
苯乙醇	0.9	乙酸苄酯	7.2
羟基香草醛	1.1	茉莉净油	2.0
香叶醇	0.4	松油醇	0.4
甲基戊基肉桂醛	8.0	酒精(95%)	80.0

表 2-25 古龙水配方 单位：%

原料成分	质量分数		原料成分	质量分数	
	配方 1	配方 2		配方 1	配方 2
香柠檬油	2.0	0.8	柠檬油		1.4
迷迭香油	0.5	0.6	乙酸乙酯	0.1	
薰衣草油	0.2		苯甲酸丁酯	0.2	
苦橙花油	0.2		甘油	1.0	0.4
甜橙油	0.2		酒精(95%)	75.0	80.0
橙花油		0.8	去离子水	20.6	16.0

表 2-26 花露水配方 单位：%

原料成分	质量分数	原料成分	质量分数
橙花油	2.0	安息香	0.2
玫瑰香叶油	0.1	酒精(95%)	75.0
香柠檬油	1.0	去离子水	21.7

2.2.3 化妆品与盥洗卫生品生产工艺

化妆品从状态看有乳液、溶液、粉状、膏状和气溶胶状。化妆品生产工艺依状态不同分别介绍乳液类化妆品生产工艺、粉类化妆品生产工艺、气溶胶类化妆品生产工艺和牙膏的生产工艺。而表面活性剂液洗类化妆品生产工艺在项目一的液体洗涤剂生产工艺中已介绍，在此不再叙述。

2.2.3.1 模块一 乳液类化妆品生产工艺

乳液配制长期以来是依靠经验建立起来的，逐步充实完善了理论，正在走向依靠理论指导生产。但在实际工作中，仍然有赖于操作者的经验。至今，研究和生产乳化产品的专家，仍然承认经验的重要性，这是因为乳液制备时涉及的因素很多，还没有哪一种理论能够定量地指导乳化操作。即使经验丰富的操作者，也很难保证每批都乳化得很好。

（1）生产工序

① 油相的制备 将油、脂、蜡、乳化剂和其他油溶性成分加入夹套溶解锅内，开启蒸汽加热，在不断搅拌条件下加热至 70～75℃，使其充分熔化或溶解均匀待用。要避免过度加热和长时间加热以防止原料成分氧化变质。容易氧化的油分、防腐剂和乳化剂等可在乳化之前加入油相，溶解均匀，即可进行乳化。

② 水相的制备 先将去离子水加入夹套溶解锅中，水溶性成分如甘油、丙二醇、山梨醇等保湿剂，碱类，水溶性乳化剂等加入其中，搅拌下加热至 90～100℃，维持 20min 灭菌，然后冷却至 70～80℃待用。如配方中含有水溶性聚合物，应单独配制，将其溶解在水中，在室温下充分搅拌使其均匀溶胀，防止结团，如有必要可进行均质，在乳化前加入水相。要避免长时间加热，以免引起黏度变化。为补充加热和乳化时挥发掉的水分，可按配方多加 3%～5%的水，精确数量可在第一批制成后分析成品水分而求得。

③ 乳化和冷却 上述油相和水相原料通过过滤器按照一定的顺序加入乳化锅内，在一定的温度（如 70～80℃）条件下，进行一定时间的搅拌和乳化。乳化过程中，油相和水相的添加方法（油相加入水相或水相加入油相）、添加的速度、搅拌条件、乳化温度和时间、乳化器的结构和种类等对乳化体粒子的形状及其分布状态都有很大影响。均质的速度和时间因不同的乳化体系而异。含有水溶性聚合物的体系、均质的速度和时间应加以严格控制，以免过度剪切，破坏聚合物的结构，造成不可逆的变化，改变体系的流变性质。若配方中含有维生素或热敏的添加剂，则在乳化后较低温下加入，以确保其活性，但应注意其溶解性能。

乳化后，乳化体系要冷却到接近室温。卸料温度取决于乳化体系的软化温度，一般应使其借助自身的重力，能从乳化锅内流出为宜。当然，乳化锅内物料也可用泵抽出或用加压空气压出。冷却方式一般是将冷却水通入乳化锅的夹套内，边搅拌，边冷却。冷却速度、冷却时的剪切应力、终点温度等对乳化剂体系的粒子大小和分布都有影响，必须根据不同乳化体系，选择最优条件。从实验室小试转入大规模工业化生产时优化条件尤为重要。

④ 加入添加剂 维生素、天然提取物及各种生物活性物质等由于高温会使其失去活性，故不要将其加热，待乳化完成后降温至 50℃以下时再加入，如遇到对温度敏感的活性物，

应在更低的温度下添加，以确保其活性。香精及防腐剂也应在低温时加入，但尼泊金酯类防腐剂除外。

⑤ 陈化和灌装　一般是储存陈化 1 天或几天后再用灌装机灌装。灌装前需对产品进行质量评定，质量合格后方可进行灌装。

（2）生产工艺　乳液膏霜类护肤的生产工艺有间歇式乳化、半连续式乳化和连续式乳化三种。间歇式是最简单的一种乳化方式，国内外大多数厂家均采用此法，优点是适应性强，但辅助生产时间长，操作烦琐，设备效率低。后两种适用于大批量生产，在国外部分厂家使用，国内较少使用。

间歇式乳化工艺流程如图 2-8 所示，分别准确称量油相和水相原料，按既定次序投料至专用锅内，加热至一定温度，并保温搅拌一定时间，再逐渐冷却至 50℃左右，加香搅拌后出料即可。

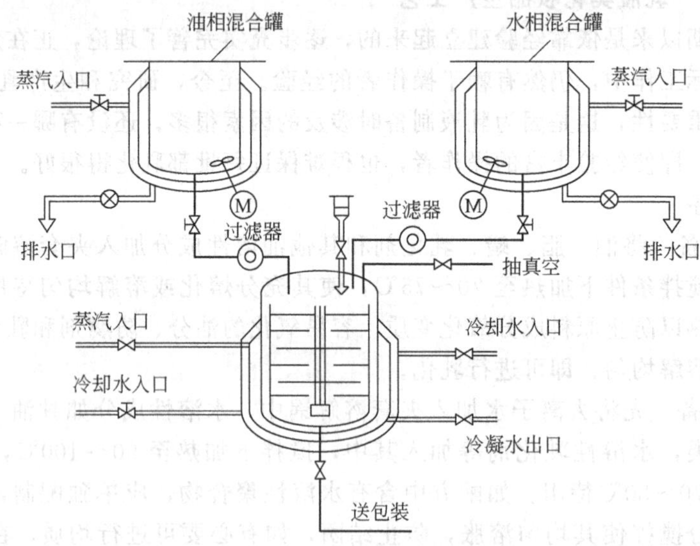

图 2-8　间歇式乳化工艺流程

（3）生产中应注意的问题

① 搅拌条件　乳化时搅拌愈强烈，乳化剂用量可以愈低。但过分的强烈搅拌对降低颗粒大小并不一定有效，而且易将空气混入。在采用中等搅拌强度时，运用转相办法可以得到细的颗粒，采用桨式或旋桨式搅拌时，应注意不使空气搅入乳化体中。

一般情况是，在开始乳化时采用较高速搅拌对乳化有利，在乳化结束而进入冷却阶段后，以中等速度或慢速搅拌有利，这样可减少混入气泡。若膏状产品，则搅拌到结膏温度停止。若液状产品，则一直搅拌至室温。

② 混合速度　分散相加入的速度和机械搅拌的快慢对乳化效果十分重要，分散相加得太快或搅拌效果差时乳化效果通常差。乳化操作的条件影响乳化体的稠度、黏度和乳化稳定性。研究表明，在制备 O/W 型乳化体时，最好的方法是在激烈的持续搅拌下将油相加入水相中，且高温时乳化效果更好。

在制备 W/O型乳化体时，建议在不断搅拌下，将水相慢慢地加到油相中去，可制得分散相粒子均匀、稳定性和光泽性好的乳化体。对分散相浓度较高的乳化体系，分散相加入的流速应该比分散相浓度较低的乳化体系为慢。采用高效的乳化设备较搅拌差的设备在乳化时流速可以快一些。

但必须指出的是，由于化妆品组成的复杂性，配方与配方之间有时差异很大，对于任何一个配方，都应进行加料速度试验，以求最佳的混合速度，制得稳定的乳化体。

③ 温度控制　制备乳化体时，除了控制搅拌条件外，还要控制温度，包括乳化时与乳化后的温度。

由于温度对乳化剂溶解性和固态油、脂、蜡的熔化等的影响，乳化时温度控制对乳化效果的影响很大。如果温度太低，乳化剂溶解度低，且固态油、脂、蜡未熔化，乳化效果差；温度太高，加热时间长，冷却时间也长，浪费能源，加长生产周期。一般常使油相温度控制高于其熔点 10～15℃，且水相温度稍高于油相温度。通常膏霜类在 75～95℃条件下进行乳化。

一般可把水相加热至 90～100℃，维持 20min 灭菌，然后再冷却到 70～80℃进行乳化。在制备 W/O 型乳化体时，水相温度高一些，此时水相体积有所增大，水相分散形成乳化体后，随着温度的降低，水珠体积变小，有利于形成均匀、细小的颗粒。如果水相温度低于油相温度，那么，两相混合后可能使油相固化（油相熔点较高时），影响乳化效果。

冷却速度的影响也很大，通常较快的冷却能够获得较细的颗粒。当温度较高时，由于布朗运动比较强烈，小的颗粒会发生相互碰撞而合并成较大的颗粒；反之，当乳化操作结束后，对膏体立刻进行快速冷却，从而使小的颗粒“冻结”住，这样小颗粒的碰撞、合并作用可减少到最低的程度，但冷却速度太快，高熔点的蜡就会产生结晶，导致乳化剂所生成的保护胶体的破坏，因此冷却的速度最好通过试验来决定。

④ 香精的加入　香精是易挥发性物质，并且其组成十分复杂，在温度较高时，不但容易损失掉，而且会发生一些化学反应，使香味变化，也可能引起颜色变深。因此一般化妆品中香精的加入都是在后期进行。对乳液类化妆品，一般待乳化已经完成并冷却至 50～60℃时加入香精。如在真空乳化锅中加香，这时不应开启真空泵，而只维持原来的真空度即可，加入香精后搅拌均匀。对敞口的乳化锅而言，由于温度高，香精易挥发损失，因此加香温度要控制低些，但温度过低使香精不易分布均匀。

⑤ 防腐剂的加入　微生物的生存是离不开水的，因此水相中防腐剂的浓度是影响微生物生长的关键。

乳液类化妆品含有水相、油相和表面活性剂，而常用的防腐剂往往是油溶性的，在水中溶解度较低。有的化妆品制造者，常把防腐剂先加入油相中然后去乳化，这样防腐剂在油相中的分配浓度就较大，而水相中的浓度就小。更主要的是非离子表面活性剂往往也加在油相，使得有更大的机会增溶防腐剂，而溶解在油相中的防腐剂和被表面活性剂胶束增溶的防腐剂对微生物是没有作用的，因此加入防腐剂的最好时机是待油水相混合乳化完毕后（O/W）加入，这时可在水相中获得最大的防腐剂浓度。当然温度不能过低，不然分布不均匀，有些固体状的防腐剂最好先用溶剂溶解后再加入。例如，尼泊金酯类就可先用温热的乙醇溶解，这样加到乳液中能保证分布均匀。

配方中如有盐类，固体物质或其他成分，最好在乳化体形成及冷却后加入，否则易造成产品的发粗现象。

⑥ 黏度的调节　影响乳化体黏度的主要因素是连续相的黏度，因此乳化体的黏度可以通过连续相的黏度来调节。对于 O/W 型乳化体，可加入合成或天然的树胶，也可加入适当的乳化剂如钾皂、钠皂等。对于 W/O 型乳化体，加入多价金属皂、高熔点的蜡和树胶到油相中可增加体系黏度。

2.2.3.2 模块二 粉类化妆品生产工艺

粉类化妆品是用于面部的美容化妆品，其作用在于使极细颗粒的粉质涂敷于面部，以遮盖皮肤上某些缺陷，要求近乎自然的肤色和良好的质感。粉类制品应有良好的滑爽性、黏附性、吸收性和遮盖力，它的香气应该芳馥醇和而不浓郁，以免掩盖香水的香味。

(1) 香粉的生产　香粉（爽身粉、痱子粉）的生产过程主要有混合、磨细、过筛、加香、加脂、包装等。

① 准备工作　配料前要查看领用原料是否经检验部门检验合格，校正好磅秤。制造前必须检查机器。球磨机、高速混合机、超微粉碎机和过筛机运转是否正常，制造的容器、球磨机、超微粉碎机的尼龙袋、筛子和铝桶，在制造不同色泽的香粉时，应做到专料专用。在调换不同色泽香粉时，应将高速混合机、超微粉碎机等设备和容器彻底清洗。

② 混合、磨细、过筛　制造香粉的方法主要是混合、磨细及过筛。有的是混合、磨细后过筛，有的是磨细、过筛后混合。

a. **混合**　混合的目的是将各种原料用机械进行均匀地混合，混合香粉用机械主要有4种形式，即卧式混合机、球磨机、V形混合机和高速混合机。高速混合机是近几年采用的高效率混合机，整个香粉搅拌混合时间约5min，搅拌转速达1000～1500r/min。高速混合机有夹套装置，可通冷却水进行冷却。

b. **磨细**　磨细的目的是将粉料再度粉碎，使得加入的颜料分布得更均匀，显出应有的色泽，不同的磨细程度，香粉的色泽也略呈不同，磨细机主要有3种，即球磨机、气流磨、超微粉碎机。

c. **过筛**　通过球磨机混合、磨细的粉料要通过卧式筛粉机，其形状和卧式混合机相同，转轴装有刷子，筛粉机下部有筛子，刷子将粉料通过筛子落入底部密封的木箱，将粗颗粒分开，如果采用气流磨或超微粉碎机，再经过旋风分离器得到的粉料，则不一定再进行过筛。

d. **加香**　一般是将香精预先加入部分的碳酸钙或碳酸镁中，搅拌均匀后加入V形球磨机中混合，如果采用气流磨或超微粉碎机，为了避免油脂物质的黏附，提高磨细效率，同时避免粉料升温后对香精的影响，应将碳酸钙和香精混合加入磨细后经过旋风分离器的粉料中，再进行混合的方法。

③ 加脂香粉　一般香粉的pH是8～9，而且粉质比较干燥，为了克服此种缺点，在香粉内加入脂肪物，这种香粉称为加脂香粉。

操作的方法是将混合、磨细的粉料，加入乳剂，乳剂内含有硬脂酸、蜂蜡、羊毛脂、白油、乳化剂和水，粉料和乳剂的比例按不同的配方有变化，充分搅拌均匀，100份粉料加入80份乙醇搅拌均匀，过滤除去乙醇，在60～80℃烘箱内烘干，使粉料颗粒表面均匀地涂布脂肪物，经过干燥的粉料含脂肪物6%～15%，通过筛子过筛就成为香粉制品。如果脂肪物过多，将使粉料结团，结块。加脂香粉不致影响皮肤的pH，而且香粉黏附于皮肤性能好，容易敷施，粉质柔软。

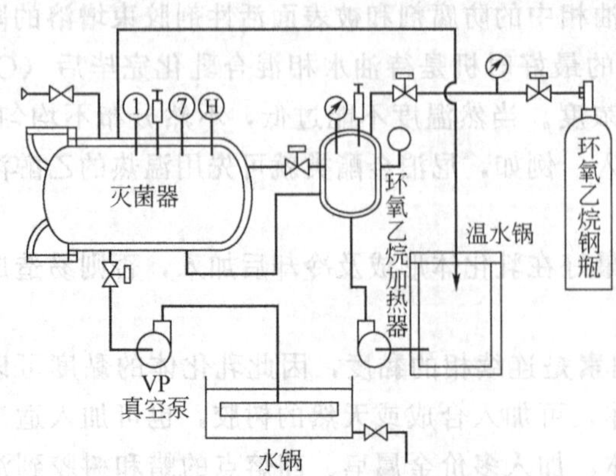

图2-9　粉类原料环氧乙烷灭菌装置

④ 粉料灭菌装置　要求香粉和粉饼的杂菌数小于100只/g，所以要将粉料进行灭菌。目前通常采用环氧乙烷气体灭菌法。其工艺流程如图2-9所示。

将粉料加入灭菌器内，密封后抽真空，环氧乙烷在夹套加热器内加热到 50℃气化，然后在灭菌器内通入 50℃的水保温，维持2～7h，灭菌，用真空泵抽出灭菌器内的环氧乙烷气体，排入水池内，再在灭菌器内通入经过滤的无菌空气，将粉料储存在无菌的容器内，再送往包装。环氧乙烷沸点 11℃，常温时为气体，用专用钢瓶储存，因易燃、易爆、有毒，故应妥善保管。

(2) 粉饼的生产　粉饼与香粉的生产工艺基本类同，即要经过灭菌、混合、磨细与过筛，其不同点主要是粉饼要压制成型。为便于压制成型，除粉料外，还需加入一定的胶黏剂。也可用加脂香粉直接压制成粉饼，因加脂香粉中的脂肪物有很好的黏合性能。粉饼的生产工艺过程包括胶合剂制备、粉料灭菌、混合、磨细、过筛和压制粉饼等，其工艺流程，如图 2-10 所示。

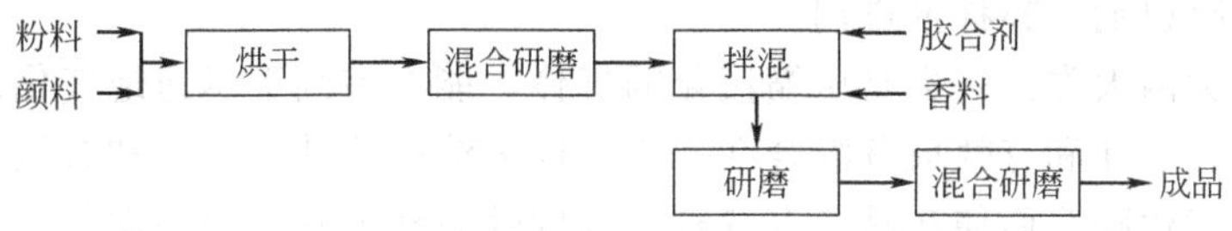

图 2-10　粉饼类化妆品的生产工艺流程

① 胶合剂制备　在不锈钢容器内加入胶粉（天然或合成胶质类物质）和保湿剂，再加入去离子水搅拌均匀，加热至 90℃，加入防腐剂，在 90℃下维持 20min 灭菌，用沸水补充蒸发掉的水分后即制成黏合剂。

如果配方中含有脂肪类物质，可和胶合剂混合在一起同时加入粉料中。如单独加入粉料中，则应事先将脂肪物熔化，加入少量抗氧化剂，用尼龙布过滤后备用。

② 混合、磨细、灭菌、过筛　按配方将粉料送入球磨机中，混合、磨细 2h，粉料与石球的质量比是 1∶1，球磨机转速 50～55r/min。加脂肪物混合 2h，再加香精混合 2h，最后用喷雾法加入胶合剂，混合 15min。在球磨机混合过程中，要经常取样检验颜料是否混合均匀，色泽是否与标准样相同等。

在球磨机中混合好的粉料，筛去石球后，粉料加入超微粉碎机中进行磨细；超微粉碎后的粉料在灭菌器内用环氧乙烷灭菌；将粉料装入清洁的桶内，用桶盖盖好，防止水分挥发；并检查粉料是否有未粉碎的颜料色点、二氧化钛白色点或灰尘杂质的黑色点。

也可将胶合剂先和适量的粉料混合均匀，经过 10～20 目的粗筛过筛后，再和其他粉料混合，经磨细等处理后，将粉料装入清洁的桶内、盖好，在低温处放置数天使水分保持平衡。粉料不能太干，否则会失去粘合作用。在压制粉饼前，粉料要先经过 60 目的筛子。

③ 压制粉饼　按规定质量将粉料加入模具内压制，压制时要做到平、稳，不要过快，防止漏粉、压碎，应根据配方适当调整压力。压制粉饼通常采用冲压机，冲压压力大小与冲压机的形式、产品外形、配方组成等有关。压力过大，制成的粉饼太硬，使用时不易涂擦开；压力太小，制成的粉饼就会太松易碎。一般在 $2\times10^6\sim7\times10^6$ Pa 之间。

压粉饼的机器有数种，有手工操作的、油压泵产生压力的手动粉末成型机，每次可压饼 2～4 块；也有自动压制粉饼机，每分钟可压制粉饼 4～30 块，是连续压制粉饼的生产流水线。

2.2.3.3　模块三　气溶胶类化妆品生产工艺

气溶胶类化妆品也称气压式化妆品。目前气压制品大致可以分为 5 大类。

第一，空间喷雾制品。能喷出成细雾，颗粒小于 50μm，如香水、古龙水、空气清新剂等。

第二，表面成膜制品。喷射出来的物质颗粒较大，能附着在物质的表面上形成连续的薄膜，如亮发油、去臭剂、喷发胶等。

第三，泡沫制品。压出时立即膨胀，产生多量的泡沫，如剃须膏、摩丝、防晒膏等。

第四，气压溢流制品。单纯利用压缩气体的压力使产品自动的压出，而形状不变，如气压式冷霜、气压牙膏等。

第五，粉末制品。粉末悬浮在喷射剂内，和喷射剂一起喷出后，喷射剂立即挥发，留下粉末，如气压爽身粉等。

气压式化妆品使用时只要用手指轻轻一按，内容物就会自动地喷出来，为此其包装形式与普通制品不同，需要有喷射剂、耐压容器和阀门。

（1）喷射剂　气压制品依靠压缩或液化的气体压力将物质从容器内推压出来，这种供给动力的气体称为喷射剂，亦称推进剂。

喷射剂可分为两大类。一类是压缩液化的气体，能在室温下迅速地气化。这类喷射剂除了供给动力之外，往往和有效成分混合在一起，成为溶剂或冲淡剂，和有效成分一起喷射出来后，由于迅速气化膨胀而使产品具有各种不同的性质和形状。另一类是一种单纯的压缩气体，这一类喷射剂仅仅供给动力，它几乎不溶或微溶于有效成分中，因此对产品的性状没什么影响。

常用做推进剂的液化气体有氟氯烃类、低级烷烃类和醚类；压缩气体有二氧化碳和氮气等。

（2）生产工艺　气压制品和一般化妆品在生产工艺中最大的差别是压气的操作。不正确的操作会造成很大的损失，且喷射剂压入不足影响制品的使用性能，压入过多（压力过大）会产生爆炸的危险，特别是在空气未排除干净的情况下更易发生，因此必须仔细地进行操作。

气压制品的生产工艺包括主成分的配制和灌装，喷射剂的灌装，器盖的接轧，漏气检查，质量和压力的检查和最后包装。不同的产品，其各自的设计方案也应有所不同，而且还必须充分考虑处于高压气体状态下的稳定性，以及长时间正常喷射的可能性。气压制品的灌装基本上可分为 2 种方法，即冷却灌装和压力灌装。

① 冷却灌装　冷却灌装是将主成分和喷射剂经冷却后，灌于容器内的方法。冷却灌装主成分可以和喷射剂同时灌入容器内，或者先灌入主成分然后灌入喷射剂。喷射剂产生的蒸气可将容器内的大部分空气逐出。

如果产品是无水的，灌装系统应该有除水的装置，以防止冷凝的水分进入产品中，影响产品质量，引起腐蚀及其他不良的影响。

将主成分及喷射剂装入容器后，立即加上带有气阀系统的盖，并且接轧好。此操作必须极为快速，以免喷射剂吸收热量，挥发而受到损失。同时要注意漏气和阀的阻塞。

接轧好的容器在 55℃的水浴内检漏，然后再经过喷射试验以检查压力与气阀是否正常，最后在按钮上盖好防护帽盖。

② 压力灌装　压力灌装是在室温下先灌入主成分，将带有气阀系统的盖加上并接轧好，然后用抽气机将容器内的空气抽去，再从阀门灌入定量的喷射剂。接轧灌装好后，和冷却灌装相同，要经过 55℃水浴的漏气检查和喷射试验。

许多以水为溶剂的产品必须采用压力灌装，以避免将原液冷却至水的冰点以下，特别是乳化型的配方经过冷冻会使乳化体受到破坏。

以压缩气体作喷射剂时一般采用压力灌装的方法。灌装压缩气体时并不计量，只要控制容器内的压力。在漏气检查和喷射试验之前，还需经压力测定。

2.2.3.4　模块四　牙膏的生产工艺

牙膏是一种复杂的混合物，它是一种将粉质摩擦剂分散于胶性凝胶中的悬浮体。因此，制造稳定优质的膏体，除选用合格的原料、设计合理的配方外，制膏工艺及制膏设备也是极为重要的条件。目前常用制膏的生产工艺有两种。

（1）常压法制膏工艺　我国牙膏行业多年来主要采用常压法制膏工艺，由制膏、捏合、研磨、真空脱气等工序组成。其工艺流程，如图 2-11 所示。

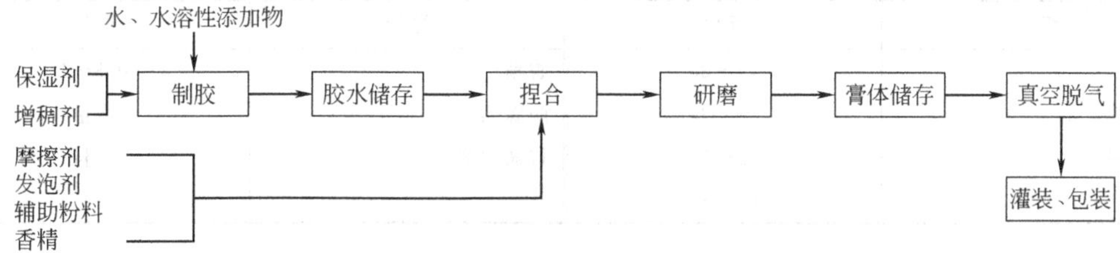

图 2-11　常压法制膏工艺流程示意

① 制胶　先将保湿剂、增稠剂吸入制胶锅中，利用胶合剂在保湿剂中的分散性，打胶水底子，然后在高速搅拌下加入水、糖精及其他水溶性添加物（液状发泡剂被使用，也在此时加入），胶合剂遇水迅速溶胀成为胶体，继续搅拌，待胶水均匀、透明无粉粒为止，打入胶水储存锅，使其充分溶化、膨胀，得到均匀透明的胶水备用。

② 捏合　将胶水打入捏合机中，加入摩擦剂、粉状洗涤发泡剂和香精等，拌和均匀。制成具有一定黏性、稀稠适当的膏体。

③ 研磨　捏合后的膏体，由齿轮泵或往复泵输送至研磨机中进行研磨，在机械的剪切力作用下，使胶体或粉料的聚集团进一步均质分散，使膏体中的各种微粒达到均匀分布。经捏合、研磨后的膏体，存在较多的气泡，膏体松软。研磨后的膏体打入暂储罐储存陈化，可使小气泡上升变为大气泡，同时也使粉料进一步均化，黏度增大，触变性增强。研磨设备可用胶体磨或三辊研磨机。

④ 真空脱气　如前所述，经机械作用的膏体，会有大量气泡，膏体疏松不成条。为改善膏体的成形情况，必须采用真空脱气法除去膏体中的气泡。可用真空脱气釜和离心脱气机。脱气后的膏体进行密度测试，合格后即认为脱气完成。此时膏体光亮细腻，成条性好。

⑤ 灌装及包装　牙膏的灌装封尾由自动灌装机完成，可根据不同规格和要求，调节灌装量。铝管冷轧封尾。灌装封尾后的牙膏，由人工或自动包装机进行包装。

常压制膏工艺设备简单，每台设备功能单一，操作易于进行。但工序多，相互之间受制约，多次陈化储存延长了生产周期，使生产效率降低，调换品种也会受到限制。

（2）真空法制膏工艺　真空法制膏工艺的主要设备是多效制膏釜，它可将常压法制膏工艺中的四种设备（即制胶、捏合、研磨、脱气）集成一体，同一台设备内既有慢速锚式刮壁搅拌器和快速旋桨式（或涡轮式）搅拌器，又有竖式胶体磨（或均质器），且整个操作在真空条件下进行。

2.2.3.5　项目实践教学——雪花膏的实验室配制

（1）课前实践活动

① 在市场上买一瓶雪花膏，观察产品外观（颜色、细腻程度），感觉涂擦在手上的手感（是否融化或起面条、是否有粗颗粒），用嗅觉评价香气是否柔和、均匀，恰到好处。

② 查找资料，了解雪花膏的功能以及在日常生活中的用途。

(2) 实验目的

① 了解雪花膏的组成、性质、用途，掌握雪花膏的制备方法；

② 掌握试剂量取、乳化操作和乳剂类型的鉴别技巧。

(3) 实验原理 雪花膏是一种 O/W 型乳化体，它是由一定量的油脂和水在表面活性剂的作用下，乳化而成。普通雪花膏的基础配方，见表 2-27 所列。

表 2-27 普通雪花膏的基础配方 单位：%

组分	配比	组分	配比
油脂	15～25	香精	0.3～1
多元醇	5～10	防腐剂	适量
乳化剂	2～5	抗氧化剂	适量
水	60～80		

传统的雪花膏是一种以三压硬脂酸（含硬脂酸 45%左右，含棕榈酸 55%左右，含油酸 0～2%）作为油相主要成分，以硬脂酸的一价金属皂作为主要乳化剂的低档化妆品。然而现代雪花膏多以护肤霜的形式出现，并带有一定的功效性和营养性，因此，为达到更好的护肤效果，且不破坏配方中的营养成分，常采用多种油脂复配，以非离子型表面活性剂为乳化剂，这样做出的膏体洁白亮丽，细腻柔软，对皮肤有较好的亲和力。

(4) 主要仪器和药品 恒温水浴锅，高速搅拌器，烧杯，托盘天平，表面皿，量筒，药勺，温度计，滴管，玻璃棒。

硬脂酸，IPM，IPP，白油，凡士林，硅油，角鲨烷，16 醇，18 醇，硬脂酸单甘酯，司盘-60，吐温-60，尼泊金甲酯，甘油，丙二醇，EDTA，三乙醇胺，香精，去离子水。

(5) 产品配方 雪花膏产品配方，见表 2-28 所列。

表 2-28 雪花膏的配方 单位：g

油相			水相		
序号	名称	用量	序号	名称	用量
1	硬脂酸	3	1	吐温-60	3
2	16、18 醇	2.5	2	甘油	4
3	单甘酯	2.5	3	丙二醇	3
4	司盘-60	1.5	4	EDTA	0.1
5	白油	5	5	三乙醇胺	0.3
6	凡士林	1	6	去离子水	62
7	硅油 350#	1.5			
8	IPM(肉豆蔻酸异丙酯)	5			
9	IPP(棕榈酸异丙酯)	3			
10	角鲨烷	3			
11	尼泊金甲酯	0.2			
12	香精	适量			

(6) 实验内容

① 取 100ml 烧杯 (1) 称取配方中油相 1～11 号原料，搅拌均匀后移入 80℃左右水浴锅中用玻璃棒继续搅拌，直至完全溶解。

② 用 250ml 烧杯（2）称取配方中所有水相原料，置电炉上边加热边用玻璃棒搅拌，待温度升至 80～85℃时移入恒温水浴锅。安装好搅拌器，并开启搅拌。

③ 待油相和水相温度一致时，边快速搅拌水相（2），边加入油相（1）。保证整个反应温度在 80℃恒温下进行，加料完成后，停止加热。水浴缓慢降温，继续保持同一方向匀速搅拌，当温度降到 60℃左右时加入香精。温度为 55℃左右，反应物呈膏状时停止搅拌，静置降温至室温为成品。

④ 观察产品外观（颜色、细腻程度），涂擦在手上的手感（是否融化或起面条、是否有粗颗粒），用嗅觉评价香气是否柔和、均匀，恰到好处。另取一小烧杯用少量乙醇润洗后取少量产品，盖上表面皿，放置观察（是否出水、干缩、发胀、起霉）24h，并记录在实验报告上。

（7）产品规格指标及检测　根据轻工行业标准 QB/T 1857—2004，雪花膏的卫生指标应符合表 2-29 要求，感官、理化指标应符合表 2-30 要求。

表 2-29　雪花膏的卫生指标

项　目		要　求
微生物指标	细菌总数/(CFU/g)	≤1000(眼部用、儿童用产品≤500)
	霉菌和酵母菌总数(CFU/g)	≤100
	粪大肠菌群	不得检出
	金黄色葡萄球菌	不得检出
	绿脓杆菌	不得检出
有毒物质限量	铅/(mg/kg)	≤40
	汞/(mg/kg)	≤1(含有机汞防腐剂的眼部化妆品除外)
	砷/(mg/kg)	≤10

表 2-30　雪花膏的感官、理化指标

项　目		要　求	
		O/W 型	W/O 型
感官指标	外观	膏体细腻,均匀一致	
	香气	符合规定香型	
理化指标	耐热	(40±1)℃保持 24h,恢复至室温后膏体无油水分离现象	(40±1)℃保持 24h,恢复至室温后渗油率≤3%
	耐寒	−10～−5℃保持 24h,恢复室温后与试验前无明显性状差异	
	pH	4.0～8.5 (粉质产品、果酸类产品除外)	—

① 产品乳化类型的鉴别　用稀释法、染料法、电导法、滤纸润湿法等综合测定产品的乳化类型。

② 产品稳定性的测定　根据产品的类型，用表 2-30 中的方法测产品的耐热、耐寒性。再对比理化指标，看产品是否合格。

③ 产品感观指标检测　观察产品外观（颜色、细腻程度），涂擦在手上的手感（是否融化或起面条，是否有粗颗粒），用嗅觉评价香气是否柔和、均匀，恰到好处。

（8）安全与环保

① 水质对雪花膏有重要影响，应采用去离子水，pH 控制在 6.5～7.5。

② 在开始乳化时采用较高速搅拌对乳化有利，在乳化结束而进入冷却阶段后，以中等速度或慢速搅拌有利，这样可减少混入气泡。若为膏状产品，则搅拌到结膏温度停止。若是液状产品，则一直搅拌至室温。

③ 冷却速度的影响也很大，通常较快的冷却能够获得较细的颗粒。当温度较高时，由于布朗运动比较强烈，小的颗粒会发生相互碰撞而合并成较大的颗粒；反之，当乳化操作结束后，对膏体立刻进行快速冷却，从而使小的颗粒"冻结"住，这样小颗粒的碰撞、合并作用可减少到最低的程度，但冷却速度太快，高熔点的蜡就会产生结晶，导致乳化剂所生成的保护胶体的破坏，因此冷却的速度最好通过试验来决定。

(9) 实验教学评价

① 根据产品的质量检测结果，对比参考标准进行评价。

② 针对学生称量、温度控制、乳化技巧、调香技、巧调黏技巧等进行评价。

③ 针对学生的实验报告进行提问。

想一想

① 乳化是一个什么性质变化的过程？

② 配方中各组分在产品中起什么作用？

③ 如果配方中没有加入甘油，将会引起什么后果？

本项目小结

一、化妆品分类及品种

1. 化妆品是指以涂擦、喷洒或其他类似的方法，散布于人体表面任何部位（皮肤、毛发、指甲、口唇等）以达到清洁、消除不良气味、护肤、美容和修饰目的的日用化学工业产品。

2. 化妆品的作用主要体现在以下五个方面：清洁作用、保护作用、营养作用、美化作用及防治作用。

3. 人皮肤组成由外及里有三层。最外一层叫表皮、中间一层叫真皮、最里面的一层叫皮下组织。表皮由里到外可分为基底层、棘层、颗粒层、透明层和角质层。在角质层中含有天然保湿因子（NMF），可以使皮肤保持一定的水分。

4. 人类皮肤特性，根据皮脂分泌量的多少，分为干性、油性、中性三大类型。不同类型的皮肤适用不同类型的化妆品。

5. 毛发的基本成分是角蛋白质，由 C、H、O、N 和 S 等元素构成。毛发在沸水、酸、碱、氧化剂和还原剂等作用下可发生某些化学变化，控制不好会损坏毛发。但在一定条件下，可以利用这些变化来改变头发的性质，达到美发、护发等目的。

6. 化妆品的原料，按其在化妆品中的性能和用途，可分为主体原料和辅助原料（包括添加剂）两大类。主体原料是能够根据各种化妆品类别和形态的要求，赋予产品基础骨架结构的主要成分，它是化妆品的主体，体现了化妆品的性质和功用；而辅助原料则是对化妆品的成型、色、香和某些特性起作用，一般辅助原料用量较少，但不可缺少，化妆品的某些特殊功效就是靠加入特定的添加剂而具有的。主体原料和辅助原料之间没有绝对的界限，在不同的配方产品中所起的作用也不一样。

主体原料主要包括：油性原料、粉质原料、水溶性聚合物（胶质原料）、溶剂等。

辅助原料主要包括：表面活性剂、保湿剂、抗氧剂、防腐剂、香精、色素、功效性原料等。

二、化妆品与盥洗卫生品生产工艺

1. 乳液类化妆品的生产主要包括：油相的制备，水相的制备，乳化和冷却，添加剂的加入，陈化和灌装等工序。生产工艺有间歇式乳化、半连续式乳化和连续式乳化三种。间歇式是最简单的一种乳化方式，国内外大多数厂家均采用此法。

2. 香粉（包括爽身粉和痱子粉）的生产过程主要有混合、磨细、过筛、加香、加脂、包装等工序。粉饼与香粉的生产工艺基本类同，即要经过灭菌、混合、磨细与过筛，其不同点主要是粉饼要压制成型。为便于压制成型，除粉料外，还需加入一定的胶黏剂。也可用加脂香粉直接压制成粉饼，因加脂香粉中的脂肪物有很好的黏合性能。粉饼的生产工艺过程包括胶合剂制备、粉料灭菌、混合、磨细、过筛和压制粉饼等。

3. 气压制品的生产工艺包括主成分的配制和灌装、喷射剂的灌装、器盖的接轧、漏气检查、质量和压力的检查和最后包装等工序。气压制品的灌装基本上可分冷却灌装和压力灌装两种方法。

4. 牙膏的制备主要有常压制膏法和真空制膏法等两种生产工艺。常压制膏主要由制膏、捏合、研磨、真空脱气等工序组成。真空法制膏工艺的主要设备是多效制膏釜，它可将常压法制膏工艺中的四种设备（即制胶、捏合、研磨、脱气）集成一体，同一台设备内既有慢速锚式刮壁搅拌器和快速旋桨式（或涡轮式）搅拌器，又有竖式胶体磨（或均质器），且整个操作在真空条件下进行。

思考与习题

（1）人的皮肤有哪几种类型？各适用什么类型的化妆品？

（2）化妆品生产中常见的原料有哪些？在化妆品中各起什么作用？

（3）表面活性剂在化妆品中主要有哪些作用？

（4）简述乳化体的制备过程。

（5）乳化体生产过程中搅拌速度和温度应该怎样控制？

（6）气压式化妆品中常用的推进剂有哪些？

（7）简述常压制膏和真空制膏这两种牙膏生产工艺。

（8）乳化类化妆品生产中，香精一般在什么时候加入？为什么？

2.3　项目三　香精及调配

项目任务

① 了解香料的定义、分类、主要品种和性能；

② 了解香精的定义、组成、类别、香型和调香的基本过程，掌握一定的调香技能；

③ 了解一些食品香精、日用香精及工业用香精配方；

④ 掌握不同类型香精的生产工艺和香水生产工艺；

⑤ 通过训练，掌握香精的仿制过程与技巧。

2.3.1 香料、香精概述

2.3.1.1 知识点一 香料定义、分类、主要品种及应用

（1）香料定义　香料（Perfume）是指能被嗅觉闻出气味或味觉赏出味道的物质，是配制香精（Perfume compound）的原料。香料都是有机物，可以为一种单一的化合物，如香兰素、乙基麦芽酚等；也可以是许多化合物的混合物，如茉莉浸膏、留兰香油等。香料给人的直接感觉不一定都是“香”的，相当多的香料纯品具有令人厌恶的气味，当稀释的一定浓度时才能释放出令人愉悦的香气。例如吲哚，高浓度时具有很强烈的粪便臭气，浓度低于0.1%时才呈现出愉快的茉莉花香。

（2）香料分类、主要品种及应用　香料可分为天然香料和合成香料两大类。

① 天然香料　天然香料包括动物性天然香料、植物性天然香料、单离香料和生物工程技术制备的香料。

a. **动物性香料**　指从某些动物的生殖腺分泌物和病态分泌物中提取出来的含香物质。目前常用的主要有麝香、灵猫香、海狸香和龙涎香等，品种少且名贵，在香精中一般作为名贵的定香剂。

麝香（Musk）：雄麝鹿的肚脐和生殖器之间的腺囊的分泌物，干燥后呈颗粒状或块状，固态时具有强烈的恶臭，用水或酒精高度稀释后有独特的动物香气，可以制成香料，也可以入药。主要产于印度等国和我国云南等省。其主要香成分为占2%左右的饱和大环酮——麝香酮，这是一种高沸点的难挥发性物质，香气强烈，扩散性强且持久，具有良好的提香作用和极佳的定香能力，常作为高级香水香精的定香剂。在调香中，如果缺少麝香等动物性香料，其香气就会缺乏动态情感；只有将动物性香料应用于香精等配方，才起到定香、烘托、圆润与平衡整个香气的作用，给整个香气带来活力，并赋以动人的情感。

灵猫香（Civet）：从雄雌灵猫位于肛门及生殖器之间的2个囊状分泌腺中采集的一种黏稠物质。新鲜的灵猫香为淡黄色流动物质，久置则凝成褐色膏状物，浓时具有不愉快的恶臭，稀释后则放出令人愉快的香气。主要产地为印度、菲律宾、缅甸等国以及我国的长江中下游地区。灵猫香中大部分为动物性黏液质、动物性树脂及色素，其主要香成分为占3%左右的不饱和大环酮——灵猫酮。灵猫香的香气比麝香更为优雅，也具有很好的定香作用，常作高级香水香精的定香剂，另外它也是一种名贵中药材，具有清脑的功效。

海狸香（Castoreum）：从海狸生殖器官附近一对梨状腺囊中提取的一种红棕色的奶油状分泌物。新鲜时呈奶油状，经日晒或熏干后变成红棕色的树脂状物质，稀释后有愉快的香气。主要产于加拿大、俄罗斯和我国新疆、内蒙古等地。目前，我国香料工业用的海狸香主要还是靠进口。海狸香中大部分为动物性树脂，除含有微量的水杨苷、苯甲酸、苯甲醇、对乙基苯酚外，其主要成分为含量4%～5%的结构尚不明的结晶性海狸香素。海狸香是四大动物香料中价位最低的，用途也没有麝香和灵猫香那样大，也带有强烈腥臭的动物香味，仅逊于灵猫香，调香师在调配花香、檀香、东方香、素心兰、馥奇、皮革香型香精时还是乐于使用它，因为海狸香可以增加香精的“鲜”香气，也带入些“动情感”。

龙涎香（Ambergris）：抹香鲸大肠末端或直肠始端分泌出来的一种类似结石的病态分泌物。排入海中的龙涎香起初为浅黑色，在海水的作用下，渐渐地变为灰色、浅灰色，最后成为白色。白色的龙涎香品质最好，它要经过百年以上海水的浸泡，将杂质全漂出来，才能成为龙涎香中的上品。龙涎香是一些聚萜烯衍生物的集合体，它们大多有诱人的香味，具有环状的分子结构，其主要香成分是龙涎香醇和甾醇的分解产物——龙涎香醚和紫罗兰酮。现在，龙涎香中的各种成分均能人工合成，但却不能完全代替大海赠与人类的龙涎香，因为目

前人类的技术还达不到大自然的奇妙与和谐，特别是天然龙涎香中的龙涎甾，加入香水中后会在皮肤上生成一层薄膜，能使香味经久不散。自古以来，龙涎香就作为高级的香料使用，香料公司将收购来的龙涎香分级后，磨成极细的粉末，溶解在酒精中，再配成 5%浓度的龙涎香溶液，用于配制香水，或作为定香剂使用。

b. **植物性香料**　指从发香植物的花、果、叶、皮、根等组织中提取出来的香料，大多数呈油状或膏状，少数呈树脂或固体状。目前提取方法主要有水蒸气蒸馏法、压榨法、浸提法、吸收法和超临界流体萃取法，根据提取方法和产品状态的不同，植物性香料在商业上可分别称为精油、浸膏、净油、酊剂、香脂、香膏、树脂、树脂油等。其主要生产工艺，如图 2-12 所示。不同植物的含香成分和含香部位适合不同的生产方法，也会得到不同形态的产品，具体关系见表 2-31 所列。在调香中所用到的植物性天然香料有很多，在此只介绍几种常用的重要植物性香料。

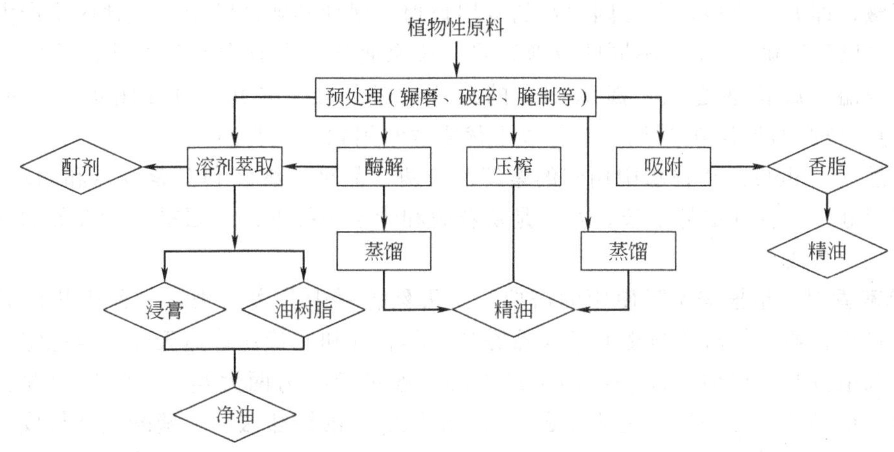

图 2-12　植物性天然香料的主要生产工艺

表 2-31　不同形态的植物性天然香料及其提取方法

产品名称	定 义 及 状 态	生产方法
精油	用水蒸气蒸馏和压榨等方法制得的天然香料，通常呈芳香挥发性油状物	水蒸气蒸馏法、压榨法、超临界流体萃取法
浸膏、香树脂、油树脂	用挥发性有机溶剂浸提植物原料，含有植物蜡、色素等杂质，通常为半固态膏状； 原料为鲜花，提取的芳香成分称为浸膏； 原料为树脂，提取的芳香成分称为香树脂； 原料为辛香料，提取的芳香成分称为油树脂	浸取法（也称浸提法、萃取法）
香脂	用非挥发性溶剂等吸收生产的香料，呈固态膏状	非挥发性溶剂吸收法
净油	浸膏或香脂用高纯度的乙醇溶液溶解，滤去植物蜡等杂质，将乙醇蒸除后得到的浓缩物呈质地清纯液状	浸取法、吸收法
酊剂	用乙醇浸提芳香物质，呈液态	浸取法

苦柑橘 (Bitter orange)：这种香油是压榨果皮得到的，苦柑橘树也叫毕加莱特橘树。这种橘树可以提炼出橙花油、橘花油和果芽油。从苦柑橘树的花朵以蒸馏方法提取，其香味混合了辛香和甜蜜的果香。大约 12%的现代香水用到它。

茉莉 (Jasmine)：在香水业中地位仅次于玫瑰的重要植物。香气细致而透发，有清新之感，为鲜韵花香，现代香水中的80%的都要用到它。其品种很多，西班牙茉莉是16世纪以来欧洲最常用的品种。1英亩（约0.4公顷）土地的茉莉可产225kg茉莉花，但其产油量却很低（大约只为0.1%），因为茉莉花必须在清晨还被朝露覆盖时采摘，如果被阳光照到，就会失去一些香味，所以茉莉也是最昂贵的香水原料之一。

薰衣草（Lavender）：最常见的香料之一。其花朵提供一种鲜嫩的绿色、清爽花香。法国曾有一段时期年产5000t薰衣草。1公顷薰衣草大约可以出产6.75kg香油。

柠檬油（Lemon）：不仅用在香水里面，也用在调味品里面，具有浓郁的柠檬鲜果皮香气，香气飘逸但不甚留长。约1000个柠檬可以提炼出0.45kg柠檬油。油是从果皮里面压榨出来的，亦可水蒸气蒸馏而得。它被用在很多品质优良的香水里，多数是为了使香水的前调更具有清新感。

玫瑰（Rose）：一种宝贵的香料，属于香水业中最重要的植物。其品种很多，最早的品种是洋蔷薇，即五月玫瑰，是法国香水的专用玫瑰。保加利亚的喀山拉克地区生产大马士革玫瑰。现在已经明确有17种不同的玫瑰香味。玫瑰通常总含有蜜甜香的甜韵香气，三甜合一，芬芳四溢，属花油之冠。提炼1kg的玫瑰香油需要1000kg的玫瑰花，产油量约为0.1%，纯香精产油量仅0.03%。75%以上优质香水用到玫瑰香油。

紫罗兰（Violet）：在香水中用到的紫罗兰有两个品种：维多利亚紫罗兰和帕玛紫罗兰，前者质量较好，后者则更易生长。香油是从花瓣和叶子中提取的。目前，大多数的紫罗兰香味香料由化学合成。

c. **单离香料** 是根据实际使用的需要，从天然香料中分离出来，一种或几种成分含量较高的香料化合物。单离香料也属于天然香料，其香气和质量比普通天然香料稳定，在调香中使用起来很方便。目前单离香料的生产方法一般可归结为两大类，一为物理方法，如分馏、冻析、结晶等；另一类为化学方法，如硼酸配法、酚钠盐法、亚硫酸氢钠加成法等。

d. **生物工程技术制备的香料** 是由微生物能产生的香味化合物。例如，我们日常生活中天天见到的酒、醋、酱油、腐乳、泡菜、腌菜、酸奶等，其香味都是微生物制造出来的。利用微生物作用制造各种各样的香料在今后会越来越受到重视和得到应用，因为它的产物被人们看作是“天然”的。

② 合成香料 合成香料按所用原料的不用可分为半合成香料和全合成香料，利用某种天然成分经化学反应使结构改变后所得到的香料称为半合成香料，如利用松节油中的蒎烯制得的松节醇；利用基本化工原料合成的称全合成香料（如由乙炔、丙酮等合成的芳樟醇）。合成香料的生产由于不受自然条件的限制，产品质量稳定，价格较廉，而且有不少产品是自然界不存在而具独特香气的，故近年来发展迅速。

合成香料通常按有机化合物的官能团分类，主要有烃类、醇类、醚类、酸类、酯类、内酯类、醛类、酮类、缩醛（酮）类、腈类、酚类、杂环类及其他各种含硫含氮化合物。各种合成香料的相对分子质量一般不超过300，挥发度同其香气的持久性有关。分子结构稍有不同往往会导致香气的差异，如顺式-3-己烯醇（即叶醇）要比它的反式异构体更为清香，左旋香芹酮有留兰香的特征香气，而右旋体为葛缕子香，因此用途也不一样。

合成香料是精细有机化学品的一类。合成方法繁简不一，涉及多种有机反应，如氧化、还原、酯化、缩合、环化、加成、异构化、裂解等，主要通过减压分馏和结晶等单元操作进行提纯。产品除了要符合规定的物理化学规格如比重、折射率、比旋度、熔点、溶解度外，还要符合应有的香气质量要求。不论是配制食用香精还是日化香精所用的香料均有安全使用方面的质量标准。

2.3.1.2 知识点二 香精定义、组成、类别、香型

(1) 香精定义 除了极个别的产品以外，大部分香料不能单独用于加香产品，一般都要调配成香精后才能使用。香精是由多种香料（有时也含有一定量的溶剂）调配出来的、具有一定香型的、可以直接用于产品加香的混合物。

香精和香料是同一个概念吗？它们是什么关系？

(2) 香精的组成 根据香料在香精中作用，香精基本组成分为主香剂、合香剂、修饰剂和定香剂四种。

① 主香剂（Base） 亦称为主香香料，是构成香精主体香气、香型的基本原料。主香剂的香型必须和所配香精的香型一致，在配方中一般用量较大。香精中有的只用一种香料做主香剂，如调和橙花香精，往往只用橙叶油作主香剂；但大多数情况下采用多种乃至数十种香料作为主香剂，如调和玫瑰香精，就常用香叶醇、香茅醇、苯乙醇等数种香料作主香剂。

② 合香剂（Blender） 亦称为协调剂，其作用是将各种香料混合在一起，使之能产生协调一致的香气，使主香剂的香气更加突出、圆润和浓郁。作为合香剂的香料的香气应和主香剂的香型属同一类型。如茉莉香精的合香剂常用丙酸苄酯、松油醇等；玫瑰香精则常以芳樟醇、羟基香茅醇等为合香剂。

③ 修饰剂（Modifier） 亦称变调剂，其作用是以某种香料的香气去修饰另一种香料的香气，使香精的香气变化格调，增加某种新的风韵，其香气与主香剂不属于同一类型。

④ 定香剂（Fixative） 亦称保香剂，其作用是调节调和成分的挥发度，使香精的香气稳定持久。作为定香剂其本身应不易挥发，而且还能抑制其他易挥发香料的挥发速度，从而使整个香精的挥发速度减慢，留香持久，使全体香料紧密结合在一起，使香精的香气特征或香型始终保持一致，是保持香气特征稳定性的香料。

(3) 香精的分类 1954 年，英国著名调香师扑却（Poucher）按照香料香气挥发度、在评香纸上的留香时间的长短，将香料分为头香、体香和基香三类。

① 头香（Top note） 亦称顶香，是最初对香精嗅辨时的香气印象。头香香料属于挥发度高、扩散力强的香料，在评香纸上的留香时间一般在 2h 以下，由于留香时间短，挥发以后香气不再残留。

② 体香（Body note） 亦称中香，是在头香之后，立即被嗅感到的中段主体香气。体香香料具有中等挥发度，在评香纸上的留香时间 2～6h。体香香料构成香精的香气特征，是香精香气最重要的组成部分。

③ 基香（Basic note） 亦称尾香，是在香精头香和体香挥发之后，留下来的最后香气。基香香料挥发度低，在评香纸上的留香时间在 6h 以上。如麝香香料的香气可以残留一个月以上。

(4) 香精的香型 香精的一定类型的香气称为香型，包括仿天然香型、合成香型和咸味香精等。

仿天然香型包括花香、果香、木香和草香。花香——年轻人喜爱，有单花香和复合花香；果香——中年人喜欢清淡独特，给人诚实可信的效应；木香——清凉、高雅、安静、稳重；草香——清香，具有绿色情调的清新香气。

合成香型包括醛香、国际香、飞蝶型、幻想型和百花型。醛香——如清甜花香、果香、

森林香等，味重，富于变化，传达女性美好的梦想；国际香（又称动物调香）——扩散力强，香气持久；飞蝶型香——混合昆虫、植物产生的香气，让人产生置于大自然的意境；幻想型香——富于想象，有立体感，心旷神怡；百花型香——分东方型和西方型；东方型百花型香充满东方情调、温柔而有神秘感；西方型百花型香让人产生置身于春天的百花丛中感觉，以素心兰和康乃馨为主。

咸味香精包括肉味香精、海鲜味香精和植物类香精。肉味香精——如猪肉、鸡肉、牛肉等口味，也可分为烧烤、清炖、红烧等口味；海鲜味香精——如虾、蟹、海鱼等口味；植物类香精——如孜然、香草、豆蔻、百里香等口味。

（5）香精的种类　归纳起来有如下几种分类方法。

① 根据香精的形态分类　香精分为水溶性香精、油溶性香精、乳化香精和粉末香精。

a. **水溶性香精**所用的香料必须能溶于溶剂中，常用的溶剂为40%～60%的乙醇水溶液，也可以是丙醇、丙二醇、丙三醇等溶剂。水溶性香精广泛用于果汁、果冻、果酱、冰淇淋、烟草、酒类、香水、花露水等中。

b. **油溶性香精**所选香料在油溶性溶剂中配制而成的香精。常用的油溶性溶剂有两类，一类是天然油脂，如花生油、菜籽油、芝麻油、橄榄油等；另一类是有机溶剂，如苯甲醇、甘油三乙酸酯等。有些油溶性香精也可不外加油性溶剂，而是由香料本身的互溶性配制而成。以植物油为溶剂配制的油溶性香精主要用于食品工业，以有机溶剂或香料间互溶而配制成的油溶性香精多用于唇霜、唇膏、发油等化妆品中。

c. **乳化香精**是通过用表面活性剂和稳定剂将香料和蒸馏水进行乳化而成。通过乳化还可以抑制香料的挥发。乳化香精中起乳化作用的表面活性剂有单甘酯、大豆磷脂、司盘、吐温等，果冻、明胶、阿拉伯胶、琼脂、淀粉、羧甲基纤维素钠等可起稳定剂和增稠剂作用。乳化香精主要用于果汁、奶糖、巧克力、糕点、冰淇淋、奶制品、发乳、发膏等日用化学品中。

d. **粉末香精**按照其生产工艺，粉末香精主要有四类，即固体香料磨碎混合制成的粉末香精、粉末状担体吸收香精而成的粉末香精、通过喷雾干燥形成的粉末香精和通过冷却干燥形成的粉末香精。粉末香精广泛应用于香粉、香袋、固体饮料、奶粉、工艺品、毛纺品中。

② 根据香精的香型分类　香精按香型可分为花香型和非花香型两大类。

花香型香精主要有玫瑰、茉莉、晚香玉、铃兰、玉兰、丁香、水仙、葵花、橙花、栀子、风信子、金合欢、薰衣草、刺槐花、香竹石、桂花、紫罗兰、菊花、依兰等香型，这类香精多是模仿天然花香调配而成。

非花香型香精包括檀香、木香、粉香、麝香、幻想型、酒香型，及咖啡、奶油、香草、薄荷、杏仁等食品香型。

③ 根据香精的用途分类　分为食用香精、日用香精和工业用香精。

食用香精包括食品香精、烟用香精、酒用香精、药用香精等。

日用香精包括化妆品、洗涤用品香精、香皂、洁齿用品香精、熏香、空气清新剂香精等。

工业用香精包括塑料、橡胶、人造革香精、纸张、油墨工艺品用香精、涂料、饲料、引诱剂等用香精。

2.3.2 香精调配和生产

2.3.2.1 模块一 香精调香及实例

调香是调香术的简称，指调配香精的技术和艺术，是将选定的香料按拟定的香型、香气，运用调香技艺，调制出人们喜好的、和谐的、极富浪漫色彩和幻想的香精。调香师根据使用者或加香制品的要求，借助经验对各种香料进行筛选、配制，最终用产品的香气来表现美丽的自然和美好的理想。调香是技术和艺术的结合，要成为一名好的调香师，既要具有丰富的香料、香精知识、扎实的香精配备理论基础和合成工艺技术，又要有灵敏的辨香嗅觉、良好的艺术修养和丰富的想象能力。对于初学者来说，应掌握如下面的基本信息。

第一，掌握各类香料物理、化学性质、毒性管理要求和市场供应情况，使调配出香精安全、适用、价廉。

第二，不断地训练嗅觉，提高辨香能力，能够辨别出各种香料的香气特征，评定其品质等级。

第三，运用辨香的知识，掌握各种香型配方格局，提高仿香能力，能够采用多种原料，按照适当的比例，模仿天然或加香产品的香气，进行香精的模仿配制。

第四，在具有一定辨香和仿香能力的基础上不断提高文化艺术修养，在实践中丰富想象力，设计出新颖的幻想型香精，培养创香能力。

在用各种香料进行调和的过程中要注意积累经验和体会，掌握“辨香”评香、“仿香”、“创香”三方面的基本功底。这三方面训练既可循序渐进，也可适当交叉进行，使之相辅相成而不断深入。

(1) 调香操作步骤　主要有四个步骤。

第一，明确调香的目标。了解所配制香精的香型、香韵、用途和档次，以此作为调香的目标。

第二，考虑主香剂、合香剂、修饰剂和定香剂。确定调香目标后，开始考虑香精的组成，即要考虑选择哪些香料可以作为此香精的主香剂、合香剂、修饰剂和定香剂。

第三，调整头香、体香和基香进行用量。按香料的挥发程度，将可能应用到的香料按头香、体香和基香进行用量调整，使香精的头香突出、体香统一、留香持久，做到三个阶段的衔接与协调。

第四，调配。先调配好基香和体香，确定香精的基本香型，然后逐步加入容易透发的头香香料、使香气浓郁的协调香料、使香气更加优美的修饰香料和使香气持久的定香香料。把每一次所加香料的品种、数量及每一次加料后的香气嗅辨效果，都详细的记录下来。经过反复的加料、嗅辨、修改后，配制出数种小样（10g）进行评估，经过闻香评估后认可的小样，在生产之前放大配成香精大样（500g 左右），大样在加香产品中做应用试验考察通过以后，香精的配方拟定才算完成。

(2) 调香实例　下面以一个素心兰香精的调制为例，说明香精的调配过程。

第一，确定素心兰香精的典型基香。橡苔净油是素心兰香精的特征基香原料，它的挥发度低，留香时间长。另外可用于素心兰基香原料的还有岩兰草油、檀香油、赖白当净油和龙涎香等。从中选择出与橡苔净油相调和且能表现出素心兰香型香韵的香料。通过调配后，选择合成龙涎香和橡苔净油作为素心兰香型的基香系列香料，二者比例为 4∶6。由于一般素心兰香型都具有类似于麝香的香韵，因此，在素心兰的基香配方中还需要配入适当的麝香香料，可从合成麝香中选择酮麝香，其调配比例为：6 份橡苔净油、4 份合成龙涎香、1 份酮麝香。

第二，再确定体香。上面调配的基香香气是浓重的，初闻起来的香气也是不愉快的，这样的基香需要进一步调整和修饰，选择具有中等挥发度的体香香料作为修饰剂。如选择一种具有玫瑰香气的玫瑰净油或合成玫瑰油，这种玫瑰香韵将使沉重的基香变得淡雅些，并能消除初闻时的不愉快气息，从而达到悦人的效果。在玫瑰香韵中再配入微量的灵猫净油，是为了赋予素心兰香精隐约的动物香。玫瑰净油（或合成玫瑰油）与灵猫净油（10%）之比为3∶1。

第三，选择一个协调的头香。选择方法与基香的一样。经过多次反复试调、对比、择优后，决定用甜橙油、香柠檬油作为头香，甜橙油与香柠檬油之比为4∶1。

第四，确定配方。确定基香、体香和头香的比例后，再确定其总体配方的百分比。

基香（55%）：6份橡苔净油，4份合成龙涎香，1份酮麝香。

体香（20%）：3份玫瑰油或净油，1份酮麝香。

头香（25%）：4份甜橙油，1份香柠檬油。

上述配方还不是一个完整的配方，只是一个最基本的调合基，也称为香基还需进一步扩展和修饰，按照调香师的艺术观点和香气爱好，增加新香料品种。例如甲基紫罗兰酮、岩兰草油、广藿香油、海狸香、灵猫净油等，用甜橙花香韵、茉莉花香韵或者其他任何花香香韵来代替体香玫瑰香韵进行修饰和调整。

经过多次的修饰、调整后的配方见表2-32所列。

表2-32 素心兰香精配方 单位：%

组　分	配　比	组　分	配　比
香柠檬油	300	橡苔净油	40
柠檬油	80	香荚兰豆香树脂	10
依兰油	20	吐鲁香脂	10
芳樟醇	50	香豆素	10
玫瑰油	5	赖百当油	5
玫瑰净油	10	葵子麝香	20
香叶油	10	酮麝香	70
茉莉净油	12	海狸香酊	5
苯乙醇	25	麝香酊	10
γ-甲基紫罗兰酮	80	灵猫净油(10%溶液)	10
广藿香油	50	玫瑰香基	40
檀香油	30	康乃馨香基	20
岩兰草油	35	茉莉香基	40

2.3.2.2 模块二 食用、日用、工业用香精配方

（1）食用香精配方　我国习惯上把食品香精分成“水质香精”和“油质香精”，前者主要用于配制饮料、冷饮、奶制品等；后者比较耐热，用于配制糖果、饼干等“热作”食品。前者以乙醇、少量水为溶剂，后者以各种食用油如菜子油、茶油、花生油、色拉油、棕榈油等为溶剂。

下面列举的食品香精配方都是100%的香精（即香基）。使用时通常将香基稀释到1%～2%后再用。

① 苹果香精　配方见表2-33所列。

② 哈密瓜香精　配方见表2-34所列。

（2）烟用香精配方　有些书将烟用香精列入食用香精这类，但烟用香精是不是应当属于食品香精范畴，至今仍有争议。这主要是涉及配制烟用香精使用的香料是不是都得用食用香料的问题。

烟用香精如按添加方式分类可分为加料香精、表面香精、滤嘴用香精和外加香精（喷涂在铝箔内壁或盘纸上用的）四类，调香师可根据卷烟厂提出的要求在原有的烟用香精配方上

表 2-33　苹果香精配方　　单位：%

组　分	配　比	组　分	配　比
异戊酸异戊酯	110	异戊酸苯乙酯	0.2
柠檬醛(97%)	1	十九醛	0.2
苯甲醛	1	冷榨橘子油	1
甲酸香叶酯	0.5	BHA	0.1
丁酸异戊酯	15	甲酸戊酯	1
香兰素	1	甘油	20
乙酰醋酸乙酯	11	醋酸乙酯	22
异戊酸乙酯	22	蒸馏水	120

表 2-34　哈密瓜香精配方　　单位：%

组　分	配　比	组　分	配　比
甜瓜醛	1	叶醇	1.5
乙酸叶醇酯	1	纯种芳樟叶油	1
乙基麦芽酚	4	乙酸苯乙酯	0.2
乙酸丁酯	18	乙酸乙酯	10
乙酸异戊酯	17	丙酸乙酯	5
丁酸乙酯	5	丁酸丁酯	4
二甲基丁酸乙酯	1	丁酸异戊酯	4
己酸乙酯	1	庚酸乙酯	0.5
辛炔酸甲酯	0.01	辛酸乙酯	0.1
丙二醇	25.69		

修改，以适应不同的加香要求。

下面列举两个品牌香烟所用的香精。

① 阿诗玛香精　配方见表 2-35 所列。

表 2-35　阿诗玛香精配方　　单位：%

组　分	配　比	组　分	配　比
香兰素	5	乙基香兰素	5
浓缩苹果汁	32	枣酊	10
独活酊	5	香荚兰豆酊	10
浓缩葡萄汁	10	香紫苏浸膏	2
黑香豆酊	5	甘草流浸膏	3
云烟浸膏	2	烟花浸膏	3

② 万宝路香精　配方见表 2-36 所列。

表 2-36　万宝路香精配方　　单位：%

组　分	配　比	组　分	配　比
可可壳酊	62	苯乙酸异戊酯	5
香兰素	2	乙基香兰素	1
香豆素	1	浓缩苹果汁	10
云烟浸膏	5	烟花浸膏	3
灵香草浸膏	2	排草浸膏	2
香紫苏浸膏	2	甘草流浸膏	5

(3) 日用香精　香花香型精在日化产品中的应用非常普遍，几乎所有的日化用品都用到香精。日用香精大体上可分为花香型日用香精和非花香型日用香精，现选两个日用香精示例

如下（前者为花香型，后者为非花香型）。

① 橙花香精　配方见表 2-37 所列。

表 2-37　橙花香精配方　　单位：%

组　分	配　比	组　分	配　比
橙叶油	30	橙花醇	5
芳樟醇	25	α-戊基桂醛	4
α-松油醇	8	月桂醇	1
乙酸橙花酯	8	苯乙酸	1
乙酸芳樟酯	7	吲哚(10%)	0.8
邻氨基苯甲酸甲酯	5	癸醛(10%)	0.2
羟基香茅醇	5		

② 檀香型香精　配方见表 2-38 所列。

表 2-38　檀香型香精配方　　单位：%

组　分	配　比	组　分	配　比
檀香油	40	秘鲁香树脂	2
脂檀油	10	檀香醇	10
广藿香油	3	乙酸檀香酯	10
菖蒲油	3	丁酸檀香酯	5
苏合香树脂	2	甲基紫罗兰酮	5
丁香酚	4	昆仑麝香	6

(4) 工业香精

① 涂料用丁香香精　配方见表 2-39 所列。

表 2-39　涂料用丁香香精配方　　单位：%

组　分	配　比	组　分	配　比
羟基香茅醇	29	乙酸苄酯	3.5
苯乙醇	18	茴香醛	1
洋茉莉醛	24	苯乙醛(10%)	1
肉桂醇	13	异丁香酚	0.5
松油醇	10		

② 饲料用奶油味香精　配方见表 2-40 所列。

表 2-40　饲料用奶油味香精配方　　单位：%

组　分	配　比	组　分	配　比
丁酸	30	丁酸乙酯	17
丁酸异戊酯	15	酊二酮	5
香兰素	5	乙基香兰素	5
乙基麦芽酚	1	洋茉莉醛	2
丁酸丁酯	5	丙位癸丙酯	5
椰子醛	5	丁位癸丙酯	5

2.3.2.3　模块三　香精生产工艺及香水生产实例

(1) 香精的生产工艺

① 不加溶剂的液体香精的生产工艺　不加溶剂的液体香精的生产工艺，如图 2-13 所示。其中，熟化是香精、香水生产中的一个重要的环节之一，目的是使香精的香气变得和

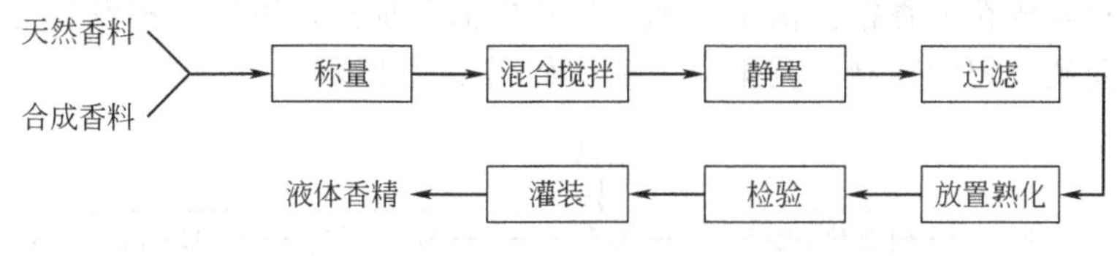

图 2-13 不加溶剂的液体香精生产工艺

谐、圆润、柔和。目前，普遍采用方法是把制得的香精在罐中放置一定时间令其自然熟化。

② 水溶性和油溶性香精的生产工艺 水溶性和油溶性香精的生产工艺，如图 2-14 所示。

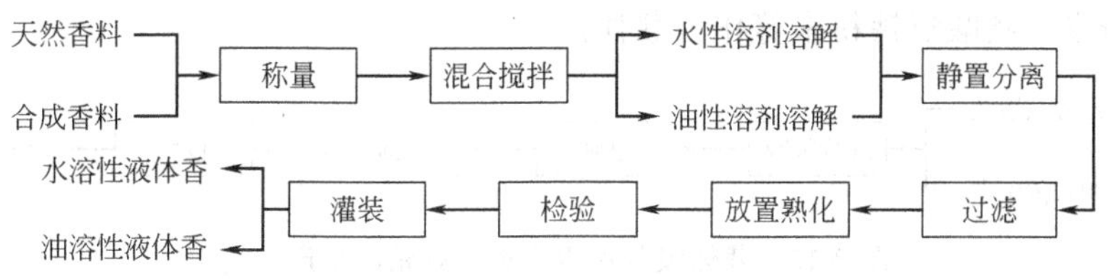

图 2-14 加溶剂的液体香精生产工艺

水溶性香精常用 40%～60%的乙醇水溶液作为溶剂，一般占香精总量的 80%～90%。有时也可丙二醇、甘油等代替部分乙醇。

油溶性香精常用的溶剂为精制的天然油脂，一般占香精总量的 80%左右。有时也可用丙二醇、苯甲醇、甘油三乙酸酯等代替天然油脂。

③ 乳化香精的生产工艺 乳化香精的生产工艺流程，如图 2-15 所示。

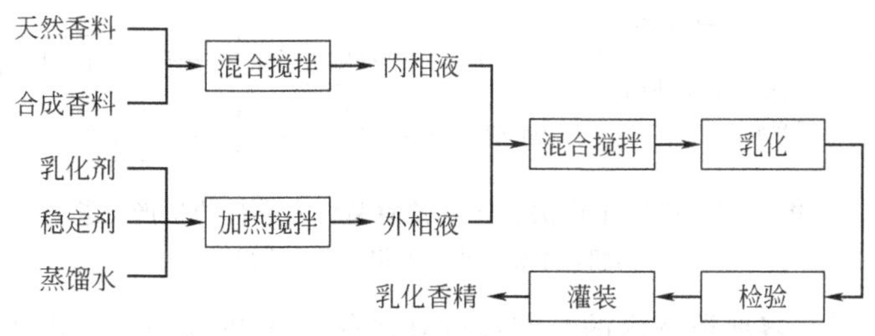

图 2-15 乳化香精生产工艺流程

内相，指分散相；外相，指连续相

常用的乳化剂有单甘酯、大豆磷脂、二乙酰蔗糖六异丁酸酯（SAIB）等。

常用的稳定剂有阿拉伯胶、果胶、明胶、淀粉、羧甲基纤维素钠（CMC-Na）等。

④ 粉末香精

a. 粉碎混合法 若所用香料均为固体，则一般采用粉碎混合法来生产粉末香精。以粉末香草香精为例，其生产工艺如图 2-16 所示。

b. 熔融体粉碎法 把蔗糖、山梨醇等糖质原料熬成糖浆，把香精混入后冷却，待凝固

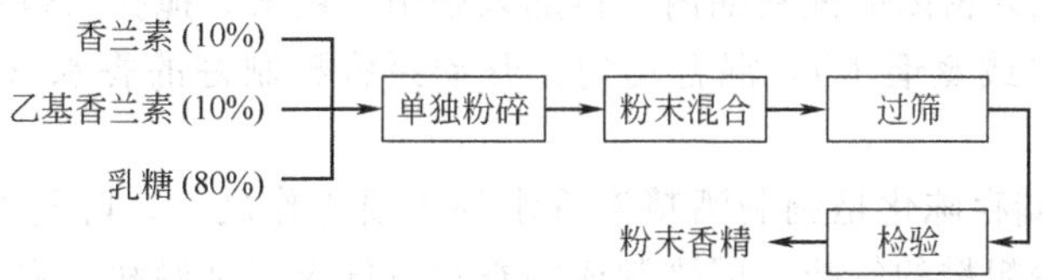

图 2-16 粉碎混合法生产粉末香草香精的生产工艺

成硬糖后，再粉碎成粉末香精。由于在加工过程中需要加热，香料易挥发和变质，吸湿性也较强，应用上受到一定的限制。其生产工艺，如图 2-17 所示。

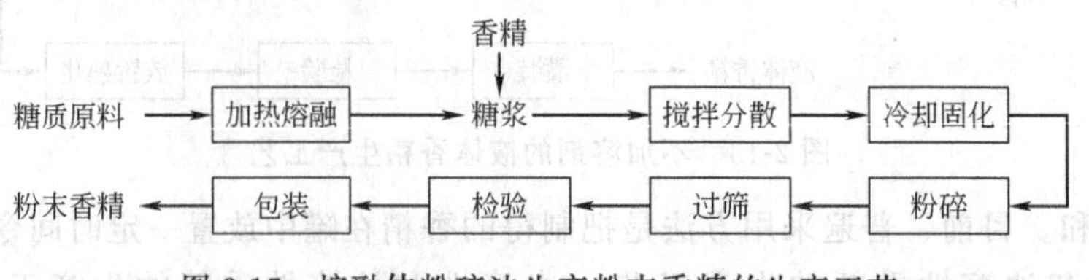

图 2-17　熔融体粉碎法生产粉末香精的生产工艺

c. 载体吸收法　载体吸收法生产工艺，如图 2-18 所示。根据用途不同常用变性淀粉、精制碳酸镁粉末、碳酸氢钙粉末等作为载体。

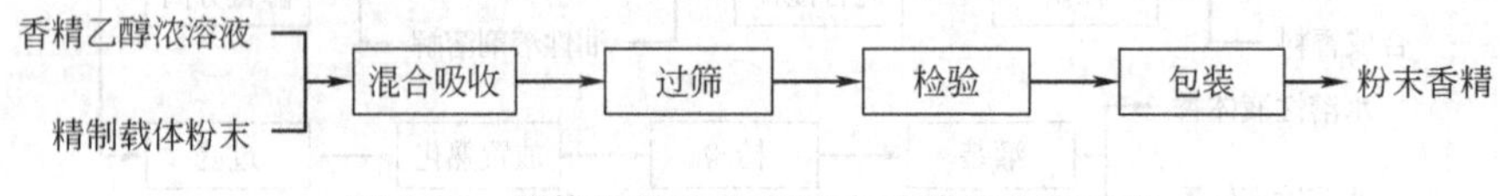

图 2-18　载体吸收法生产粉末香精的生产工艺

d. 微胶囊型喷雾干燥法　使香精包裹在微型胶囊内，通过喷雾干燥形成粉末香精。由于这种方法具有香料成分稳定性好、香气持续释放时间长、储运使用方便等优点，在方便面汤料、鸡精、粉末饮料、混合糕点、果冻等食品中以及在加香纺织品、工艺品、医药和塑胶工业中已广泛应用。微型胶囊一般采用赋形剂制备，赋形剂是能够形成胶囊皮膜的材料，主要有明矾、阿拉伯胶、变性淀粉以及聚乙烯醇等物质。

以甜橙微微胶囊粉末香精为例，其喷雾干燥生产工艺如图 2-19 所示。

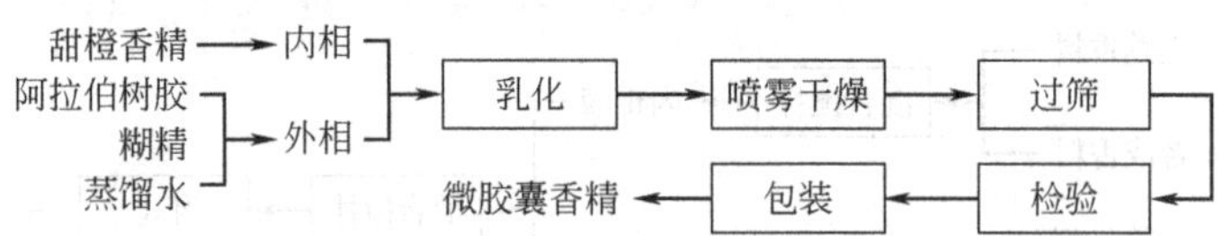

图 2-19　喷雾干燥法生产微胶囊型粉末香精的生产工艺

内相，指分散相；外相，指连续相

(2) 香水的生产　溶剂类香水的配制最好在不锈钢设备内进行。由于酒精是易燃物质，因而所有装置都应采取防火防爆措施。溶剂类香水的生产过程包括生产前准备工作、配料混合、储存陈化、冷冻过滤、灌装等，其生产工艺设备流程如图 2-20 所示。

① 生产前准备工作　首先检查机器设备运转是否正常，管道、阀门等是否畅通；按当天生产数量，根据配方比例领取定量的各种所需原料，然后按规定操作程序过磅配料。

色基事先按规定浓度，用去离子水配好溶解过滤，密封备用。为保证色基的稳定性，色基应放在玻璃瓶或不锈钢桶内，可防止金属离子混入而影响产品质量。

② 配料混合　按规定配方以质量为单位进行配制，配制前必须严格检查所配制香水、古龙水或花露水与需要的香精名称是否相符。

先将酒精计量加入密闭的配料锅内，再加入香精、色素，搅拌（也可用压缩空气搅拌），最后加入去离子水（或蒸馏水），混合均匀。开动泵将配制好的香水（或花露水、古龙水）输送到陈化锅。

③ 储存陈化　储存陈化是调制酒精液香水的重要操作之一。陈化有两个作用：一是使香味匀和成熟、减少粗糙的气味，因刚制成的香水香气未完全调和，香气比较粗糙，需要在低温下放置较长时间，使香气趋于和润芳馥，这段时间称为陈化期，或叫成熟期；二是使容

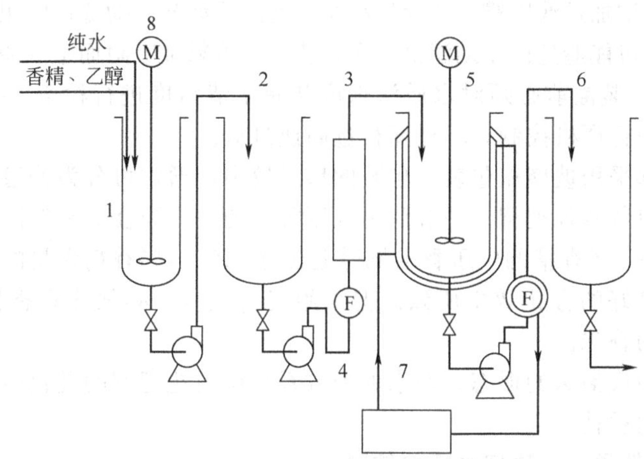

图 2-20　香水的生产工艺设备流程

1—搅拌锅；2—成熟锅；3—冷却器；4—压滤机；
5—冷却锅；6—制品储锅；7—冷冻机；8—搅拌器

易沉淀的水不溶性物自溶液内离析出来，以便过滤。

香精的成分很复杂，由醇类、酯类、内酯类、醛类、酸类、酮类、肟类、胺类及其他香料组成，再加上酒精液香水大量采用酒精作为介质。它们之间在陈化过程中，可能发生如酸和醇作用生成酯、酯分解生成酸和醇、醛和醇能生成缩醛和半缩醛、胺和醛或酮能生成席夫碱化合物等化学反应以及其他氧化、聚合反应。一般，香精在酒精溶液中经过陈化后能使一些粗糙的气味消失而变得和润芳馥，但若香精调配不当，则也可能产生不理想的变化。储存陈化的效果需要一定的时间才能确定。

关于陈化需要的时间有不同说法。一般认为，香水至少要陈化 3 个月；古龙水和花露水陈化 2 星期。但也有的认为较长的成熟期更为有利，香水需要陈化 6～12 个月，古龙水和花露水需要陈化 2～3 个月。具体的成熟期可视香料种类以及实际生产情况而定。若古龙水的香精中含萜及不溶物较少，则可缩短成熟期；若产销周期较长，则生产过程中的成熟期也可以短一些。

陈化是在有安全装置的密闭容器中进行的，容器上的安全管用以调节因热胀冷缩而引起的容器内压力的变化。陈化效果与陈化条件有关，为了达到预定陈化效果，可以在 38～40℃的较高温度下置密封容器中陈化数星期至一个月，也可在微波、超声波协助下在极短时间完成陈化。但香水陈化，一般采用低温自然陈化的方法。

④ 冷冻过滤　制造酒精液香水等液体状化妆品时，过滤是十分重要的一个环节。陈化期间，溶液内所含少量不溶物质会沉淀下来，可采用过滤的方法使溶液清澈透明。为了保证产品在低温时也不至出现浑浊，过滤前一般应经过冷冻使蜡质等析出以便滤除。冷冻可在固定的冷冻槽内进行，也可在冷冻管内进行。

为提高产品的质量（低温透明度），可采用多级过滤。首先经过滤机过滤除去陈化过程中沉淀下来的物质和其他杂质；然后再经冷却器冷却至 0～5℃，使蜡质等有机杂质析出，经过滤后输入半成品储锅。也可在冷却过滤后，恢复至室温，再经一次细孔布过滤，以确保产品在储存和使用过程中保持清晰透明。在半成品储锅中应补加因操作过程中挥发掉或损失的乙醇等，化验合格后即可灌装。

采用压滤机过滤，并加入硅藻土或碳酸镁等助滤剂以吸附沉淀微粒，否则这些胶态的沉淀物会阻塞滤布孔道，增加过滤困难，或穿过滤布，使滤液浑浊。助滤剂的用量应尽可能少，达到滤清要求为好，尽可能避免由于助滤剂过多，使一些香料被吸附而造成香气的损失。

⑤ 灌装及包装 装灌前必须对水质清晰度和瓶子清洁度进行检查。按各品种产品的灌装标准（指高度）进行严格控制，不得灌得过高或过低。

目前的香水大都采用玻璃瓶包装。包装的形式较多，通常可分为普通包装和喷雾式（包括泵式和气压式）包装两种类型。一般认为气压香水的香气强度似乎较同样百分含量的普通香水来得强，如含有1%香精的气压香水抵得上含有3%～4%香精含量的普通包装酒精液香水，这主要是由于良好的雾化效果所致。但采用气压包装，必须注意香精与喷射剂的相容性，以免影响香水的香味。

气压香水也可制成泡沫的形态，香水的配方系采用雪花膏型的乳化体，而和雪花膏不同之处在于含有多量的香精。

2.3.2.4 项目实践教学——玫瑰香精的仿制

（1）样品 玫瑰花油，产地甘肃。

（2）样品香气成分分析 通过气相色谱和气-质联用仪分别进行定性、定量分析，了解样品的香气成分（有经验的调香师也可先根据嗅闻知道香精的大致成分），并将检出的化合物按保留时间先后次序列表，见表2-41所列（附带分析报告），以此作为仿香的依据。

表2-41 样品成分表

序号	化合物名称	保留时间/min	百分含量/%
1			
2			
…			
合计			

（3）实验原理

① 了解玫瑰香型 玫瑰的品种超过7000种，调香常用有6种。

a. 红玫瑰——纯甜少青；

b. 粉红玫瑰——清甜；

c. 紫红玫瑰——浓甜，重用蜜蜡甜、鸢尾和桂甜；

d. 黄玫瑰——干甜、带茶的清凉香韵；

e. 白玫瑰——重醛香的清甜香韵；

f. 野蔷薇——多果香、辛甜和麝香香韵。

② 玫瑰香气分类

a. 醇甜（主），用量为45%～80%；

b. 蜜蜡甜（主），用量为0.5%～4%；

c. 酿甜（主），用量为0.5%～5%；

d. 辛甜（辅助），用量为1%～6%；

e. 酮甜（辅助），用量为2%～10%；

f. 桂甜（辅助），用量为0.5%～5%；

g. 果甜（辅助），用量为4%～15%；

h. 玫瑰木青（和合），用量为4%～12%；

i. 果青，用量为0.5%～5%；

j. 特殊香气，用量微量。

③ 选择原料　调配玫瑰香精常用原料包括以下四类。

a. 主香剂　香茅醇、香叶醇、橙花醇、苯乙醇、玫瑰醇及相应酯类；壬醛、十一醛、十一烯醛、壬醇、癸醇、9-癸烯醇、二甲基辛醇；康乃克油、庚酸乙酯、壬酸乙酯；突厥酮类；玫瑰醚、玫瑰呋喃；玫瑰油、香叶油、山秋油、墨红浸膏。

b. 和合剂　玫瑰木油、芳樟醇、紫罗兰酮系列、丁香酚、桂醇。

c. 修饰剂　苯乙醛、苯乙二甲缩醛、叶醇、二甲基苄基原醇、乙酸二甲基苄基原酯。

d. 定香剂　结晶玫瑰、二苯甲酮、桂酸桂酯、苯乙酸苯乙酯、苯甲酸苄酯、柳酸苄酯、香兰素、安息香、吐鲁香膏、秘鲁香胶、麝香类香料、檀香类香料。

(4) 实验仪器　分析天平，恒温磁力搅拌器，烧杯，一次性滴管，牙签，闻香纸。

(5) 调香

① 试配　采用配方一，即红玫瑰香精 1#，见表 2-42 所列。

表 2-42　红玫瑰香精 1# 配方

组　分	配　比	组　分	配　比
香茅醇	230	香叶醇 980	200
精玫瑰醇	120	橙花醇	50
苯乙醇	100	四氢香叶醇	20
乙酸香叶酯	10	壬醛 10%DEP	5
癸醇	2	香叶油	10
乙位突厥酮	2	玫瑰醚	5
甲基紫罗兰酮	20	丁香酚	20
芳樟醇	20	桂酸桂酯	10
结晶玫瑰	10	庚酸乙酯	5
柠檬醛	5	IPM(肉豆蔻酸异丙酯)	156

评香（每加入一种组分后都应闻香并记录感受，与最终的气味对比，体会头香、体香、基香和最终香气的不同，以下的评香过程都如此）。

② 修改　修改后采用配方二，即红玫瑰香精 2#，见表 2-43 所列。

表 2-43　红玫瑰香精 2# 配方

组　分	配　比	组　分	配　比
香茅醇	230	香叶醇 980	200
精玫瑰醇	120	橙花醇	50
苯乙醇	100	四氢香叶醇	20
乙酸香叶酯	10	十一醛	1
9-癸烯醇	2	香叶油	10
乙位突厥酮	2	玫瑰醚	3
甲基紫罗兰酮	20	丁香酚	20
芳樟醇	20	桂酸桂酯	10
结晶玫瑰	10	庚酸乙酯	4
壬酸乙酯	2	柠檬醛	4
玫瑰花油	2	IPM	160

评香。

③ 衍变　经衍变，采用配方三，即粉红玫瑰香精，见表 2-44 所列；或采用配方四，即白玫瑰香精，见表 2-45 所列。

表 2-44　粉红玫瑰香精配方

组　　分	配　　比	组　　分	配　　比
香茅醇	240	香叶醇 980	200
精玫瑰醇	120	橙花醇	50
苯乙醇	100	四氢香叶醇	20
乙酸香茅酯	10	乙酸苯乙酯	10
乙酸香叶酯	10	壬醛 10%DEP	5
9-癸烯醇	2	香叶油	10
乙位突厥酮	2	玫瑰醚	4
甲基紫罗兰酮	20	丁香酚	20
芳樟醇	20	桂酸桂酯	10
结晶玫瑰	10	庚酸乙酯	5
柠檬醛	5	IPM	127

评香。

表 2-45　白玫瑰香精配方

组　　分	配　　比	组　　分	配　　比
香茅醇	240	香叶醇 980	200
精玫瑰醇	120	橙花醇	50
苯乙醇	100	四氢香叶醇	20
乙酸香茅酯	10	乙酸苯乙酯	10
乙酸香叶酯	10	壬醛 10%DEP	5
9-癸烯醇	2	癸醛 10%DEP	5
十一醛	1	苯乙二甲缩醛	5
香叶油	10	广藿香油	10
乙位突厥酮	2	玫瑰醚	4
甲基紫罗兰酮	20	丁香酚	20
芳樟醇	20	桂酸桂酯	10
结晶玫瑰	10	庚酸乙酯	5
柠檬醛	5	IPM	106

评香。

(6) 实训教学评价　通过嗅闻，将学生做的产品与样品进行对比来评价。

本项目小结

一、香料、香精概述

1. 香料是指能被嗅觉闻出气味或味觉赏出味道的物质，是配制香精的原料。

2. 香精是由多种香料（有时也含有一定量的溶剂）调配出来的、具有一定香型的、可以直接用于产品加香的混合物。

3. 常用的四种动物性香料：麝香、灵猫香、海狸香和龙涎香。

4. 植物性天然香料的提取方法主要有水蒸气蒸馏法、压榨法、浸提法、吸收法和超临界流体萃取法等。

5. 香精的组成。按四组分法分，包括主香剂、合香剂、修饰剂和定香剂四种。按扑却分类法分，包括头香、体香和基香等。

6. 香精的香型有三种，即仿天然香型、合成香型和咸味香精。仿天然香型有花香、果香、木香和草香等。合成香型有醛香、国际香、飞蝶型、幻想型和百花型等。咸味香精有肉味香精和海鲜味香精等。

二、香精调配和生产

1. 调香过程　包括确定调香的目标；考虑香精的组成；确定头香、体香和基香；进行调配。

2. 不同类型香精的生产工艺

(1) 不加溶剂的液体香精的生产主要是香料之间的混合，其后熟化也是香精、香水生产中的一个重要的环节之一，其目的是使香精的香气变得和谐、圆润、柔和。目前采用的最普通的方法是把制得的香精在罐中放置一定时间令其自然熟化。

(2) 溶剂型香精主要有水溶性和油溶性香精，水溶性香精常用的溶剂为 40%～60%的水溶剂，有时也可用丙二醇、甘油等代替部分乙醇；油溶性香精常用的溶剂为精制的天然油脂，有时也可用丙二醇、苯甲醇、甘油三乙酸酯等代替天然油脂

(3) 乳化香精生产中要用到乳化剂，常用的乳化剂有单甘酯、大豆磷脂、二乙酰甘蔗六异丁酸酯（SAIB）等，另外为了增加稳定性，还加有稳定剂，常用的稳定剂有阿拉伯胶、果胶、明胶、淀粉、羧甲基纤维素钠（CMC-Na）等。

(4) 粉末香精的生产主要有粉碎混合法、熔融体粉碎法、载体吸收法和微胶囊型喷雾干燥法等。

3. 香水的生产工艺过程包括生产前准备工作、配料混合、储存陈化、冷冻过滤和灌装及包装等工序。

思考与习题

(1) 什么是调香？简述调香过程。调香的技术关键是什么？

(2) 常用的天然动物性香料有哪些？各有什么性能特点？

(3) 天然植物性香料主要有哪些提取方法？

(4) 香水里按照香料的挥发程度，香水的香味有哪三个层次？

(5) 怎样理解香料、香精与香基？

(6) 比较乳化香精和水溶性香精在原料要求、生产工艺及产品特点上的不同之处。

(7) 怎样选择香精的香型？

(8) 简述不同类型的香精生产工艺上有什么不同。

第3篇　生物化工制品生产工艺

本篇任务

① 了解微生物的基本概念和酶的基本知识；

② 掌握发酵法生产乳酸、青霉素的工艺以及酶的生产工艺；

③ 了解天然精细化学品的提取和分离方法；

④ 掌握从咖啡中超临界萃取咖啡因工艺和硫酸软骨素的提取纯化工艺；

⑤ 通过实践教学，了解微生物培养特征，掌握淀粉水解、糖类发酵以及果胶实验室制备的方法。

3.1　项目一　生物化工概述及生产工艺

项目任务

① 了解微生物基本概念，酶的分类、来源和作用；通过实践教学，认识微生物培养特征；

② 掌握发酵法乳酸、青霉素以及酶的生产工艺；

③ 通过实践教学，认识沉淀水解和糖类发酵过程及结果。

3.1.1　生物化工概述

3.1.1.1　知识点一　微生物基本概念

(1) 微生物的概念和分类

① 微生物的发现　1590年荷兰人詹森制作出了第一架复式显微镜。1684年，荷兰人吕文·虎克用镜片制造出能够放大200倍左右的显微镜，观察了牙垢、粪便、井水及各种污水，发现了许多杆状、球状、螺旋状的微小生物。这是人类第一次观察到微生物。

② 微生物的概念　微生物是指具有一定形态、结构，并且能在适宜的环境中生长繁殖以及发生遗传变异的一大类微小生物。这一类微小生物的一个重要特征是个体微小，肉眼不能直接看到，必须借助于光学显微镜或电子显微镜放大几百倍、几千倍甚至数万倍才能观察到。微生物与植物、动物共同组成生物界，是一个庞杂的生物类群。

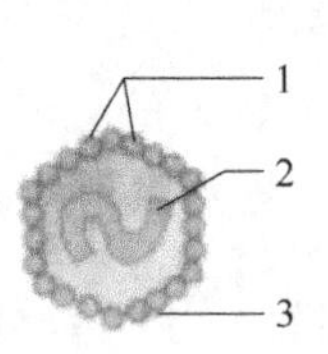

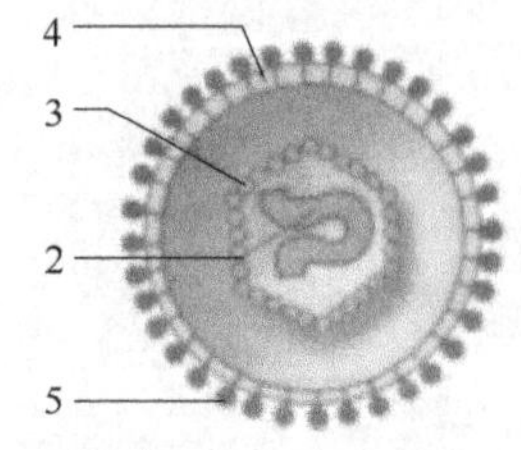

图3-1　病毒结构示意

1—壳粒；2—核酸；3—壳体；4—囊膜；5—刺突

③ 微生物的分类　微生物通常可分为非细胞型微生物、原核细胞型微生物、真核细胞型微生物等三类。

a. **非细胞型微生物**　是指个体微小，由单一核酸（脱氧核糖核酸DNA或核糖核酸RNA）及蛋白质组成，无细胞核的一类微生物。例如病毒（图3-1）。

b. **原核细胞型微生物**　是指只具有原始

细胞核，无核膜、核仁等结构，具有脱氧核糖核酸 DNA 和核糖核酸 RNA 两类核酸的一类微生物。这一类微生物包括立克次体、支原体、衣原体、细菌（图 3-2）、放线菌等。

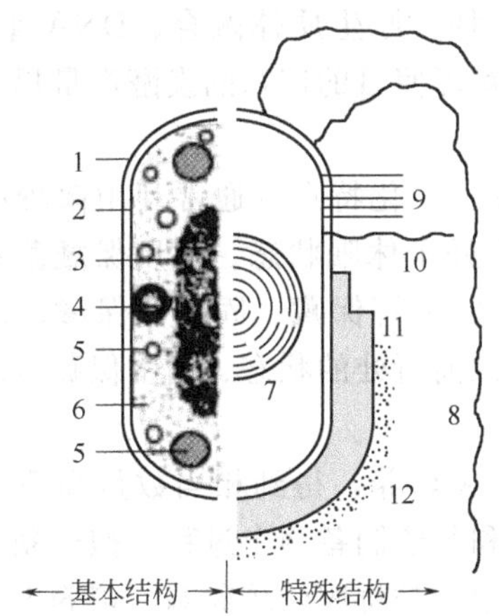

图 3-2 细菌细胞结构模式

1—细胞壁；2—细胞膜；3—核质体；4—间体；5—储藏物；6—细胞质；7—芽孢；8—鞭毛；9—菌毛；10—性菌毛；11—荚膜；12—黏液层

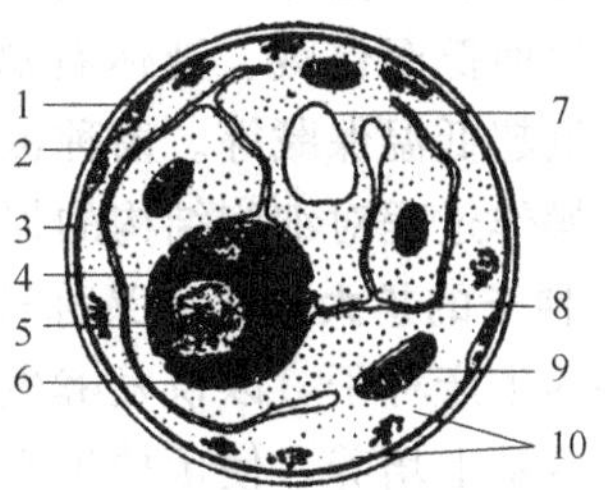

图 3-3 典型真菌细胞的横切面示意

1—边体；2—细胞壁；3—原生质膜；4—细胞核；5—核仁；6—核膜；7—液泡；8—内质网；9—线粒体；10—核糖蛋白体

c. **真核细胞型微生物** 是指具有高度分化的细胞核，有核膜与核仁等结构，含有脱氧核糖核酸 DNA 和核糖核酸 RNA 两类核酸的一类微生物。这一类微生物包括真菌、藻类等，真菌细胞结构，如图 3-3 所示。

你日常生活中有哪些熟悉的微生物？

(2) 工业微生物 人类利用微生物生产食品的历史悠久，但发展缓慢。到 20 世纪，随着生物技术的突破和工业技术进步，微生物才被广泛用于工业生产。

① 工业微生物的种类 微生物从形态上大致可分为霉菌、酵母和细菌三类。尽管各类微生物都拥有数目繁多菌种，但能用于工业生产的菌种有限。工业用霉菌菌种主要有毛霉属、根霉属、曲霉属、青霉属、红曲霉属、链孢霉属、假囊霉属和镰刀霉属等。工业用酵母菌种主要有裂殖酵母属、真酵母属、毕赤氏酵母属、球拟酵母属和假丝酵母属。工业用细菌主要有醋酸菌、葡萄糖酸菌、乳酸菌、大肠菌型细菌、芽孢杆菌属和梭状芽孢杆菌属以及放线菌等。

② 工业微生物的应用 在食品、饲料方面，可用于酿酒、制酱、制醋，以及生产氨基酸、单细胞蛋白和酶等；在医药方面，可用于生产维生素、麻黄碱、激素（用于调节生理代谢、促进生长生殖）、胰岛素（用于治疗糖尿病等）、抗生素（如青霉素、阿霉素等）和干扰素（用于抑制病毒或癌细胞生长繁殖等）等；在化工方面，可用于生产甲醇、乙醇、有机酸、丙烯酰胺和农用杀菌剂等；在冶金方面，可用于从矿石中萃取金属（细菌浸出法）；在环境保护方面，用于污水处理。另外，工业微生物还可合成葡聚糖、高分子核酸等高分子化合物。

③ 微生物的培养 自然界获得的工业微生物数量有限且工业特性可能偏差，需经选育和培养以改良其工业特性和扩大其数量，以便用于工业生产。

a. **微生物菌种的选育** 用于工业生产的微生物菌种必须良好。通过菌种选育可以提高菌种特性，使微生物符合工业生产的要求；菌种选育方法包括自然选育和诱变选育。通过菌种的改良可得到优良菌株，菌种的改良方法包括杂交育种、原生质体融合、DNA 重组等。例如，在抗生素、氨基酸、维生素生产中，通过菌种选育可使目的产物的发酵产量提高几十倍、几百倍，甚至上千倍。

b. **微生物菌种的保藏** 菌种保藏是根据菌种的生理、生化特点（通常利用菌种的休眠体，如孢子、芽孢等），人工创造条件使菌体的代谢活动处于休眠状态。常用保藏菌种的方法有：斜面低温保藏、液体石蜡封存保藏、甘油保藏、砂土管保藏、固体曲保藏、冷冻干燥、液氮超低温保藏等。菌种保藏时还应注意菌种在保藏前所处的状态、菌种保藏所用的基质以及操作过程对细胞结构的损害等。

c. **种子的扩大培养** 又称种子制备，通过种子的扩大培养，得到相当数量高质量的代谢旺盛的生产种子，以供发酵生产使用，包括孢子制备和种子制备两个过程。孢子制备是在固体培养基上培养，使菌株生产大量孢子的过程；种子制备是将固体培养基上培养出的孢子或菌体转移到液体培养基中培养，使其繁殖成大量菌丝或菌体的过程。

d. **培养基的选择** 培养基是为微生物提供其生长繁殖和生物合成各种代谢产物所需要的、按一定比例配制的多种营养物质的混合物。培养基分为固体培养基和液体培养基，两种培养基成分可以相同，但制作固体培养基需加凝固剂，如琼脂、明胶或硅凝胶。依成分来源不同，培养基又可分为天然培养基、合成培养基和半合成培养基。天然培养基利用含丰富营养的动植物材料制成，动植物材料有牛肉汁、牛肉膏、蛋白胨、豆芽汁和马铃薯汁等；合成培养基用已知成分和数量的化合物制成，一般用于特定项目研究；半合成培养基是利用碳、氮源及维生素的来源，另加一些无机盐类制成的培养基。

e. **培养基主要成分** 包括碳源、氮源、无机盐、生长物质和水等。碳源是供给菌体生命活动所需的能量和构成菌体细胞以及代谢产物的基础，工业生产中通常以碳水化合物为碳源，如玉米淀粉、马铃薯、木薯淀粉等；淀粉通过酸法或酶法水解得到葡萄糖，可满足生产需要。氮源是构成菌体细胞物质和代谢产物的物质；氮源可分为无机氮和有机氮，无机氮如氨水、铵盐、硝酸盐等，有机氮如玉米浆、豆饼粉、花生饼粉、酵母浸出液等。无机盐的主要功能是构成菌体成分、作为酶的组成部分、酶的激活剂或抑制剂、调节培养基渗透压等。生长因子是微生物生长必不可少的微量有机物质，它是构成细胞的组分，促进生命活动的进行，如氨基酸、嘌呤、嘧啶、维生素等，视需要加入。前体物质和促进剂，是加入培养基中有助于调节产物的形成一类物质，例如在生产青霉素时，加入苯乙酸或乙基酰胺等前体物质后，生成产物为青霉素 G 而非青霉素母核，同时生成青霉素 G 产率比不加前体物质而生成青霉素母核的产率大大提高。

f. **培养条件** 包括营养源、温度、pH、氧和微量因子。营养源包括碳源、氮源和无机盐等，可随培养基一起提供。发酵工业所用菌株一般为中温菌，生长适宜温度为 20～40℃，嗜热菌的最适合温度 50～60℃，嗜冷菌适宜温度为 10～20℃。细菌生长适宜的 pH 值一般为 6.0～7.5，特殊的细菌在 pH 4.0 和 pH 9.0 下培养；霉菌、酵母的适宜 pH 在 4.0～6.0 的酸性范围，而产柠檬酸的霉菌在 pH 2.0 左右发酵。微生物按照对氧的需要分为四种，即好气性菌、嫌气性菌、兼性嫌气性菌和微好气性菌，目前工业上使用的微生物除酒精、啤酒发酵酵母和乳酸发酵用的乳酸菌外，多般为好气性菌，发酵中需要同入氧气。微量因子通常被称为生长因子，可随培养基一起提供。

g. **灭菌与空气净化** 在工业微生物培养过程中，只允许生产菌存在和生长繁殖，不允许其他微生物与其共存。灭菌是指利用物理和化学的方法杀灭或除去物料及设备中一切生命物质的过程。常用的灭菌的方法有：干热灭菌法，湿热灭菌法，火焰灭菌法，电磁波、射线灭菌法，化学药品灭菌法及过滤除菌法。对于好氧微生物，发酵时，需通入空气，为保证生产菌不被杂菌污染，必须对通入的空气进行净化处理，常用的空气净化方法有：热灭菌法、静电除菌法、介质过滤除菌法等。

想一想

① 谈谈你所知的微生物在工业生产中的应用？
② 为什么要进行微生物菌种的选育？
③ 培养基中各成分的配比应如何选择？

3.1.1.2　知识点二　酶

酶是由细胞产生的具有催化能力的蛋白质，生物体内新陈代谢中的各种化学反应都需要在酶的催化作用下才能进行，没有酶的参与，新陈代谢就会停止。目前，已知的酶就有几千种。

(1) 酶的分类　酶按其组成的不同，可以分为两大类别：蛋白类酶和核酸类酶。蛋白类酶是指主要由蛋白质组成的酶，简称为 P 酶；核酸类酶是指主要由核糖核酸组成的酶，简称为 R 酶。因为 P 酶和 R 酶具有不同的结构和催化功能，所以它们有各自不同的分类。

① 蛋白类酶（P 酶）　1961 年，国际酶学委员会向“国际生物化学与分子生物学联合会”提出了《酶学委员会的报告》，其中包括对酶的分类与命名方案，并获得了的批准，之后又经过多次修订、补充和完善。这才形成对酶统一的分类和命名方法。蛋白类酶（P 酶）按照酶催化作用的类型不同，可分为以下 6 大类。

a. **氧化还原酶**　催化氧化还原反应的酶，在体内参与产能、解毒和某些生理活性物质的合成。其催化反应通式为：

$$AH_2 + B \longrightarrow A + BH_2$$

式中，被氧化的底物（AH_2）为氢或电子供体；被还原的底物（B）为氢或电子受体。根据所作用的基团不同，氧化还原酶又可分为 20 个亚类，例如脱氢酶、氧化酶、过氧化物酶、氧合酶等。

b. **转移酶**　催化某基团从供体化合物转移到受体化合物上的酶，参与糖、脂肪、蛋白质及核酸的代谢和合成。其催化反应通式为：

$$AB + C \longrightarrow A + BC$$

式中，AB 为含有某基团的供体；C 为接受某基团的受体。根据被转移的基团不同，转移酶可分为 8 个亚类，例如酮醛基转移酶、酰基转移酶、糖苷基转移酶、磷酸基转移酶等。

c. **水解酶**　催化各种化合物进行水解反应的酶，在体内起催化降解作用。其催化反应通式为：

$$AB + H_2O \longrightarrow AOH + BH$$

式中，AB 为发生水解反应的物质。根据被水解的化学键的不同，水解酶可分为 11 个亚类，例如脂肪酶、糖苷酶和肽酶等。

d. **裂合酶**　催化一个化合物裂解生成两个较小的化合物及其逆反应的酶，它可用于脱去底物上某一基团而生成双键，或在双键处引入某一基团。其催化反应通式为：

$$AB \longrightarrow A + B$$

式中，裂解物质 AB 经裂合酶作用，裂解成 A 和 B。根据被裂合的化学键的不同，裂合酶可分为 7 个亚类，例如分别用于催化 C—C、C—O、C—N、C—S、C—X 等化学键裂解的酶。

e. **异构酶** 催化分子内部基团位置或构象的转换的酶，用于生物体内代谢需要而对某些物质分子进行异构化。其催化反应通式为：

$$A \longrightarrow B$$

式中，物质 A 经异构酶的作用，生成异构产物 B。异构酶按照异构化的类型不同，分为 6 个亚类，例如外消旋酶、顺反异构酶、醛酮异构酶，分子内转移酶和分子内裂解酶等。

f. **连接酶（或称合成酶）** 指伴随着 ATP 等核苷三磷酸的水解，催化两个分子进行连接反应的酶，它参与多种生命物质的合成。其催化反应通式为：

$$A+B+ATP \longrightarrow AB+ADP+Pi \quad 或 \quad A+B+ATP \longrightarrow AB+AMP+PPi$$

式中，两个分子 A 和 B 在三磷酸腺苷 ATP 与连接酶的作用下，生成 AB，同时三磷酸腺苷 ATP 发生水解生成二磷酸腺苷 ADP 或一磷酸腺苷 AMP。

② 核酸类酶（R 酶） 核酸类酶因研究时间不长，对其分类和命名还没有统一的规定。根据酶催化反应类型的不同，可以将核酸类酶分为剪切酶、剪接酶和多功能酶等三类；根据核酸类酶的结构特点不同，可分为锤头型核酸类酶、发夹型核酸类酶、含Ⅰ型 IVS 的核酸类酶，含Ⅱ型 IVS 的核酸类酶等；根据酶催化的底物是其本身 RNA 分子还是其他分子，可以将 R 酶分为分子内催化（也称为自我催化）和分子间催化两类。

（2）酶催化作用的特征

① 酶催化作用的高效性 酶的催化具有较高的效率，其反应速率要比非酶催化反应速率高 $10^7 \sim 10^{13}$。

以过氧化氢分解为例：

$$2H_2O_2 \xrightarrow{催化剂} 2H_2O+O_2$$

若用铁离子作催化剂，在一定条件下，1mol 铁离子可使 10^{-5} mol 过氧化氢分解；若用过氧化氢酶作催化剂，在相同条件下，1mol 过氧化氢酶则可使 10^5 mol 过氧化氢分解，过氧化氢酶的催化效率是铁离子的 10^{10}。又如，1g 结晶的 α-淀粉酶，在 62℃条件下，15min 可使 2t 淀粉水解为糊精。

② 酶催化作用的专一性 酶催化作用的专一性是指一种酶只能催化某一种或某一类结构相似的底物进行某种类型的反应。按酶专一性的严格程度不同，可分为绝对专一性和相对专一性两大类。

绝对专一性是指一种酶只能催化一种底物进行某一种反应。例如天冬氨酸氨裂合酶［EC 4.3.1.1］，它仅作用于 L-天冬氨酸，经脱氨基作用生成延胡索酸（反丁烯二酸）及其逆反应，而对 D-天冬氨酸和马来酸（顺丁烯二酸）都一概不起作用。

相对专一性是指一种酶能够催化某一类结构相似的底物进行某种相同类型的反应，相对专一性又可分为键专一性和基团专一性。具有键专一性的酶能作用于具有相同化学键的一类底物。例如：酯酶可催化所有含酯键的酯类物质进行水解，生成相应的醇和酸。具有基团专一性的酶则作用于含有某一特定基团的一类底物。例如：胰蛋白酶［EC 3.4.31.4］选择性地水解含有赖氨酰或精氨酰的羰基的肽键，所以，凡是含有赖氨酰或精氨酰羰基肽键的物质，不管是酰胺、酯或多肽、蛋白质都能被胰蛋白酶［EC 3.4.31.4］所水解。

③ 酶催化作用的条件温和性 因为酶是蛋白质，且要参与生物体内的新陈代谢，所以酶催化作用只能在常温、常压、pH 接近中性的条件下进行，与非酶类催化剂作用时的高温、高压、强酸、强碱、有机溶剂等极端条件相比，酶催化作用的条件较温和。因此，采用

酶作为催化剂，有利于节省能源、减少设备投资、优化工作环境和劳动条件。

酶有催化性能，它与催化剂相比有什么优越性？

(3) 酶的来源　用于生物化工的酶可以通过提取分离法、生物合成法和化学合成法等三种途径获得。

① 提取分离法　是利用各种提取技术手段，从动物、植物的体内或微生物细胞中将酶提取出来，再进行分离纯化，最终得到相应的酶的方法。提取分离法是最早采用且沿用至今的方法。例如，从动物的胰脏中提取分离胰蛋白酶、胰淀粉酶、胰脂肪酶等；从木瓜中提取分离木瓜蛋白酶、木瓜凝乳蛋白酶。

酶的提取是指在一定的条件下，选用适当的溶剂对含酶原料进行处理，使酶充分溶解到溶剂中的过程。酶的常用提取方法包括：盐溶液提取、酸溶液提取、碱溶液提取和有机溶剂提取等。影响酶提取的因素主要有酶的结构和性质、溶剂的选择、温度、pH、离子强度等各种提取条件，同时还应考虑，在酶的提取过程中，防止酶的变性失活。

酶的分离纯化是通过采用各种生化分离技术，使酶与各种杂质分离，达到所需的纯度，以满足使用的要求。酶的常用分离纯化方法包括：离心分离、过滤与膜分离、萃取分离、沉淀分离、层析分离、电泳分离等。影响酶分离纯化的主要因素有，目标酶分子特性及其他物理、化学性质；酶分子和杂质的主要性质差异；酶的使用目的和要求；技术实施的难易程度等。

虽然提取分离法具有设备简单，操作方便等优点，但是它必须先获得含酶的动物、植物的组织或细胞，使得提取分离法受到生物资源、地理环境、气候条件等因素的限制。20世纪50年代以后，随着发酵技术的发展，许多酶都采用生物合成法进行生产。

② 生物合成法　是利用微生物细胞、植物细胞或动物细胞的生命活动，获得所需酶的技术方法。具体过程：先经过筛选、诱变、细胞融合、基因重组等方法获得优良的产酶细胞，然后将改良后的产酶细胞置于人工控制条件的生物反应器中进行细胞培养，通过产酶细胞内物质的新陈代谢作用，生成各种新陈代谢产物，再经过分离纯化，得到所需的酶。例如，利用枯草杆菌生产淀粉酶、蛋白酶，利用黑曲霉生产糖化酶、果胶酶，利用大肠杆菌生产谷氨酸脱羧酶、多核苷酸聚合酶等。利用微生物细胞的新陈代谢活动，合成所需酶的方法又称为发酵法，而发酵法根据细胞培养方式的不同，又可分为液体深层培养发酵、固体培养发酵、固定化细胞发酵、固定化原生质体发酵等，其中最为常用的是液体深层发酵技术。

生物合成法的优点：生产周期短，酶的产率高，不受生物资源、地理环境和气候条件等的影响等。其缺点：对发酵设备和工艺条件的要求较高、在生产过程中必须进行严格的控制等。

③ 化学合成法　1965年，我国人工合成胰岛素的成功，开创了蛋白质化学合成的先河。目前可以采用合成仪进行酶的化学合成。但由于酶的化学合成中，要求单体达到很高的纯度，因而化学合成的成本较高、且只能合成那些已知其化学结构的酶。这就使化学合成法受到很大的限制，难以实现工业化生产。

生物化工中使用的酶有多种来源，请分析它们各自的优缺点。

3.1.1.3 项目实践教学——微生物培养特征

（1）微生物培养特征实验与结果

① 细菌的培养特征实验 将察氏培养基、马铃薯琼脂培养基、肉汤蛋白胨培养基、麦芽汁培养基等四种不同的培养基融化后，分别倒入10～12ml于灭菌培养皿内，待凝固成平板后用记号笔分别标记。以划线法将大肠杆菌或金黄色葡萄球菌接种至四种不同的培养基上，得相应菌种的平板。在适宜的培养箱中培养1～3天，观察细菌的菌落特征：生长速度______、菌落大小______、菌落形状______、边缘形状______、隆起形状______、颜色______、表面形状______、光泽______、透明度______、菌落质地______、致密度______、厚薄______、培养基pH______。

② 放线菌的培养特征实验 将察氏培养基、马铃薯琼脂培养基、肉汤蛋白胨培养基、麦芽汁培养基等四种不同的培养基融化后，分别倒入10～12ml于灭菌培养皿内，待凝固成平板后用记号笔分别标记。以划线法将灰色链霉菌或天蓝放线菌接种至四种不同的培养基上，得相应菌种的平板。在28℃的培养箱中培养3～7天，观察放线菌的菌落特征：生长速度______、菌落大小______、气生菌丝形状______、有无同心环______、孢子丝和孢子颜色______、气生菌丝的颜色______、基内菌丝的颜色______、可溶性色素颜色______、气味______、表面形状______、色泽______、透明度______、致密度______、边缘______、厚薄______、培养基pH______。

③ 酵母菌的培养特征实验 将察氏培养基、马铃薯琼脂培养基、肉汤蛋白胨培养基、麦芽汁培养基等四种不同的培养基融化后，分别倒入10～12ml于灭菌培养皿内，待凝固成平板后用记号笔分别标记。以划线法将酿酒酵母接种至四种不同的培养基上，得相应菌种的平板。在28℃的培养箱中培养1～3天，观察酵母菌的菌落特征：菌落大小______、边缘形状______、隆起形状______、表面形状______、透明度______、菌落质地______、光泽______、菌落形状______、色泽______、致密度______、厚薄______、培养基pH______。

④ 霉菌的培养特征实验 将察氏培养基、马铃薯琼脂培养基、肉汤蛋白胨培养基、麦芽汁培养基等四种不同的培养基融化后，分别倒入10～12ml于灭菌培养皿内，待凝固成平板后用记号笔分别标记。以点种法将米曲霉或产黄青霉接种至四种不同的培养基上，得相应菌种的平板。在28℃的培养箱中培养3～7天，观察霉菌的菌落特征：生长速度______、菌落颜色______、菌落厚度______、表面形状______、边缘形状______、可溶性色素______、渗透物______、气味______、菌落质地______、菌落大小______、色泽______、透明度______、致密度______、厚薄______、培养基pH______。

（2）微生物培养特征实验评价 要求将细菌、放线菌、酵母菌、霉菌等的培养特征列成表格状，由学生对其进行对比分析。最后教师总结。

3.1.2 生物化工工艺

3.1.2.1 模块一 发酵法乳酸生产工艺

（1）乳酸的概述 乳酸又称α-羟基丙酸，2-羟基丙酸，其结构式如下：

$$
\begin{array}{ccccccc}
 & & H & & H & & O \\
 & & | & & | & & \| \\
H & — & C & — & C & — & C—OH \\
 & & | & & | & & \\
 & & H & & OH & &
\end{array}
$$

纯品乳酸为无色液体，工业品为无色至浅黄色液体，无臭或略有脂肪酸味。能与水、乙醇、甘油等混溶，不溶于氯仿、二硫化碳和石油醚。因为乳酸中羟基所连接的碳原子是不对称碳原子，所以有两种光学异构体，即左旋、右旋。等量的左旋体和右旋体混合得到外消旋体或 DL-乳酸，为白色结晶。大部分乳酸是以消旋化合物形式存在。当浓缩稀乳酸时，加热到约 90℃，乳酸可发生分子间脱水而形成乳酰乳酸：

$$
\begin{array}{ccccccccccccccc}
 & & H & & & & & & H & & & & H & O & H \\
 & & | & & & & & & | & & & & | & \| & | \\
H_3C & — & C & —COOH & + & HO & — & & C & —COOH & \longrightarrow & H_3C— & C— & C— & C—COOH + H_2O \\
 & & | & & & & & & | & & & & | & & | \\
 & & OH & & & & & & CH_3 & & & & OH & & CH_3
\end{array}
$$

若进一步脱水，还可生成二乳酰乳酸、三乳酰乳酸、四乳酰乳酸以及聚乳酰乳酸。无水的乳酸中约含有 25%的游离乳酸以及 75%的乳酰乳酸，且两种物质之间存在着一种平衡关系，随时按照溶液中的浓度而进行调整。

乳酸是世界上最早使用的酸味剂，常用于清凉饮料、酸乳饮料、果酱、果冻、合成醋、辣酱油等中。乳酸在发酵制成的泡菜、酸菜中不仅具有调味作用，还具有防杂菌繁殖作用。但 D-乳酸和 DL-乳酸不得加入 3 个月以下的婴儿食品中。

(2) 乳酸的生产原理　工业上用来生产乳酸的微生物，主要是乳酸杆菌属的细菌。生产时主要以含有可发酵淀粉物质为原料，如葡萄糖、玉米淀粉、马铃薯淀粉等。其中所含的淀粉经酸或酶水解，生成麦芽糖、葡萄糖等简单糖类后，然后在乳酸杆菌的作用下转变生成乳酸。其主要反应如下：

$$(C_6H_{10}O_5)_n + nH_2O \xrightarrow[\text{糖化酶}]{\alpha\text{-淀粉酶}} nC_6H_{12}O_6$$

$$C_6H_{12}O_6 \xrightarrow{\text{德氏乳酸杆菌}} 2C_3H_6O_3$$

在使用乳酸杆菌发酵时，为保证发酵液的 pH 不低于 4，影响发酵的继续进行发酵时要求分批加入碳酸钙粉末，使乳酸转化成乳酸钙。

$$2C_3H_6O_3 + CaCO_3 + 5H_2O \longrightarrow Ca(C_3H_5O_3)_2 \cdot 5H_2O + CO_2 + H_2O$$

发酵液经过滤、结晶等操作后，得到较纯的乳酸钙，用硫酸进行酸解，还原成乳酸。

$$Ca(C_3H_5O_3)_2 \cdot 5H_2O + H_2SO_4 \longrightarrow 2C_3H_6O_3 + CaSO_4 + H_2O$$

(3) 生产工艺流程　乳酸的工艺生产方法主要有三种，即发酵法、乙醛氢氰酸法和丙醇腈法。其中发酵法是最为传统的方法。下面仅针对发酵法介绍乳酸生产工艺。

根据乳酸杆菌种类（两类），乳酸发酵分为同型发酵和异型发酵。其中同型发酵的细菌，可定量地将糖转化为乳酸，不产生其他产物；而异型发酵的细菌对糖的发酵除生成乳酸外，还会产生乙醇、乙酸及甘露醇等。工业生产中，为提高原料的利用率和制得尽可能纯的乳酸，应选择同型发酵类乳酸菌种。

乳酸的生产工艺流程如图 3-4 所示。将含有淀粉的原料、水和液化淀粉酶按一定比例加入液化罐（1），开动搅拌，升温至 58℃，继续搅拌，每 30min 用淀粉试纸或试液检测一次，淀粉试纸或试液不变蓝即为液化终点。将温度升至 120℃灭菌 30min，停止加热，冷却至 52℃，放入发酵池（3），用乳酸将 pH 调至 5.0～5.5 后，再按每克淀粉 80 单位加入糖化酶，同时由种子罐（2）接种乳酸菌培养物 5%～6%，通压缩气体搅拌均匀后，维持温度在

50～52℃条件下进行发酵。在发酵过程中，分批加入碳酸钙粉末，以中和发酵过程产生的乳酸，控制pH在5.5以上，发酵大约70h后，残糖含量降至每升1g时，送入中和罐（4），加入生石灰，进行搅拌，使pH升至11～12，再在沉淀罐（5）中静置，使其中的杂质产生沉淀，经旋转过滤器（6）过滤，除去杂质，滤液进入滤液罐（7），加入$MgCl_2$和石灰，使蛋白质沉淀。将上清液送入多效蒸发器（8）中，进行蒸发浓缩，当乳酸钙浓度达到150g/L时，放入结晶罐（9）冷却结晶。

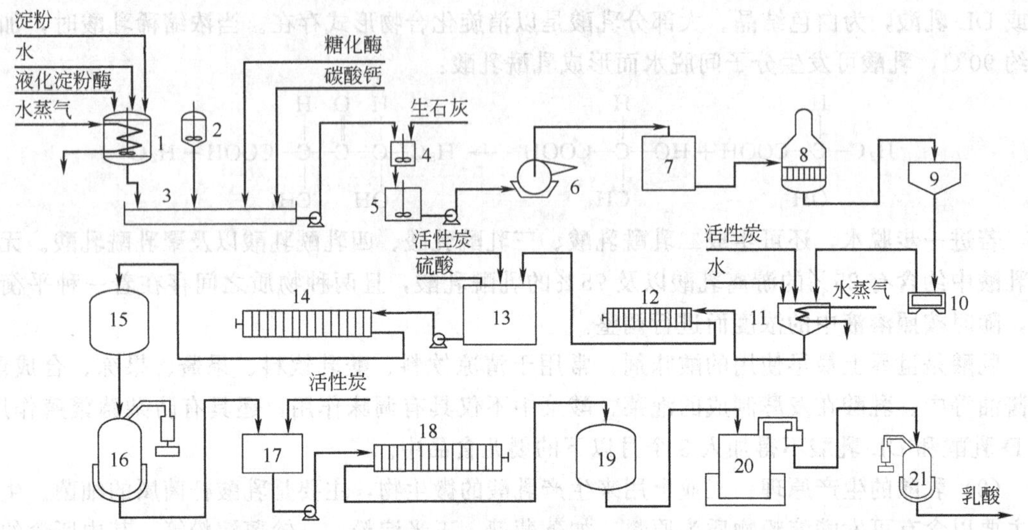

图3-4 发酵法制乳酸生产工艺流程

1—液化罐；2—种子罐；3—发酵池；4—中和罐；5—沉淀罐；6—旋转过滤器；7,15,19—滤液罐；8—多效蒸发器；9—结晶罐；10—离心机；11—脱色罐；12,14,18—压滤机；13—酸解罐；16—蒸发器；17—脱色槽；20—真空蒸馏器；21—浓缩器

一般结晶时，要求先将温度冷却至30℃，1h后，再降至23℃，维持1.5h后，降至18℃，之后，每小时降低2℃，至10℃时，保温3h，总结晶时间约为10～12h。结晶后，用离心机（10）分离，滤饼送入脱色罐（11），加入活性炭和水，脱色0.5～1h后，经压滤机（12）过滤。滤液加入酸解罐（13），同时加入活性炭、硫酸和水（可为上批压滤机的洗水），加入时应进行冷却，使温度不超过70℃。待硫酸放至剩余量的1/5时，改为间歇加酸，每次加入少量，待搅匀后，取反应液少量，测试反应终点，当0.1%甲基紫颜色由紫色变为菊黄时，表示反应到达终点，如呈绿色，则酸过量，应补加乳酸钙。

酸解液经泵送入压滤机（14），进行过滤，水洗液可作酸解罐（13）的溶解水。压滤机（14）的滤液进入滤液罐（15）后，经蒸发器（16）蒸发浓缩，进入脱色槽（17），同时加入活性炭脱色，再经压滤机（18）过滤，除去活性炭。滤液放入滤液罐（19）后，再依次在真空蒸馏器（20）中以80kPa进行蒸发浓缩，浓缩器（21）以30～40kPa（225～300mmHg）进行蒸发浓缩，最后得到乳酸产品。

乳酸在分离过程中分别进行了哪些操作过程，利用了哪些乳酸性质？

3.1.2.2 模块二 青霉素生产工艺

（1）青霉素的概述

① 青霉素的理化性质　青霉素是一族抗生素的总称，目前已知的天然青霉素（即可通过发酵而生产的青霉素）有 8 种，它们合称为青霉素族抗生素。它们具有共同化学结构：

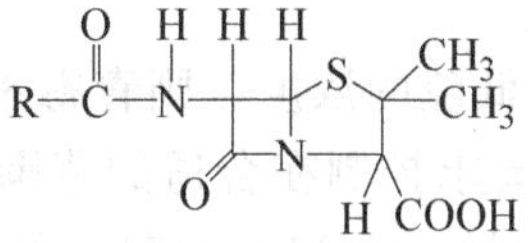

其中不同的 R 基团代表不同的青霉素，以 R 基团为苄基的苄青霉素（青霉素 G）疗效好，应用最广泛。因青霉素分子中含有三个不对称碳原子，故青霉素具有旋光性。用不同的菌种，或不同的培养条件，可以制得各种不同类型的青霉素，也可同时产生几种不同类型的青霉素。

② 青霉素的用途　青霉素是临床应用时间最长的抗生素，从 1940 年开始至今，一直用于治疗人类疾病，已有 60 多年的历史。青霉素对大多数革兰阳性细菌、部分革兰阴性细菌、各种螺旋体及部分放线菌有较强抗菌作用。青霉素仍是治疗敏感细菌所致感染的首选药物。它在临床上主要用于敏感金黄色葡萄球菌、链球菌、螺旋体、淋球菌、脑膜炎双球菌、肺炎球菌等所引起的严重感染，如败血症、脑膜炎和肺炎疾病等。青霉素的毒性低微，但在临床应用青霉素时也可能有副作用或引起过敏反应，特别是过敏性休克反应，如不及时抢救，往往危及生命。因此凡使用青霉素类药物前，都必须先做皮试，皮试阳性者禁止使用。

生病的时候用过青霉素吗？用的是何种青霉素？

③ 青霉素的生产方法　青霉素采用发酵法生产，发酵前通常加前体物质苯乙酸。加苯乙酸的发酵法是先由糖源、氮源、无机盐和水组成的发酵液，再在发酵液中加入苯乙酸等前体，利用产黄青霉菌发酵，产物为青霉素 G，特点为收率极高且青霉素 G 抗菌活性高。生产步骤分成发酵工艺和提炼工艺两步。

（2）青霉素 G 的发酵工艺

① 菌种　目前用于产生青霉素的菌种是产黄青霉菌，但它也是经过一系列诱变、杂交、育种等菌体选育得到的，与之前的产黄青霉菌相比，它具有生产水平高等特点。

青霉素的生产菌种按其在深层培养中菌丝的形态，可分为球状菌和丝状菌两种。目前生产上正在使用的产黄青霉菌的变种有两种，分别是绿色丝状菌和白孢子球状菌。因球状菌对发酵原材料和设备的要求较高，而且提炼收率也低于丝状菌，所以在我们国内青霉素生产厂大都采用绿色丝状菌。

② 培养基　培养基作用是为绿色丝状菌生长和维持供给养料，含有碳水化合物、含氮物质、无机盐（包括微量元素）以及维生素和水等。另外，产黄青霉菌在培养时也需要培养基，并对培养基有一定要求。

a. **碳源**　青霉菌能利用的碳源有乳糖、蔗糖、葡萄糖、淀粉和天然油脂等。因为乳糖能被产生菌缓慢利用，并维持青霉素分泌的有利条件，所以乳糖是青霉素发酵的最佳碳源。但是因为乳糖货源少且价格较高，所以工业生产中通常不使用乳糖作为碳源，而普遍采用淀粉经酶水解的糖化液（葡萄糖）（DE 值 50%以上）。

b. **氮源**　目前国内生产上所采用的氮源主要有花生饼粉、麸质粉、玉米胚芽粉及尿素等。另外，玉米浆作为淀粉生产的副产物，因其中含有如精氨酸、组氨酸、丙氨酸、谷氨酸、苯丙氨酸以及 β-苯乙胺等氨基酸，也是氮源不错的选择。

c. **前体** 可以作为苄青霉素生物合成的前体的有苯乙酸（或其盐类）、苯乙酰胺等，它们一部分（苄基）直接连接到青霉素分子上，生成苄青霉素，另一部分则是作为养料和能源被利用，即被氧化为二氧化碳和水。

d. **无机盐** 据国外报道，若降低硫的浓度，则青霉素产量会降 2/3；若降低磷浓度，则青霉素产量会降一半，因此硫和磷要求控制在合适的范围内。根据经验，青霉素生物合成中合适的阳离子比例以钾 30%、钙 20%、镁 41%为宜。因为铁易渗入菌丝内，且在青霉素产生期铁离子总量的 80%是在胞内，它对青霉素发酵有毒害作用，所以要严格控制铁离子的含量。

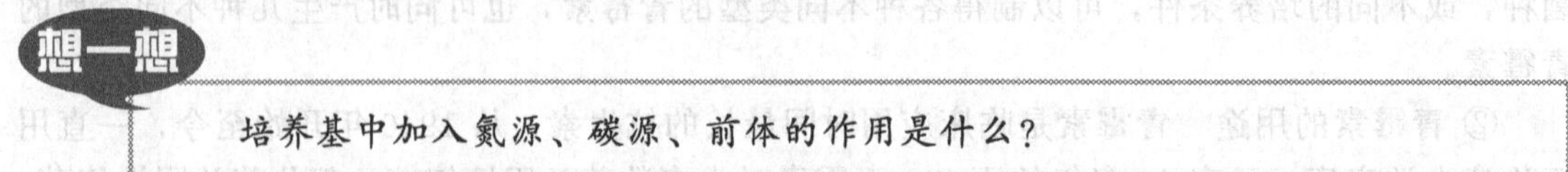

③ 青霉素的发酵工艺流程 青霉素的发酵工艺流程根据所用菌种的不同可分为丝状菌三级发酵工艺流程和球状菌二级发酵工艺流程两种。

丝状菌三级发酵工艺流程 丝状菌三级发酵工艺流程，如图 3-5 所示。

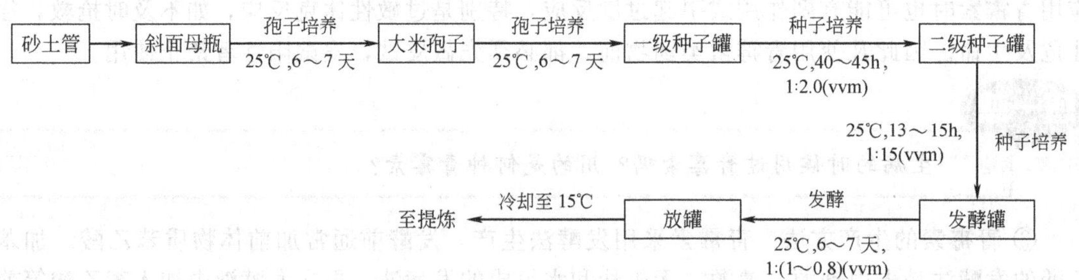

图 3-5 丝状菌三级发酵工艺流程

球状菌二级发酵工艺流程 球状菌二级发酵工艺流程，如图 3-6 所示。

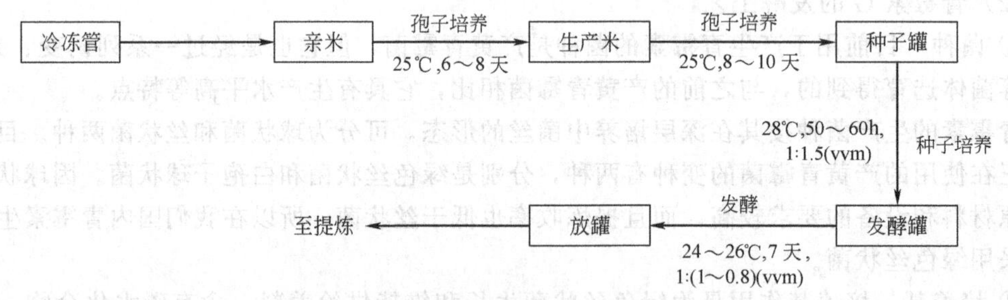

图 3-6 球状菌二级发酵工艺流程

④ 产黄青霉素菌的生长发育分期 青霉素产生菌产黄青霉素菌的生长发育可分为 6 个分期。

Ⅰ期：分生孢子发芽，孢子先膨胀，再形成小的芽管，此时原生质尚未分化，具有小的空孢。

Ⅱ期：菌丝繁殖，原生质嗜碱性很强，在Ⅱ期末有类脂肪小颗粒。

Ⅲ期：形成脂肪粒，积累储藏物，原生质嗜碱性仍很强。

Ⅳ期：脂肪粒减少，形成中、小空孢，原生质嗜碱性弱。

Ⅴ期：形成大空孢，其中含有一个或数个中性红染色的大颗粒，脂肪粒消失。

Ⅵ期：细胞内看不到颗粒，并出现个别自溶的细胞。

其中，Ⅰ～Ⅳ期称为菌丝生长期，产生青霉素较少，但菌丝浓度增加很多。Ⅲ期适合作发酵用种子。Ⅳ～Ⅴ期称为青霉素分泌期，此时菌丝生长趋势逐渐减弱，大量产生青霉素。Ⅵ期即菌丝自溶期，菌体开始自溶。

⑤ 发酵培养控制　发酵培养过程中控制操作主要包括加糖控制、补氮及加前体的控制、pH 的控制、温度控制、通气与搅拌、泡沫与消沫等。

a. **加糖控制**　加糖控制一般根据残糖量及发酵过程中的 pH 进行调节，也可根据排出气体中 CO_2 及 O_2 的量来控制。一般在罐内残糖降至 0.6%左右且 pH 开始上升时，开始加糖。

b. **补氮及加前体的控制**　补氮是指向罐内补加氮，例如硫酸铵、氨或尿素等。要求发酵液中氮含量控制在 0.01%～0.05%的范围内。补加前体的目的是保证发酵液中前体的浓度，以苯乙酰胺为例，要求发酵液中残余苯乙酰胺浓度为 0.05%～0.08%。

c. **pH 的控制**　对于 pH 的控制，应当根据菌种的不同选择不同的 pH 控制方法，一般 pH 控制在 6.4～6.6。可以通过补加葡萄糖来控制 pH。目前 pH 值控制的发展趋势是通过加酸或碱自动控制 pH。

d. **温度控制**　一般前期温度控制在 25～26℃，为减少以降低后期发酵液中青霉素被降解破坏的数量，后期温度控制要低些，一般为 23℃。

e. **通气与搅拌**　抗生素深层培养需要通气与搅拌，以保证微生物对氧及营养物质的需求。一般要求发酵液中溶解氧量不低于饱和情况下溶解氧量的 30%。通气比一般为 1∶0.8（vvm，每分钟通气量与罐体实际料液体积的比值）。搅拌器的转速应在发酵各阶段根据需要及时调整。

f. **泡沫与消沫**　在发酵过程中会产生大量泡沫，可以用天然油脂，如豆油、玉米油等或用化学合成消沫剂“泡敌”（环氧丙烯环氧乙烯聚醚类）来消沫。应当控制其用量，采取少量多次的方式加入，尤其在发酵前期不宜多用。否则，会影响菌的呼吸代谢。

试比较丝状菌三级发酵工艺流程与球状菌二级发酵工艺流程的不同点？

(3) 青霉素 G 的提取工艺

① 青霉素的提取工工艺流程　经过青霉素发酵工艺，得到青霉素发酵液，其中含青霉素的量约为 25000～40000IU/ml，折合成质量含量仅为 1.5%～2.5%，因此需对发酵液进行浓缩提炼，才能得到青霉素 G。从发酵液中提取青霉素 G 的方法有溶剂萃取法、离子交换法和沉淀法等，其中溶剂萃取法最为常用。此处仅介绍溶剂萃取法中的一种，即注射用钾盐生产工艺流程，如图 3-7 所示。

② 预处理和过滤　青霉素发酵液中杂质很多，其中对青霉素 G 的提取影响最大的是高价无机离子，如 Ca^{2+}、Mg^{2+}、Fe^{3+}，还有蛋白质等。若采用离子交换法提纯，则会因高价无机离子和蛋白质的存在，影响树脂对抗生素的吸附量。若采用溶剂萃取，则会因蛋白质的存在发生乳化作用，使溶剂相和水相分层困难。因此，应根据所采用的提纯方法进行预处理，以除去无机离子或蛋白质。

经过预处理的发酵液通过过滤去除其中菌丝体及沉淀的蛋白质。若采用板框过滤机，则会因菌丝流入下水道而影响废水治理，不利于环境保护。因此，青霉素发酵液过滤时，多

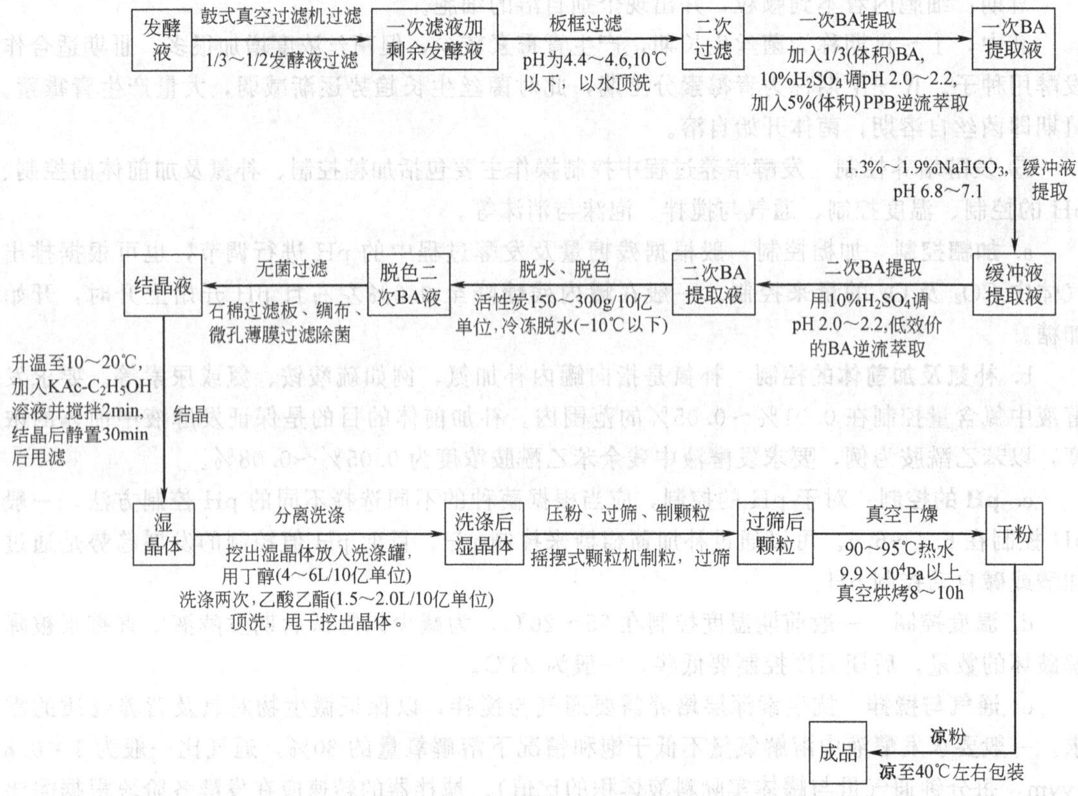

图 3-7 注射用钾盐生产工艺流程

采用鼓式真空过滤机。因为在低温时，青霉素 G 比较稳定，细菌繁殖又较慢，可大大降低青霉素被破坏的可能性，所以发酵液放罐后，一般要先进行冷却降温再进行过滤。过滤后的滤液需经 10％硫酸处理，以除去其中的蛋白质，同时加入少量 PPB（溴代十五烷基吡啶）。由于发酵液中含有过剩的碳酸钙，在酸化除蛋白质时会有部分溶解，使 Ca^{2+} 呈游离状态，在酸化萃取时，遇大量 SO_4^{2-} 形成 $CaSO_4$ 沉淀，因此预处理除蛋白质时 pH 适当高些。

不同菌种的发酵液过滤难易不同。因为青霉素发酵液菌丝粗而长，其直径达 10μm，形成的滤渣紧密，成饼状，易于从滤布上脱落下来，无需改善过滤性能。但在除蛋白质进行二次过滤时，则存在滤速较慢的情况，需通过添加硅藻土作助滤剂，或将部分发酵液不经一次过滤处理而直接进入二次过滤，以利用发酵液中的菌体作助滤介质。实际生产中常采用后者，具体操作方法是将不超过发酵液体积 1/3 的发酵液与一次滤液一起进行二次过滤。

③ 青霉素 G 的提取　青霉素 G 的提取一般采用溶剂萃取法。

a. **工作原理**　提取青霉素 G 的工作原理是利用青霉素 G 游离酸易溶于有机溶剂，而青霉盐易溶于水的特性，通过反复转移而达到提纯和浓缩。

b. **溶剂的选择**　选用溶剂时，应考虑溶剂对青霉素 G 有较高的分配系数，溶剂在水中的溶解度要小，并且不会与青霉素 G 发生作用；在 5～30℃区间的蒸气压较低，即萃取时不易挥发；回收时温度不宜超过 120～140℃。生产上常采用的溶剂主要有醋酸丁酯（BA）和醋酸戊酯。

c. **萃取与反萃取 pH 的选择**　青霉素 G 在酸性条件下极易水解破坏，生成青霉素 G 酸，但要使青霉素 G 在萃取时转入有机相，又一定要在酸性条件下，这就要求在萃取时选择合理的 pH 及适当浓度的酸化液。实际生产时选用 10％硫酸将 pH 调到 2.0～2.2。青霉素 G 从有机相转入水相时，由于青霉素 G 在碱性较强的条件下极易碱解破坏，生成青霉噻唑酸，但要使青霉素 G 在反萃取时转入水相，又一定要在碱性条件下。这就要求在反萃取时选择合理的 pH 及适当浓度的碱性缓冲液。实际生产时常选用 1.3％～1.9％ $NaHCO_3$ 将 pH 调到 6.8～7.1。

d. **提取过程**　青霉素 G 在酸性条件下易溶于醋酸丁酯，碱性条件下易溶于水，所以生产上采用酸性条件萃取及碱性条件反萃取的方法对含青霉素的滤液进行提取。当青霉素自发酵滤液萃取到醋酸丁酯中时，大部分有机杂酸也转移到醋酸丁酯中，而无机杂质、大部分含氮化合物等碱性物质，以及大部分酸性比青霉素 G 强的有机酸仍然留在水相中。这样通过萃取，实现酸性比青霉素 G 强的有机酸与青霉素 G 的分离。对于酸性较青霉素 G 弱的有机酸，利用碱性水的反萃取实现与青霉素 G 的分离，即青霉素 G 能从醋酸丁酯溶液中反萃取到水中时，而大部分酸性较青霉素 G 弱的有机酸则留在醋酸丁酯中。只有酸性和青霉素相近的有机酸难以实现与青霉素 G 的分离。

e. **清洗与消毒**　青霉素水溶液也不稳定，且发酵液易被污染，故提取时要求时间短、温度低、pH 宜选择在对青霉素较稳定的范围内、勤清洗消毒（包括厂房、设备、容器，并注意消灭死角）。

青霉素 G 的提取工艺过程包括哪些工序？

3.1.2.3　模块三　酶的生产工艺

酶反应与化学反应相比，具有工艺流程简单，产品质量好，原料消耗量低，节能环保等优点。目前，工业生产酶包括淀粉酶、糖化酶、葡萄糖异构酶、蛋白酶和果胶酶等。

淀粉酶属于水解酶类，是催化淀粉、糊精、糖原中糖苷键水解的一类酶的统称。淀粉酶广泛存在于动植物和微生物体中，几乎所有动物、植物和微生物体内都含有淀粉酶。根据对淀粉的作用方式不同，淀粉酶可分为 α-淀粉酶、β-淀粉酶、葡萄糖淀粉酶和脱支酶等。主要的淀粉酶类型，见表 3-1 所列。

表 3-1　主要的淀粉酶类型

淀粉酶的类型	系统名称	E.C. 编号	作用方式	主要水解产物	主要来源
α-淀粉酶	α-1,4-葡聚糖-4-葡聚糖水解酶	3.2.1.1	随机切开淀粉分子内的 α-1,4 糖苷键	葡萄糖、麦芽糖、糊精等	动、植物，细菌和霉菌等
β-淀粉酶	α-1,4-葡聚糖-4-麦芽糖水解酶	3.2.1.2	从非还原性末端以麦芽糖为单位顺次切开 α-1,4 糖苷键	麦芽糖和糊精	植物（红薯、大豆、大麦、麦芽等）、细菌
葡萄糖淀粉酶	α-1,4-葡聚糖-4-葡萄糖水解酶	3.2.1.3	从非还原性末端以葡萄糖为单位，顺次切开 α-1,4 糖苷键	葡萄糖	植物、霉菌、细菌和酵母等
脱支酶	支链淀粉 α-1,6 葡聚糖水解酶	3.2.1.9	切开支链淀粉分支点的 α-1,6 糖苷键	糊精	植物、酵母、细菌等

α-淀粉酶的生产工艺有固体培养生产法和深层发酵生产法等，且随采用的菌株的不同而呈现差异。此处仅介绍采用菌株 B.S.796 的液体深层发酵生产工艺。

(1) α-淀粉酶生产工艺流程　α-淀粉酶生产工艺流程，如图 3-8 所示。

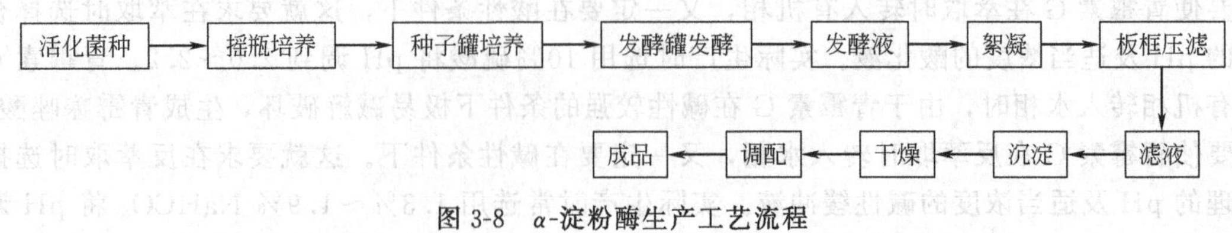

图 3-8 α-淀粉酶生产工艺流程

(2) α-淀粉酶的生产过程

① 摇瓶培养 摇瓶培养是将活化菌株接种至摇瓶中进行培养的方法。其培养基由6.0%麦芽糖、6.0%豆粕水解液、0.8% $Na_2HPO_4 \cdot 12H_2O$、0.4% $(NH_4)_2SO_4$、0.2% $CaCl_2$、0.15% NH_4Cl 组成，且 pH 为 6.5～7.0。在 500ml 的三角瓶内装入培养基 50ml，并在 0.1MPa 蒸汽压力下灭菌 20～30min。之后，每瓶接种一环菌种，接种后置于旋转式摇床上，在37℃左右的条件下，培养 28h 即可进行种子罐培养。

② 种子罐培养 种子罐培养是为发酵罐培养提供足够数量代谢旺盛的种子。生产中通常采用500L种子罐，搅拌器转速控制在360r/min 左右，通风比 1∶(1.3～1.4)，在31℃的条件下培养 12～14h。

③ 发酵罐发酵 发酵罐发酵时关键操作包括培养基的配置与发酵条件的控制。

a. **培养基的配置** 培养基中的主要成分有麦芽糖液、豆粕水解液、$Na_2HPO_4 \cdot 12H_2O$、$CaCl_2$、$(NH_4)_2SO_4$、NH_4Cl 等。第一，麦芽糖液的配置：取 1 份的玉米粉或甘薯粉，加入 2～2.5 份水，将 pH 调至 6.2. 再加入 0.1%的 $CaCl_2$；升温至 80℃，按 5～10U/g 原料添加 α-淀粉酶，液化后迅速在 (9.8～19.6)×10^4Pa 的条件下糊化 30min，再冷却至 55～60℃；当 pH=5.0 时，按 20～50U/g 原料添加异淀粉酶和按 100～200U/g 原料添加 β-淀粉酶，经 4～6h 糖化，加热至 90℃，趁热过滤即为麦芽糖液。第二，豆粕水解液的制备：取 1 份豆粕粉，加入 10 份水浸泡 2h，然后在 9.8×10^4Pa 压力下蒸煮 30min，冷却至 55℃，将 pH 调至 7.5，再按 50～100U/g 原料加入蛋白酶，作用 2h，过滤后浓缩至蛋白质含量为 50%，即得豆粕水解液。第三，发酵罐培养基的配制：用上述麦芽糖液、豆粕水解液等配置而成，其中含 6%麦芽糖液、6%～7%豆粕水解液、0.8% $Na_2HPO_4 \cdot 12H_2O$、0.4% $(NH_4)_2SO_4$、0.2% $CaCl_2$、0.15% NH_4Cl、消泡剂适量，并将 pH 调至 6.5～7.0。

b. **发酵条件的控制** 发酵罐培养基经灭菌处理，冷却后接入 3%～5%种子培养成熟液。在 (37±1)℃，罐压 4.9×10^4Pa 的条件下，风量 0～20h 为 1∶0.48，20h 后为 1∶0.67，培养 28～36h。发酵前期为细菌生长繁殖阶段，采用调节空气流量的方法使 pH 在 7.0～7.5 之间，对细胞大量繁殖有利。发酵产酶期时，pH 应控制在 6.0～6.5，有利于 α-淀粉酶的形成。若发酵罐搅拌转速不能调节时，则可采用调节风量的办法来控制菌体的生长、pH 的范围、糖氮消耗幅度等因素，使产酶速度按每小时 15～25IU/ml 稳定增长，当 pH 升至 7.5 以上，温度不再上升时，细菌多为空胞；酶活性二次测定不再上升，可认为发酵结束，进入提取阶段。

④ 提取 食品级 α-淀粉酶的生产一般采取酒精沉淀与淀粉吸附相结合的方式。在发酵结束时，向发酵罐内添加 20%的 Na_2HPO_4、2% $CaCl_2$，将 pH 调至 6.3，升温至 60～65℃，30min 后降温至 40℃。将料液放入絮凝罐，维持一段时间进行预处理后，泵入板框式过滤机进行过滤，并用水洗涤滤饼 2～3 次，将滤液及洗涤液（或经浓缩）送入沉淀罐内，并加入适量淀粉，边搅拌边加入酒精进行沉淀，再泵入板框压滤机进行压滤，过滤结束后，用压缩热空气将酶泥吹干，然后将湿酶经真空干燥，即为成品酶。

摇瓶培养与种子罐培养有什么不同？

3.1.2.4　项目实践教学——淀粉水解和糖类发酵实验

(1) 实验目的

① 了解淀粉分解的原理及不同微生物分解淀粉能力的不同；

② 了解糖发酵的原理及其在肠道细菌鉴定中的重要作用；

③ 观察不同细菌发酵能力的差异。

(2) 实验原理　微生物在其生长繁殖过程中，需从外界环境吸取营养物质，但微生物不能对大分子有机物（如淀粉、蛋白质、脂肪等）进行直接利用，只能将其分解成小分子才能直接使用。不同微生物分解利用生物大分子的能力各有不同，只有那些能够产生并分泌胞外酶的微生物才能利用相对应大分子有机物。

① 淀粉水解实验原理　一些细菌能够分泌出淀粉酶（胞外酶），淀粉酶能将淀粉水解为无色糊精或进一步水解为麦芽糖、葡萄糖，再被细菌吸收利用。可利用淀粉遇碘变蓝的特性来判断，水解完成后，加入碘，若变蓝则表示该种细菌不分泌淀粉酶；若不变蓝则表示，淀粉已经水解，故加入碘不再变蓝色。淀粉水解实验需用淀粉水解培养基，淀粉水解培养基为：蛋白胨 10g、氯化钠 5g、牛肉膏 5g、可溶性淀粉 2g、蒸馏水 1000ml、琼脂 15～20g，pH 为 7.2；配制好后，在 0.1MPa，121.3℃下灭菌 20min。培养皿应用 0.1MPa 蒸汽灭菌 30min。

② 糖类发酵实验原理　细菌分解糖（如葡萄糖、乳糖、蔗糖）的能力也有很大的差异。有些细菌发酵某种糖后会产生各种有机酸（如乳酸、醋酸、甲酸、丙酸）及各种气体（如甲烷，氢气，二氧化碳），有的细菌只产酸不产气。糖类发酵实验需要糖发酵培养基，糖发酵培养基为：蛋白胨 5g、牛肉膏 3g、葡萄糖（或乳糖、蔗糖等糖类）5g、蒸馏水 1000ml；pH 为 7.2～7.4。在配制培养基时可预先加入相应的指示剂，此处一般用 1.6％溴甲酚紫酒精溶液（显色范围 pH 为 5.2～6.8，黄色～紫色）。配制培养基时，将牛肉膏、蛋白胨加热溶解，调节 pH 后，加入 1.6％溴甲酚紫酒精溶液 1ml，分装于 25mm×200mm 试管中，在每个试管内放一个倒置的杜氏小管，并使杜氏小管内充满培养液，在 0.056MPa，112.6℃下灭菌 30min。1.6％溴甲酚紫酒精溶液的配制方法：准确称量 1.6g 溴甲酚紫，将其溶于 50ml 95％酒精中，然后加入 50ml 的蒸馏水，过滤即得 1.6％溴甲酚紫酒精溶液。实验时，根据 pH 是否下降可判断糖类是否发酵，若出现培养基颜色由紫色变为黄色，则表明糖类已发酵。对于伴随气体产生的糖类发酵，还可通过产生的气体判断糖类发酵。方法为在糖类发酵管中倒置一杜氏小管，若有气体产生，则杜氏小管中将有气泡，并使杜氏小管上浮。

(3) 主要仪器和药品　水浴锅，接种针，接种环，记号笔，无菌平皿，试管架，试管六支（要求每支试管内放有一支杜氏小管）。

淀粉培养基，葡萄糖发酵培养基，乳糖发酵培养基，卢戈氏碘液，大肠杆菌，枯草芽孢杆菌，铜绿假单胞菌，普通变形杆菌。

(4) 实验内容

① 淀粉水解　将装有淀粉培养基的锥形瓶置于水浴锅中水浴加热，使淀粉培养基熔化，之后冷却到 50℃左右，倾入培养皿中，待凝固后制成平板，制作平板时应为无菌操

作。翻转平板使底皿背面向上，用记号笔在其背面玻璃上划“十”字形，分别接种大肠杆菌和枯草芽孢杆菌，如图 3-9 所示。按表 3-2 中菌种条件在上述平板背面标记处接种相应菌种，置于37℃培养箱中培养 24～48h。观察结果时，取出平板，打开皿盖，滴加适量的卢戈氏碘液于平板上，并轻轻旋转平板，使碘液均匀铺满整个平板，如果菌落周围有无色透明圈（即淀粉水解圈）出现而平板其他部分为蓝色，说明淀粉已被水解，称为淀粉水解实验阳性，该菌能分泌淀粉酶，透明圈的大小一般说明水解淀粉能力的大小。无透明圈为淀粉水解实验阴性，该菌不能分泌淀粉酶。将观察结果填入表 3-2 中。

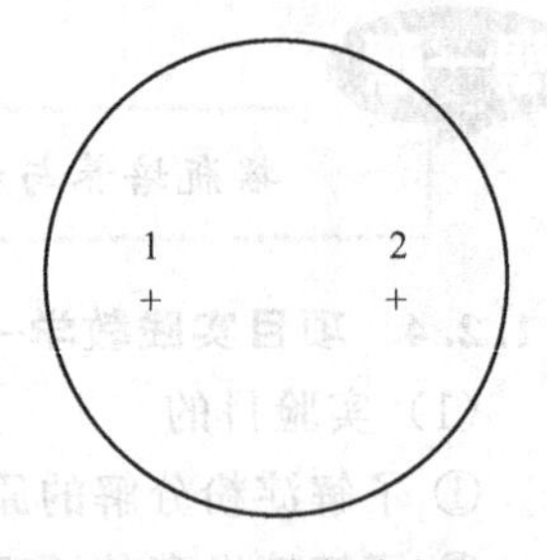

图 3-9 淀粉水解

1—大肠杆菌；2—枯草芽孢杆菌

表 3-2 淀粉水解实验记录表

菌种名称	现象	结论
大肠杆菌		
枯草芽孢杆菌		

② 糖类发酵 用记号笔标记各试管发酵培养基名称及所接菌种名称。取加有葡萄糖发酵培养基的试管 3 支，一支接种大肠杆菌、一支接种普通变形杆菌、剩余一支不接种作为对照组。另取加有乳糖发酵培养基试管 3 支，同样分别接种大肠杆菌、普通变形杆菌，剩余一支不接种作为对照组。将上述已接种的四支试管及两支对照试管置于 37℃温箱中培养 24～48h，观察结果，并将结果记于表 3-3 中。

表 3-3 糖类发酵实验记录表

菌种名称	大肠杆菌	普通变形杆菌	对照组
葡萄糖发酵			
乳糖发酵			

注：此表填写方法为：产酸又产气用“⊕”表示，只产酸不产气用“＋”表示，不产酸也不产气用“－”表示。

(5) 实验结果 根据淀粉水解实验记录和糖类发酵实验记录，进行结果分析或比较。

本项目小结

一、生物化工概述

1. 微生物是指具有一定形态、结构，并且能在适宜的环境中生长繁殖以及发生遗传变异的微小生物。

2. 微生物通常分非细胞型微生物、原核细胞型微生物和真核细胞型微生物，各具有不同特征。

3. 微生物的培养主要包括微生物菌种的选育与保藏、种子的扩大培养、培养基的选择、灭菌与空气净化等步骤。

4. 酶是由细胞产生的具有催化能力的蛋白质，生物体内新陈代谢中的各种化学反应都要在酶的作用下才能进行，没有酶的参与，新陈代谢就会停止，生命也会停止。酶按其组成的不同，可以分为蛋白类酶和核酸类酶。

5. 蛋白类酶是主要由蛋白质组成的酶，简称为 P 酶；它可分为氧化还原酶、转移酶、水解酶、裂合酶、异构酶和连接酶（或称合成酶）等六类。

6. 核酸类酶是主要由核糖核酸组成的酶，简称为 R 酶。对其分类和命名还没有统一的规定。

7. 酶催化作用具有高效性、专一性以及酶催化作用的条件温和性。

8. 酶可以通过提取分离法、生物合成法和化学合成法等 3 种途径获得。提取分离法是利用各种提取技术手段，从动物、植物的体内或微生物细胞中将酶提取出来，再进行分离纯化的技术过程。生物合成法是利用微生物细胞、植物细胞或动物细胞的生命活动而获得人们所需酶的技术过程。

二、生物化工工艺

1. 发酵法乳酸的生产工艺

工业上用来生产乳酸的微生物，主要是乳酸杆菌属的细菌。生产时以葡萄糖、玉米淀粉、马铃薯淀粉、菊芋等含有可发酵淀粉物质为原料，其中所含的淀粉经酸或酶水解，生成麦芽糖、葡萄糖等简单糖类后，在乳酸杆菌的作用下转变生成乳酸。在使用乳酸杆菌发酵时，为保证发酵液的 pH 不低于 4，发酵时要求分批加入碳酸钙粉末。发酵后，经沉淀、过滤、蒸发、结晶、脱色、酸解、真空蒸发等处理后，最终得到产品乳酸。

2. 青霉素生产工艺

青霉素是一族抗生素的总称，其中以苄青霉素（青霉素 G）疗效最好，应用最广泛。青霉素 G 的生产步骤分成两步，即发酵工艺和提取工艺。

发酵工艺中通过优选产黄青霉菌，提供含有适量合适碳源、氮源、前体、无机盐等的培养基，经丝状菌三级发酵或球状菌二级发酵，在发酵时通过控制糖、氮及前体的加入量、同时控制发酵液 pH、温度有其泡沫量、通气量与搅拌速率等使发酵顺利完成。

提取工艺中，先将青霉素发酵液经预处理和过滤，以除去无机离子或蛋白质。提取时是依据青霉素游离酸易溶于有机溶剂，而青霉盐易溶于水的特性，通过反复转移而达到提纯和浓缩。

3. 酶的生产工艺

能进行工业生产的酶类有：淀粉酶、糖化酶、葡萄糖异构酶、蛋白酶和果胶酶等，本章介绍了采用菌株 B. S. 796 的液体深层发酵法生产 α-淀粉酶的生产工艺。其生产过程主要包括摇瓶培养、种子罐培养、发酵罐发酵和提取四个过程。

思考与习题

(1) 选择题

① 下列微生物中，不属于原核微生物的是（　　）。

a. 支原体　　b. 藻类　　c. 细菌　　d. 放线菌

② 下列物质中，既可以作为培养基的氮源，又可以作为培养基的生长因子来源的是（　　）。

a. 铵盐　　b. 豆饼粉　　c. 酵母浸出液　　d. 玉米浆

③ 在体内参与产能、解毒和某些生理活性物质合成的蛋白酶是（　　）。

a. 氧化还原酶　　b. 转移酶　　c. 异构酶　　d. 裂合酶

④ 用于生物化工的酶可以通过三种途径获得，下列方法中不属于的是（　　）。

a. 萃取分离法　　b. 提取分离法　　c. 化学合成法　　d. 生物合成法

⑤ 产黄青霉素菌的生长发育可分为 6 个分期，其中脂肪粒减少，形成中、小空孢，原生质嗜碱性弱是（　　）期的特点。

a. Ⅱ　　b. Ⅲ　　c. Ⅳ　　d. Ⅴ

⑥ 主要类型淀粉酶中，可从动物体中提取的是（　　）

a. α-淀粉酶　b. β-淀粉酶　c. 葡萄糖淀粉酶　d. 脱支酶

（2）判断题

① 真核细胞型微生物是指具有高度分化的核，有核膜与核仁等结构，含有 DNA 和 RNA 两类核酸的一类微生物。（　　）

② 菌种保藏是根据菌种的生理、生化特点（一般利用菌种的休眠体，如孢子、芽孢等），人工创造条件使菌体的代谢活动处于休眠状态。（　　）

③ 常用的灭菌的方法有：高温灭菌法、火焰灭菌法、电磁波、射线灭菌法、化学药品灭菌法及过滤除菌法。（　　）

④ 酶按其组成的不同，可以分为两大类别：蛋白类酶（即 R 酶）和核酸类酶（即 P 酶）。（　　）

⑤ 生物合成法是利用微生物细胞、植物细胞或动物细胞的生命活动而获得人们所需酶的技术过程。（　　）

⑥ 乳酸的工艺生产方法主要有两种：发酵法和乙醛氢氰酸法，其中发酵法是最为传统的方法。（　　）

⑦ 可以作为青霉素 G 生物合成的前体的有苯乙酸（或其盐类）、苯乙酰胺等。（　　）

（3）试述微生物培养过程中，要经过哪些处理步骤，并说明其作用。

（4）酶催化作用的特征有哪些，举例说明。

（5）什么是酶的分离纯化，常用方法有哪些，其有影响因素如何？

（6）针对发酵法生产乳酸的每个分离步骤，谈谈它是利用了乳酸的什么性质？

（7）简述青霉素发酵培养控制的几个指标？

（8）简述 α-淀粉酶的生产过程。

3.2 项目二　天然精细化学品生产工艺

项目任务

① 了解植物性天然香料的提取方法和单离香料的分离方法（含分子蒸馏）；

② 掌握从咖啡中超临界萃取咖啡因工艺及硫酸软骨素的提取纯化工艺；

③ 掌握果胶的实验室制备。

3.2.1　天然精细化学品提取和分离方法

天然香料是指取自自然界的、保持动植物原有香气特征的香料。根据来源不同，天然香料可分为动物性天然香料和植物性天然香料两大类。

3.2.1.1　知识点一　植物性天然香料的提取方法

植物性天然香料存在于芳香植物的花、枝干、枝叶、根茎、树皮、苔衣、果皮、种子或树脂中，经提取而得到的。植物性天然香料大多数呈油或膏状，少数呈树脂或半固状。根据其形态和制法的不同，可分为精油（含压榨油）、浸膏、酊剂、净油、香脂和香树脂等；由于植物性天然香料主要成分是具有挥发性和芳香气味的油状物，故被统称为精油。

目前，植物性天然香料的提取方法主要有水蒸气蒸馏法、压榨法、浸提法和超临界萃取法等。

（1）水蒸气蒸馏法　水蒸气蒸馏法是在 95～100℃的条件下，直接向植物或干燥后的植物通水蒸气，使植物中的芳香成分向水中扩散或溶解，与水蒸气共沸并馏出，经油水分离即可得精油。水蒸气蒸馏法适用于被提取香料不溶于或难溶于水，不与水发生化学反应，在 100℃左右必须有一定的蒸气压的场合，如从茉莉、紫罗兰、金合欢、风信子等鲜花，植物的叶、茎、皮、种子等原料中提取天然香料。此方法具有设备简单、操作容易、成本低、产量大的优点。根据操作方式不同可分为水中蒸馏、水上蒸馏和直接蒸汽蒸馏等三种。

水蒸气蒸馏法生产精油的工艺流程，如图 3-10 所示。

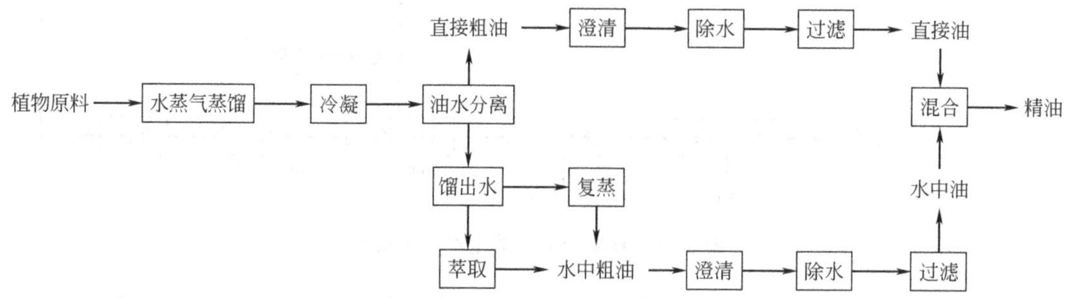

图 3-10　水蒸气蒸馏法生产精油的工艺流程

植物原料经水蒸气蒸馏，在蒸出精油量达到总精油量的 90%～95%时，认为达到蒸馏终点。因为过分延长时间对生产效率和精油质量都无益。蒸出的油水混合物大多要冷至室温。个别精油需冷至室温以下，如鲜花类精油；黏度大、沸点高、易冷凝的精油，一般保存在 40～60℃。为加强油水分离器的分离效果，生产中可采用 2 个或 2 个以上的油水分离器串联，操作时采用间歇放油、连续出水的方式，油水分离后得到馏出水和直接粗油。馏出水用溶剂萃取，并对萃余水复蒸，再将萃取得到的粗油与复蒸得到的粗油混合，经静置澄清、除水、过滤除去杂质等处理步骤，得到水中油；直接粗油经静置澄清、除水、过滤除去杂质等处理步骤得到的直接油；将水中油和直接油混合，得到产品精油。

水蒸气蒸馏的主要生产设备包括蒸馏锅、冷凝器和油水分离器等。

(2) 压榨法　含有萜烯及其衍生物的精油，如红橘油、甜橙油、圆柚油、柠檬油、香柠檬油、佛手油等，在 95～100℃不稳定，易发生氧化、聚合等反应而使精油变质，故不能用水蒸气蒸馏法提取，而适合用压榨法提取。压榨法是利用手工或机械加压从植物中获取精油的方法，在室温下进行，可确保柑橘类精油的质量，使其精油香气逼真。如采用压榨法生产柑橘类精油，这类精油中含有萜烯及其衍生物在 90%以上。

根据生产方法不同，压榨法可分为整果锉榨法、果皮海绵吸收法、整果冷磨法和果皮压榨法等四种。其中，前两种属于传统的压榨生产方法，精油气味好，但适于手工工业小规模生产，生产效率低；后两种属于近代的压榨生产方法，工艺技术成熟，可实现绝大部分生产过程的自动化，被广泛采用。压榨法的生产过程包括原料皮的清洗与浸泡、调整 pH、压榨与喷淋处理、过滤与分离，及精油除萜等工序。整果冷磨法的生产工艺，如图 3-11 所示。

(3) 浸提法　浸提法亦称液-固萃取法，是用乙醇、石油醚等挥发性有机溶剂将原料中某些成分浸提出来，再通过蒸发、蒸馏等方法分离出浸提液中的有机溶剂，从而得到较纯净的被浸提组分。经过浸提后，得到的浸提液，除芳香成分外还含有植物蜡、色素、脂肪、纤维、淀粉、多糖类等物质，对浸提液进行蒸发浓缩，可得到半固体状的浸膏。一般将浸膏溶于冷乙醇浸提芳香性成分，制成酊剂；也可将浸膏用乙醇溶解，冷却后滤去固体杂质，经减压蒸馏回收乙醇后，则可得到净油。浸提按浸提方式的不同，可分为固定浸提、搅拌浸提、转动浸提和逆流连续浸提。浸膏生产工艺流程如图 3-12 所示。

(4) 超临界萃取法　在超临界状态下，将超临界流体与含有香料的物质接触，使其有选择性地将芳香成分萃取出来，萃取时，通过控制萃取条件可得到最佳比例的萃取液。萃取后经减压、升温使超临界流体变成普通气体，被萃取物质则完全或基本析出，从而达到分离提

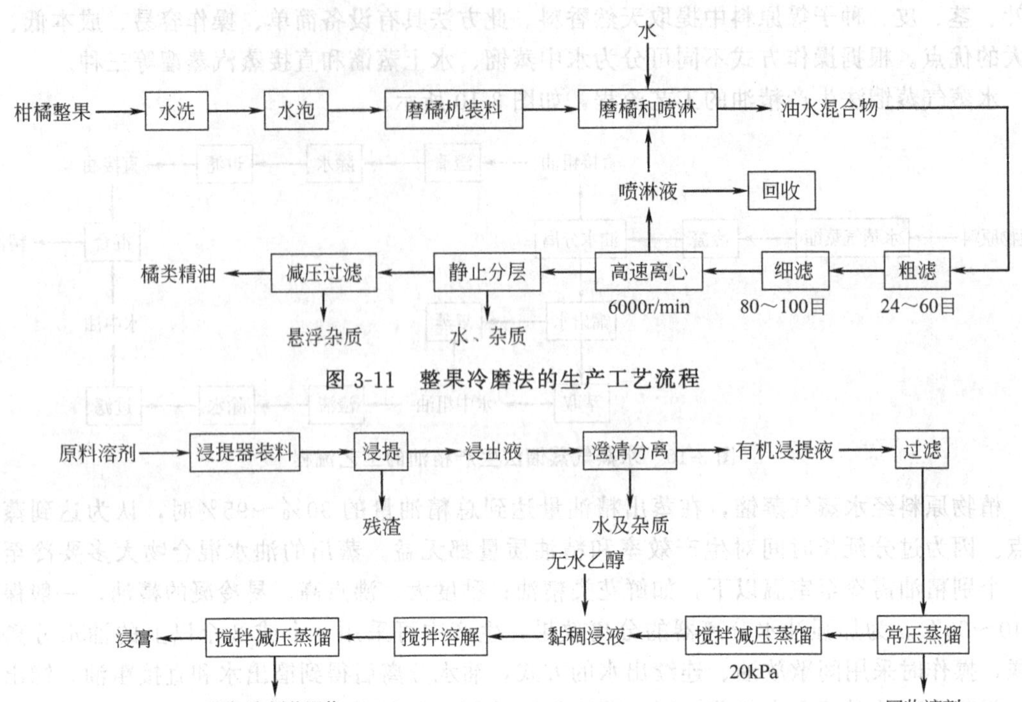

图 3-11 整果冷磨法的生产工艺流程

图 3-12 浸膏生产工艺流程

纯的目的。超临界萃取过程是由萃取和分离过程组合而成的。超临界萃取具体众多优点：可在接近室温的条件下进行，对热敏性物质有利，对高沸点物质、低挥发性物质则可在远低于沸点条件下进行萃取；不用有机溶剂，因此萃取物绝无溶剂残留；常用的超临界流体 CO_2 是一种不活泼的气体，萃取过程中不发生化学反应，且属于不燃性气体，无味、无臭、无毒、安全性非常好，价格便宜，纯度高，容易制取，且在生产中可以重复循环使用，从而有效地降低了成本；工艺简单容易掌握，而且萃取的速度快。

① 植物性天然香料的提取方法中，什么是浸提法和吸收法，他们有什么不同点？

② 浸提法与超临界萃取有什么不同点？

3.2.1.2 知识点二 单离香料的分离方法

单离香料属于单个结构的化合物，它是利用物理或化学方法从天然香料中提取出来的单体香料。由于单离香料成分单纯，香气较精油更为独特，其运用价值更高。单离香料一般用于调配香精，也可用于生产合成香料。单离香料的分离方法有很多，如分馏、冻析、重结晶、硼酸酯法、酚钠盐法和亚硫酸氢钠加成法等。前三种是利用天然香料中各种成分物理性质的差异实现分离的，此类分离方法具有工艺简单，适用面广的特点。后三种是利用化学方法，具有精制纯度更高的特点。

(1) 分馏法 分馏法是单离香料的分离方法中最为常用的方法。它包括普通精馏和精密精馏，精密精馏是主要用于分离相对挥发度较小的天然香料的分馏方法。对于含有热敏性物质的精油，可采用减压蒸馏，以降低蒸馏温度。如从熏衣草油中单离乙酸芳樟酯、从芳樟油中单离芳樟醇等。

(2) 重结晶法　重结晶法主要是针对某些在天然香料中含量较高，且在常温下呈固态的芳香成分。其具体方法是将天然香料经水蒸气蒸馏等方法初步分离后，再通过降温，重结晶进行精制，最终得到单离香料。如樟脑、香紫苏醇等。

(3) 冻析法　冻析法是利用天然香料中不同组分凝固点的差异，采取降低温度的方法，使凝固点高的成分析出，实现与其他液态组分的分离。如从薄荷油中单离出薄荷脑，从芸香油中单离出用于配制食用香精常用的芸香酮等。

(4) 硼酸酯法　硼酸酯法主要是用于从天然香料中单离醇的方法，其具体操作步骤为：先利用硼酸与精油中的醇反应，生成高沸点的硼酸酯，再通过经减压分馏，回收精油中低沸点组分，高沸点硼酸酯经皂化反应恢复成原来的醇；经分离得到粗醇和硼酸钠，粗醇经减压蒸馏精制，得到精醇；硼酸钠则经过酸化后回收硼酸，循环使用。例如：从玫瑰精油中单离芳樟醇；从檀香木油中单离檀香醇。

$$3R{-}OH + B(OH)_3 \longrightarrow B(O{-}R)_3 + 3H_2O$$
$$B(O{-}R)_3 + 3NaOH \longrightarrow 3R{-}OH + NaBO_3$$

(5) 酚钠盐法　酚钠盐法主要是用于从天然香料中单离酚类成分的方法，它是利用酚类化合物与碱作用，生成溶于水而不溶于有机溶液的酚钠盐，从而将其从有机溶剂中分离出来，再用无机酸酸化，恢复原来的酚，即可重新析出酚类化合物。例如：从丁香油和丁香罗勒油中单离丁香酚。

(6) 亚硫酸氢钠加成法　亚硫酸氢钠加成法适用于含有醛、酮成分的天然香料的单离。醛和某些酮类化合物的羰基与亚硫酸氢钠作用，会发生加成反应，生成不溶于有机溶剂的磺酸盐晶体产物，使之从有机溶剂中分离出来，再用碳酸钠或盐酸处理该磺酸盐则可重新生成原来的醛和酮。亚硫酸氢钠加成法单离工艺流程如图 3-13 所示。

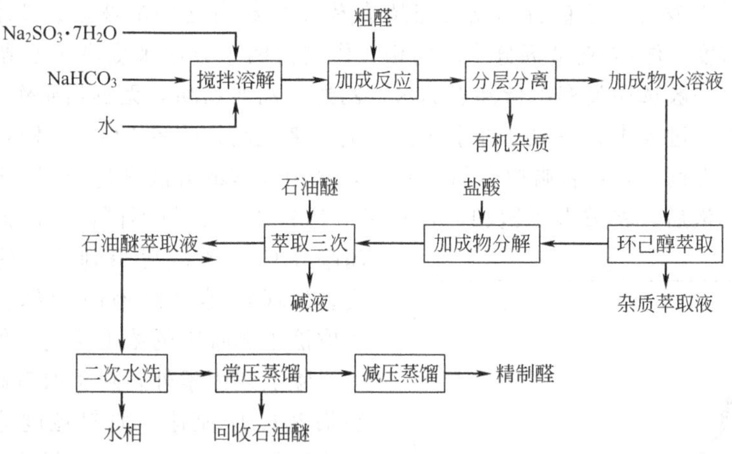

图 3-13　亚硫酸氢钠加成法单离工艺流程

生产中，亚硫酸氢钠一般用亚硫酸钠、碳酸氢钠和水的混合溶液代替，这是因为当天然香料中含有不饱和醛时，与大量亚硫酸氢钠发生加成反应时，其中的不饱和双键也会发生加成反应，生成稳定的二磺酸盐；该二磺酸盐用酸处理时，是不会再转变为醛的。

单离香料的分离方法中，物理分离方法有哪些？化学分离方法有哪些？

3.2.2 天然精细化学品提取和分离工艺

3.2.2.1 模块一 从咖啡豆中超临界萃取咖啡因工艺

咖啡因是一种生物碱，呈白色粉末状，味苦，相对分子质量为194.19，为含有多个氮原子的环状结构化合物。结构式：

咖啡因具有兴奋中枢神经系统利尿、强心解痉、松弛平滑肌等药理作用，可作兴奋剂、强心剂、利尿剂等，是一种重要的医药原料，也可作为饮料的添加剂。采用超临界 CO_2 流体萃取法从咖啡豆、茶叶中萃取咖啡因，与传统的生产方法相比，具有产品纯度高、提取率大、后处理工序简单、能耗低、无溶剂残留、安全等优点，而被广泛使用。

（1）超临界 CO_2 萃取咖啡因的影响因素　影响超临界 CO_2 萃取咖啡因的因素很多，最主要的是咖啡因在超临界 CO_2 流体中的溶解度，这是因为溶解度越大，超临界 CO_2 流体的最低用量将会越少。与溶解度有关的主要因素有超临界 CO_2 流体的压力、咖啡豆的浸泡时间等。

① 超临界 CO_2 流体的温度、压力　首先，温度和压力的选择必须使 CO_2 在操作条件下是处于超临界状态。根据研究，超临界 CO_2 流体的温度和压力越高，则咖啡因在超临界 CO_2 流体中的溶解度越大。温度升高，会使咖啡香味受到破坏；而压力的升高，将会增加操作费用和设备投入，故工业生产一般将超临界萃取温度控制在100℃以下，压力控制在10～30MPa。

② 咖啡豆的浸泡时间　通过研究发现，在超临界 CO_2 流体萃取过程中加入少量的夹带剂，可以大幅度的提高咖啡因在超临界 CO_2 流体中的溶解度。夹带剂是指在超临界 CO_2 流体中加入的一种挥发性介于被分离物质与超临界 CO_2 组分之间的物质。要求夹带剂能够通过改变溶剂的密度、溶质-夹带剂分子间的相互作用力两个方面来提高超临界 CO_2 流体的溶解度和选择性，一般选用具有中低沸点的水、乙醇、乙酸乙酯等无毒物质作为夹带剂。在咖啡豆萃取咖啡因的过程中，一般选择水作夹带剂，来提高超临界 CO_2 流体的溶解特性。

使用水作夹带剂时，可将咖啡豆置于水中，采用浸泡的方法进行处理。经实验证明，咖啡豆经12h水浸泡后，将被水所饱和，含水率可达到40%；将不同浸泡时间的咖啡豆用于超临界 CO_2 萃取可得到不同的动态萃取液浓度。发现咖啡豆浸泡时间越长（12h以内），萃取液中咖啡因的浓度越高，如图3-14所示。

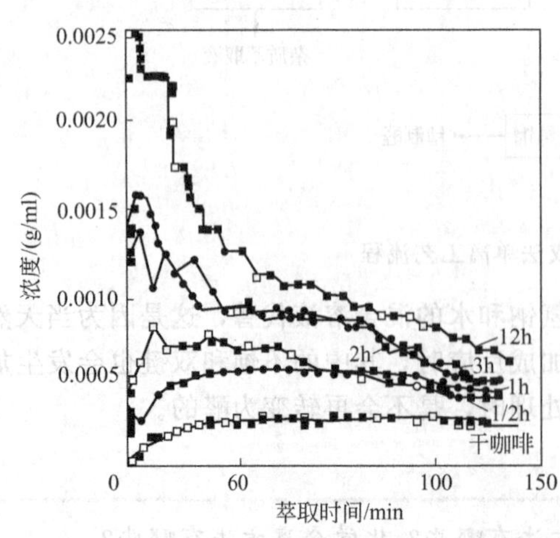

图3-14　浸泡时间对咖啡因萃取的影响

除上述因素外，对萃取有影响的因素还有超临界 CO_2 流速、原料粒度等。超临界 CO_2 的流速越低，萃取时间将越长，咖啡因在超临界 CO_2 中的溶解度则相应升高，但当超临界 CO_2 的流速太低时，萃取的速度将变得极为缓慢，对工业生产无意义。若增加萃取强度及超临界 CO_2 循环次数，可缩短的萃取时间，提高整体萃取效率。原料粒度越小，原料颗粒的比表面积越大，超临界 CO_2 流体与咖啡豆的接触面积也越大，接触就越充分，萃取速度越快、越完全，但原料粒度过小，不仅会增加超临界 CO_2 的流动阻力，而且还会出现沟流现象，降低萃取率。

咖啡豆的用水浸泡时间对超临界萃取的影响如何？

(2) 超临界 CO_2 萃取咖啡因的工艺流程　超临界 CO_2 萃取咖啡因的工艺流程有水吸收法、活性炭吸附法、Maxwell House 工业化法等方法，其中活性炭吸附法是先用超临界 CO_2 流体萃取咖啡豆中的咖啡因，再用活性炭来吸附溶解于 CO_2 中的咖啡因的工艺流程，该工艺流程较为简单，不作介绍。此处仅介绍另外两种生产工艺流程，即水吸收法脱除咖啡豆中的咖啡因和 Maxwell House 工业化脱除咖啡豆中的咖啡因。

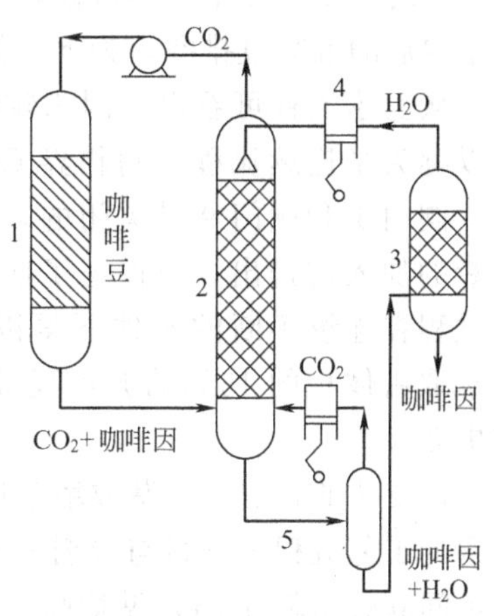

图 3-15　水吸收法脱除咖啡豆中的咖啡因的工艺流程

1—萃取塔；2—吸收塔；3—蒸馏塔；4—泵；5—脱气器

① 水吸收法脱除咖啡豆中的咖啡因　水吸收法脱除咖啡豆中的咖啡因的工艺流程如图 3-15 所示。

首先将绿咖啡豆加入萃取塔 1 中，按 1kg 咖啡豆 3～5L 的量加入水，连续地往萃取塔 1 中通入超临界 CO_2 流体，并保持在超临界状态。含有咖啡因的超临界 CO_2 流体从萃取塔 1 底部放出，从吸收塔 2 的塔底进入吸收塔 2 中，与塔顶自上向下的喷淋水进行逆流接触，咖啡因被所水吸收，与超临界 CO_2 流体发生分离。脱除咖啡因后的 CO_2 从吸收塔 2 的顶部逸出，经泵加压后，重新进入萃取塔 1 顶部，以实现 CO_2 循环使用。从吸收塔 2 底部排出的吸收了大量咖啡因的高压水经膨胀阀减压后，进入脱气器 5，使水中溶解的 CO_2 从水相释放出来，CO_2 中还含有少量咖啡因，经压缩机压缩后重新进入吸收塔 2 底部，进一步的回收咖啡因。脱除 CO_2 气体后的咖啡因水溶液进入蒸馏塔 3，咖啡因浓溶液从蒸馏塔 3 底部排出，以便进一步精制处理，水汽从蒸馏塔 3 顶部排出，经冷凝后用泵 4 加压后送入吸收塔 2 顶部循环使用。大约 10h 后，咖啡因通过超临界萃取、水吸收，大部分从咖啡豆中轻移出来，并在蒸馏塔底部获得收集。

图 3-16　Maxwell House 工业化脱除咖啡豆中的咖啡因的工艺流程

1,3,7,9—阀门；2,8—吹扬器；4—萃取塔顶部出口；5—萃取塔；6—萃取塔底部入口；10—经浸泡含咖啡因的咖啡豆；11—萃取后的咖啡豆

② Maxwell House 工业化脱除咖啡豆　Maxwell House 工业化脱除咖啡豆中的咖啡因的工艺流程图，如图 3-16 所示。

将预先浸泡过，含水率达 30%～45%的绿咖啡豆加入萃取塔 5 中。超临界 CO_2 流体从萃取塔底部入口 6 进入，逆流而上，并将咖啡豆中的咖啡因萃取出来，再从萃取塔顶部出口 4 排出，送入水吸收塔中，用水脱除超临界 CO_2 流体中的咖啡因后，超临界 CO_2 流体重新返回萃取塔 5 循环使用。萃取一段时间后，将已经萃取过的一部分咖啡豆经阀门 7，排至吹扬器 8 中，同时将于等于卸出量已经浸泡好的，并预装在

萃取器顶部的吹扬器 2 中的咖啡豆，从阀门 3 加入萃取塔 5 中，继续萃取。在萃取塔 5 的顶部和底部分别安装的阀门 3、7 和带闭锁装置的吹扬器 2、8。阀门 3 和阀门 7 是联动的，当咖啡豆从萃取塔 5 底部通过阀门 7 排至吹扬器 8 时，已浸泡的绿咖啡豆从萃取塔 5 顶部的吹扬器 2 通过阀门 3 进入萃取塔 5；出料停止，阀门 7 关闭，进料也立即停止，阀门 3 立即关闭，以保证装入和卸出鲜咖啡豆的操作顺利、快速地进行，同时保持萃取塔 5 中的咖啡豆总体积始终不变。在萃取的时候，应及时的将浸泡好的咖啡豆加入吹扬器 2 中，把吹扬器 8 中的萃取后的咖啡豆排空，为下一批进料、出料作好准备。

从上述流程可看出，因为咖啡豆的加入不是连续的，超临界 CO_2 流体加入是连续的，所以称为半连续流程。超临界 CO_2 流体之所以能连续加入，是因为在加入与卸出咖啡豆时，阀门 1 和阀门 9 是关闭的，得以保证超临界 CO_2 流体不间断。超临界 CO_2 流体连续不断的加入与排出，也保证了吸收塔中水与超临界 CO_2 流体也是逆流连续接触，脱咖啡因过程在连续不断的条件下得以实现。根据美国相关资料显示，每进行一次循环，约有占萃取塔体积的 15% 的咖啡豆被替换，即进行 6～7 个循环后，萃取塔内的咖啡豆将全部被更新。

该工艺的特点在于萃取塔采用周期性进、出料，与连续操作十分接近；萃取塔和吸收塔采用的工艺流程为物料与溶剂的逆流操作，对提高了脱咖啡因的效率十分有利。该工艺与小批量间歇式超临界 CO_2 萃取咖啡因的工艺相比较，具有以下几个优点：因超临界 CO_2 流体与周期性加入的新鲜咖啡豆是逆流接触，使得液固相咖啡因的浓度差达到最大，则传质速度最快，操作时间最短；咖啡因在逆向流动的超临界 CO_2 流体中的溶解度比间歇操作要高，若达到相同的脱咖啡因程度，CO_2 的用量仅为间歇操作的 1/8～1/5，大大提高超临界 CO_2 流体的利用率，降低操作费用；非咖啡因成分全部返回到原咖啡豆中，生产出的脱咖啡因的咖啡产品品质更加纯正。

Maxwell House 工业化脱除咖啡豆中的咖啡因的工艺流程中，有何优点和不足之处？

3.2.2.2 模块二 硫酸软骨素的提取纯化工艺

(1) 硫酸软骨素的性质、来源、用途 硫酸软骨素是一种糖胺聚糖，是由 D-葡糖醛酸和 *N*-乙酰氨基半乳糖以 β-1,4-糖苷键连接而成的重复二糖单位组成的多糖，并在 *N*-乙酰氨基半乳糖的 C-4 位或 C-6 位羟基上发生硫酸酯化。在 C-4 位发生硫酸酯化的是硫酸软骨素 A，在 C-6 位发生硫酸酯化的是硫酸软骨素 C。结构式：

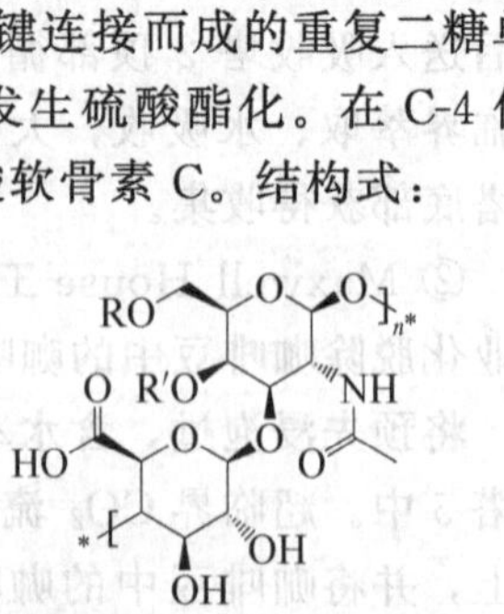

硫酸软骨素A：R=SO_3H R′=H
硫酸软骨素C：R=H R′=SO_3H

硫酸软骨素主要是以硫酸软骨素 A、硫酸软骨素 C 及各种硫酸软骨素的混合物的形式存在，为白色粉末，无臭，无味，具有较强的吸水性，易溶于水，不溶于乙醇、丙酮和乙醚等有机溶剂，相对分子质量大约为 5000～50000，旋光度－25°～＋35°（溶质浓度为 1g/100ml，溶剂为水），其盐有较高的热稳定性，80℃受热也不易被破坏。硫酸软骨素主要存在于动物的软骨、喉骨、鼻骨中，在骨腱、韧带、皮肤、角膜等组织中也存在。硫酸软骨素可增强脂肪酶的活性；具有抗凝血和抗血栓的作用，可用于冠状动脉硬化、血脂和胆固醇增高、心肌缺血和心肌梗死等症；还可用于因链霉素引起的听觉障碍症以及偏头痛、神经痛、老年肩痛、腰痛、关节炎与肝炎等。

(2) 硫酸软骨素的提取方法　根据提取分离方式的不同，硫酸软骨素的提取方法可分为稀碱-浓盐法、稀碱-酶解法、浓碱水解法、酶解-树脂法。

① 稀碱-浓盐法从猪喉（鼻）软骨中提取硫酸软骨素的生产工艺

a. 工艺流程　稀碱-浓盐法从猪喉（鼻）软骨中提取硫酸软骨素的工艺流程简图，如图 3-17 所示。

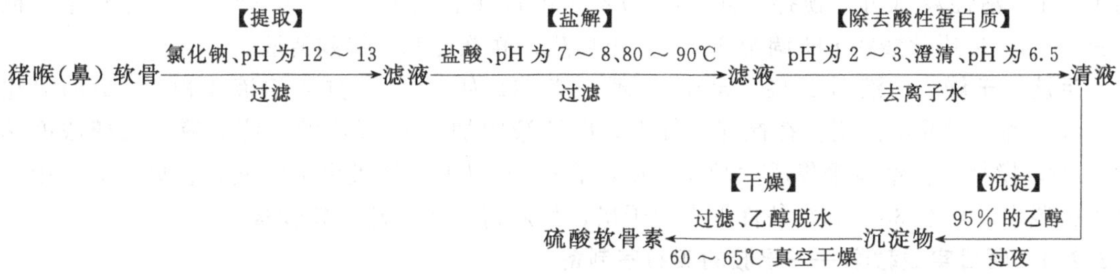

图 3-17　稀碱-浓盐法从猪喉（鼻）软骨中提取硫酸软骨素的工艺流程

b. 生产过程　生产过程分成提取、盐解、除去酸性蛋白质、沉淀和干燥等五个步骤。

提取：将原料猪喉（鼻）软骨洗净，并粉碎后，投入提取罐中，加入浓度为 3～3.5mol/L 的 NaCl 溶液，要求浸没软骨，再用 50%NaOH 溶液将 pH 调至 12～13，在室温下搅拌提取 10～15h。提取结束后，经过滤，得提取液。为提高硫酸软骨素的提取率，可将滤渣重复提取一次，过滤后得到的提取液与前面提取液合并，进入下一工序。

盐解：提取液用 2mol/L 的 HCl 将 pH 调至 7～8，再加热升温至 80～90℃，并保温 20min，经冷却、过滤，得清液。

除去酸性蛋白质：用盐酸将 pH 调至 2～3，并搅拌 10min，静置后再过滤至澄清，调节 pH 至 6.5，加入 2 倍去离子水调整溶液中的 NaCl 浓度至 1mol/L 左右。

沉淀：向上述清液中加入 95%的乙醇，使乙醇浓度达到 60%，沉淀过夜。

干燥：经过滤，收集沉淀；用乙醇脱水，在 60～65℃条件下进行真空干燥，得到产品硫酸软骨素。

② 稀碱-酶解法从猪喉（鼻）软骨中提取硫酸软骨素的生产工艺

a. 工艺流程　稀碱-酶解法从猪喉（鼻）软骨中提取硫酸软骨素的工艺流程简图，如图 3-18 所示。

b. 生产过程　生产过程分成提取、酶解、吸附、沉淀和干燥五个步骤。

提取：首先将原料猪喉（鼻）软骨洗净、粉碎，取洁白干燥猪喉（鼻）软骨 40kg，加入 250kg 2%NaOH 溶液，并在室温下搅拌提取 4h，待提取液浓度达 5Be（20℃）时，过滤。为提高提取率，将滤渣再用 2 倍量的 2%NaOH 提取 24h，过滤，将两次滤液合并后，进入下一工序。

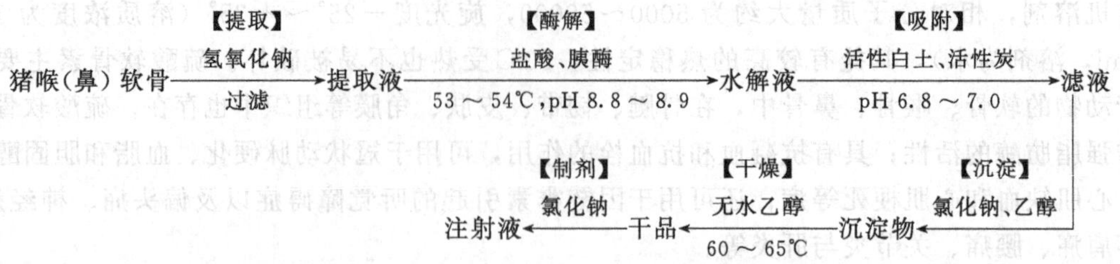

猪喉(鼻)软骨 —【提取】氢氧化钠，过滤→ 提取液 —【酶解】盐酸、胰酶，53～54℃，pH 8.8～8.9→ 水解液 —【吸附】活性白土、活性炭，pH 6.8～7.0→ 滤液 —【沉淀】氯化钠、乙醇→ 沉淀物 —【干燥】无水乙醇，60～65℃→ 干品 —【制剂】氯化钠→ 注射液

图 3-18 稀碱-酶解法从猪喉（鼻）软骨中提取硫酸软骨素的工艺流程

酶解：将提取得到的清液用 1∶1 HCl 将 pH 调至 8.8～8.9，再升温至 50℃、加入 1/25 量的胰酶（约为 1300g），在 53～54℃保温酶解 6～7h。判断酶解终点的方法为：取水酶解液 10ml 加入 10%三氯乙酸 1～2 滴，应仅呈现微混，否则应酌情增加胰酶的用量。

吸附：将温度稳定在 53～54℃，用 1∶1 HCl 将酶解液 pH 调至 6.8～7.0，加入活性白陶土 7kg、活性炭 200g，搅拌，同时用 10% NaOH 重新调节 pH 至 6.8～7.0 的条件下，搅拌吸附 1h，再用盐酸将 pH 调至 6.4，停止加热，静置过滤，得到清液。

沉淀、干燥：清液用 10% NaOH 处理，使 pH 为 6.0，再加入清液体积 1%量的氯化钠，经溶解、过滤至澄明。在搅拌条件下，向清液中加入 95%乙醇，使清液中乙醇浓度达到 75%，搅拌，使细粒聚集成大颗粒沉淀，静置 8h 以上。虹吸出上清液，收集沉淀，用无水乙醇脱水，再在 60～65℃条件下真空干燥，最后得到产品硫酸软骨素。

3.2.2.3 项目实践教学——果胶的实验室制备

（1）实验目的

① 通过果胶的实验室制备，了解果胶的结构、性质；

② 掌握果胶的实验室制备方法。

（2）果胶的性质、用途 果胶是一种多糖聚合物，为白色或浅黄色粉末，微甜且稍带酸味，其结构式：

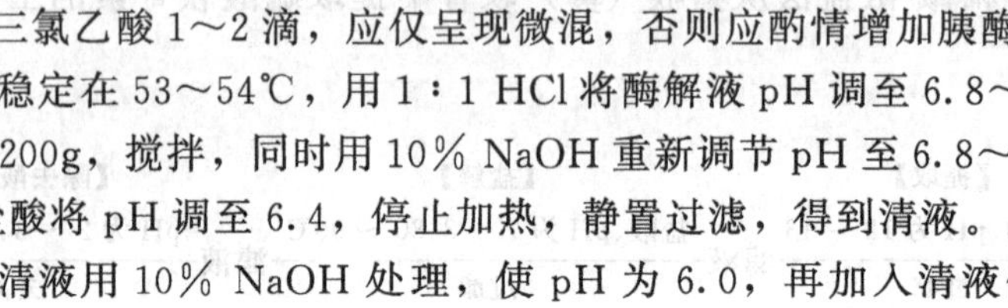

果胶无固定的熔点，能溶于 20 倍水中呈稠状液体，几乎不溶于乙醇、甲醇、乙醚等，与水的亲和力较强，在酸性条件下结构稳定，在强碱性条件下易分解。其羧基很容易与金属离子如 K^+、Na^+、Al^{3+} 等反应而生成果胶酸盐，而果胶酸盐不溶于水。果胶广泛存在于绿色陆生植物的细胞间质中，通过其胶凝作用固定水分，与纤维一起具有结合植物组织的作用，约占植物纤维的 40%。自然界中果胶以不溶于水的果胶原的形式存在于植物中。其中以柑橘皮、苹果皮、西瓜皮、向日葵花盘、针叶松皮、蚕沙等含量较高，特别是柑橘皮中果胶的含量达 10%～30%。果胶用途广泛，在食品工业中，可用做果酱、婴儿食品，冰激凌及果汁的稳定剂，蛋黄乳化剂等；在医药工业中，用做轻泻剂、止血剂、毒性金属解毒剂；在轻工业生产中，用做化妆品及代替琼脂作部分微生物的培养基。

（3）提取原理 果胶的提取要考虑果胶的性质。在预处理时，为防止果胶被酶水解，应采用 95～100℃水浴加热 5～10min，使酶失去活性。提取时，利用果胶在酸性条件下稳定，且溶于水的性质进行提取。浓缩时，为保证果胶的稳定，应进行减压蒸馏。减压蒸馏后，利用果胶不溶于浓乙醇的性质，加入 95%乙醇使果胶沉淀完全。

(4) 主要仪器和试剂 电加热套一套，电动搅拌器一套，减压蒸馏装置一套。

橘皮 200g，0.1mol/L 氢氧化钠溶液，1mol/L 醋酸溶液，1mol/L 氯化钙溶液，盐酸，95%乙醇溶液。

(5) 实验步骤

① 预处理 去蒂的橘皮，称取 200g，用水清洗干净，晾干后压榨出橘油，再用水淘洗 2～3 次，去掉橘油。把去掉橘油的橘皮挤干，放在 2000ml 烧杯中加水 700ml，在 95～100℃下用水浴加热 5～10min，使酶失去活性，以防果胶被酶水解。稍冷后用清水漂洗、挤干。

② 提取 在橘皮中加水约 800ml，用盐酸溶液调节溶液的 pH 在 2.0 左右，在 90～100℃下水浴加热，浸取 30min，趁热过滤，得到浅黄色的液体。将得到的滤液在 600～700mmHg 真空度下浓缩至 300ml 左右，得到浅黄色黏稠果胶液体。将浓缩后的果胶冷却，然后以多股细线状均匀流入等体积 95%乙醇溶液中，充分搅拌，利用果胶不溶于浓乙醇的性质，使果胶沉淀完全。静置 2～3h 后过滤，滤饼用 95%乙醇溶液洗涤 2～3 次，洗涤后的果胶在 40～50℃下干燥，然后粉碎，并用 80～100 目的筛子过筛。

③ 果胶的分析 称取果胶 0.5g（要求准确到 0.0001g），置于 250ml 烧杯中，加入 150ml 水煮沸 1h（煮沸过程中应不断加水，使其体积不变）溶解，冷却后，移入 250ml 容量瓶中，并稀释至刻度线。用移液管取此液 25ml 于 500ml 烧杯中，加入 0.1mol/L 的氢氧化钠溶液 100ml，放置 30min，再加入 1mol/L 的醋酸溶液 50ml，5min 后加入 50ml 的 1mol/L 氯化钙溶液。放置 1h。加热煮沸 5min，立即趁热过滤（过滤用的滤纸应在 105℃下烘干至恒重），并用热蒸馏水洗涤至无 Cl^-。把沉淀放在预先在 105℃下烘干恒重的称量瓶内，于 105℃下烘干至恒重，称重。

(6) 实验数据的处理 果胶的含量采用式(3-1) 计算：

$$w(\text{果胶})=\frac{0.9235m_1}{m\times\frac{25}{250}}\times 100\% \tag{3-1}$$

式中 w(果胶)——果胶含量；

m_1——沉淀质量，g；

m——样品质量，g

0.9235——果胶酸钙换算成为果胶的系数。

(7) 安全与环保

① 因为大量的细小柑橘皮渣会造成过滤困难，所以在过滤前，需用滤布或白的确良布粗滤一次。

② 滤液不要弃去，可经蒸馏回收乙醇，继续使用。

③ 果胶如用做食品添加剂，还应按国家标准进行胶凝度、干燥失重、灰分、pH、砷及重金属含量等项指标的检测。

(8) 思考题 果胶可用哪些提取方法？本实验采取的是何种方法？

本项目小结

一、天然精细化学品提取和分离方法

1. 植物性天然香料的提取方法

植物性天然香料目前的提取方法主要有：水蒸气蒸馏法、压榨法、浸提法和超临界萃取法等。水蒸气蒸馏法是在 95～100℃的条件下，直接向植物或干燥后的植物通水蒸气，使植物中

的芳香成分向水中扩散或溶解，与水蒸气共沸并馏出，经油水分离即可得精油。压榨法是利用手工或机械压榨方法，从植物中采集精油的方法。浸提法亦称液-固萃取法，是用乙醇、石油醚等挥发性有机溶剂将原料中某些成分浸提出来，再通过蒸发、蒸馏等方法分离出浸提液中的有机溶剂，从而得到较纯净的被浸提组分。超临界萃取过程是由萃取和分离过程组合而成的。

2. 单离香料的分离方法

单离香料是单个结构的化合物，它是利用物理或化学方法从天然香料中提取出来的单体香料。单离香料的分离方法很多，如分馏、冻析、重结晶、硼酸酯法、酚钠盐法和亚硫酸氢钠加成法等。

二、天然精细化学品提取和分离工艺

1. 从咖啡豆中超临界萃取咖啡因工艺

超临界 CO_2 萃取咖啡因的影响因素一主要有：超临界 CO_2 温度和压力、咖啡豆的浸泡时间等。超临界 CO_2 萃取咖啡因的工艺流程有水吸收法、活性炭吸附法、Maxwell House 工业化法等方法。水吸收法采用先用超临界 CO_2 萃取咖啡因，再用吸收塔将水将咖啡因从超临界 CO_2 中转移到水相中。Maxwell House 工业化法则是对超临界萃取咖啡因的一种改进，使萃取过程能半连续进行。

2. 硫酸软骨素的提取纯化工艺

硫酸软骨素的提取方法可分为稀碱-浓盐法、稀碱-酶解法、浓碱水解法、酶解-树脂法。本节只介绍了稀碱-浓盐法从猪喉（鼻）软骨中提取硫酸软骨素的生产工艺和稀碱-酶解法从猪喉（鼻）软骨中提取硫酸软骨素的生产工艺。稀碱-浓盐法从猪喉（鼻）软骨中提取硫酸软骨素的生产工艺主要有提取、盐解、除去酸性蛋白质、沉淀、干燥等步骤。稀碱-酶解法从猪喉（鼻）软骨中提取硫酸软骨素的生产工艺则主要有提取、酶解、吸附、沉淀、干燥等步骤。

思考与习题

（1）选择题

① 植物性天然香料目前的提取方法中，从分离原理上讲，不属于萃取法的是（　　）。

a. 水蒸气蒸馏法　　b. 超临界萃取法　　c. 浸提法　　d. 吸收法

② 单离香料的分离方法中最为常用的方法是（　　）。

a. 重结晶　　b. 硼酸酯法　　c. 冻析　　d. 分馏

③ 稀碱-浓盐法从猪喉（鼻）软骨中提取硫酸软骨素的生产工艺步骤包括（　　）。

a. 提取、盐解、除去酸性蛋白质、沉淀、干燥　　b. 提取、酶解、除去酸性蛋白质、沉淀、干燥

c. 提取、酶解、吸附、沉淀、干燥　　d. 提取、盐解、吸附、沉淀、干燥

（2）判断题

① 植物性天然香料大多数呈油或膏状，少数呈树脂或半固状。根据其形态和制法的不同，可分为精油、压榨油、浸膏、酊剂、净油、香脂和香树脂等。（　　）

② 单离香料是单个结构的化合物，它是利用化学方法从天然香料中提取出来的单体香料。（　　）

③ 采用超临界 CO_2 流体萃取法从咖啡豆、茶叶中萃取咖啡因，与传统的生产方法相比，具有产品纯度高、提取率大、后处理工序简单、能耗低、无溶剂残留、安全等优点，而被广泛使用。（　　）

（3）简述整果冷磨法的生产工艺流程。

（4）超临界萃取法的优缺点各有哪些？

（5）单离香料的分离方法哪些，各有何特点？

（6）谈谈超临界 CO_2 萃取咖啡因的影响因素。

（7）简述稀碱-酶解法从猪喉（鼻）软骨中提取硫酸软骨素的生产工艺流程。

第4篇　新领域精细化学品生产工艺

本篇任务

① 了解催化剂、试剂、电子化学品等热点新领域精细化学品的种类、组成、性能和应用；

② 认识氧化锆、超净高纯氢氟酸和多晶硅等精细化学品，掌握氧化锆负载镍（NiO/ZrO_2）催化剂、超净高纯氢氟酸和多晶硅的生产工艺，以及太阳能薄膜电池材料非晶态硅生产工艺；

③ 掌握均苯四甲酸二酐生产工艺，通过仿真软件训练，掌握均苯四甲酸二酐生产装置仿真操作。

4.1　项目一　热点新领域精细化学品简介及生产工艺

项目任务

① 了解催化剂、试剂、电子化学品等热点新领域精细化学品的种类、组成、性能和应用；

② 认识氧化锆、超净高纯氢氟酸和多晶硅，掌握氧化锆负载镍（NiO/ZrO_2）催化剂的生产工艺、超净高纯氢氟酸生产工艺和多晶硅生产工艺；

③ 了解太阳能薄膜电池材料非晶态硅生产工艺。

新领域精细化学品与传统（领域）精细化学品，是按其应用领域出现的迟与早而划分的相对概念，涵盖范围因时段、地域而变化。例如，染料、农药、涂料等，其应用领域出现时间早，市场趋于成熟，被看作传统精细化学品。在我国按20世纪90年代的划分，催化剂、表面活性剂、纺织染整助剂、食品添加剂、饲料添加剂、胶黏剂、造纸化学品、皮革化学品、油田化学品、水处理剂、高分子材料加工助剂、混凝土外加剂、电子化学品、信息化学品及生物化工制品等都属于新领域精细化学品，但现在有些类别已归为传统精细化学品。以当今世界精细化学品发展趋势审视，热点的新领域精细化学品包括催化剂、试剂、电子化学品、功能高分子材料、精细陶瓷、信息化学品、光伏材料及生物化工制品等。

4.1.1　热点新领域精细化学品简介

下面对催化剂、试剂、电子化学品等热点新领域精细化学品类别进行简介。

4.1.1.1　知识点一　催化剂

催化剂又叫触媒，是在反应中增加或减缓反应速率，但不改变反应热力学平衡且反应前后总量不变的一类物质。增加反应速率的称为正催化剂，如氨合成中铁基催化剂，聚丙烯生产中的齐格勒-塔纳催化剂［α-$TiCl_3$-$Al(C_2H_5)_3$］等；减缓反应速率的称负催化剂，如食品中添加的抗氧剂、橡胶中添加的防老剂。

(1) 主要应用领域　包括石油炼制（如催化裂化、催化重整和渣油加工等）、石油化工

(如加氢、脱氢、脱氧、氧化、氨氧化、羰基化、加水、脱水、烷基化和卤化等以及高分子合成)、无机化工(主要是制造氮肥和硫酸)、精细化工(如催化氧化、催化加氢还原、氨基化、酯化等及相转移催化反应)和环境保护(工业尾气脱硫和汽车排气氧化等)。

(2) 催化剂状态 工业催化剂可以是气态物质、液态物质和固态物质。

① 气态催化剂 种类不多,乙烯高压气相本体聚合中使用的氧气属于这类,用于气相均相催化体系。

② 液态催化剂 包括酸碱盐的溶液、过渡金属配合物的溶液以及相转移催化剂溶液,如硫酸(用于酯化反应)、氢氧化钠溶液(用于柠檬醛和丙酮经羟醛缩合生成假性紫罗兰酮)、醋酸钴或锰的醋酸溶液(对二甲苯氧化生成对苯二甲酸反应)、氯化钯与氯化铜的水溶液(乙烯与氧生成乙醛反应)、钨酸钠的碱溶液(二乙醇胺脱氢生成亚氨基二乙酸的反应)、三氯化铁的二氯乙烷体系(乙烯和氯气液相加成反应)、三氯化铝与氯乙烷和苯的三元体系(乙烯与苯的烷基化反应)、三氟化硼乙醚配合物与三异丁基铝和环烷酸镍形成的三元配合体溶液(丁二烯配位溶液聚合)、齐格勒催化剂(烯烃溶液聚合)和三辛基甲基氯化铵水溶液(1-辛烯与高锰酸钾的相转移催化氧化制庚酸)。液态催化剂用于液相均相、气液多相或液液多相催化体系。

相转移催化剂(PTC)是指能使处于互不相溶的两种溶剂中的物质发生反应或能加速这种反应的一类催化剂。阴离子型有机合成中,使用季铵盐和叔胺(如吡啶、三丁胺等),能将溶于水的阴离子转移到有机相;阳离子或中性离子型有机合成中,使用开链聚乙二醇或环状聚醚(冠醚),可与溶于水的阳离子形成“伪有机阳离子”或有机阳离子,随同配对的阴离子一起转移到有机相中。

③ 固态催化剂 也叫固体催化剂,应用最广,包括金属(如催化重整催化剂铂、乙烯环氧化催化剂银、氨合成催化剂铁、加氢脱炔催化剂钯、氨氧化制硝酸催化剂铂铑合金网)、半导体金属硫化物和氧化物(如页岩油加氢用硫化钼-白土、异丙醇脱氢生成丙酮用氧化锌-氧化锆、萘氧化制苯酐用五氧化二钒、光化学电池以及光催化分解水制氢与降解有机污染物用纳米二氧化钛)、负载型固体碱(如碳酸二甲酯与异辛醇发生酯交换用 CaO/ZrO_2-La)、固体酸(如乙烯水合催化剂固体磷酸、乙醇脱水催化剂催化剂氧化铝、催化裂化分子筛、乙炔加氯化氢用氯化汞/C、乙烯氧氯化用氯化铜/γ-Al_2O_3)等。固体催化剂多用于气固多相催化体系。有些固体催化剂,如钯/C(双甘膦液相氧气氧化制草甘膦催化剂)也用于液固多相催化体系。

固体酸催化剂是催化功能依赖于固体表面具有催化活性的酸性部位(酸中心)的一类酸碱催化剂总称,包括杂多酸(十二钼磷酸)、润载在氧化硅或硅藻土上的无机酸(润载的硫酸、磷酸)、离子交换树脂、天然沸石、分子筛、硅酸铝、膨润土、无机氧化物上附载无机盐(三氟化硼、氯化铝、氯化铜/γ-Al_2O_3)以及部分氧化物及其混合物(氧化硅、氧化铝、二氧化钛、氧化锌、氧化锆)等。“酸中心”可分为布朗斯特酸(B酸)和路易斯酸(L酸)。能够给出质子的“酸中心”为B酸,以B酸中心为主的催化剂属于质子酸催化剂,如润载的硫酸、离子交换树脂、分子筛和氢基膨润土(活性白土);能够接受电子对的“酸中心”为L酸,以L酸中心为主的催化剂属于非质子酸催化剂,如 γ-Al_2O_3 和氯化铝。

酶是一种特殊的催化剂,粉状,用于生物化学反应。酶对生物化学反应具有选择性,淀粉水解选择淀粉酶,蛋白质水解选择蛋白酶。为了使酶能够反复使用,最好将酶进行固定。酶的最佳工作温度是37℃左右。

在固体催化剂中，哪些类型可用于酸碱反应机理的反应？哪些类型可用于氧化还原反应机理的反应？

(3) 催化剂的来源　气态催化剂一般直接使用相应的化学物质。液态催化剂（包相转移催化剂）一般是现场配制，不过有些配合催化剂、负载型配合催化剂、酶及固定化酶属于专业制造范畴。负载型配合催化剂制造方法有三种，第一种为吸附法，即将配合物吸附在多孔性物质表面；第二种为化学键合法，即先在有机高分子材料表面引入具有键合作用的原子（如磷原子），再利用该原子键合具有配合能力的活性组分［如五羰基铁 $Fe(CO)_5$］；第三种为活性单体聚合法，即先获得具有配合催化活性的单体，再聚合生成不溶性高分子。固态催化剂通常专业制造，且为催化剂工业的重点。

(4) 固体催化剂制造方法　固体催化剂组成一般包括催化剂活性组分（主催化剂）、助催化剂和载体（氧化铝、硅胶、活性炭和硅藻土等）三部分。物理结构可以从晶体结构、表面结构和空隙结构区分。外形有圆柱形、球形、片形、异形和无定形。可以采用挤条、压片、转盘（获均匀的球形）、喷动（获不均匀的球形）、液柱（获得球形）及喷雾干燥（获得小球状）等方法成型。制造方法有机械混合法、沉淀法、浸渍法、喷雾蒸干法、还原法、浸溶法、煅烧法、离子交换法和纤维化法。

① 机械混合法　乙苯脱氢 Fe-Cr-K-O 催化剂是由氧化铁、铬酸钾等固体粉末混合、压片、焙烧制成。

② 沉淀法　低压合成甲醇 CuO-ZnO-Al_2O_3 催化剂是由硝酸铜、硝酸锌和硝酸铝混合溶液在加碳酸钠沉淀剂后，将滤饼烘干、300℃煅烧并于 50MPa 压力下挤条成型获得。

③ 浸渍法　催化脱氢用的 Pd/C 催化剂一般采用浸渍法制备。先将成型的活性炭（高空隙率载体）浸入含有钯离子的溶液中，之后经沥干、干燥、煅烧，活性炭内孔表面附着一层所需的固态氧化钯。负载在炭或镍上钯可用于燃料电池。浸渍法常用于制备镍、钴催化剂及贵金属催化剂。

④ 喷雾蒸干法　间二甲苯氨化氧化制间苯二甲腈（流化床）的偏钒酸盐-铬盐-硅胶催化剂可以采用喷雾蒸干法制造，先将偏钒酸盐和铬盐的溶液充分混合，再与定量新制的硅凝胶混合，泵入喷雾干燥器中干燥，得到小球状（粉末）催化剂。

⑤ 还原法　氨合成所用的铁催化剂可利用还原法获得，将精选磁铁矿与有关的原料在高温下熔融，经冷却、破碎、筛分，然后在反应器中还原。还原剂有氢气、一氧化碳、水煤气、氮氢混合气、醇、甲醛等。另外，利用 CuO、NiO、CoO 等氧化物还原可制铜、镍、钴等金属粉末；利用 $AgNO_3$ 甲醛还原可制造银粉；利用 $PdCl_2$ 氢气还原、甲醛还原或甲酸碱液还原可制造钯黑粉。

⑥ 浸溶法　骨架镍催化剂可采用此法制备，先将纯的金属镍和铝按 3∶7 的比例混合，在 900～1000℃下熔化，浇铸成柱状体，经粉碎，再用 3%稀 NaOH 溶液处理 Ni-Al 合金，NaOH 与合金的质量比约 0.64，时间约 4 天，能得到骨架镍。过程中有氢气释放，注意引出。得到的骨架镍表面吸附大量氢，经水煮或用乙酸浸泡除去吸附的氢，然后放入乙醇中保存。骨架镍用于石油裂解气净化中一氧化碳催化加氢。

⑦ 煅烧法　也叫热分解法。制备重金属和某些金属的氧化物，如 Hg、Ag 及活泼性从 Mg 到 Cu 的氧化物，可用硝酸盐热分解；制备 Co、Ni、Cu、Zn、Pd、Mg、Ca 的氧化物，

可用碳酸盐分解；制备 FeO 和 MnO 等低价的氧化物，可用草酸盐热分解，因分解得到的 CO_2 氛围可以保护低价氧化物避免氧化，但产物不纯。煅烧铁、铬、锡、铜、锌、镉、镁、铝、锶、钡和稀有元素的氢氧化物，可以制纯粹的氧化物。

⑧ 离子交换法　某些晶体物质（如钠型分子筛）的金属阳离子可与其他金属离子（如贵金属离子、稀土金属离子）或有机阳离子（如季铵盐离子）交换，从而制备分子筛负载型铂或钯、稀土-分子筛及 ZSM 择形分子筛。而钠型分子筛可由水玻璃（Na_2SiO_3）、偏铝酸钠（$NaAlO_2$）、氢氧化钠和水按比例混合在热压釜中水热合成，或由膨润土、硅藻土等天然硅铝酸盐在过量碱存在下经水热转化而成。

⑨ 纤维化法　制造贵金属负载型催化剂。如将硼硅酸盐拉成玻璃丝，用盐酸溶液腐蚀，变成多孔玻璃纤维载体，再用氯铂酸溶液浸渍，使其载以铂组分，将该玻璃纤维压成各种形状，可用于汽车尾气催化氧化。

（5）催化剂工业的热点　发展稀土配合催化剂、择形分子筛催化剂和固体超强酸催化剂；发展金属膜催化剂以及纳米催化剂等；发展聚合催化剂、炼油催化剂、环保催化剂、燃料电池催化剂、专一性酶及固定化酶催化剂。

近年全球催化剂市场销售额约 150 亿美元，需求量 470 万吨，年均增速近 6%。北美市场占 32%，亚太占 31%，西欧占 21%。安格公司是美国一家以催化剂业务为主的公司，催化剂年销售近 40 亿美元，列全球第一。

在国内催化剂厂家中，中国石油兰州石化公司催化剂厂主营石油炼制催化剂，年综合生产能力达 5 万吨。中国石化催化剂分公司主要提供催化裂化、加氢、重整、聚烯烃、乙烯裂解、基本有机合成等反应催化剂，年生产能力近 1 万吨。安格工艺技术（南京）有限公司（原为南京化学工业公司催化剂厂）以生产化肥催化剂为主，年产能 8500t。辽宁海泰科技发展有限公司能提供上千种催化剂品种，包括加氢精制、加氢裂化、催化重整、制氢、氨合成、氨分解和甲醇合成等反应催化剂以及各种脱砷剂、脱氧剂、脱硫剂、脱氯剂、脱金属剂、汽油脱臭剂、水解剂和各种类型分子筛等。

4.1.1.2　知识点二　试剂

试剂（reagent）又称化学试剂或试验用药剂，是实现化学反应、分析化验、研究试验、教学实验、化学配方使用的纯净化学品。试剂定级依据其纯度（即含量）、杂质含量、提纯的难易以及相关物理性质，有时也根据用途来定级，如光谱纯试剂、色谱纯试剂以及 pH 标准试剂等。

（1）试剂种类　气体试剂可由工业品直接纯化获得（高纯气体除外），商品试剂一般为液态或固态。按纯度分为相对标准物质和原料物质，前者用来检验、鉴定和检测，后者用来合成、制备和纯化。按用途分为通用试剂、高纯试剂、分析试剂、仪器分析试剂、生化试剂（BR）、诊断试剂、无机离子显色剂和电子纯试剂等。

① 通用试剂　指国家标准中通常使用的四种规格，优级纯（GR，绿标签）、分析纯（AR，红标签）、化学纯（CP，蓝标签）和实验试剂（LR，黄标签）。真正使用较多的通用试剂为分析纯和化学纯。

② 高纯试剂　包括超纯、特纯、高纯和光谱纯化学物质，以及配制好的标准溶液。此类试剂注重杂质含量，而对主含量不一定有很高要求。基准试剂（JZ）、标准品以及色谱纯（GC 和 LC）、光谱纯（SP）试剂和 pH 标准试剂都属于这类。

③ 分析试剂　包括基准试剂、有机分析标准品、农药分析标准品、微量分析试剂、有机分析试剂和折射率液等。基准试剂是纯度高、杂质少、稳定性好、化学组分恒定的化学物质，包括第一基准和工作基准。有机分析标准品纯度高且对组分已知。农药分析标准品适用

于气相色谱法测定农药残留量时对比。微量分析试剂适用于被测定物质许可量仅为常量百分之一（1～15mg 或 0.01～2ml）的分析。有机分析试剂是指在无机物分析中供元素的测定、分离、富集用的沉淀剂、萃取剂和螯合剂等，如具有配合能力的冠醚。

④ 仪器分析试剂　利用仪器进行试样分析过程中所用的试剂，包括原子吸收光谱标准品、色谱用试剂（固定液、担体和溶剂）、电子显微镜用试剂（固定剂、包埋剂和染色剂）和核磁共振测定溶剂（氘代溶剂）等。

⑤ 生化试剂　用于生命科学、医学研究和临床诊断的生物材料或有机化合物，包括通用生化试剂（如糖类、核苷酸及衍生物、氨基酸及衍生物、非酶蛋白及衍生物、辅酶、维生素、激素和生物碱等），生物染色剂（如酸性品红等），分子生物学试剂（如脱氧核糖核酸），电泳试剂（如琼脂糖）和实验室通用药物。

⑥ 诊断试剂　在病理诊断、生化诊断、液晶诊断、同位素诊断与一般化学诊断等检查中所用的生物材料或化学试剂。分为内诊断试剂和体外诊断试剂。内诊断试剂用于体内，如皮内使用的旧结核菌素等。体外诊断用于体外检验，如微生物培养基，用于酶类、糖类、脂类、蛋白和非蛋白氮类、无机元素类、肝功能等检验的生化诊断试剂，用于传染性疾病、内分泌、肿瘤、药物检测、血型鉴定的免疫诊断试剂以及基于基因学的核酸扩增技术产品和基因芯片等分子诊断试剂。

⑦ 无机离子显色剂　包括酸碱指示剂、显色剂和试纸。

⑧ 电子纯试剂　属于高纯试剂，指适用于电子元器件生产的超净高纯化学品，要求电性杂质含量极低。

(2) 试剂的提纯　提纯方法主要有蒸馏、吸收、升华、萃取、层析、电渗析以及化学法、离子交换树脂法和膜分离法等。例如，试剂盐酸生产中可用阴离子交换树脂清除其中铁（$FeCl_4$）。又如利用工业甲醇经氧化（除不饱和烃）、还原精馏（除羰基化合物、酸、其他醇、水、无机盐和悬浮物等）和微滤膜过滤（除微粒）制备色谱纯甲醇，收率大于 95%。工业级、分析纯和色谱纯甲醇的质量指标，见表 4-1 所列。

表 4-1　工业级、分析纯和色谱纯甲醇的质量指标

工业级一等品(GB 338—2004)		分析纯(GB/T 683—1993)		色谱纯(LC,企标)	
沸程(101.3kPa,在 64.0～65.5℃范围内)/℃ ≤	1.0	甲醇(CH_3OH)含量/%	99.5	含量 CH_3OH(GC)/% ≥	99.9
密度(20℃)/(g/cm³)	0.791～0.793	密度(20℃)/(g/cm³)	0.791～0.793	密度(20℃)/(g/cm³)	0.791～0.793
水溶性试验	通过试验	水溶性试验	合格	水溶性试验	合格
蒸发残渣的质量分数/% ≤	0.003	蒸发残渣/% ≤	0.001	蒸发残渣/% ≤	0.0005
水的质量分数/% ≤	0.15	水分(H_2O)/% ≤	0.1	水分(H_2O)/% ≤	0.05
酸的质量分数(HCOOH 计)/% ≤	0.0030	酸度(H^+ 计)/(mmol/100g) ≤	0.04	酸度(H^+计)/(mmol/g) ≤	0.0004
碱的质量分数(NH_3 计)/% ≤	0.0008	碱度(OH^- 计)/(mmol/100g) ≤	0.008	碱度(OH^-计)/(mmol/g) ≤	0.00008
羰基化合物的质量分数(以 HCHO 计)/% ≤	0.005	羰基化合物(以 CO 计)/% ≤	0.005	吸光度(与水对照,1cm 厚)	
				205nm	1.0

续表

工业级一等品(GB 338—2004)		分析纯(GB/T 683—1993)		色谱纯(LC,企标)	
高锰酸钾试验/min ≥	30	还原高锰酸钾物质	合格	210nm	0.6
				220nm	0.3
色度/Hazen 单位(铂-钴色号) ≤	5	易炭化物质	合格	230nm	0.15
				240nm	0.05
硫酸洗涤试验/Hazen 单位(铂-钴色号) ≤	50			254nm	0.01
				260nm	0.01

注：在 260nm 下，分析纯的甲醇吸光度通常有 0.1 左右，偏大；但色谱纯甲醇吸光度仅为 0.01，明显低。

试剂是精细化工研发的根本。我国试剂产业还相当薄弱，2010 年市场满足率估计仅 40%。国药集团化学试剂有限公司是国内最大一家从事试剂生产经营公司，但生产品种以常规试剂为主。目前医药等领域研发所需的高精尖试剂品种，仍需向国外供应商如 SIGMA（西格玛）、DAMAS（阿达玛斯）、美国 BD 公司（经营培养基等）购买。

自 2000 年以来，国内的 CRO（合作研究组织）业务迅猛发展。大量 CRO 型公司和独立实验室的涌现，使对试剂尤其是高端试剂的种类和需求量大增。现在，CRO 型公司可以借助中国试剂网站（www.croreagent.com）和中华试剂网站（www.chemgogo.cn）提供的平台，寻求试剂的网上采购与销售、数据查询等服务。在宽松、分工、合作与配套的环境，国内试剂产业应重点发展超净高纯试剂、诊断试剂、生物工程用试剂（如分离用葡聚糖），以及包括批量少（如几千克批量或以下）而品种多的医药中间体在内的有机合成试剂。

想一想

为使工业级甲醇在“蒸发残渣”和“羰基化合物”两项指标（结合表 4-1）达到色谱纯试剂的要求（羰基化合物在液相色谱中不被检出），在工艺上应分别采取什么加工步骤？

4.1.1.3 知识点三 电子化学品

电子化学品，又称电子化工材料，泛指电子工业中电子元器件、显像管、平板显示面板、印刷线路板（PCB/PWB）及电子整机等生产中使用的各种化学品及材料。

（1）电子元件化学品　包括氧化物（超细四氧化三钴、高纯氧化铋、三氧化钨、二氧化锡、二氧化钛、氧化镧），无机盐（钛酸钡、钛酸锶、硝酸锰、碳酸钙），金属膜、聚合物膜型电阻浆料，热敏、湿敏电阻材料，以及氧化银浆、分子银浆、金属膜导体、电阻用基片、电极浆料、玻璃介质、电阻瓷、铁氧体、电容用低介瓷和高介瓷等。

（2）半导体分立器件化学品　包括金属和非金属（铋、硼），高纯金属和非金属（金、铂、银、铜、锡、镓、铟、锑、碲、硒、砷、红磷），氧化物（氧化镁、氧化铝、氧化锆、三氧化二硼），高纯氧化物（氧化钙、三氧化二锑、二氧化锗、一氧化硅），电子级硅烷、三氟化硼，以及四氯化锗、三氯化磷、三氯氧磷、三氯化硼、三溴化硼、碲化铅、氮化硼、硼酸和二氧化硅溶胶型抛光液等。

（3）显像管化学品　包括硝酸铋、硫酸铝、硝酸铝、硝酸钾、溴化钙、重铬酸铵、二硫化钼、氯化锶、三氯化锑、磷酸三铵、硝酸钡、高纯碳酸锶、硅酸钾钠、氯化铝、硫酸镁、硝酸铜、无水碳酸钠、氟化氢铵、氟化铵、碘化铋、碳酸钡、氧化铕、氟化镁、锑酸钠、硝酸锶等无机盐和金属镍等。

(4) 集成电路（IC）化学品　包括超净高纯气体，IC 专用光致抗蚀剂（光刻胶）及其稀释剂、显影液、涂层消除剂，超净高纯试剂，CMP 化学机械抛光液，电子专用胶黏剂和封装材料等。

(5) 印刷线路板及电子整机生产用化学品　包括基板、光致干膜抗蚀剂和光刻胶、蚀刻剂与添加剂、化学镀与电镀化学品、焊剂及助焊剂等。

电子化学品中引领品种当属集成电路生产用化学品，尤其是 MOS 型（金属-氧化物-半导体型）超大规模集成电路（ULSI）生产用化学品，具有质量要求高、产品更新换代快、对环境洁净度要求苛刻等特点。ULSI 芯片制造工艺在 1989 年以后，从 0.8μm、0.35μm、0.25μm、0.18μm、0.15μm、0.13μm、90nm 一直发展到目前主流的 65nm，甚至 45nm、32nm 和 22nm。其中每一次的进步都依赖相应级别的超净高纯试剂、超净高纯气体、IC 专用光致抗蚀剂等与之配套。

① 超净高纯试剂　欧美国家称 Process Chemicals，中国台湾地区称为湿化学品，包括清洗用溶剂、腐蚀剂与浸蚀剂、掺杂剂和掺杂助剂、液相掺杂剂和金属杂质吸气剂等，是超大规模集成电路生产中的关键性基础化工材料。参照标准主要有国际标准 SEMI（国际半导体设备和材料协会标准）和三个企业标准［默克（MERCK）、关东（KANTO）及和光公司（WAKO）］，其中 SEMI 标准为美国试剂采用，也是国内企业的主要参考对象。超净高纯试剂 SEMI 标准及国内采用标准的质量规格对照，见表 4-2 所列。

表 4-2　超净高纯试剂 SEMI 标准及国内采用标准的质量规格对照

级别		对主体含量或尘埃颗粒要求			各种金属杂质含量/ppb(即 10^{-9})	适用于刻蚀半导体电路线宽/μm
国际或默克	对应国内等级					
—	低尘高纯级	主体含量在 99.99%以上			1000～30000（包括某些阴离子）	—
MERCK-MOS 级	MOS 级	5～10μm 颗粒每 100ml 少于 2700 个			10～1000（包括某些阴离子）	5
—	BV-Ⅰ	2μm 以上颗粒每 100ml 少于 300 个			10～200	2～3
		不同尘埃颗粒(μm)含量/(个/ml)				
		≥1.0	≥0.5	≥0.2		
SEMI-C1	—	≤25	—	—	≤1000	≥1.2
SEMI-C7	BV-Ⅲ	—	≤25	—	≤10	0.8～1.2
SEMI-C8	BV-Ⅳ	—	≤5	—	≤1	0.2～0.6
SEMI-C12	BV-Ⅴ	—	—	TBD(待定)	≤0.1	0.09～0.2

超净高纯试剂制造关键是控制其中阳离子含量和颗粒数目，制备方法有化学法、电解、精馏、吸收、吸附、结晶、离子交换树脂、超临界萃取、电渗析和膜分离等。例如，电子级高纯磷酸制备有 H_3P 分解法、工业磷酸电渗析法和磷酸三酯水解法等方法。H_3P 分解法是先分解 H_3P 得纯磷，经与纯氧反应生成 P_2O_5，再用纯水吸收，产品为高纯级；工业磷酸电渗析法是先将工业磷酸进行化学预处理，再利用电渗析膜进行电渗析，可制得 MOS 级高纯磷酸；磷酸三酯水解法是将磷酸三酯精馏提纯，再用超纯水水解，可制得金属杂质质量分数小于 10×10^{-9} 的高纯磷酸（对应为 SEMI-C7 级）。超净高纯磷酸售价：液晶显示器制造用（MOS 级到 BV-Ⅰ级）为 20000～25000 元/t，IC 芯片用（SEMI-C7 级）为 25000～35000 元/t。

超净高纯试剂检测仪器有电感偶合等离子光谱-质谱仪（ICP-MS，测试限达到$<1\times10^{-12}$）、原子吸收光谱仪（石墨炉，测试限$<0.1\times10^{-9}$）、离子色谱仪（测试限$<0.1\times10^{-9}$）和激光散射颗粒测定仪（PMC）等。

目前，国内生产的超净高纯试剂以低尘高纯级、MOS级、BV-Ⅰ级、BV-Ⅱ级、BV-Ⅲ（相当SEMI-C7）为主。而0.35μm、0.13μm制程芯片生产用的SEMI-C8和SEMI-C12级超净高纯试剂主要依赖进口。

为生产超净试剂（颗粒含量极少），生产车间的环境应该如何？

② 超净高纯气体　常用的有30多种，如SiH_4、BH_4、AsH_4、HBr、BCl_3、PH_3、CF_4、NF_3等。质量要求高，在小于1微米级电路制造中用的超净高纯气体纯度为99.9999%或更高，金属杂质的含量要求到十亿分率，颗粒允许粒径小于集成电路线宽的1/10，且粒子个数少于0.35个/L。通过化学法或物理法制备。

例如，超净高纯NF_3可通过化学法（融盐电解法）制得。先将99.8%以上的氟化铵与99.5%以上的氟化氢反应获得氟化氢铵，再将熔融的氟化氢铵为电解质进行电解，可获得99.999%超净高纯NF_3。该气体可作为等离子体增强化学气相沉积（PCVD）氮化硅源气体，也可作为蚀刻氮化硅的腐蚀气体和芯片生产化学气相沉积室和液晶显示面板的气体清洗剂。

③ 光致抗蚀剂　又称光刻胶，是利用光引起的化学反应使材料的溶解度发生变化的一种耐蚀刻的稀薄胶状材料（涂刷后成薄膜），由分子量几千到几万且分子量分布窄的高聚物、光敏剂、增感剂和溶剂组成。用于集成电路、液晶显示器和印刷线路板生产以及印刷行业制版。用途不同其级别及产品形态不同，在印刷线路板生产中应用的光致抗蚀剂呈干膜状。光刻胶具有纯度高（ULSI生产用光刻胶中金属离子含量$10^{-6}\sim10^{-9}$甚至更低，杂质颗粒大小不超过ULSI的线宽）、分辨率高（光刻系统所能分辨和加工的最小线条尺寸）、感光度高、黏度适当、耐温性和流平性好以及对选用波长的紫外光透明等特性，并伴随光刻机发展而前进。光刻机光源先后使用过汞灯紫外光（300～450nm波长）、g线（436nm波长，用于0.5μm光刻）、i线（365nm波长，用于0.25～0.35μm光刻），以及准分子激光KrF-DUV（248nm波长，用于0.13～0.25μm光刻）和ArF-DUV（193nm波长，用于45～90nm光刻）等。光刻胶已发展了三种类型：紫外负型、紫外正型和DUV正胶。

紫外负型光刻胶是指在紫外曝光后产生相反图像的一类光刻胶。作用原理为经宽谱紫外光（300～450nm）照射后，曝光区的光刻胶交联成在显影液中不溶解的物质，而未曝光的光刻胶易被溶解，显影后所得图像与**掩膜版**图像恰好相反。这类光刻胶有重铬酸盐-胶体聚合物（明胶、淀粉、聚乙烯醇缩丁醛等）系、聚异戊二烯橡胶线型体系、聚乙烯醇肉桂酸酯线型体系、环氧化橡胶-双叠氮体系、聚乙烯吡咯烷酮-聚丙烯酰胺-双叠氮体系等。其中，重铬酸盐-胶体聚合物至今仍是印刷行业中使用的光刻胶，但分辨率不高。早期的芯片制造中常用聚异戊二烯橡胶型，显影液为二甲苯等，冲洗液为*n*-丁基醋酸盐（醋酸正丁酯）。

紫外正型光刻胶是指紫外曝光后产生相同图像的一类光刻胶。作用原理为经宽谱紫外光（350～450nm）或紫外单色光（如g线、i线）通过**掩膜版**照射后，曝光区胶膜发生光分解或降解反应而溶于显影液中，未曝光区胶膜则保留而形成正型图像。该胶膜抗干扰蚀刻性强、分辨率高。如重氮萘醌-线型酚醛树脂光刻胶属于紫外正型光刻胶，可用于g线和i线光刻，由线型酚醛树脂、光敏剂重氮萘醌、增感剂三羟基二苯酮和溶剂乳酸乙酯组成。其中线型酚醛树脂由间甲酚、对甲酚和 37%甲醛按 10∶0.5∶5 摩尔比经缩聚反应，在经分级获得。该胶使用中，光敏剂重氮萘醌在 g 线或 i 线下会发生反应，经水合获得茚羧酸，而茚羧酸在 Na_2CO_3 或四甲基氢氧化铵存在下，可使酚醛树脂成钠盐溶于水，达到显影效果；在未曝光区，重氮萘醌与树脂反应，抑制它在碱中的溶解速度。

DUV 正胶属于深紫外曝光的正型光刻胶，由光敏产酸物、酸敏成膜物质、增感剂和溶剂组成。光敏产酸物为硫鎓盐和芳基碘鎓盐；酸敏成膜物质如聚对羟基苯乙烯的衍生物、聚甲基丙烯酸酯类等。在曝光时光敏产酸物分解出超强酸从而使酸敏树脂高分子链上的憎水性基团脱落（分解），而能溶于碱水中，碱性物质为胺类和季铵盐。由于光敏产酸物（催化剂）在反应中可以循环使用，因此效率很高。

在全球电子化学品领域，超净高纯试剂主要供应商有德国 E. Merck（包括日本 Merck-Kanto，占全球市场份额 26.7%），美国的 Ashland（占 25.7%）、Arch（占 9.5%）、MallinckradtBaker（占 4.4%），日本的 Wako（占 10.1%）和 Sumitomo（占 7.1%）。印刷线路板化学品主要供应商为美国洛克伍德（Rockwood）和罗门哈斯。

随着微电子、平板显示器和印刷线路板产业的高速发展，我国电子化学品的需求越来越大。2009 年，我国电子化学品产量 20 万吨，销售总额超过 300 亿元。北京化学试剂研究所和上海华谊（集团）公司是国内电子化学品研发、生产的领先单位。我国电子化学品近期发展重点是实现高分辨率（180nm 以下）光刻胶、电子束光刻胶、BV-Ⅳ级以上超净高纯试剂、高档次环氧塑封料、聚酰亚胺模塑料、液态环氧树脂和高热导率环氯树脂的工业化，开发双马来酰亚胺树脂、聚酰亚胺树脂和氰酸酯树脂等新一代基板材料。

4.1.2　热点新领域精细化学品生产工艺

4.1.2.1　模块一　氧化锆负载镍（NiO/ZrO_2）催化剂的生产工艺

（1）氧化锆概述　自然界中氧化锆矿物原料主要有斜锆石和锆英石，锆英石常作陶瓷釉用原料。氧化锆（ZrO_2）具有酸碱两性、氧化和还原性，纯氧化锆熔点约 2900℃，是高级耐火原料。稳定氧化锆（掺有 CaO 等稳定剂的立方晶系氧化锆）是良好的固体电解质，用于固体电池和氢氧燃料电池。氧化锆也广泛被用做催化剂，可单独使用或作为载体使用。氧化锆负载镍（NiO/ZrO_2）催化剂可用于二氧化碳和甲烷制合成气（$CO+H_2$）。

（2）氧化锆负载镍（NiO/ZrO_2）催化剂的生产原理　氧化锆负载镍（NiO/ZrO_2）属于负载型金属氧化物催化剂。用浸渍法可以将 Ni 前体负载到 ZrO_2 前体上。Ni 前体可用商品硝酸镍［$Ni(NO_3)_2 \cdot 6H_2O$］，ZrO_2 前体可用氢氧化锆［$Zr(OH)_4$］，两者经煅烧，分别得到 NiO 和 ZrO_2。由于 ZrO_2 的活性对催化剂性能有很大影响，因而为了控制并提高催化剂性能，生产中将 ZrO_2 的前驱物延伸至商品氧氯化锆（$ZrOCl_2 \cdot 8H_2O$），氧氯化锆溶液按一定方法进行碱沉淀，获得氢氧化锆水凝胶，经醇洗获醇凝胶，再经特别加工获得氢氧化锆。该氢氧化物制得的负载催化剂具有高催化性能。

（3）氧化锆负载镍（NiO/ZrO_2）催化剂的生产工艺

① 氢氧化锆水凝胶制备　称取 16g 氧氯化锆（$ZrOCl_2 \cdot 8H_2O$）配制成 0.17mol/L 的水溶液，将 25%的氨水稀释 10 倍作为沉淀剂置于容器中，在剧烈搅拌下，缓慢滴入氧氯化锆水溶液，并控制 pH 为 10，滴加完毕后，继续搅拌 0.5h，然后老化 2h，并用去离子水［电导率小于 $10^{-5}/(\Omega \cdot m)$］洗涤至基本无 Cl^- 为止（用 $AgNO_3$ 不能检到），抽滤后放入烘箱中，110℃干燥 12h，得到氢氧化锆 $Zr(OH)_4$ 水凝胶。

② 氢氧化锆醇凝胶制备　用 25ml/（g 水凝胶）无水乙醇洗涤水凝胶两次，抽滤后得到

醇凝胶。

③ 氢氧化锆制备　将醇凝胶置于高压釜中，加入10ml/（g醇凝胶）无水乙醇，通N_2至釜内，釜内压力为6MPa，升温至270℃保持2h，之后泄压通N_2除去釜内残余乙醇，得到高活性催化剂要求的氢氧化锆（A）。

④ 浸渍和焙烧　称取一定量的商品硝酸镍［$Ni(NO_3)_2 \cdot 6H_2O$］，配制成10%的水溶液，用此溶液浸渍适量的已制备好的氢氧化锆（A），在室温下搅拌2h后，蒸发至干，接着110℃干燥12h。干燥得到的体系移入马弗炉，在650℃焙烧5h，制得镍含量［Ni,%（质量分数）］为10%～15%的NiO/ZrO_2催化剂。

（4）催化剂活性评价　本法制得的催化剂用于二氧化碳和甲烷制合成气（$CO_2 + CH_4 \longrightarrow 2CO + 2H_2$），可以使$CH_4$的初始转化率达到81%，催化剂使用200h后，活性没有任何下降。另外，该催化剂使用前需要用含H_2的气体在700℃还原至少3h。在催化反应过程中起作用的催化体系为Ni/ZrO_2。氢氧化锆$Zr(OH)_4$制造方法不同，Ni/ZrO_2的催化性能有很大差别。

4.1.2.2　模块二　超净高纯试剂氢氟酸生产工艺

（1）氢氟酸概述　氟化氢（HF）常态呈气态，相对分子质量20.1，常压沸点19.54℃。氢氟酸是氟化氢的水溶液，无色透明发烟液体，有刺激性气味，25℃时密度1.13g/cm^3（40%）。氢氟酸属中强酸，对金属、玻璃有强烈的腐蚀性，但不腐蚀聚乙烯。氢氟酸是具有最高恒沸点的非理想溶液，最高恒沸点为120℃，对应平衡浓度35.35%（质量分数）。水吸收氟化氢的最高浓度可达70%，更高浓度的氢氟酸则由无水氢氟酸用水稀释获得。工业级有40%（质量分数）和55%（质量分数）及无水氢氟酸三规格，化学试剂含量规格为40%（质量分数）。

工业品无水氢氟酸为无色发烟液体，含氟化氢大于99.7%，含水低于0.05%；纯氟化氢液体25℃时密度0.955g/cm^3。减压或高温下易气化，具有极强酸性（无水氢氟酸＞盐酸＞40%氢氟酸），溶于水时激烈放热生成氢氟酸，化学活性高和吸水性强，能与很多金属及其氧化物和有机物进行反应。

超净高纯氢氟酸作为腐蚀剂和酸性清洗剂主要用于超大规模集成电路的生产，可单独使用或与硝酸、冰醋酸、过氧化氢和氢氧化铵等混合使用。规格有40%（质量分数）和50%（质量分数）。

（2）超净高纯氢氟酸生产原理

① 超净高纯氢氟酸生产方法　主要有氟氢化钾分解法和氢氟酸精馏提纯法。目前，主要采用氢氟酸精馏提纯法生产，常用工艺为“二馏夹一吸”步骤。“二馏”是指一次粗馏加一次精馏，“吸”指吸收。从精馏原理看，由于氢氟酸属于具有最高恒沸点的非理想溶液，因而在精馏提纯氢氟酸时，进料和釜料中氟化氢含量应高于最高恒沸点对应的浓度35.35%（质量分数）。精馏提纯的原料有两种，40%氢氟酸或无水氢氟酸。目前，一般采用无水氢氟酸为原料。粗馏阶段采用精馏塔分离，同时在精馏釜中可结合化学除杂；化学除杂能将绝大部分低沸点物质转化。粗馏产物经吸收后再经第二次精馏可获得高纯试剂，所用方法有亚沸蒸馏或普通精馏。亚沸蒸馏是在靠近液面的上方加热，在溶液并不沸腾而液面处于亚沸状态下（比沸点低20℃左右）汽化，蒸汽在蒸馏室被低温冷却介质冷凝，该法可将蒸汽带出的杂质减至最低，但汽化量相对较少。若采用普通精馏，则汽化量相对较大，但除杂效果不如亚沸蒸馏。

② 提纯中除杂原理　无水氢氟酸中，低沸点杂质包括H_2S、SO_2、HCl、PF_3、PF_5等，中沸点杂质包括AsF_3（沸点63℃）、氟硅酸（H_2SiF_6，沸点108℃伴随分解）等，高沸点

杂质包括磷酸、硫酸及无机盐等。加高锰酸钾可将 H_2S、SO_2、AsF_3、HCl 分别转化为 S、SO_3、K_2AsF_7 和 Cl_2；加双氧水可将 Cl_2 可转为 HCl（遇水和 K^+ 形成 NaCl），并将其他残余还原性杂质进一步转化；水解可将 PF_3、PF_5 转化为亚磷酸和磷酸；精馏或亚沸精馏可将亚磷酸、磷酸、硫酸、无机盐、单质硫、氟硅酸及过量双氧水除去。

(3) 超净高纯氢氟酸生产工艺　工艺流程如图 4-1 所示。生产车间维持室温 20～24℃，相对湿度 40%，系统设备、接管及相应附配件用高纯水清洗。原料无水氢氟酸靠 0.1MPa 氮气自储罐 2 压出，经电子秤 1 计量进入蒸馏塔釜 5，压出量 500kg。在蒸馏塔釜 5 中加入 2%（质量分数）的高锰酸钾水溶液 7kg，静止 0.5h，再加入 30%（质量分数）的双氧水 7kg，静止 0.5h。之后，进行精馏操作。在蒸馏釜内，控制压力低于 0.2MPa，釜内温度为 30～50℃，水冷凝器 7 顶部出口导出的气体温度 16～20℃，当导出的气体达无水氢氟酸质量的 1.5%时，调整出口温度为 35℃。蒸馏塔釜 5 通过排液接管接 1# 釜液罐 3。自水冷凝器 7 顶部出口导出的气体从喷淋吸收塔 8 的底部进入该塔，并被自该塔塔顶喷入的喷淋吸收液（起初为高纯水）吸收，吸收塔釜温为 60℃，塔身温度为 45℃，顶部温度 30℃。喷淋吸收塔 8 具有喷淋吸收液的循环装置，由循环泵 11 和循环罐 10（带水冷却器，使吸收液温度维持在 28～30℃）及接管、阀门组成，喷淋吸收液由循环泵 11 自循环罐 10 内抽出，经接管送入喷淋吸收塔 8 的顶部喷入塔内，再自该塔的底部流出，并全部自动进入循环罐 10 内，如此循环往复吸收，氢氟酸含量达 48%～49%，停止喷淋吸收液循环，得优级纯以上的氢氟酸中间产物约 800kg。之后，由循环泵 11 送入高位储罐 9。喷淋吸收塔 8 的顶部装有气相平衡管，并与空气净化装置连通；1# 釜液罐 3、高位储罐 9 和循环罐 10 的排空管 F_1 相互连通，并经气体净化装置于室外高位放空。

中间产物自高位储罐 9 靠位差自动连续流出，经进料调节阀进入内装换热器的精馏塔塔釜 12，进行再次精馏，塔釜温度 110～120℃，塔顶出口温度 105～110℃。该釜上装有精馏塔 13，气体连续上升，自该塔的顶部出口经接管导出，进入精馏塔水冷凝器 14，冷凝液自动进入精馏塔顶液罐 15，一部分经回流泵 16 回流，其余的则作为精馏塔的出料进入百级洁净间中的超纯过滤系统 18，先经一级 0.2μm 微孔滤膜过滤，再进入二级 0.05μm 微孔滤膜过滤，过滤后得 48%（质量分数）的超净高纯氢氟酸成品约 780kg。精馏塔塔釜通过排液接管接 2# 釜液罐 17；精馏塔顶液罐 15、2# 釜液罐 17 和成品罐 19 上的放空管 F_2 相互连通，并经气体净化装置后，于室外高位放空。

用高纯水清洗产品包装容器，在一级洁净间（美国联邦标准 209E）完成灌装。产品分析结果：大于 0.2μm 粒径的颗粒数≤50 个，纯度：阴离子≤25ppb，阳离子≤0.03ppb，达到超净高纯试剂 SEMI-C12 级别。

(4) 生产设备及配套工程　本系统中关键防腐的设备可用铂或聚四氟乙烯材料制造，但铂价格昂贵。钛可满足以无水氢氟酸为原料的粗馏塔防腐要求。目前，除管子和管件选聚四氟树脂制造外，其他设备趋向采用钢材内衬聚四氟树脂制造。

蒸馏塔、喷淋吸收塔和精馏塔均为多层式填料塔。循环泵和回流泵均采用气动隔膜耐蚀泵。蒸馏塔水冷凝器为列管式，冷却水走管间；循环罐的水冷却器包括罐内的浸入式蛇管换热器及罐外的夹套换热器，前者冷却水走管内。蒸馏塔釜夹套换热器所用加热介质为 60～80℃的热水。精馏塔釜内换热器为浸入式管束式换热器，换热管由具有很大的挠性的细管呈管束状汇集在一起而组成，采用特殊方法密封，该管束式换热器管内走 0.4～0.6MPa 蒸汽，制作材料为高纯氟树脂。

工艺中所用的超纯水为自制，用于氟化氢的喷淋吸收液及整套系统的设备、接管、相应

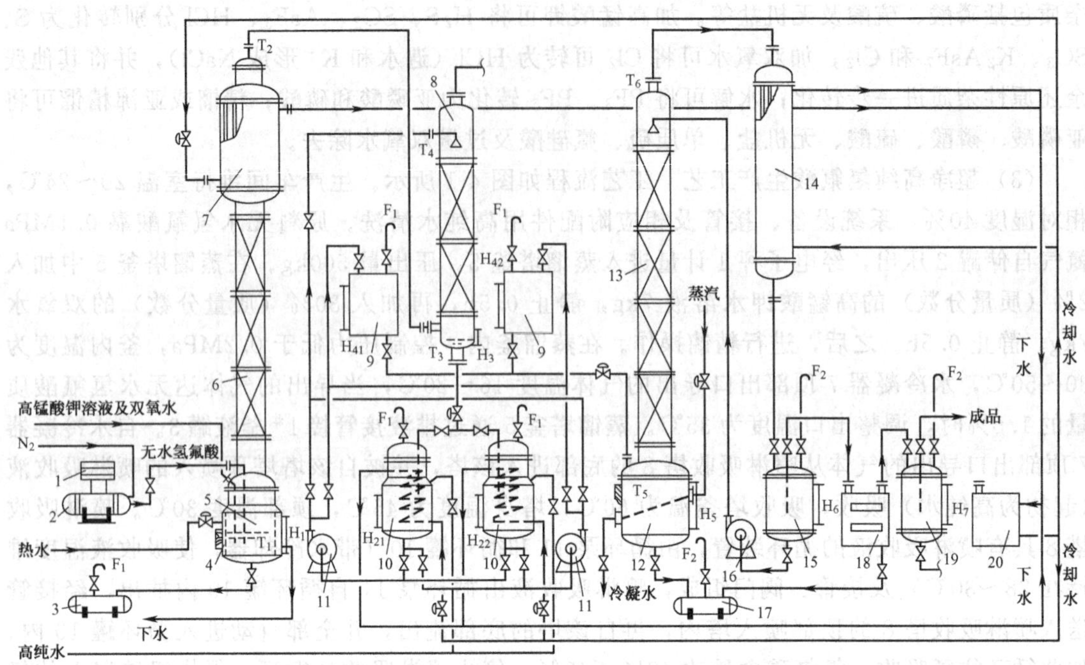

图 4-1 超净高纯氢氟酸生产工艺流程

1—电子秤；2—无水氢氟酸罐；3—1# 釜液罐；4—蒸馏塔釜夹套；5—蒸馏塔釜；
6—蒸馏塔；7—蒸馏塔水冷凝器；8—喷淋吸收塔；9—中间产品高位储罐；
10—循环罐；11—循环泵；12—精馏塔釜；13—精馏塔；14—精馏塔水冷凝器；
15—精馏塔顶液罐；16—回流泵；17—2# 釜液罐；18—超纯过滤系统；
19—成品罐；20—封闭式冷却水系统

附配件及终产品包装容器的超净清洗。闭路循环冷水制冷机组带自控装置，维持冷却水温度在 10～20℃。

（5）安全与环保 本品剧毒，对皮肤有强烈的腐蚀作用，灼伤疼痛剧烈。包装采用聚乙烯塑料桶并配置把手，每桶 2.5kg 或 5kg；大量订货采用 200L 内聚乙烯塑料桶外铁桶充装。存于通风良好的库房中。搬运时要轻装轻卸。注意，倒空的容器可能残留有害物！

4.1.2.3 模块三 半导体材料多晶硅生产工艺

（1）多晶硅概述 多晶硅是单质硅的一种形态。熔融的单质硅在过冷条件下凝固时，硅原子以金刚石晶格形态排列成许多晶核，这些晶核若长成晶面取向不同的晶粒，则结合起来就成多晶硅。灰色金属光泽，相对密度 2.32～2.34，熔点 1410℃，沸点 2355℃。溶于氢氟酸和硝酸的混酸中。高温下与氧、氮、硫等反应。高温熔融状态下，具有较大的化学活泼性，能与几乎任何材料作用。具有半导体性质，但微量的杂质可影响其导电性。硬度介于锗和石英之间，室温下质脆，切割时易碎裂。加热至 800℃以上即有延性，1300℃时显出明显变形。

图 4-2 单晶硅外形

多晶硅是拉制单晶硅（图 4-2）的原料，被称为“微电子大厦的基石”。多晶硅与单晶硅在化学活性上基本相同，两者差异表现在物理性质方面。在力学性质、光学性质和热学性质的各向异性方面，多晶硅远不如单晶硅明显；在电学性质方面，多晶硅晶体的导电性也远不如单晶硅显著，甚至于几乎没有导电性。单晶硅主要用于制造导体分立器件、集成电路和太阳能电池，而多晶硅除用于拉制单晶硅外，主要用做太阳电池的光电转换材料。

(2) 多晶硅生产原理　多晶硅的成熟生产方法为三氯氢硅法（西门子工艺），即将干燥硅粉与干燥氯化氢气体在一定条件下氯化生成三氯氢硅，三氯氢硅经冷凝、精馏和还原获得多晶硅。

氯化反应：$$Si+3HCl\xrightarrow[280\sim330℃]{Cu_2Cl_2}SiHCl_3+H_2\uparrow$$

还原反应：$$SiHCl_3+H_2\xrightarrow{1050\sim1100℃}Si+3HCl\uparrow$$

原料为工业硅（冶金硅粉），纯度 97%～98%，粒度为 80～120 目，其中硼含量越少越好。产品外观为银灰色，不透明的具有金属光泽，均匀致密，断面呈辐射的棒状结晶体；用于区熔法拉制单晶用的多晶硅的电阻率为 P 型≥2600Ω・cm，N 型≥300Ω・cm；直径尺寸要求为在整个棒长范围内误差±1mm；同心度要求为在 350mm 范围内误差小于 1mm；棒直径要求大于 25mm。

(3) 多晶硅生产工艺　多晶硅生产工艺流程，如图 4-3 所示。

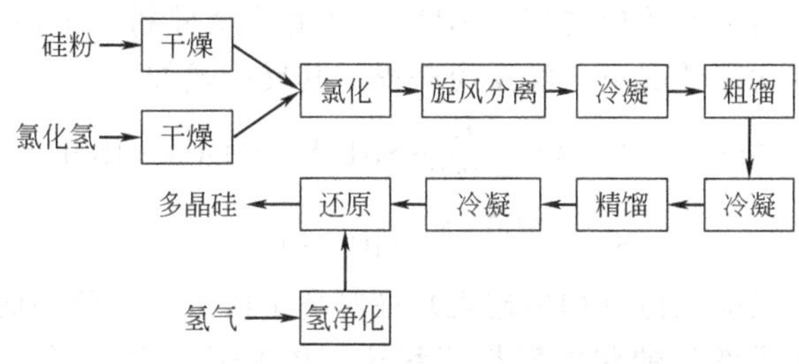

图 4-3　多晶硅生产工艺流程

① 三氯氢硅合成　硅粉经干燥器干燥 6～8h，在 280～330℃与干燥的氯化氢气体进入沸腾床氯化反应炉，在催化剂氯化亚铜下进行氯化反应，生成三氯氢硅。催化剂氯化亚铜用量为硅原料量的 0.4%～1%。

反应气体在氯化反应炉中停留 19～23s 后，通过旋风分离器去掉夹带的催化剂等杂质，再经氯化钙冷冻盐水冷凝，气体三氯氢硅冷凝成液体，送入三氯氢硅粗馏塔进行精馏和冷凝，除去高沸物和低沸物，再到精馏塔进行蒸馏并冷凝，得到精制三氯氢硅液体。

精馏塔可使用石英、聚四氟乙烯或不锈钢等材质制成。提纯后的三氯氢硅的纯度达到 7N（99.99999%）以上，即杂质含量小于 100ppb，硼要求在 0.5ppb 以下。

② 多晶硅生产　提纯后的三氯氢硅送入不锈钢的还原炉内，以反复提纯后的超纯氢气做还原剂，在 1050～1100℃还原成硅，并以硅芯棒为载体，沉积而得成品。将多晶硅置于石墨坩埚内熔融，再定向冷却，可以获得晶界纵向排列、晶粒粗大的多晶硅锭，用多线切割机或内圆切割机切成 0.2～0.4mm 厚的大面积多晶硅片。以此多晶硅片制成的多晶硅太阳能电池，效率可达 17%～18%。与拉制单晶硅相比，这种铸锭多晶硅生产周期短、产量大（单个铸锭可达 240kg）及价格低。

在生产中，一次还原硅的沉积率 22%，硅的总利用率 72%。1kg 多晶硅消耗：硅粉 4kg、氯化氢 19.5kg、氟里昂 0.03kg 和氯化钙 0.74kg。

(4) 安全与环保　三氯氢硅，液态，易燃，具强腐蚀性和刺激性，可致人体灼伤。遇明火强烈燃烧，与氧化剂发生反应有燃烧危险；极易挥发，遇水或蒸气产生有毒腐蚀性烟雾。溅在皮肤上引起组织坏死，溃疡长期不愈。

4.1.2.4 模块四 太阳能薄膜电池材料非晶态硅生产工艺

(1) 非晶态硅概述 非晶态硅(a-Si)属于单质硅的一种形态，又称无定形硅。呈棕黑色或灰黑色；不具有完整的金刚石晶胞，纯度不高；熔点、密度和硬度明显低于晶体硅。非晶态硅外形如图 4-4 所示。

图 4-4 非晶态硅外形

非晶态硅用途广泛。目前，在太阳能薄膜电池制造中显示好的性能，其光电转换效率已达到 13%，并且与晶态硅太阳能电池相比，具有制备工艺相对简单，原材料消耗少，价格比较便宜等优点。太阳能薄膜电池属于一种地面用廉价太阳电池，被称为第三代太阳电池。

(2) 非晶态硅生产原理 通常，为获得非晶态需要很高的冷却速率。用液态硅快速淬火的方法还无法获得非晶态硅。近年来，发展了许多种气相淀积非晶态硅膜的技术，其中包括真空蒸发、辉光放电、溅射及化学气相淀积等方法。一般，使用高纯度的单硅烷(SiH_4)、二硅烷(Si_2H_6)和四氟化硅(SiF_4)等原料，通过辉光放电可以获得质量好的非晶态硅膜。其中，高纯度的单硅烷(SiH_4)可由冶金硅粉、电解镁屑及氯化铵等三种原料，在低温及液氨催化剂情况下，经反应获得。其反应式如下。

$$2Mg + Si + 4NH_4Cl \xrightarrow[-33℃]{NH_3} SiH_4\uparrow + 2MgCl_2 + 4NH_3\uparrow$$

$$SiH_4 \xrightarrow{等离子体} SiH_x^+ + (4-x)H^-$$

辉光放电法是利用反应气体(如单硅烷)在等离子体中发生分解而在衬底上淀积成薄膜的方法，其本质是**等离子增强的化学气相沉积法(PCVD)**。等离子体是由高频电源在真空系统中产生。根据在真空室内施加电场的方式，可将辉光放电法分为直流电、高频法、微波法及附加磁场的辉光放电。在辉光放电装置中，非晶硅膜的生长过程就是单硅烷在等离子体中分解并在衬底上淀积的过程。

辉光放电法淀积非晶态硅需要衬底(基片)附着，淀积的非晶态硅以薄膜呈现。根据需要，非晶态硅薄膜可制成三种类型。第一种为用硅烷和 1% 硼乙烷(B_2H_6)掺杂形成的非晶态硅薄膜(也叫 p 层)，该层可作电池负极；第二种为用硅烷不掺杂形成的非晶态硅膜(也叫 i 层)，该层存在空缺部位，是 p 层与 n 层、或金属层与 n 层相连的通道，即"pn 结"或"金属-半导体结"形成场所，该层若被氧化则形成 SiO_2 绝缘层；第三种为用硅烷和 1% 磷烷(PH_3)掺杂形成的非晶态硅薄膜(也叫 n 层)，该层可作电池正极。p 层、n 层是不含氢的非晶态硅膜，而 i 层是含氢的非晶态硅膜。

(3) 非晶态硅生产工艺

① 单硅烷(SiH_4)生产 将氯化铵、硅粉(纯度 98% 以上，粒度为 120～200 目)与电解镁屑(≥99.5%)按 7∶1∶2 的配比，以液氨做催化剂，在 −33℃左右于反应器内进行反应，生成硅烷(SiH_4)气体。生成硅烷气体经回流冷凝器，将氨和氯化镁分离除去，分离后的硅烷气由分子筛进行吸附，以纯化硅烷气体。单硅烷生产流程如图 4-5 所示。

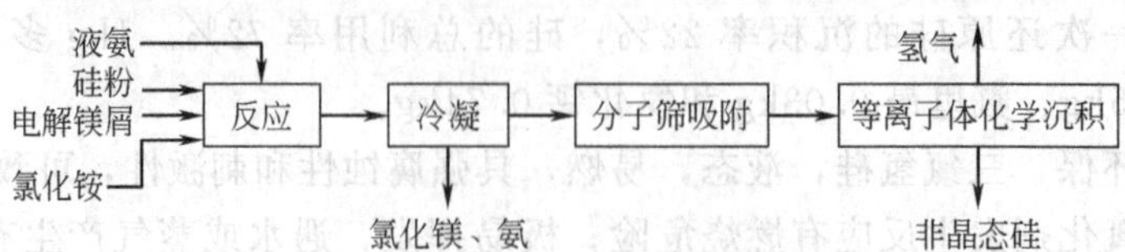

图 4-5 单硅烷生产流程简图

② 辉光放电制备非晶态硅（a-Si）太阳能电池　非晶态硅太阳能电池按原理可分为 pin 型电池、MIS 型电池和肖特基位垒电池等。**pin 型非晶硅太阳电池**是在玻璃（glass）衬底上沉积透明导电膜（TCO），然后依次用等离子体化学气相沉积形成 p 型、i 型、n 型三层非晶硅薄膜，接着再蒸镀金属电极铝（Al，正极）；光从玻璃面入射，电池电流从透明导电膜和铝引出，其结构可表示为 glass/TCO/pin（pn 结）/Al，也可用塑料等作衬底，如透明聚酰亚胺薄膜可作柔软衬底。**MIS 型非晶硅太阳电池**属于金属-**绝缘体**-半导体电池，是在玻璃衬底上溅射不锈钢电极（正极），再依次沉积 n 型和 i 型两层非晶硅薄膜，将 i 型层氧化形成 SiO_2 薄膜（绝缘层）后，再沉积一层铂膜（负极）；光从玻璃面入射，电池电流从不锈钢电极和铂膜引出，其结构可表示为玻璃/不锈钢电极/ni/铂，光电效应产生于金属-半导体结（肖特基结）。**肖特基位垒型非晶硅太阳电池**是在不锈钢衬底上溅射导电铂膜（TCO，厚约 10nm）作位垒金属（负极），再依次用等离子体化学气相沉积形成 i 型（厚度 0.5～0.7μm，氧化形成 SiO_2 薄膜）和 n 型（厚度 0.1μm，正极）两层非晶硅薄膜；光从 n 型非晶硅薄膜入射，电池电流从 n 型非晶硅薄膜和铂膜引出，其结构可表示为 ni/铂/不锈钢衬底，光电效应产生于金属-半导体结（肖特基结）。

为获得性能优良的非晶态硅薄膜一般采用射频辉光放电沉积法（PCVD）。制备非晶态硅太阳能电池的 PCVD 装置，如图 4-6 所示。放电室及气路为全不锈钢结构，并尽量避免低熔点金属、低熔点氧化物及碳氢化合物的污染。系统先用油泵抽到 10^{-5} mmHg，工作时用另一机械泵维持低压。电极直径为 10cm 或随从非晶态硅薄膜衬底的尺寸，极间距离 2～3cm。工作气体为 10%的氢气稀释硅烷等，工作气压 0.1～4mmHg，衬底温度约 250℃，高频输出功率为 1W 至数百瓦，沉积膜生长速度为 1～60μm/h。

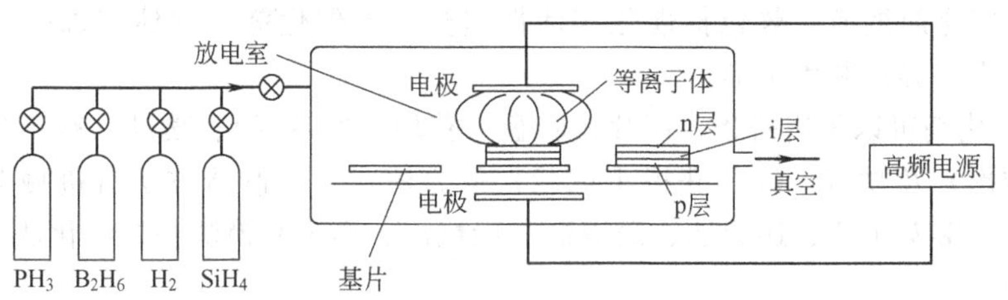

图 4-6　制备非晶态硅太阳能电池的 PCVD 装置

制备 MIS 型非晶硅太阳电池的工艺过程如下。生产车间要求为洁净室。首先利用掩膜在玻璃衬底（基片）上，溅射所需条数的不透光不锈钢膜线作为下电极；然后置于射频辉光放电室的等离子增强化学气相沉积台中，开气路通硅烷（SiH_4）、氢气（流量为硅烷的 9 倍）和磷烷（PH_3，硅烷的 1%）三种气体，通过射频辉光放电，沉积得到 n 层非晶态硅膜；开气路通硅烷（SiH_4）和氢气（流量为硅烷的 9 倍），能沉积 i 层非晶态硅膜；将 i 层非晶态硅氧化成 SiO_2 薄膜后，更换掩膜再蒸发沉积上一层铂膜，封装后制得集成型 MIS 非晶态硅太阳电池。MIS 电池用 SiO_2 作绝缘层。在未加减反射涂层（膜）的情况下，单个肖特基结能获得 600mV 以上的开路电压，6mA/cm^2 的短路电流密度；若用 SiO 膜作抗反射涂层，可以使开路电压提高 20%～30%，短路电流提高 50%。

在沉积过程中，影响非晶态硅质量的因素很多，而且互相牵制，因而工艺条件不易控制，非晶态硅的质量不够稳定。对于一个给定的沉积系统（包括钟罩大小、电极尺寸及形状、气体进出口位置等），只有在衬底温度、放电功率（包括功率匹配）、气体流量和工作气压之间找出一个最佳配合，才能得到光电性能良好且材质均匀的非晶态薄膜。为了得到转换效率高的太阳能薄膜电池，不掺杂非晶态硅（i 层）的光电导率一定要大。另外，该工艺也用于薄膜晶体管液晶面板（FTF-LCD）制造，制作FTF-LCD中薄膜晶体管控制电路。

(4) 安全与环保

① 硅烷是一种无色、具有自燃性并会引起窒息的气体。燃烧爆炸、热灼伤和毒性是其三大危害。在工程控制中，于使用和储藏区域安装硅烷探测器，提供充足的自然或防爆通风以确保硅烷浓度低于1.4%燃烧下限。操作钢瓶时使用工作手套、穿安全鞋。灭火前一定先切断气源！

② 硼乙烷是具有恶臭的无色气体，高毒、毒性比光气和HCN还大，长时间接触会损伤肝、肾和嗅觉器官，杜绝接触和吸入。

③ 磷烷（PH_3，磷化氢）无色有类似大蒜气味的气体，属于窒息性毒气，杜绝接触和吸入。极易燃，暴露在空气中能自燃，遇热源和明火有燃烧爆炸的危险；具有强还原性，避免与氧化剂接触。

本项目小结

一、催化剂

1. 固态催化剂是应用最广一类催化剂，包括金属、半导体金属硫化物和氧化物、负载型固体碱、固体酸等，多用于气固多相催化体系。

2. 固体酸催化剂是催化功能依赖于固体表面具有催化活性的酸性部位（酸中心）的一类酸碱催化剂总称，包括杂多酸（十二钼磷酸）、润载无机酸、离子交换树脂、分子筛、附载无机盐以及部分氧化物及其混合物。“酸中心”可分为布朗斯特酸（B酸）和路易斯酸（L酸）。固体催化剂组成一般包括催化剂活性组分、助催化剂和载体三部分。外形有圆柱形、球形、片形、异形和无定形。

3. 固体催化剂可以采用挤条、压片、转盘（获均匀的球形）、喷动（获不均匀的球形）、液柱（获得球形）及喷雾干燥（获得小球状）等方法成型。制造方法有机械混合法、沉淀法、浸渍法、喷雾蒸干法、还原法、浸溶法、煅烧法、离子交换法和纤维化法。

二、试剂

1. 试剂按用途分为通用试剂、高纯试剂、分析试剂、仪器分析试剂、生化试剂（BR）、诊断试剂、无机离子显色剂和电子纯试剂等。

2. 试剂规格有优级纯（GR）、分析纯（AR）、化学纯（CP）、实验试剂（LR），以及基准试剂（JZ）、标准品、色谱纯（GC、LC）和光谱纯（SP）等。

3. 试剂提纯方法有蒸馏、吸收、升华、萃取、层析、电渗析以及化学法、离子交换树脂法和膜分离法等。

三、电子化学品

1. 电子化学品中引领品种当属集成电路化学品，包括超净高纯气体，IC专用光致抗蚀剂（光刻胶）及其助剂，超净高纯试剂，CMP化学机械抛光液，电子专用胶黏剂和封装材料等。

2. 国内生产的超净高纯试剂以低尘高纯级、MOS级、BV-Ⅰ级、BV-Ⅱ级、BV-Ⅲ（相当SEMI-C7）为主。开发级别更高的超净高纯试剂，以及IC专用光致抗蚀剂和超净高纯气体是电子化学品的发展方向。

四、氧化锆负载镍（NiO/ZrO_2）**催化剂的生产工艺**

1. 氧化锆具有酸碱两性、氧化和还原性，熔点高达2900℃。稳定氧化锆用于固体电池和氢氧燃料电池，氧化锆广泛被用做催化剂，可单独使用或作为载体使用。

2. 氧化锆负载镍（NiO/ZrO_2）属于负载型金属氧化物催化剂。生产中将氧氯化锆溶液按一定方法进行碱沉淀，获得氢氧化锆水凝胶，经醇洗获醇凝胶，再经特别加工获得氢氧化锆。该氢氧化物制得的负载催化剂对二氧化碳和甲烷制合成气反应具有高催化性能。

3. NiO/ZrO_2 催化剂生产工艺包括氢氧化锆水凝胶制备、氢氧化锆醇凝胶制备、氢氧化锆制备以及浸渍和焙烧等步骤。所用原料为氧氯化锆和硝酸镍，该催化剂使用中需要经还原介质高温活化。

五、超净高纯试剂氢氟酸生产工艺

1. 氢氟酸是氟化氢的水溶液，无色透明发烟液体，有刺激性气味。氢氟酸属中强酸，对金属、玻璃有强烈的腐蚀性，但不腐蚀聚乙烯。氢氟酸是具有最高恒沸点的非理想溶液，最高恒沸点 120℃时对应平衡浓度为 35.35%（质量分数）。超净高纯氢氟酸作为腐蚀剂和酸性清洗剂主要用于超大规模集成电路的生产。

2. 超净高纯氢氟酸主要采用氢氟酸精馏提纯法生产，常用工艺为“二馏夹一吸”步骤。“二馏”指二次精馏或蒸馏，一般在第一次精馏中结合化学除杂，加高锰酸钾和双氧水。产品分析结果：大于 0.2μm 粒径的颗粒数≤50 个，纯度：阴离子≤25ppb，阳离子≤0.03ppb，可达到 SEMI-C12 级别。

3. 生产中粗馏塔可用钛制造，管子和管件选聚四氟树脂制造，其他设备采用钢材内衬聚四氟树脂制造。蒸馏塔、喷淋吸收塔和精馏塔均为多层式填料塔。循环泵和回流泵均采用气动隔膜耐蚀泵。

4. 本品剧毒。杜绝眼接触和吸入。

六、半导体材料多晶硅生产工艺

1. 多晶硅是单质硅的一种形态。灰色金属光泽，溶于氢氟酸和硝酸的混酸中，不溶于水、硝酸和盐酸。常温下不活泼。具有半导体性质，但微量的杂质可影响其导电性。室温下质脆，切割时易碎裂。多晶硅除用于拉制单晶硅外，主要用做太阳电池的光电转换材料。

2. 多晶硅的成熟生产方法为三氯氢硅法，即将干燥硅粉与干燥氯化氢气体在一定条件下氯化生成三氯氢硅，三氯氢硅经冷凝、精馏和还原获得多晶硅。

3. 多晶硅生产工艺包括三氯氢硅合成和多晶硅生产步骤。在三氯氢硅合成中，原料为冶金硅粉和氯化氢气体，采用氯化亚铜催化剂，反应设备为沸腾床反应炉；提纯后的三氯氢硅的纯度达到 7N 以上，即杂质含量小于 100ppb，硼要求在 0.5ppb 以下。在多晶硅生产中，三氯氢硅的还原剂采用超纯氢气。

4. 三氯氢硅，液体，易燃，具强腐蚀性、强刺激性，可致人体灼伤。杜绝眼接触和吸入。

思考与习题

(1) 选择题

① 氧化锆作为催化剂或催化剂载体使用关注的性能是（　　）。

a. 熔点高　　b. 晶体结构稳定　　c. 催化活性高　　d. 酸碱两性

② 在 NiO/ZrO_2 催化剂生产工艺中，制备氢氧化锆不用氢氧化锆水凝胶而用氢氧化锆醇凝胶，其考虑出发点是（　　）。

a. 获得良好催化活性的物理结构　　b. 获得良好催化活性的晶体结构

c. 获得良好催化活性的表面结构　　d. 获得良好催化活性的孔隙结构

③ 用适当工艺制备的氢氧化锆浸渍硝酸镍溶液，经高温焙烧后生成产物为（　　）。

a. Ni/ZrO_2　　b. NiO/ZrO_2　　c. $NiO/Zr(OH)_2$　　d. $Ni(NO_3)_2/ZrO_2$

④ 超净高纯氢氟酸主要采用氢氟酸精馏提纯法生产，常用工艺为（　　）。

a. 亚沸蒸馏　　b. 化学精馏　　c. 两步精馏　　d. 二馏夹一吸

⑤ 超净高纯氢氟酸生产中，加高锰酸钾可以除去的杂质为（　　）。

a. 亚磷酸和磷酸等　　b. PF_3、PF_5 等　　c. H_2S、SO_2、AsF_3 等　　d. 硫酸、氟硅酸等

⑥ 超净高纯氢氟酸生产设备在下列选项中不能使用的材料有（　　）。

a. 不锈钢　　b. 铂　　c. 钢衬四氟乙烯　　d. 四氟乙烯

⑦ 超净高纯氢氟酸生产中，系统设备、接管、相应附配件及包装容器须经高纯水清洗，吸收氟化氢用水必须是高纯水，精馏塔的出料需经过百级洁净间中的超纯过滤系统过滤，灌装间在（　　）洁净间完成。

a. 一级　　b. 百级　　c. 万级　　d. 十万级

⑧ 多晶硅的成熟生产方法为三氯氢硅法，合成三氯氢硅原料为（　　）。

a. 工业硅粉和氯气　　b. 工业硅粉和氯化氢　　c. 硅烷和氢气　　d. 硅烷和氯化氢

⑨ 合成三氯氢硅是在催化剂下进行的气固相反应，反应温度 280～330℃，催化剂为（　　）。

a. 氯化亚铜　　b. 氯化高汞　　c. 醋酸铜　　d. 钯/炭

⑩ 在非晶态硅生产中，合成硅烷（SiH_4）的原料为（　　）。

a. 工业硅粉和氢气　　b. 硅粉和氯化氢

c. 硅粉和液氨　　d. 工业硅粉、氯化铵和镁屑

(2) 判断题

① 氧化锆负载镍催化剂中，氧化锆是催化剂的载体，其物理结构对催化剂的性能没有影响。（　　）

② 氢氟酸是具有最高恒沸点的非理想溶液。（　　）

③ 精馏提纯氢氟酸时，进料和釜料中氟化氢含量应高于最高恒沸点对应浓度 35.35%（质量分数）。（　　）

④ 多晶硅可以用做太阳电池的光电转换材料。（　　）

⑤ 在多晶硅生产中，利用三氯氢硅通过与氢气高温还原过程制得多晶硅。（　　）

(3) 为了获得高纯度的多晶硅，对原料三氯氢硅和氢气有什么要求？

(4) 固体催化剂要求高空隙，结合机械混合法和沉淀法的制造步骤，推断一下高空隙怎样获得？

(5) 结合表 4-1，对照甲醇的分析纯和色谱纯质量指标，指出其不同点？

(6) 结合表 4-2，对照超净高纯试剂 SEMI 标准中 SEMI-C7 和 SEMI-C8 规格，指出其对杂质和颗粒的不同要求，提高质量规格对生产意味着什么？

(7) 氧化锆负载镍催化剂对二氧化碳和甲烷制合成气具有高催化性能，为什么使用前必须还原？

(8) 超净高纯氢氟酸生产中，粗馏塔釜内温度为 30～50℃，塔顶气体温度 16～20℃；精馏塔塔釜温度 110～120℃，塔顶出口温度 105～110℃；为什么精馏塔的釜温和顶温均高于粗馏塔对应的温度？

4.2 项目二　中间体均苯四甲酸二酐生产工艺及装置仿真操作

项目任务

① 掌握均苯四甲酸二酐生产工艺；

② 掌握均苯四甲酸二酐生产生产装置的仿真操作。

4.2.1 中间体均苯四甲酸二酐生产工艺

均苯四甲酸二酐生产工艺如下。

(1) 均苯四甲酸二酐及原料概述　均苯四甲酸二酐（PMDA），简称均酐，$C_{10}H_2O_6$，相对分子质量 218.12，CAS 号 89-32-7，为白色或淡黄色结晶状物质，熔点 284～288℃，沸点 397～400℃，能升华，相对密度（水＝1）1.68；易溶于二甲亚砜（DMSO）、二甲基甲酰胺（DMF）等，可溶于丙酮，稍溶于水；会潮解，生成均苯四甲酸（PMA），均苯四甲酸脱水生成均酐。工业品（标准 Q/SH007—2001）纯度 98.0%～99.0%，均苯四甲酸≤0.5%，苯三酸≤0.2%。

均酐是一种重要的精细化工中间体。与芳香族二胺合成的聚酰亚胺是一种耐高温、耐低温、耐辐射、耐冲击和具有优异电绝缘性能和力学性能的新型合成材料，该材料用于制作印刷线路板、绝缘材料等。均酐作为良好的固化剂和消光剂用于环氧树脂粉末涂料、水溶性涂料和高档聚酯型聚氨酯涂料等。

均四甲苯为白色结晶状物质，$C_{10}H_{14}$，相对分子质量 134.21，CAS 号 95-93-2；熔点 79.38℃，沸点 196.8℃，液态相对密度（水＝1）0.89，不溶于水，溶于乙醇、乙醚、苯；有类似樟脑的气味；属于易燃固体。工业一级品纯度≥97%，二级品纯度≥95%。

均苯四甲酸（PMA）为白色结晶粉末，$C_{10}H_6O_8$，相对分子质量 254.15，CAS 号 89-05-4；密度 1.79g/cm^3，熔点 282℃，沸点 516℃，易溶于水，工业品含量≥98.5%，挥发量≤1%，灰分≤400ppm，酸值≥870mg/g。

(2) 均苯四甲酸二酐生产原理　均酐生产方法主要有液相硝酸氧化法、液相空气氧化法和均四甲苯固定床气相催化氧化法，国内生产厂家大都采用均四甲苯固定床气相催化氧化技术。该技术是将均四甲苯在气相下利用空气中氧气催化氧化合成均酐，催化剂为钒-钛系催化剂，反应温度偏高。

在合成均酐过程中，主反应为四甲苯部分氧化反应，该反应中均四甲苯上四个甲基都发生部分氧化，生成四个羧基并脱水形成二酐，伴随大量放热。副反应包括四个甲基部分氧化生成均苯四甲酸的反应、三个甲基部分氧化生成甲基苯三甲酸的反应、两个甲基部分氧化生成二甲基苯二甲酸的反应、一个甲基部分氧化生成三甲基苯甲酸的反应，以及完全氧化生成二氧化碳、一氧化碳和水的反应。

主反应：

均四甲苯 $+6\,O_2 \xrightarrow[430\sim450℃]{\text{钒-钛系催化剂}}$ 均苯四甲酸二酐 $+6\,H_2O + 2140\text{kJ}$

副反应：

均四甲苯 $+6\,O_2 \xrightarrow{\text{高温}}$ 均苯四甲酸 $+4\,H_2O + 2381\text{kJ}$

① 反应条件和参数　反应体系为气相，钒-钛系催化剂负荷为 30～70g/(L·h)，空速为 3000～5000L/(L·h)，反应热点温度 430～450℃，均四甲苯气相浓度 10～15g/m^3，最终产品收率 50%～60%。

② 技术关键环节　存在两个技术关键环节。一是催化氧化反应温度的控制，防止反应过程飞温；二是反应产物均酐的捕集，使均酐得到充分收集同时减少排放气中废物含量。

催化氧化反应是一个强放热反应，反应热不能及时移出易出现飞温现象，飞温影响装置安全、产品得率与质量。为防止飞温，工艺上采用换热式固定床反应器，并以熔盐作为传热介质；熔盐既为开车时提供预热，也在反应过程中承担导出反应热的作用，导热熔盐可使用空气冷却。

高温反应产物气中所含均酐为气态，浓度低且与水汽相伴，冷却会使均苯四甲酸和均酐等凝华成固体，但该固体粘附力较强导致操作不便甚至堵塞设备。捕集方法一般有两种，一种为用水直接冷却捕集，适用产量较大装置；另一种为通过逐级间接降温来捕集，适合规模较小的装置。若采用间接降温捕集，则步骤较多。产物气体经二级换热降温和热管换热器降温（但要防均酐凝结），再通过四级捕集器来捕集均酐（沸点高的酸先凝华、沸点低的酐和均四甲苯后凝华），尾气经水洗塔净化排空。该法工艺成熟，捕集效率高、粗酐收率达到90%左右，但出料靠人工清理，劳动强度高，劳动环境相对差。

③ 相关操作和过程　为了满足气相催化反应条件，需要先将固体的均四甲苯原料熔化，再用热空气将液态的均四甲苯夹带汽化，控制均四甲苯与空气配比可使均四甲苯的气相浓度保持在10～15g/m^3。为了获得高纯度产品，需要先对捕集过程中获得的凝华固体进行水解，使全部含酐部位都转变为羧酸，水解中通过加活性炭可脱除带色杂质，水解得到粗均苯四甲酸等有机酸，再经脱水生成粗均酐。粗均酐升华可得到精均酐产品。

(3) 均苯四甲酸二酐生产工艺　均苯四甲酸二酐生产工艺如图 4-7 所示。包括五个工段，其中氧化工段、水解工段、精制工段为主要工段，干燥工段、浓缩工段为辅助工段。氧化工段包括氧化单元过程、换热单元操作和捕集系统；固体的均四甲苯经加热熔化，泵入汽化器与热空气混合汽化，均四甲苯气相浓度 10～15g/m^3，汽化器温度在高于 180℃，进入固定床催化氧化反应器，于430～450℃下反应，生成均酐及副产物，反应热由熔盐导出，熔盐温度在 380～390℃；反应产物气体经一级、二级换热器冷却和热管换热器冷却，180℃左右进入四级捕集器逐级捕集，得到一捕/二捕/三捕粗均酐产品和四捕物料，尾气进入水洗塔经水洗放空，一捕/二捕/三捕粗均酐产品去分别水解，四捕物料返回氧化单元过程。水解工段包括水解单元过程、结晶和过滤单元操作；一捕粗均酐送入水解釜中加一定量软水和活性炭进行水解，质量比 300∶1500∶15，水解温度 95℃，时间 0.5～1h，水解后物料靠0.1MPa 压缩空气压入热过滤器（95℃），除去活性炭和杂质的溶液进入结晶釜，在结晶釜中用水冷却至 20～30℃结晶，结晶物系经离心机甩干得到均苯四甲酸粗产品，该物料被送后面工段加工，滤液送母液槽；二捕、三捕粗均酐的水解分别需要两次和三次，水解温度95℃，每次时间 0.5～1h，水解后物料经热过滤除去杂质送结晶槽中自然冷却结晶；二捕/三捕粗均酐第一次水解用软水，质量比（240/200）∶1500；三捕粗均酐第二次水解用母液，用量比第一次软水用量稍少；二捕/三捕粗均酐最后一次水解都用软水并加活性炭，质量比同一捕粗均酐水解。精制工段包括脱水单元过程、升华单元操作；均苯四甲酸粗产品被均匀装入不锈钢小舟，送入脱水釜的列管内，在熔盐温度 230℃、真空度 0.095MPa 下，保持6～8h，除去其中游离水和羧基缩合水，生成均酐，同时脱去低沸点副产物；脱水后，将小舟从脱水釜取出送至装料间，冷却后在小舟表面加入厚约 1cm 的 ϕ1～3mm 的硅胶，均酐固体随小舟一起送入升华釜，在熔盐温度 250℃、真空度 0.0995MPa 下，维持 6～8h，均酐升华重结晶得精均酐产品。在干燥工段，对水解工段出来的均苯四甲酸直接进行干燥，得均苯四甲甲酸产品。在浓缩工段，对工艺废液（氧化工段的水洗液、水解工段的结晶母液等）通过蒸汽间接加热浓缩，得水和废渣，水被循环使用，废渣进行焚烧处理。

本工艺中氧化工段为连续生产，捕集器采用两套切换操作。一套捕集，一套出料备用。每套捕集器又分为四级，一捕、二捕、三捕为列管换热式圆筒捕集器（工艺物料走管程，便于清扫），四捕为隔板折流式圆筒捕集器。水洗塔为三层湍流吸收塔。水解工段、精制工段、

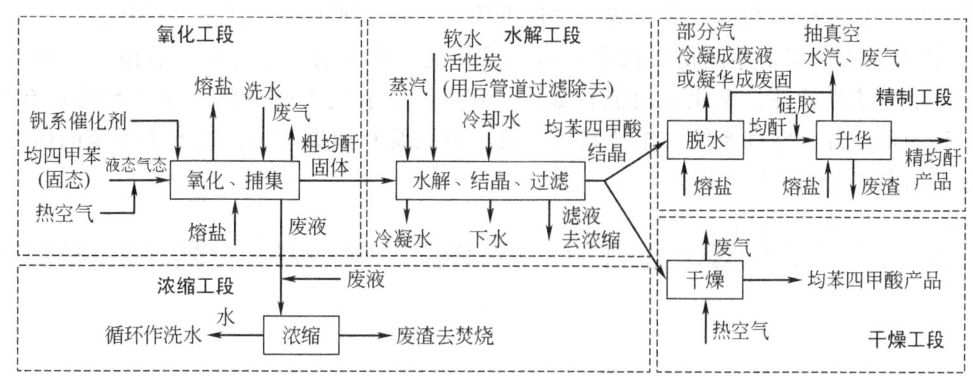

图 4-7　均苯四甲酸二酐生产工艺

干燥工段和浓缩工段均为间歇操作。

(4) 安全与环保

① 均酐属危险品　要求操作环境通风良好。编织袋包装，内衬塑料薄膜，25kg/袋。

② 均苯四甲酸属危险品　接触时应使用橡胶手套、护目镜、面具等保护性用品，远离火源、水和潮湿的场所。铝箔包装充氮气，外包纸袋，20kg/袋；或铝箔包装充氮气，外套纸桶，120kg/桶。

③ 生产中废气、废液、废渣较多　所有尾气最好都通入氧化工段的捕集系统水洗塔，经水洗净化后排空；所有废液都收集于浓缩工段的废液槽，通过浓缩回收水，浓缩后废渣及其他废渣掺入煤中焚烧。

4.2.2　中间体均苯四甲酸二酐生产装置仿真操作

4.2.2.1　模块一　均酐装置氧化工段仿真操作

(1) 均酐装置氧化工段开车仿真操作

① 单元训练任务与目标　本单元训练可划分为入门与熟练两个阶段。入门阶段的任务为在老师指导下，认识氧化工段全部工序的仿真操作画面，按照工序操作顺序和各工序的操作步骤进行仿真操作；其目标为在 2 课时内对本工段全部工序做一遍仿真操作。熟练阶段的任务为在有了入门阶段训练基础后，脱离操作步骤文本，按工序顺序对本工段全部工序做两

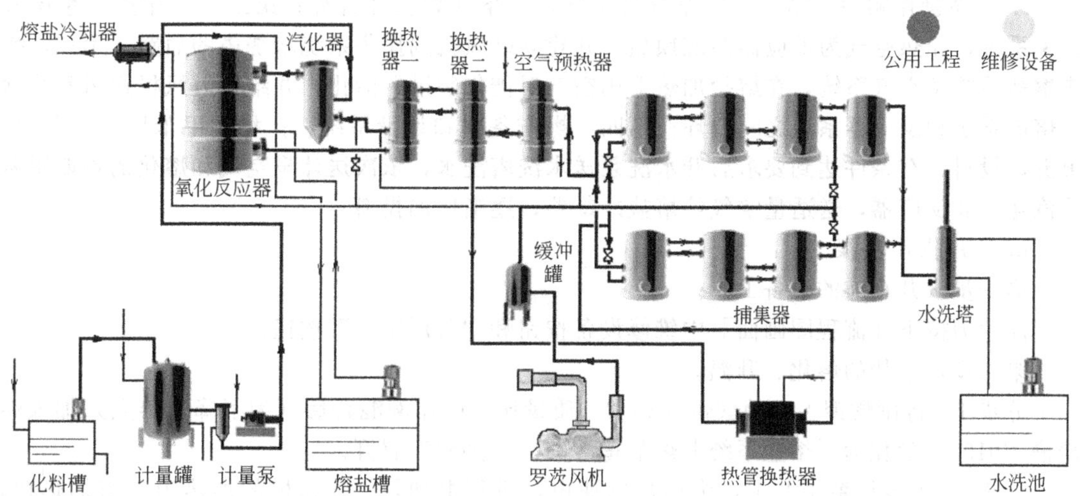

图 4-8　氧化工段流程

遍仿真操作；其目标为在第二遍中减少失误操作，并在 2 课时内完成全部操作。

② 氧化工段全部工序及仿真操作画面　采用北京东方仿真软件技术有限公司的均苯四甲酸二酐工艺仿真软件。氧化工段流程如图 4-8 所示。氧化工段全部工序（系统）有五个，即备料和计量系统、空气系统、熔盐系统、反应器系统和捕集系统，这五个系统的仿真操作画面分别如图 4-9～图 4-13 所示。

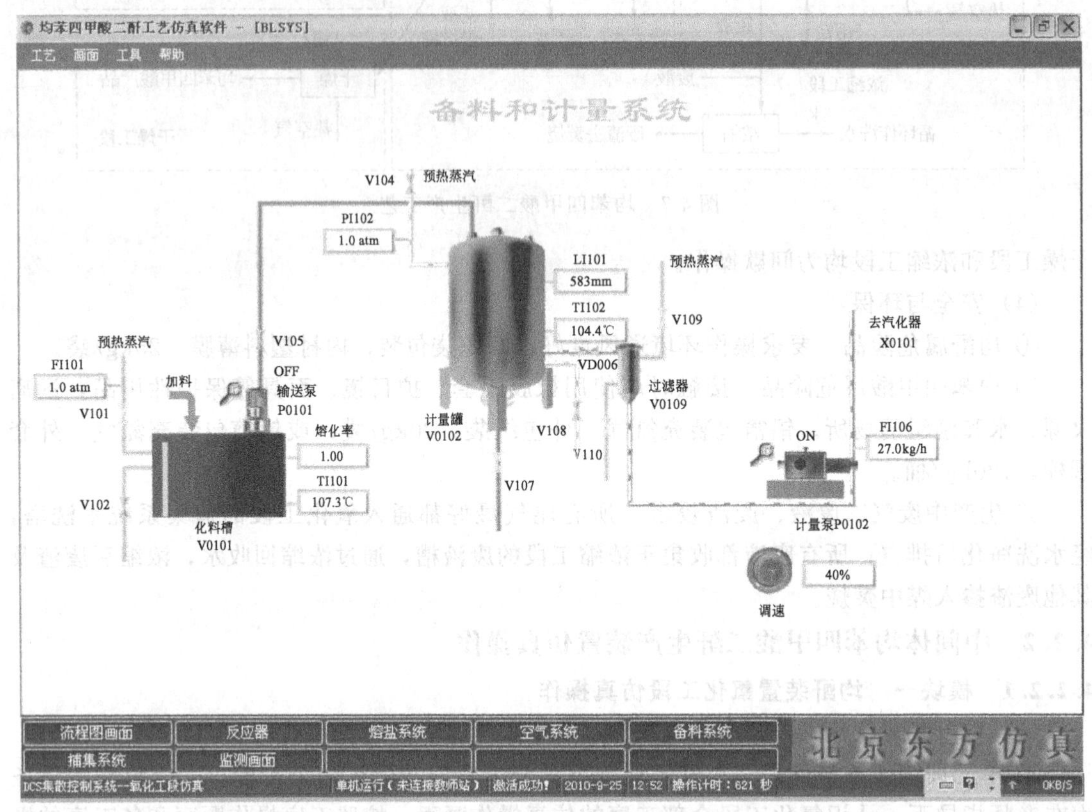

图 4-9　备料和计量系统仿真操作画面

③ 氧化工段开车工序操作顺序和操作步骤

a. 工序操作顺序　第一，操作熔盐系统，让熔盐熔化并升温；第二，操作空气系统及相关系统，让热空气为反应器系统预热，并建立鼓风机到捕集系统水洗塔的通路；第三，操作熔盐系统及空气系统，在熔盐加热下用空气对催化剂进行活化，并维持鼓风机送风和熔盐在熔盐系统和反应器系统之间循环；第四，操作备料和计量系统，让均四甲苯熔化并备料；第五，投料，在条件达到要求后开水洗泵送水洗塔洗水，依次送计量空气和熔化的均四甲苯给汽化器和反应器，送适量空气给熔盐冷却器，逐渐增加投料。

b. 工序操作步骤

第一步，开车前的准备工作。

简化为按下［流程图画面］中维修设备按钮和“公用工程”按钮。

第二步，熔盐的熔化、升温。

分步 1，将硝酸钾：亚硝酸钠＝3：2（质量比）的比例混合后（为了降低熔点）加入熔盐槽 V0103，简化为［熔盐系统］熔盐槽 V0103“加料”置开。

分步 2，［熔盐系统］中，为熔盐槽通电，进行电加热。熔盐槽的加热为三组加热棒，其中阀 V0103A、阀 V0103B 为手动开关，TIC103 为自动开关，其 SV 值设为 350℃。升温

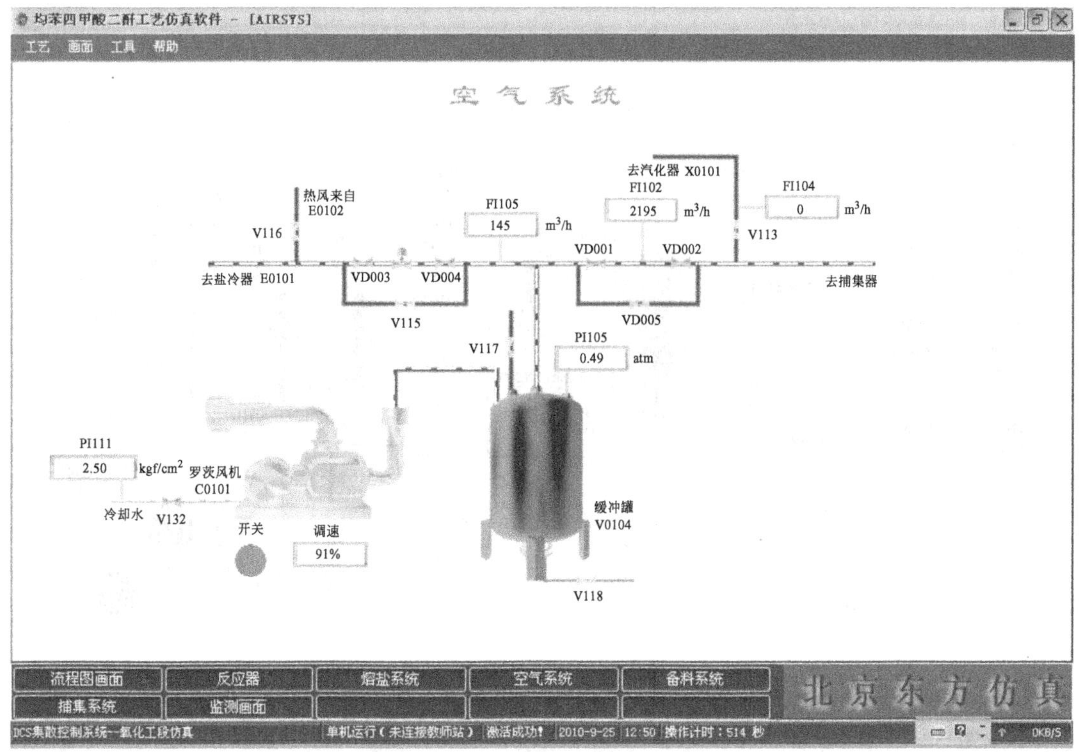

图 4-10　空气系统仿真操作画面

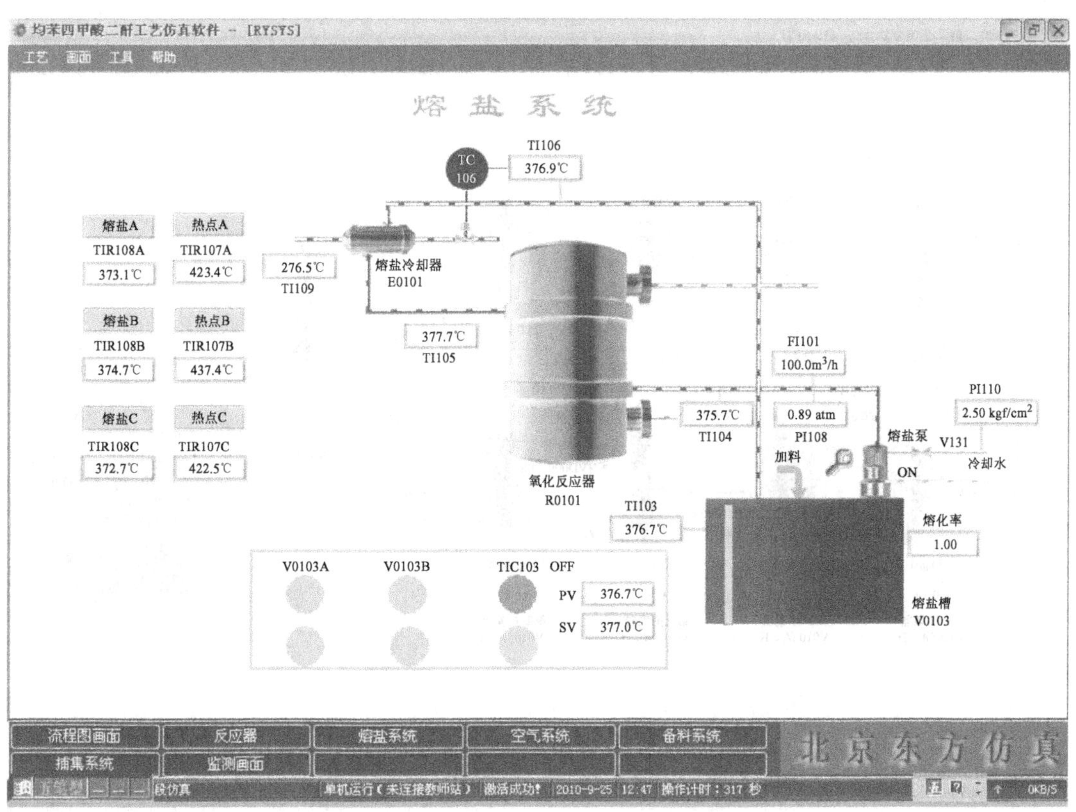

图 4-11　熔盐系统仿真操作画面

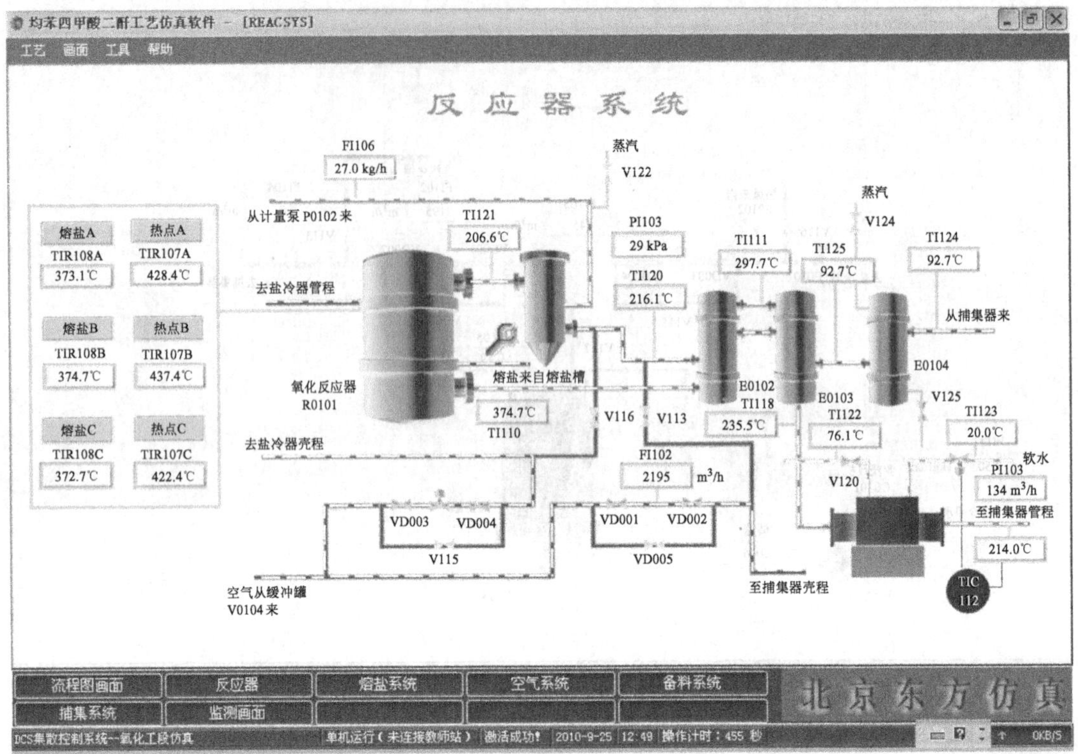

图 4-12 反应器系统仿真操作画面

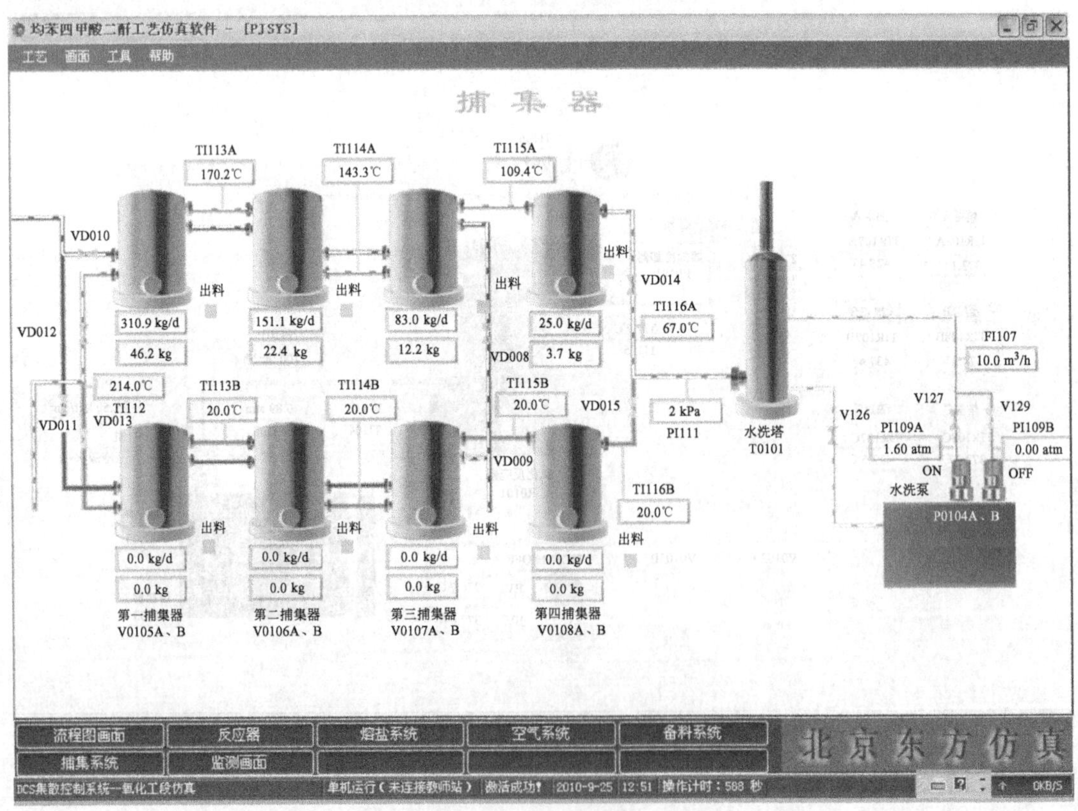

图 4-13 捕集系统仿真操作画面

时三组加热棒全开；保温时只开 TIC103。

分步 3，升温到 143.1℃熔盐开始熔化，通过熔化率可以看到熔盐槽 V0103 物料状态。熔化后控制加热量的大小，以 20℃/h 的速度升温至 300℃，之后可逐步关 V0103B 和 V0103A 加热棒，TIC103 双位控制另一加热棒加热，让熔盐槽 V0103 熔盐温度升至 350℃。

第三步，反应器的预热。

反应器 R0101 填装催化剂后在熔盐循环之前先用热空气预热，热空气热量是由空气预热器的蒸汽提供。

分步 1，在［捕集系统］中开空气上捕集支路阀 VD008、VD010，开反应产物上捕集支路阀 VD012、VD014；在［空气系统］中开罗茨风机冷却水进口阀 V132，开空气支路阀 VD0001、VD002，启动罗茨鼓风机，置“调速”为 39％～40％，通过 FI102 看流量应在 1000m^3/h 左右。

分步 2，在［反应器系统］中，置空气预热器 E0104 所接蒸汽进口阀 V124 开度 100、冷凝水出口阀 V125 开度 50。空气通过空气预热器后成为热空气，热空气预热反应器床层使温度升至 100～120℃，并保温 3h。

分步 3，在［熔盐系统］中置盐冷器熔盐出口温度控制仪表 TC106 为手动，OP 置 50；在［空气系统］中开空气支路阀 V116，用热空气预热盐冷器；开空气支路阀 V115 补进少量冷空气，使盐冷器空气进口温度为 80℃。

分步 4，［反应器系统］中关空气预热器蒸汽，［空气系统］中停罗茨风机，关 V115、V116，VD0001、VD002。

分步 5，在［熔盐系统］中开熔盐泵冷却水，开熔盐泵，将熔化的熔盐打入反应器壳程并循环。为维持熔盐温度 350℃，开 V0103A 和 V0103B 加热，接近 350℃时再关 V0103A 和 V0103B。循环 30～60min 后停泵。

分步 6，停泵后，打开反应器上、下手孔，检查反应器上、下管板是否有熔盐渗漏。

第四步，催化剂活化

分步 1，熔盐泵停下后，熔盐自动返回熔盐槽 V0103 中。在［熔盐系统］中再开 V0103A 和 V0103B 加热棒，对熔盐加热。当升温至 350℃时开启熔盐泵，循环熔盐。

分步 2，继续加热。熔盐槽温度升至 460～470℃时关 V0103A 和 V0103B 加热棒，TIC103 的 SV 值设为 465℃。维持，保证熔盐和热点温度高于 450℃。

分步 3，［空气系统］中开罗茨风机送空气，罗茨风机的“调速”为 47％时，空气流量为 1200m^3/h 左右。为增大加热功率，开 V0103A 加热棒。当床层温度达到 450℃时，视为活化开始。在此风量和温度下，保持 6～8h，结束活化。

分步 4，［熔盐系统］中停止 V0103A 加热，将 TIC103 的 SV 值置 377℃。当熔盐温度降至 400℃，备投料。

第五步，均四甲苯备料。

分步 1，［备料和计量系统］中置“加料”为开，视为将一定量均四甲苯投入化料槽 V0101。置化料槽蒸汽阀开度 100，冷凝水阀开度 50，通蒸汽加热化料槽。物料于 79℃熔化，完全熔化后升温并保持 100～110℃。

分步 2，置蒸汽阀 V104 和 V109 开度 100，冷凝水阀 V108 和 V110 开度置 50，通蒸汽预热计量罐 V0102、过滤罐 V0109、计量泵 P0102 及相关管路，使温度维持在 100～110℃。

分步 3，开均四甲苯输送泵 P0101，置输送泵出口阀 V105 开度 100，将液体均四甲苯送入计量罐，至液位 1000mm（计量罐的液位最大值 1300mm）停止送液，低于 300mm 则开输送泵 P0101 补充。开计量罐后出料阀 VD006；开计量泵 P0102（可通过实际称量方法标定），改变计量泵"调速"值来调节均四甲苯输送流量。

第六步，投料。

分步 1，热管换热器用来对进入捕集器的反应气体降温，并控制其温度不低于 200～210℃，以确保在热管的翅片上不出现均酐的凝结现象。在［反应器系统］中置热管换热器出口温度控制仪表 TIC112 为自动，设定值为 205℃。

分步 2，若［反应器系统］中反应器 R0101 熔盐温度在 380～390℃、汽化器 X0101 出口温度大于 180℃、［捕集系统］中捕集器 V0105 入口温度在 160℃以上，则开［捕集系统］中水洗泵 P0104A，置出口阀 V127 和水洗塔出料阀 V126 开度均为 100。

分步 3，［空气系统］中，通过罗茨风机"调速"调整空气量，"调速"为 55%时，空气流量为 1400m^3/h。

分步 4，［备料系统］中，开均四甲苯计量泵 P0102，通过计量泵"调速"改变均四甲苯输送流量。"调速"为 3%时，液体均四甲苯的流量为 2.6kg/h。观察热点的变化情况。

分步 5，［空气系统］中，开去熔盐冷却器空气支路上调节阀前后的截止阀 VD003 和 VD004，［熔盐系统］中置仪表 TC106 的设定值 377℃，自动调节熔盐出熔盐冷却器的温度，并维持在 377℃左右。

分步 6，投料按由低到高逐渐增加的原则进行。将均四甲苯计量泵"调速"值由 3%调高至 40%，对应流量由 2.6kg/h 上升到 27kg/h 左右，并调整熔盐温度及风量至正常操作条件。一般情况下，按下列负荷与时间关系投料开车：1/3 负荷用 24h（仿真中简化为 10min），1/2 负荷用 24h（简化为 10min），3/4 负荷用 24h（简化为 10min）。满负荷时，每半小时对各点的温度、压力等参数进行一次记录。

c. 操作质量指标　熔盐 B 温度为 370～380℃，热点 B 温度为 430～450℃；均四甲苯最大流量 27kg/h 左右，对应空气流量（FI102）为 2200m^3/h 左右。

在课后继续练习氧化工段开车仿真操作，直至达到熟练掌握程度。

(2) 均酐装置氧化工段停车及事故处理仿真操作

① 单元训练任务与目标　单元训练任务是采用北京东方仿真软件技术有限公司的均苯四甲酸二酐工艺仿真软件，在老师指导下，选择"系统正常停车"培训项目（图 4-14），按照氧化工段正常停车的操作步骤进行仿真操作；选择"系统紧急停车"培训项目，按照氧化工段紧急停车的操作步骤进行仿真操作；选择"计量泵不打料"等事故处理项目，按照氧化工段事故处理的操作步骤进行仿真操作处理。单元训练目标为在 2 课时内对本工段正常停车、紧急停车和各事故处理的培训项目做一遍仿真操作。

② 氧化工段正常停车操作步骤

第一步，关闭均四甲苯计量泵，停止进料。

第二步，继续运转 10～15min，待反应器热点温度低于 400℃时，关闭罗茨鼓风机，停风。

第三步，关停熔盐泵，使反应器熔盐全部自流回熔盐槽。

第四步，停止空气预热器蒸汽加热，关掉蒸汽阀门。

第五步，停止送风后，待尾气压力接近常压，关停水洗泵。

第六步，间歇开动熔盐泵，使反应器温度不低于 200℃。（保温，有利于下次开车）

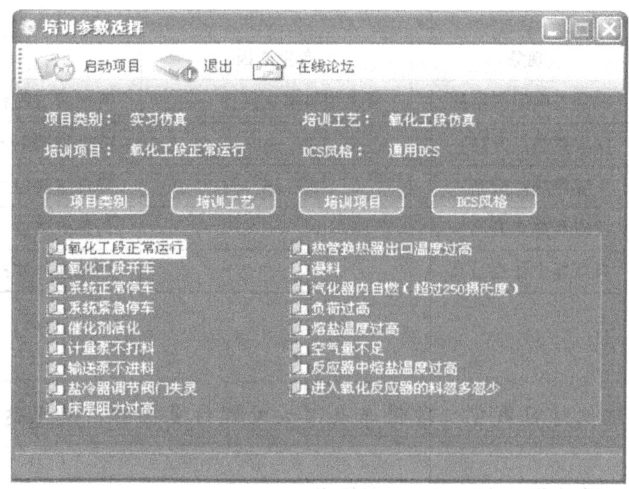

图 4-14　氧化工段培训项目选择

③ 氧化工段紧急停车操作步骤

第一步，遇有紧急情况，先关停均四甲苯进料泵，然后才可停止其他设备运转。

第二步，继续运转 10～15min，待反应器热点温度低于 400℃时，关闭罗茨鼓风机，停风。

第三步，关停熔盐泵，使反应器熔盐全部自流回路熔盐槽。

第四步，停止空气预热器蒸汽加热，关掉蒸汽阀门。

第五步，停止送风后，待尾气压力接近常压，关停水洗泵。

第六步，间歇开动熔盐泵，使反应器温度不低于 200℃。

④ 氧化工段事故处理操作步骤　氧化工段事故处理操作步骤，见表 4-3 所列。

表 4-3　氧化工段事故处理操作步骤

事故名称	现象	产生原因	处理方法
计量泵故障，不打料	热点下降，无法控制	①蒸汽压力过高 ②均四甲苯含水过多	维修计量泵
输送泵不进料	输送泵不进料	①化料槽无料 ②输送泵被堵	①化料槽加料 ②疏通输送泵，维修班处理
盐冷器调节阀门失灵	盐冷器调节阀门失灵	室外温度过低，调节阀门被冻	暖风机吹扫，调节阀门，调节副线阀门
床层阻力突然升高（切换混合气易发生）	床层阻力突然升高（切换混合气易发生）	混合气管道被堵（易发生部位：横管，竖管及出口）	清理管道堵塞部位（按维修按钮）
热管换热器 E0105 出口温度 TI112 过高	热管换热器 E0105 出口温度 TI112 过高	—	调节软水流量
计量罐漫料	计量罐漫料	计量罐打入均四甲苯量过多	根据要求打料，停输送泵
反应热点温度波动大	反应热点温度波动大	①均四甲苯原料进料不稳 ②熔盐温度波动 ③空气量不稳	①调整进料 ②控制好盐温 ③调整风量
汽化器内自燃（超过250℃）	汽化器内自燃（超过250℃）	重组分积累及结焦	①清理放出焦油状物和降低汽化温度 ②停风机、停止进料 ③定时清理汽化器
进入氧化反应器的料忽多忽少	进入氧化反应器的料忽多忽少	①料中含有水分 ②计量泵故障	①对计量罐进行放水 ②检查计量泵运行是否正常

续表

事故名称	现象	产生原因	处理方法
混合气阀门关不死	混合气阀门关不死	管道物料堵住阀门	清理管道物料
负荷过高	反应器热点升高	—	减少均四甲苯进料
熔盐温度偏高	反应器热点升高	—	降低熔盐温度
空气量不足	反应器热点升高	—	调整空气量
反应器中盐温过高	反应器中盐温过高	—	调整盐冷器冷空气量

在课后继续练习氧化工段停车及事故处理仿真操作，直至达到熟练掌握程度。

4.2.2.2 模块二 均酐装置水解工段仿真操作

（1）单元训练任务与目标 本单元训练任务为在老师指导下，在水解工艺（工段）中选择“一捕水解工艺”培训项目，按照操作步骤进行仿真操作；选择“二捕水解工艺”培训项目，按照操作步骤进行仿真操作；选择“三捕水解工艺”培训项目，按照操作步骤进行仿真操作。本单元训练目标为结合水解工段不同培训项目的操作质量评分系统评分结果，在减少失误操作情况下，于2课时内完成全部操作。

（2）水解工段工序及仿真操作画面 采用北京东方仿真软件技术有限公司的均苯四甲酸二酐工艺仿真软件。水解工段包括水解和结晶两个主要工序。水解流程和结晶流程分别如图

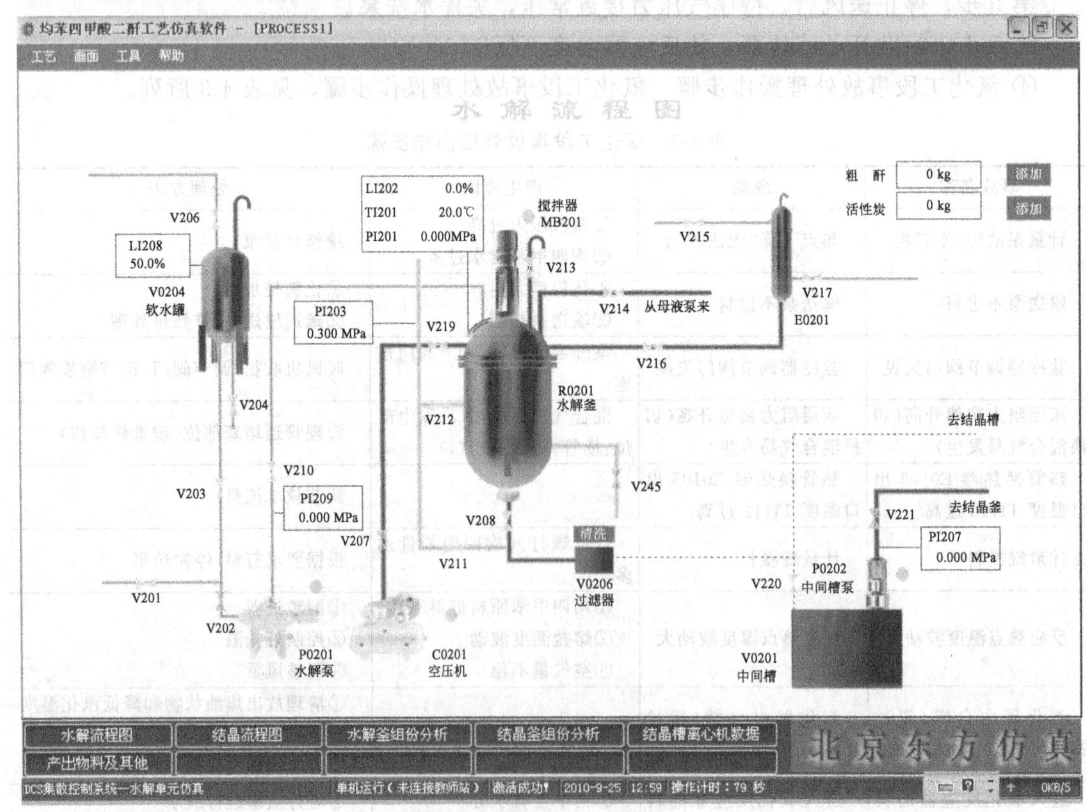

图 4-15 水解工段水解流程

4-15 和图 4-16 所示。

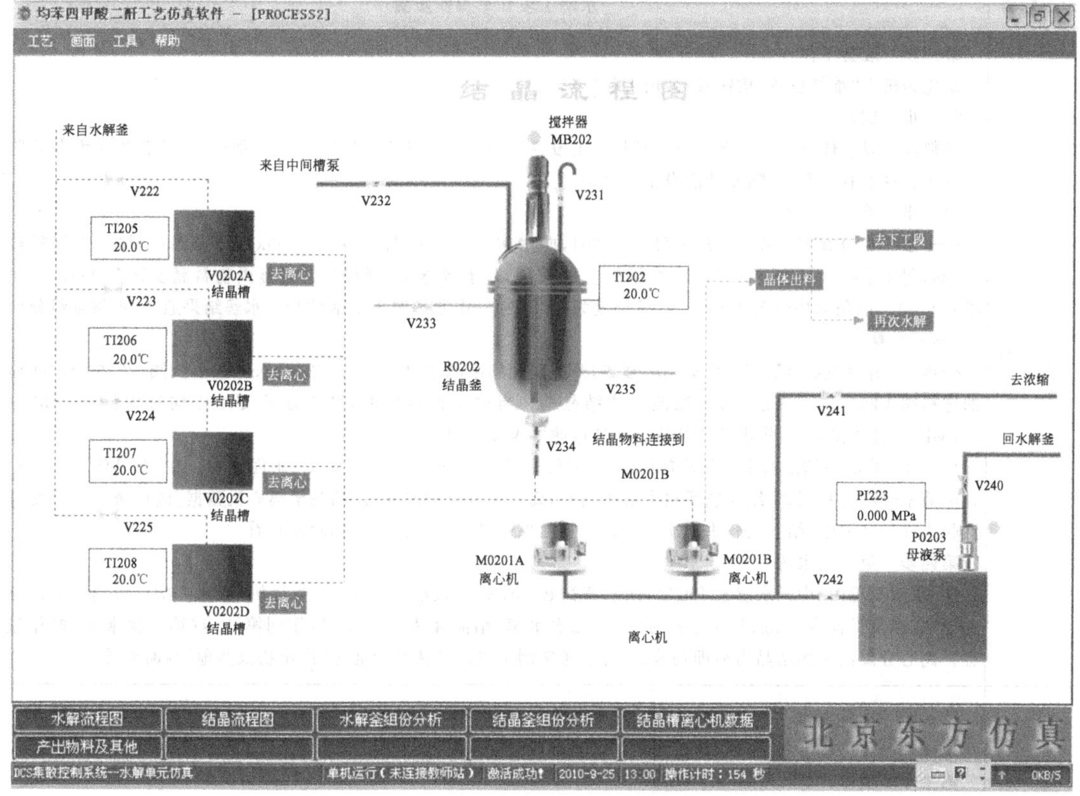

图 4-16　水解工程结晶流程图

(3) 水解工段开车操作步骤　水解工段开车操作步骤因水解物料不同而有所差异，详见表 4-4。

表 4-4　水解工段开车操作步骤

水解物料	水解工段开车操作步骤
一捕来料	第一步　准备工作 简化为按下“维修设备”按钮及“公用工程”按钮 第二步　试车 投料前以水代料进行试车。方法是将本工段各釜加一定量的水，开搅拌，蒸汽加热后，从各相应设备管路中放出。观察有无泄漏，顺便冲洗设备和管路 第三步　投料 分步 1　在[水解流程图]中开水解泵 P0201，向水解釜 R0201 打入软水 1500kg，通过[水解釜组分分析]可看到打入水量；[水解流程图]中开搅拌机，加入一捕粗酐 300kg 和活性炭 15kg，封闭手孔(实际操作时需要)。开冷凝器 E0201 冷却水进、出口阀，开水解釜出汽阀 V216，开水解釜的蒸汽阀加热，当釜内物料温度升至 95℃时，恒温 0.5～1.0h(仿真中，恒温 120s)。水解结果通过[水解釜组分分析] 画面查看 分步 2　开蒸汽阀，给过滤器 V0102 预热，关水解釜出汽阀 V216，开釜底阀和中间槽的进料阀，进行热过滤。滤液收集在中间槽 V0201 内。当过滤速度慢时，开空压机 C0201 及阀 V207、V219，向釜内保压 0.05～0.1MPa。过滤完毕后，将水解釜卸压。清洗过滤器 V0206 待用 分步 3　在[水解流程图]中开中间槽泵 P0202 及出口阀 V221，在[结晶流程图]中开结晶釜的进料阀 V232，将水解后的滤液送入结晶釜。在[结晶流程图]中开结晶釜搅拌机；开结晶釜冷却水进、出口阀，通冷却水冷却、结晶(开始时冷却速度慢些)。结晶结果通过[结晶釜组分分析]画面查看。当釜温冷至 20～30℃时，开釜底阀和母液槽母液进料阀 V242，将结晶釜中物料放入离心机 M0201 离心，滤液送母液槽，离心机分离情况通过[结晶槽离心机数据]画面查看。间歇放料，间歇离心；离心出的均苯四甲酸送精制工段，产物结果通过[产出物及其他]画面查看

续表

水解物料	水解工段开车操作步骤
二捕来料	第一步 准备工作 简化为按下"维修设备"按钮及"公用工程"按钮 第二步 试车 投料前应以水代料进行试车。方法是将本工段各釜加一定量的水，开搅拌，蒸汽加热后，从各相应设备管路中放出。观察有无泄漏，顺便冲洗设备和管路 第三步 第一次水解 分步1 在[水解流程图]中开水解泵 P0201，向水解釜 R0201 打入软水 1500kg，开搅拌机，加入二捕粗酐 240kg，封闭手孔。开冷凝器 E0201 冷却水进、出口阀，开水解釜蒸汽阀加热，当釜内物料温度升至 95℃时，恒温 0.5～1.0h(仿真中恒温 120s)。水解温度为 95℃，第一次水解时不加活性炭。水解结果通过[水解釜组分分析]画面查看 分步2 开蒸汽阀，给过滤器 V0102 预热，开釜底阀和结晶槽进料阀 V222，关水解釜出汽阀 V216 和中间槽的进料阀 V220，进行热过滤，其滤液送往结晶槽。当过滤速度慢时，开空压机 C0201 向釜内保压 0.05～0.1MPa。过滤完毕后，将水解釜卸压。清洗过滤器 V0206 待用 分步3 滤液在结晶槽中自然冷却结晶，结晶结果通过[结晶槽离心机数据]画面查看。在[结晶流程图]中，开母液槽母液进料阀，将结晶物系送离心机离心，离心机分离情况通过[结晶槽离心机数据]画面查看。过滤母液收集在母液槽中，结晶出料去二次水解。产物结果通过[产出物及其他]画面查看 第四步 第二次水解 在[水解流程图]中开水解泵 P0201，向水解釜 R0201 打入软水 1500kg，开搅拌机，加入一次水解离心后的结晶出料，以及活性炭 15kg，封闭手孔，进行第二次水解、结晶和离心过滤，操作同第三步(第一次水解)操作过程。离心分离出来的结晶出料即均苯四甲酸，送精制工段。产物结果通过[产出物及其他]画面查看
三捕来料	第一步 准备工作 机修和公用工程准备好。水解过滤器加好滤布或清洗水解过滤器 第二步 试车 启动小空压机给水解釜加压，压力在 0.1～0.15MPa，以检查水解釜的密封性。实际操作时，投料前应以水代料进行试车。方法是将本工段各釜加一定量的水，开搅拌，蒸汽加热后，从各相应设备路中放出。观察有无泄漏，顺便冲洗设备和管路 第三步 第一次水解 分步1 在[水解流程图]中开水解泵 P0201，向水解釜 R0201 打入软水 1500kg，开搅拌机，加入三捕粗酐 200kg，不加活性炭，封闭手孔。开冷凝器 E0201 冷凝水进出口阀，开水解釜出汽阀 V216，开蒸汽阀加热。当釜内物料温度升至 95℃时，恒温 0.5～1.0h(仿真中恒温 120s) 分步2 开蒸汽阀，给过滤器 V0102 预热，开釜底阀和结晶槽进料阀，关水解釜出汽阀 V216 和中间槽的进料阀，进行热过滤，其滤液送往结晶槽。当过滤速度慢时，开空压机 C0201 向釜内保压 0.05～0.1MPa。过滤完毕后，将水解釜卸压。清洗过滤器 V0206 待用 分步3 滤液在结晶槽中自然冷却结晶。在[结晶流程图]中，开母液槽母液进料阀，将结晶物系送离心机离心离心机分离情况通过[结晶槽离心机数据]画面查看。过滤母液收集在母液槽中，结晶出料去二次水解 第四步 第二次水解 分步1 将一次水解结晶离心后的晶体出料重新投入水解釜内(实际操作时，封闭手孔)，开母液泵 P0203，向水解釜 R0201 打入母液 1300kg，开搅拌，不加活性炭。开蒸汽阀加热。当釜内物料温度升至 95℃时，恒温 120s(实际操作时，恒温 0.5～1.0h) 分步2 开蒸汽阀，给过滤器 V0102 预热，开釜底阀和结晶槽进料阀，关中间槽的进料阀，进行热过滤，其滤液送往结晶槽。当过滤速度慢时，开空压机 C0201 向釜内保压 0.05～0.1MPa。过滤完毕后，将水解釜卸压。清洗过滤器 V0206 待用 分步3 滤液在结晶槽中自然冷却结晶。在[结晶流程图]中，开母液槽母液进料阀，将结晶物系送离心机离心，过滤母液收集在母液槽中。结晶出料去三次水解 第五步 第三次水解 将二次水解结晶离心后的结晶出料重新投入水解釜内，加活性炭 15kg 及软水 1500 千克，(实际操作时，封闭手孔)，进行第三次水解、结晶和离心过滤，操作同第三步(第一次水解)操作过程。离心分离出来的结晶出料即均苯四甲酸，送精制工段

(4) 水解工段事故处理操作步骤 水解工段事故处理操作步骤，见表 4-5 所列。

表 4-5 水解工段事故处理操作步骤

事故名称	产生原因	处理方法
结晶产品色泽过深	①水解水量偏低 ②水解温度偏低 ③水解时间不够 ④活性炭加入量不足 ⑤活性炭渗漏	①调整物料、水比例 ②保证水解温度 ③保证水解时间 ④增加活性炭量或更换活性炭 ⑤换新滤布或更换细密滤布
结晶物料量收率偏低	①结晶时间不足 ②温度偏高	①增加结晶时间 ②降低结晶温度

练一练

在课后继续练习一捕/二捕/三捕水解工艺及事故处理仿真操作，直至达到熟练掌握程度。

4.2.2.3 模块三 均酐装置精制工段仿真操作

(1) 单元训练任务与目标 本单元训练任务为在老师指导下，分别选择脱水单元中“脱水釜 A 开车”、“脱水停车”和相关事故处理培训项目，按照操作步骤进行仿真操作；分别选择升华单元中“升华釜 A 开车”、“升华釜 B 开车”、“停车”和相关事故处理培训项目，按照操作步骤进行仿真操作。本单元训练目标为结合脱水单元和升华单元中不同培训项目伴随的操作质量评分系统评分结果，在减少失误操作情况下，于 2 课时内完成全部操作。

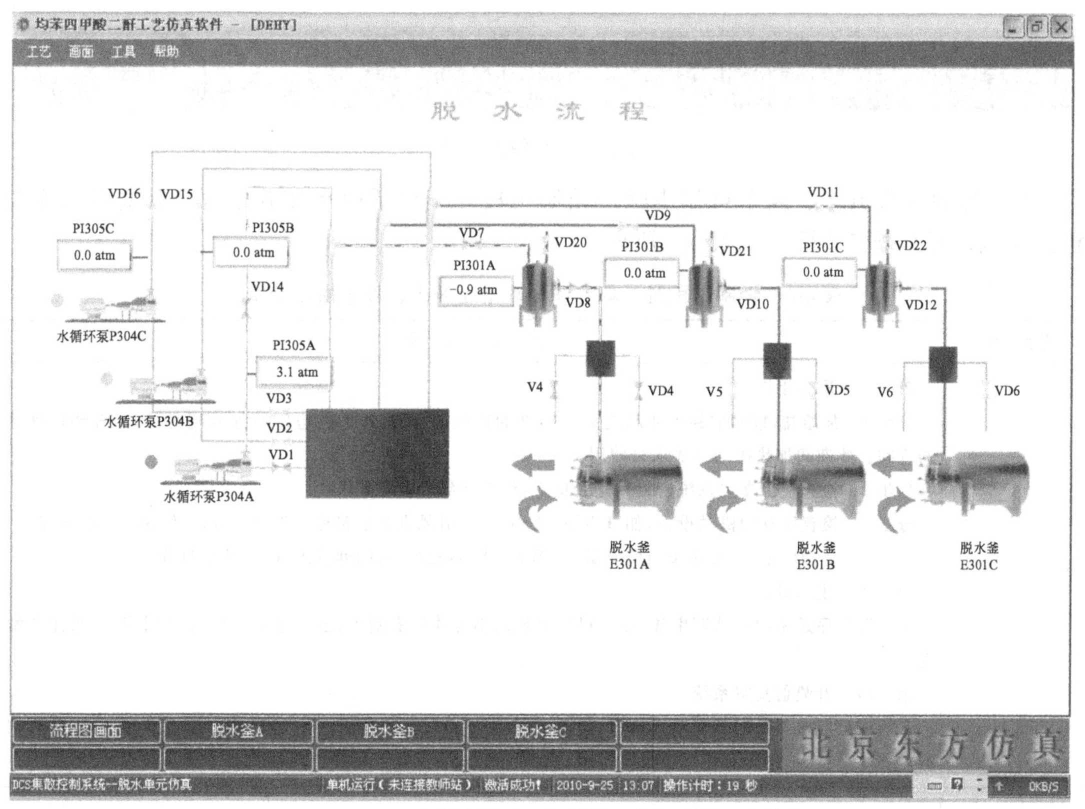

图 4-17 脱水流程

(2) 精制工段工序及仿真操作画面　采用北京东方仿真软件技术有限公司的均苯四甲酸二酐工艺仿真软件。精制工段包括脱水和升华两个独立的间歇工序。脱水流程和升华流程分别如图 4-17 和图 4-18 所示。

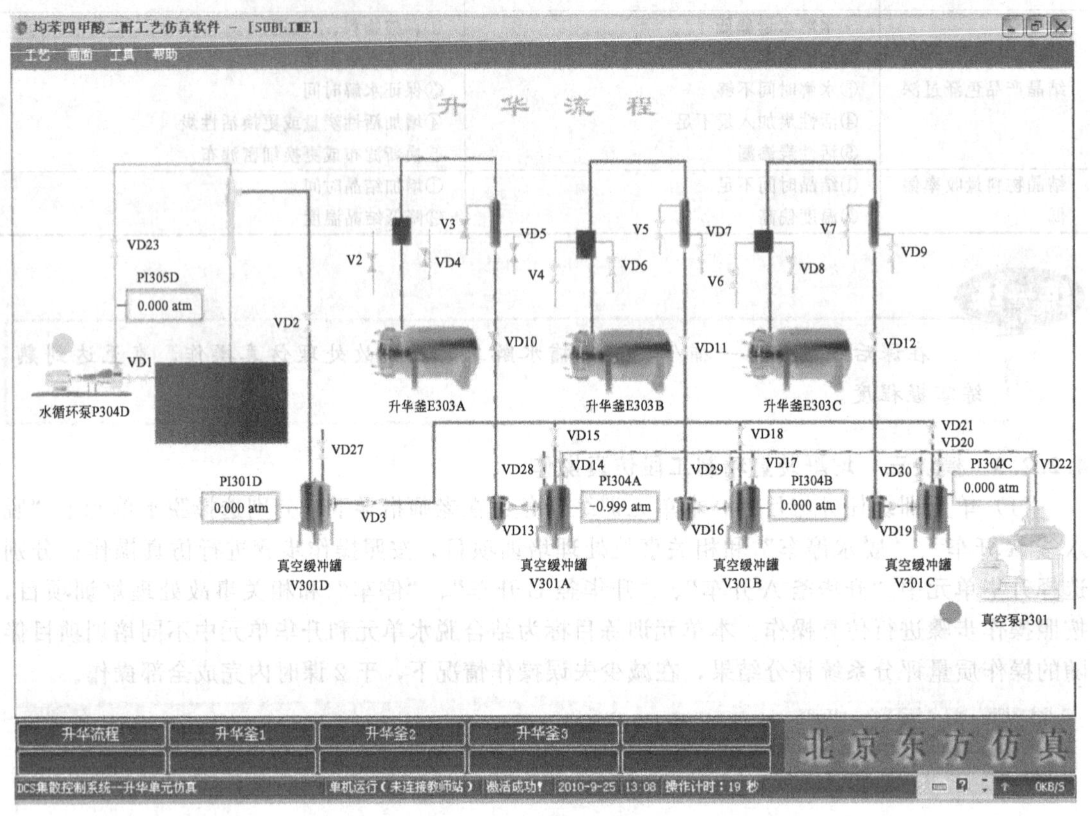

图 4-18　升华流程图

(3) 精制工段开车、停车操作步骤　精制工段开车包括脱水和升华两个独立的开车过程。开车、停车操作步骤，见表 4-6 所列。

表 4-6　精制工段脱水单元和升华单元开车、停车操作步骤

单元操作	操 作 步 骤
脱水单元开车	第一步　准备工作 分步 1　加熔盐，按硝酸钾：亚硝酸钠＝3：2 的比例混合后，边加热边不断加入到脱水釜、升华釜列管的管间。此期间加热棒功率要求只使用 1/3～2/3 分步 2　检查整个真空系统密封性是否良好，能否达到真空度要求 分步 3　检查所有的机动设备，如真空泵、离心水泵、引风机等运转是否正常，润滑系统是否符合要求 分步 4　清理脱水釜、升华釜内所有脏物、锈斑，特别是放小舟的列管内、内套筒小舟等 第二步　脱水进料 将水解工序送来的均苯四甲酸，在装料池内装入小舟并压实刮平，逐一送入脱水釜内列管中，封闭釜端盖 第三步　开喷射真空系统 开对应的脱水釜喷射真空系统，在熔盐温度保持 230℃、真空度保持 0.095MPa 下，保持 6～8h，即可出料。将小舟拉出，稍冷后送回装料间待用。清理釜腔及管路副产物后重新投料
脱水单元停车	脱水完成后，关闭真空系统，关闭加热系统。开釜盖出料

续表

单元操作	操作步骤
升华单元开车	情况一 正常生产升华釜 A 开车 第一步 在脱过水后小舟的物料上均匀撒一层(约 1cm 厚)的硅胶,逐一放入升华釜列管中,密封釜端盖 第二步 开水喷射泵预抽真空 第三步 开水环-罗茨泵,在熔盐温度为 250℃、真空度为 0.0995MPa 下,维持 6~8h,即可出料 第四步 开釜门,稍冷后清理釜腔壁上的产品,检验、包装。将釜内列管中小舟推出,送至装料间,倒出废硅胶,清洗小舟,放好待用 情况二 正常生产升华釜 B 开车 第一步 在脱过水后小舟的物料上均匀撒一层(约 1cm 厚)的硅胶,逐一放入升华釜列管中,密封釜端盖 第二步 开水喷射泵预抽真空,注意不要影响到升华釜 A 的真空度 第三步 开水环-罗茨泵,在熔盐温度为 250℃、真空度为 0.0995MPa 下,维持 6~8h,即可出料 第四步 开釜门,稍冷后清理釜腔壁上的产品,检验、包装。将釜内列管中小舟推出,送至装料间,倒出废硅胶,清洗小舟,放好待用
升华单元停车	升华完成后,停加热系统和真空系统,出料

(4) 精制工段事故处理操作步骤　精制工段事故处理操作步骤，见表 4-7 所列。

表 4-7　精制工段事故处理操作步骤

事故名称	产生原因	处理方法
脱水不完全	①水解料未干 ②真空度不够,真空系统不严密,管道不通畅	①提高脱水温度或增加脱水时间 ②及时检查和清理
真空度波动大和达不到要求	真空泵故障	检修真空泵
脱水釜温度低,达不到要求	加热系统故障	检修加热系统
升华釜温度波动太大	可能是电热棒烧坏或温控系统出现问题	及时更换电热棒或请仪表工及时修理,排除故障
真空度波动大和达不到要求	①真空系统有泄漏,真空泵有故障 ②真空泵油变质,系统管路有物料堵塞现象	①检查真空泵排除故障,调换新油 ②检查管路系统密封性,清除管路堵塞物料

在课后继续练习脱水釜 A 开车、升华釜 A 开车、升华釜 B 开车及事故处理仿真操作，直至达到熟练掌握程度。

4.2.2.4 实践教学评估——均酐装置仿真操作考核

(1) 考核的任务与目标　考核的任务是教师在北京东方仿真软件技术有限公司开发的 PISP. NET 通用教师站上编制考核试卷，并启动教师站，学生通过 PISPNETRun 学生站与教师站联网，获取考题，并在规定 90min 时间内完成仿真操作。考核的目标为检查学生训练效果，要求合格。

(2) 考核的范围

①“氧化工段仿真”中“氧化工段开车”项目，限定完成时间 40min，分值占 35%。

②“氧化工段仿真”中“系统正常停车”项目，限定完成时间 15min，分值占 10%。

③“水解单元仿真”中“三捕水解工艺”项目，限定完成时间 30min，分值占 25%。

④“脱水单元仿真”中“脱水釜 A 开车”项目，限定完成时间 30min，分值占 15%。

⑤“升华单元仿真”中“升华釜 A 开车”项目，限定完成时间 30min，分值占 15%。

教师在 PISP. NET 通用教师站中，通过“策略管理 \ 考试策略”来编制一份名为“均酐仿真操作训练考核试卷”的操作考核试卷并保存，该试卷由上述五道工艺试题组成，设置时标 200，采用通用 DCS 风格。在 PISP.NET 通用教师站中，“我的大厅——化工类\2007 化工技能大赛试卷”目录下，创建一个赋予“培训策略”并对学生开放的考核室，该室可命名为“均酐仿真操作考核”，选“应用时间限制”（时间跨度 90min），人数上限 60 人，培训模式选“考核”，考核内容选“考核策略：均酐仿真操作训练考核试卷”，赋予权限选“闭卷考核授权信息（学生不能看到操作质量评分系统窗）”，点“确定”、置该室“开放”，如图 4-19 所示。

图 4-19 创建均酐装置仿真操作考核室对话框

（3）考核的方法 学生打开 PISPNETRun 学生站，在弹出对话框中正确填入姓名、学号和机器号，选中教师站 IP 地址，点击“局域网模式”。教师站回应后弹出“培训考核大厅”对话框，选中“均苯仿真操作考核”的考核室，点“连接”，弹出学生信息确认框，点“确定”。不久出现与考核室设置对应的仿真操作界面，学生在该界面中进行考核。注意，本考核中有五道工艺试题，每道试题都设置限定时间。若超过限定时间，则自动跳到下一题；若在限定时间内完成操作，则点击操作界面左上角“工艺”菜单，选“进入下一题”命令。若欲提前交卷，则点击操作界面左上角“工艺”菜单，选“提前交卷”命令。

本项目小结

一、均苯四甲酸二酐生产工艺

1. 均苯四甲酸二酐生产方法一般采用均四甲苯固定床气相催化氧化技术。是将均四甲苯在气相下利用空气中氧气催化氧化合成均酐，催化剂为钒-钛系催化剂，反应温度偏高。四甲苯部分氧化伴随大量放热。

2. 生产中存在两个技术关键环节。一是催化氧化反应温度的控制，防止反应过程飞温；二是反应产物均酐的捕集，使均酐得到充分收集同时减少排放气中废物含量。为防止飞温，工艺上采用换热式固定床反应器，并以熔盐作为传热介质。对于规模较小的装置，采用间接降温捕集，粗酐收率 90%左右，但劳动强度高。

3. 均苯四甲酸二酐生产工艺包括五个工段，其中氧化工段、水解工段、精制工段为主要工段，干燥工段、浓缩工段为辅助工段。氧化工段采用连续生产，其他工段均采用间歇生产。氧化工段包括均四甲苯备料和计量、空气鼓风、熔盐加热、反应与换热、产物捕集等工序，得到一捕/二捕/三捕/四捕粗均酐。水解工段对一捕来料、二捕来料、三捕粗均酐分别进行水解，对应水解次数为一次、两次和三次，每次包括水解、结晶和过滤等工序，得到结晶均苯四甲酸。精制工段对结晶均苯四甲酸进行脱水和升华操作，得到纯度满足要求的均苯四甲酸二酐。

4. 工艺条件为氧化反应热点温度为 430～450℃；水解温度为 95℃，每次时间 0.5～1h；结晶温度为 20～30℃，母液含量需要分析；在脱水中熔盐温度 230℃、真空度 0.095MPa、时间 6～8h；在升华中熔盐温度 250℃、真空度 0.0995MPa、时间 6～8h。

二、中间体均苯四甲酸二酐生产装置仿真操作

核心训练包括均酐装置氧化工段仿真操作、水解工段仿真操作和精制工段仿真操作。

思考与习题

(1) 判断题

① 在均苯四甲酸二酐生产的氧化工段，原料均四甲苯是以液态形式进入氧化反应器。(　　)

② 均苯四甲酸二酐生产中，粗酐水解是化学过程，温度 95℃。(　　)

③ 均苯四甲酸二酐生产中，均苯四甲酸脱水是物理过程，需要较高温度和真空条件。(　　)

(2) 均苯四甲酸二酐生产原料是什么？有哪些工艺步骤？

(3) 均四甲苯氧化生产均酐的反应为放热反应，其热点温度 430～450℃，为移走反应热量为什么采用熔盐？从技术经济考虑，还有什么传热介质适合？

(4) 均四甲苯氧化生产均酐的反应过程为什么采用换热式固定床反应器？

(5) 均苯四甲酸二酐生产中，氧化工段的备料与计量系统、捕集系统各起什么作用？

(6) 均苯四甲酸二酐生产中，氧化工段反应产物气体经两级换热降温后，采用热管换热器继续降温，但规定出热管换热器气体温度须高于 180℃，为什么采用热管换热器？

(7) 原料均四甲苯经氧化反应获得粗酐后，为什么要经过水解转化为均苯四甲酸，再经过脱水将均苯四甲酸重新转化为均酐这样一个大弯，而不直接将粗酐升华制得精酐？

(8) 均苯四甲酸二酐生产中，水解操作是将一捕物料、二捕物料、三捕物料分别水解，为什么不混合在一起进行水解？

(9) 对比均苯四甲酸二酐生产中脱水和升华的操作参数，哪个工艺条件要求高？脱水和升华两个步骤为什么不在同一个设备中进行？

第 5 篇　精细化工清洁生产

本篇任务

① 掌握清洁生产的定义及其审核步骤；

② 通过认识苯胺不同生产方法及维生素 C 不同生产方法，了解精细化工中清洁生产的要领。

5.1　精细化工清洁生产概述

20 世纪 80 年代，在国际社会提出了一个新概念和新生产模式——清洁生产。这主要因为人类高速消耗地球上的有限资源，并向大自然排放越来越多的危害人类健康和破坏生态环境的各类污染物，但大自然的承受能力是有限的，当人类的排放数量超过某一限度，就可能给人类生存环境带来巨大的污染危害。有代表的事件有：比利时马斯河谷烟雾、美国多诺拉烟雾、英国伦敦烟雾、美国洛杉矶光化学烟雾、日本水俣病、日本富山骨痛病、日本四日市哮喘和日本米糠油事件。

5.1.1　知识点一　清洁生产定义

（1）清洁生产的定义　清洁生产一词最早由联合国环境规划署于 1989 年提出，将清洁生产定义为一种环境战略。1996 年联合国环境规划署又对清洁生产重新进行定义；1998 年联合国环境规划署在其《清洁生产国际宣言》中的清洁生产定义是：清洁生产，它是为增加生态效率并降低对人类和环境的影响风险，而对生产过程、产品服务和持续实施的一种综合、预防性的战略对策。对于生产过程，它意味着要节约原材料和能源，减少使用有毒物料，并在各种废物排出生产过程前，降低其毒性和数量；对于产品，它意味着要从其原料开采到产品废弃后最终处理处置的全部生命周期中，减少对人体健康和环境造成的影响；对于服务，它意味着要在其设计及所提供的服务活动中，融入对环境影响的考虑。

1992 年，我国国务院在其发布的《中国 21 世纪议程》中首次对清洁生产定义。2002 年全国人大常委会通过和颁布了《中华人民共和国清洁生产促进法》，其中第二条规定：本法所称清洁生产，是指不断采取改进设计、使用清洁的能源和原料、采用先进的工艺技术与设备、改善管理、综合利用等措施，从源头削减污染，提高资源利用效率，减少或者避免生产、服务和产品使用过程中污染物的产生和排放，以减轻或者消除对人类健康和环境的危害。

为什么要清洁生产？

（2）清洁生产的内容　清洁生产是使自然资源和能源利用合理化、经济效益最大化、对人类和环境危害最小化的一种新型生产模式。企业应当通过不断提高企业的生产效益、以尽可能少的使用原材料和能源，生产出尽可能多的产品，提供尽可能多的服务，降低产品的全寿命成本，增加产品和服务的附加值，以获取尽可能大的经济效益，把生产活动和预期的产品消费活动对环境的负面影响降至最低。清洁生产的主要内容包括以下几个方面的内容。

① 能源利用的清洁化　能源利用的清洁化，它包括新能源开发、可再生能源利用（如水力发电、风力发电、太阳能、生物能、海潮能等）、现有能源的清洁利用以及对常规能源（如煤）采用清洁利用的方法，如城市煤气化、乡村沼气利用、各种节能技术等，其中，可再生能源因为不存在能源耗竭的可能，所以日益受到许多国家的重视，尤其是能源短缺的国家的重视。

② 原料、辅料利用的清洁化　清洁原料是指在产品生产过程中，能被充分利用而极少产生废物和污染的原材料和辅助材料。清洁原料必须具备在生产过程中被充分利用和不含有毒、有害物质的特征，其中在生产过程中被充分利用是指高纯度的原材料，杂质少，转换率高，废物排放量很少；不含有毒、有害物质是指清洁的原料中不含有毒、有害物质，以防止在生产过程和产品使用过程中产生毒害和环境污染。

③ 清洁的生产过程　清洁的生产过程是清洁生产的中间环节，处于整个清洁生产的核心部位，它包括在生产过程中产出的中间产品应无毒、无害，减少副产品，选用少废或无废工艺和高效设备，减少生产过程中的如高温、高压、易燃、易爆、强噪声、强振动等危险因素。

④ 清洁的产品　产品的清洁是指产品在其全寿命的清洁，不仅包括生产过程中的节能与节约原料等；还包括产品在使用中、使用后不危害人体健康和生态环境，实现生产、消费、环境的友好协调，和谐共赢。

清洁生产应从哪些方面进行？

5.1.2　知识点二　清洁生产审核程序

（1）清洁生产审核的概念　清洁生产审核是通过对一个企业的具体生产工艺和操作进行系统化的分析，在掌握该企业的污染来源、废弃物产生的原因、各种废弃物的种类和数量等情况之后，提出具体的减少有毒、有害物质的使用以及减少废弃物产生的备选清洁生产方案，在对各备选方案进行技术、环境和经济等可行性分析后，选定最优方案并实施可行性的清洁生产措施，进而使生产过程尽可能高效率地利用资源，减少或消除废弃物的产生和排放的过程。

（2）清洁生产审核的作用　清洁生产审核的作用是企业可以通过有效的清洁生产审核，系统地、具体地指导本企业的清洁生产工作，全面实现清洁生产的目标。

① 通过清洁生产的审核，可核查企业各有关单元操作、原材料、产品、用水、能耗和废弃物等现状及存在问题，确定废弃物等来源、类型以及数量，全面地评价企业生产全过程及其各有关单元的运行、管理现状。

② 通过清洁生产的审核，可系统的分析，确定影响企业各种资源有效利用、造成废弃物产生原因，明确企业效率低下的瓶颈部位和管理不善的地方，并找出相应的原因。

③ 通过清洁生产的审核，可优选企业从原材料、技术工艺、生产运行管理、产品到废弃物的循环利用等途径，综合污染预防的方案与实施计划，确定废物削减的目标，制定相应削减对策。

④ 通过清洁生产的审核，可提高企业全体员工对因削减废物而获得效益的认识和清洁生产的意识，不断提高企业管理者与广大员工对实施清洁生产的热情和积极性，促进清洁生产在企业的持续实施和改进。

⑤ 通过清洁生产的审核，可增进企业的经济效益、社会效益以及环境效益，降低企业生产总成本，提升企业产品质量、服务质量和企业形象。

(3) 清洁生产审核的程序　清洁生产审核要依据《企业清洁生产审计手册》规定的程序和要求来进行。我国根据清洁生产审核的思路，借鉴国外清洁生产审核的经验，同时结合我国清洁生产审核的实践，建立了一套包括筹划与组织、预评估、评估、方案产生与筛选、可行性分析、方案实施和持续清洁生产等七个阶段的清洁生产审核程序，称为清洁生产审核的七个程序，如图 5-1 所示。

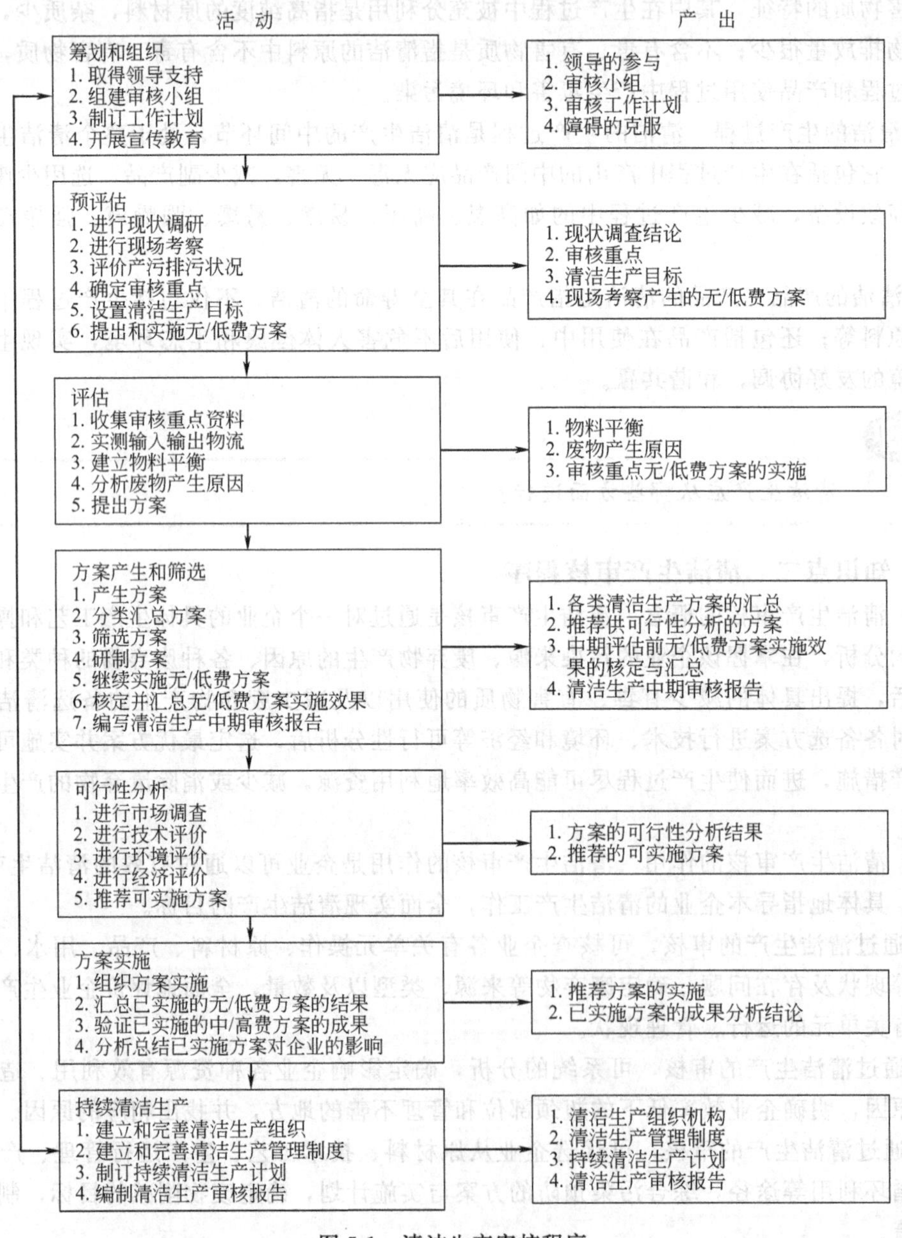

图 5-1　清洁生产审核程序

① 清洁生产的意义？

② 清洁生产审核包括哪些步骤？

5.2　精细化工清洁生产方法

5.2.1　模块一　苯胺的清洁生产方法

苯胺是一种产量较大的有机合成中间体，主要用于聚氨酯树脂、染料、橡胶制品及药物等的生产。

苯胺是有特殊臭味的无色油状易燃液体，密度 1.0235g/cm^3，熔点 −6.2℃，沸点 184.4℃，能溶于乙醇、乙醚、苯及多种有机溶剂，也可溶于水中，水溶液呈碱性，在空气及光的作用下逐渐变为浅黄色至红棕色，最后变为黑色。

(1) 苯胺的较早生产工艺及其特点

① 苯胺的较早生产工艺　苯胺生产工艺分成两步：苯的硝化和硝基苯的还原。

苯的硝化以混酸为硝化剂，对苯进行硝化，制取硝基苯。化学反应方程式：

$$C_6H_6 + HNO_3 \xrightarrow{H_2SO_4} C_6H_5NO_2 + H_2O$$

反应一般采用多釜串联反应器，各釜控制温度不同。反应后利用酸相与有机相不互溶的性质，将硝基苯从反应产物中分离出来，得到的硝基苯分别用水和氨水进行洗涤，以除去大部分酸性杂质和硝化时生产的少量硝基酚。由于硝基苯用氨水进行净化后，需用水洗涤，故会产生大量的废水，一般制取 1t 硝基苯会产生 0.9～1.0t 浓度为 73%～93%的废酸液，其中含有 0.25%～0.50%硝酸、1.5%～2.5%硝基苯等杂质。

硝基苯的还原　用铁粉将硝基苯还原制苯胺。此法每生产 1t 苯胺约会产生 4t 废水，其中含有苯胺、盐酸、氯化铵等物质，同时产生 2.5t 氧化铁渣。由于此步骤产生大量的废物，严重的环境污染，必须寻找新的工艺来替代。

$$C_6H_5NO_2 + 3Fe + 6HCl \longrightarrow C_6H_5NH_2 + 3FeCl_2 + 2H_2O$$

② 苯胺较早生产工艺的特点　从上述工艺流程可知，在苯胺的旧生产工艺中，两个步骤均会产生大量污染环境的废物，其中又以硝基苯的还原产生的废物为多，废物不仅包括废水（废水中含有多种物质，处理较困难），还包括废渣，且产生废物比例达到 1：6.5，即每生产 1t 苯胺将会产生 6.5t 废弃物，未能实现清洁生产少废的要求。另外，在苯硝化步骤中，废酸的回收能耗较高，安全性较差，未能实现清洁生产中的安全、节能低耗的要求。

(2) 苯胺的新生产工艺及其特点

苯胺的新生产工艺主要是针对旧工艺中硝基苯还原中，会产生大量废物，研制出新的生产工艺——加氢还原法。

① 基本原理　采用催化加氢还原法，将硝基苯还原成苯胺。

$$C_6H_5NO_2 + 3H_2 \xrightarrow{\text{催化剂}} C_6H_5NH_2 + 2H_2O$$

② 工艺流程　来自电解食盐水工段的氢气依次经氢氧化钠溶液、旋风分离器和活性炭吸附净化后，由加热器加热至350～410℃，流入蒸发器。硝基苯由高位槽经流量计计量，也进入蒸发器与氢气混合气化，并加热到180～223℃。加热后的混合气从流化床反应器底部进入，与装于床内的载体硅胶上的铜催化剂接触反应，生产的粗苯胺与水蒸气，从流化床的顶部排出，经冷凝器冷凝，分层后再经减压精馏而得产物苯胺，收率在98%以上。工艺流程如图5-2所示。

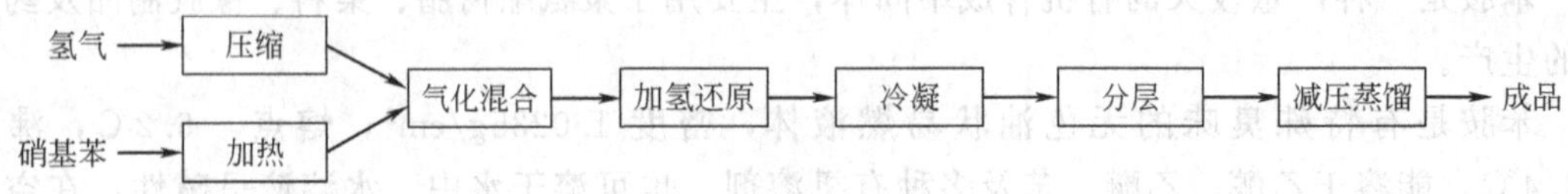

图5-2　苯胺合成工艺流程

③ 主要设备　此工艺流程中主要设备有流化床反应器一套、旋风分离器一套、精馏塔一套、冷凝器三个和加热器若干个。

④ 安全生产　本工艺中要使用易燃、易爆原料，如氢气等，在生产时应注意防火、防爆。硝基苯等有机原料在使用时应注意安全，加强生产场所的通风。

⑤ 产品质量　产品质量，见表5-1所列。

表5-1　苯胺产品质量标准

标准名称		标准	
		一级品	二级品
外观		浅黄色油状透明液体，储存中可变为棕红色	
干品凝固点/℃	≥	−6.40	−6.60
苯胺含量/%	≥	99.50	99.20
硝基苯含量/%	≤	0.02	0.04
水分含量/%	≤	0.3	0.50

⑥ 苯胺的新生产工艺的特点　苯胺的新生产工艺中的硝基苯的还原与旧生产工艺相比，具有单位产品中原料与能源的消耗量均有所下降，产生废物主要为废水，且废水数量少、组成单一，主要为少量苯胺，不含无机盐类，处理较容易，实现了节能降耗少废的清洁生产。

想一想

① 苯胺的旧生产工艺是如何的，有何缺点？

② 苯胺的新生产工艺是如何的，有何优缺点？

5.2.2　模块二　维生素C的清洁生产方法

维生素C（Vitamin C，VC）又名L-抗坏血酸，主要存在于生物组织中，在新鲜水果、蔬菜中的含量尤为丰富。是一种人体必需的水溶性维生素，也是一种抗氧化剂，广泛应用于医药、食品、饲料、化妆品等诸多领域，具有广阔的市场前景。

维生素C的生产方法有化学合成法、半合成法、两步发酵法、一步发酵法。

(1) 维生素 C 的较早的生产方法

① 化学合成法　化学合成法一般指莱氏法（Reichstein），又称双酮糖法，是 1933 年德国化学家 Reichstein 等发明的，并最早应用于工业生产维生素 C 的方法。该法以 D-葡萄糖为原料，经高压催化加氢制得 D-山梨醇，然后用弱氧化醋杆菌发酵，得到 L-山梨糖，再用丙酮酮化制得双丙酮-L-山梨糖（又称双酮糖），经化学氧化得双丙酮-2-酮基-L-古龙酸（又称双酮古龙酸），水解后得 2-酮基-L-古龙酸，最后经酸或碱转化得 L-抗坏血酸（维生素 C）。此工艺路线由于生产原料廉价易得，中间产物的化学性质稳定，产品质量较好，生产周期较短，收率较高，至今仍是许多国外维生素 C 生产商，如 Roche 公司、BASF/Takeda 公司和 E. Merck 公司等厂商采用的主要工艺方法。

② 半合成法　半合成法实际上是化学合成法的改良，即将化学合成的由 D-山梨醇转化为 L-山梨糖的反应改用微生物脱氢，使山梨糖收率提高 1 倍。之后，仍用化学合成法合成古龙酸，再经化学转化生成 L-抗坏血酸，如图 5-3 所示。

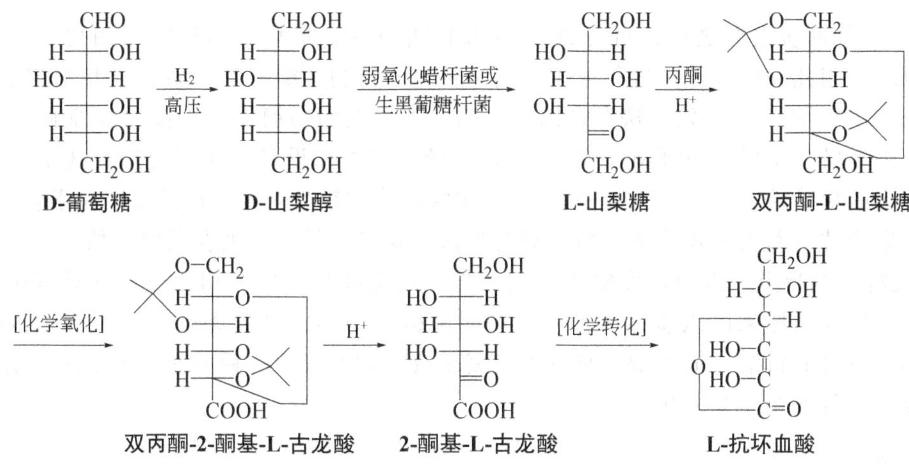

图 5-3　莱氏法合成维生素 C

③ 较早生产方法的特点　对于合成法或半合成法，它们的主要生产步骤均是采用化学方法合成，具有生产工序长（如合成步骤有 6 步之多），劳动强度较大，原料的消耗量大，其中包括多种易燃、易爆、有毒的有机溶剂（如丙酮等）及硫酸等，对劳动人员的安全与健康不利，也不利于环境保护，与清洁生产的要求相违背。

(2) 维生素 C 的清洁生产方法

① 两步发酵法　两步发酵法是由中国科学院微生物研究所和北京制药厂合作于 20 世纪 70 年代初研制成功了。此法采用不同的微生物分两步，将 D-山梨醇直接转化为 2-酮基-L-古龙酸。反应过程如图 5-4 所示。

第一步发酵是弱氧化醋杆菌或生黑葡糖杆菌经过二级种子扩大培养，当种子液质量达到转种液标准时，将种子液转移至含有山梨醇、玉米粉、碳酸钙、磷酸盐等组成的发酵培养基中，在 28～34℃条件下进行发酵培养。在发酵过程中可采用流加山梨醇的方式，使其发酵收率可达 95%，培养基山梨醇浓度达到 25%时也能继续发酵。发酵结束后，发酵液经低温灭菌，得到无菌的含有山梨糖的发酵液，作为第二步发酵用的原料。此步与莱氏法相同，这是因为工艺成熟且生物转化率高（98%以上），所以在二步发酵法中得以沿用。

第二步发酵是采用氧化葡糖杆菌（或假单胞杆菌），经过二级种子扩大培养，种子液达到标准后，将其转移至含有第一步发酵液的发酵培养基中，在 28～34℃条件下培养 60～

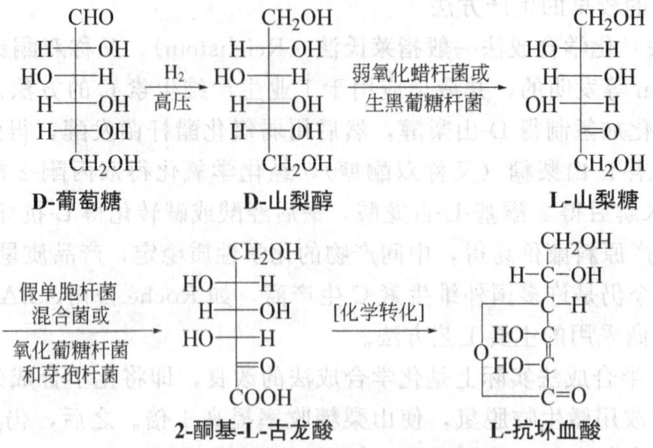

CHO / H—OH / HO—H / H—OH / H—OH / CH_2OH
D-葡萄糖
H_2 高压 →
CH_2OH / H—OH / HO—H / H—OH / H—OH / CH_2OH
D-山梨醇
弱氧化醋杆菌或 生黑葡糖杆菌 →
CH_2OH / HO—H / H—OH / OH—H / —O / CH_2OH
L-山梨糖
假单胞杆菌 混合菌或 氧化葡糖杆菌 和芽孢杆菌 →
CH_2OH / HO—H / H—OH / HO—H / =O / COOH
2-酮基-L-古龙酸
[化学转化] →
CH_2OH / H—C—OH / —C—H / HO—C / HO—C / C=O
L-抗坏血酸

图 5-4 两步发酵法生产维生素 C

72h，放罐。经两步发酵之后，可得到 2-酮基-L-古龙酸，最后一步还需采用化学转化法制 L-抗坏血酸。因此发酵液还要进行浓缩、化学转化和精制才能得到产品 L-抗坏血酸。

② 一步发酵法　二步发酵法存在以下缺陷：不能以葡萄糖作为直接发酵原料，以 D-葡萄糖高压加氢转化生成 D-山梨醇，不仅需要大量的能源和设备，还因使用高压氢气使操作上存在很大的危险性；另外，由 2-酮基-L-古龙酸转化成维生素 C，还是使用化学转化。

一步发酵法（基因工程菌法）即针对两步法的缺陷，目前尚处在研究阶段。

③ 发酵法的特点　以两步发酵法为例，与合成法或半合成法相比较，它具有生产工序短，使生产工序由原来的六步减为四步；同时降低了原料消耗，尤其减少了大量丙酮等易燃、易爆、有毒有机溶剂消耗量，减少了三废排放。它不仅是一种节能降耗少废的清洁生产方法，还是一种安全生产方法。

维生素 C 生产工艺中，为何一步发酵法是未来的发展方向？

本项目小结

一、精细化工清洁生产概述

1. 清洁生产是指不断采取改进设计、使用清洁的能源和原料、采用先进的工艺技术与设备、改善管理、综合利用等措施，从源头削减污染，提高资源利用效率，减少或者避免生产、服务和产品使用过程中污染物的产生和排放，以减轻或者消除对人类健康和环境的危害。

2. 清洁生产的内容是企业应当通过不断提高企业的生产效益、以尽可能低的原材料和能源消耗，生产出尽可能多的产品，提供尽可能多的服务，降低产品的全寿命成本，增加产品和服务的附加值，以获取尽可能大的经济效益，把生产活动和预期的产品消费活动对环境的负面影响降至最低。清洁生产的主要内容包括：能源利用的清洁化、原料、辅料利用的清洁化、清洁的生产过程、清洁的产品。

3. 清洁生产的审核是通过对企业的具体生产工艺和操作进行系统化的分析，在掌握该企业的污染来源、废弃物产生的原因、各种废弃物的种类和数量等情况之后，提出具体的减少有毒、有害物料的使用以及减少废弃物产生的备选清洁生产方案，在对各备选方案进行技术、环境和经济等可行性分析后，选定最优方案并实施可行性的清洁生产措施，进而使生产过程尽可能高效率地利用资源，减少或消除废弃物的产生和排放的过程。

4. 清洁生产审核的作用　在于企业可以通过有效的清洁生产审核系统地、具体地指导本单位的清洁生产工作，全面实现清洁生产的目标。

5. 清洁生产审核的程序是依据《企业清洁生产审计手册》规定的程序和要求去进行。我国根据清洁生产审核的思路，借鉴国外清洁生产审核的经验，同时结合我国清洁生产审核的实践，建立了一套包括筹划与组织、预评估、评估、方案产生与筛选、可行性分析、方案实施和持续清洁生产等七个阶段的清洁生产审核程序。

二、精细化工清洁生产方法

1. 苯胺的清洁生产方法

通过对苯胺新旧生产工艺的对比，展现硝基苯催化加氢还原制苯胺的新生产工艺以下优点：具有单位产品中原料与能源的消耗量均有所下降，产生废弃物主要为废水，且废水数量少、组成单一，主要为少量苯胺，不含无机盐类，处理较容易，实现了节能降耗少废的清洁生产。

2. 维生素 C 的清洁生产方法

通过对维生素 C 的合成法、半合成法、两步发酵法等不同生产工艺的对比，得出维生素 C 两步发酵法具有生产工序短，使生产工序由原来的六步减为四步；同时降低了原料消耗，尤其减少了大量丙酮等易燃、易爆、有毒有机溶剂消耗量，减少了三废排放。它不仅是一种节能降耗少废的清洁生产方法，还是一种安全生产方法。

思考与习题

(1) 什么是清洁生产？

(2) 清洁生产的主要内容包括哪些？

(3) 为什么要清洁生产审核？

(4) 清洁生产审核的程序有哪些？

(5) 苯胺的新生产工艺是如何实现清洁生产的？

(6) 两步发酵法生产维生素 C 与合成法相比如何？

参考文献

[1] 宋启煌．精细化工工艺学．第2版．北京：化学工业出版社，2004.
[2] 田铁牛．有机合成单元过程．北京：化学工业出版社，1999.
[3] 薛叙明．精细有机合成技术．第2版．北京：化学工业出版社，2009.
[4] 丁志平，仓理．精细化工工艺（无机篇）．北京：化学工业出版社，1998.
[5] 仓理，丁志平．精细化工工艺（有机篇）．北京：化学工业出版社，1998.
[6] 刘德峥．精细化工生产工艺．第2版．北京：化学工业出版社，2008.
[7] 马榴强．精细化工工艺学．北京：化学工业出版社，2008.
[8] 朱正斌．精细化工工艺．北京：化学工业出版社，2008.
[9] 李和平．精细化工工艺学．第2版．北京：化学工业出版社，2007.
[10] 曾繁涤．精细化工产品及工艺学．第2版．北京：化学工业出版社，1997.
[11] 方云（江南大学）．一种α-烷基甜菜碱两性表面活性剂的制备方法．CN-GK 101250129．2008.08.27.
[12] 刘登良．涂料工艺（上、下）．第4版．北京：化学工业出版社，2009.
[13] 王树强．涂料工艺．第2版．北京：化学工业出版社，2003.
[14] 李玉龙等．高分子材料助剂．北京：化学工业出版社，2008.
[15] 梅鑫东．再谈沉淀法白炭黑的工艺条件对产品性能的影响．江西化工，2006，3.
[16] 葛仕福，陈汉平．高效气流干燥技术在硬脂酸钡生产中的应用．江苏化工，2001，5.
[17] 李宗耀．浅谈AC发泡剂的工艺改进．中国氯碱，2002，4.
[18] 瞿明仁．饲料添加剂应用手册．南昌：江西科学技术出版社，2000.
[19] 贺周初，彭爱国．两矿法浸出低品位软锰矿的工艺研究．中国锰业，2004（2）：35-37.
[20] 计志忠．化学制药工艺学．北京：中国医药科技出版社，2003.
[21] 金学平．化学制药工艺学．北京：化学工业出版社，2006.
[22] 朱良天．农药．北京：化学工业出版社，2004.
[23] 浙江新安化工集团股份有限公司．草甘膦的制备方法．CN-GK 1340507．2002.03.20.
[24] 邢凤兰，徐群．印染助剂．第2版．北京：化学工业出版社，2008.
[25] 龚盛昭．化妆品与洗涤用品生产技术．广州：华南理工大学出版社，2002.
[26] 李冬梅，胡芳．化妆品生产工艺学．北京：化学工业出版社，2009.
[27] 李玉峰，唐洁．工科微生物学实验．成都：西南交通大学出版社，2007.
[28] 郭勇．酶的生产与应用．北京：化学工业出版社，2003.
[29] 贺小贤．生物工艺原理．第2版．北京：化学工业出版社，2008.
[30] 张德权，胡晓丹．食品超临界CO_2流体加工技术．北京：化学工业出版社，2005.
[31] 刘国生．微生物学实验技术主编．北京：科学出版社，2007.
[32] 叶磊，杨学敏．微生物检测技术．北京：化学工业出版社，2009.
[33] 周珮．生物技术制药．北京：人民卫生出版社，2007.
[34] 徐柏庆（清华大学）等．二氧化锆的制备方法．CN-GK 1260324．2000.07.19.
[35] 殷福华．超净高纯级氢氟酸的制备方法．CN-GK 1931709．2007.03.21.
[36] 曹龙海．一种均苯四甲酸二酐生产用热管换热器．CN-GK201032437．2008.03. 05.
[37] 曹英耀，曹曙等．清洁生产理论与实务．广州：中山大学出版社，2009.
[38] 冷士良．精细化工实验技术．北京：化学工业出版社，2005.